U0135222

望
MOUNTAIN

登自己的山

All This Wild Hope

微生物大历史

人类社会的永恒战争

[挪威] 斯蒂格·弗勒兰 著
李立丰 译

GUANGXI NORMAL UNIVERSITY PRESS
广西师范大学出版社
·桂林·

图书在版编目(CIP)数据

微生物大历史：人类社会的永恒战争 / (挪威) 斯蒂格·弗勒兰著；李立丰译. -- 桂林：广西师范大学出版社, 2024.4
书名原文: Duel Without End: Mankind's Battle with Microbes
ISBN 978-7-5598-6234-1

Ⅰ. ①微… Ⅱ. ①斯… ②李… Ⅲ. ①微生物－关系－世界史－研究 Ⅳ. ①Q939②K107

中国国家版本馆CIP数据核字(2023)第136014号

WEISHENGWU DALISHI:RENLEI SHEHUI DE YONGHENG ZHANZHENG
微生物大历史：人类社会的永恒战争

作　　者：（挪威）斯蒂格·弗勒兰
译　　者：李立丰
责任编辑：谭宇墨凡
特约编辑：卢安琪　吴　敏
内文制作：燕　红

广西师范大学出版社出版发行
广西桂林市五里店路 9 号　邮政编码：541004
网址：www.bbtpress.com

出 版 人：黄轩庄
全国新华书店经销
发行热线：010-64284815
河北鑫玉鸿程印刷有限公司
开本：635mm×965mm　1/16
印张：39.5　字数：522千　插页：8
2024年4月第1版　2024年4月第1次印刷
定价：168.00元

目 录

第四章 瘟疫流行：悲剧的轮回 111

第五章 历史谜团 337

第六章 亡国之疫 361

第七章 新病大患 377

第八章 生物武器 439

序言

纵观历史，人类和微生物之间的对决从未停歇。一场又一场肆虐的传染病不仅夺走了成千上万条生命，更深刻影响了文化与社会的各个方面。

第二次世界大战宣告结束后的最初几年，人们普遍乐观，以为传染病横行无阻的时代已经过去。结果证明，这是一个可怕的误判。公众耳熟能详的传染病继续在世界的许多地方投下阴影；在过去几十年间，大量不为人所知的致病微生物频频侵袭人类，并在很大程度上导致了重大疫情。人类免疫缺陷病毒、埃博拉病毒、SARS 冠状病毒和 2019 年暴发的新型冠状病毒，都只不过是袭扰人间的众多微生物中的若干角色而已。大众传媒不断发布关于新传染病流行威胁的报道。

现在我们意识到，与微生物之间的缠斗永无止境。只要地球上还有人类，这种你死我活的对决就将继续下去。同时，对于影响这场永恒之战最终结果的因素，包括人类对自然环境影响的不断增加，我们的了解也在持续深入。在此期间累积的关于疫病传染与生态环境之间联系的全新认知，对于未来与微生物之间必将上演的新一轮对决而言，至关重要。

针对人类和微生物之间相生相克关系的开创性洞见，深化了我们对于人类感染流行疾病的阶段性了解，也帮助我们最终意识到传染病流行在历史发展进程中发挥的重要作用。

本书为读者描绘了人类和微生物之间永无止境的斗争史，介绍了诸多影响对决结果的关键因素。作者概括了自第一批“智人”徜徉于非洲大草原以来，人类传染史上出现的重大转变。本书还讨论了历史上影响人类发展的若干大流行，而众所周知的黑死病，只不过是将要涉及的众多实例之一。本书还设专章，论述疫情对社会文明和帝国衰落的独特影响。自二十世纪下半叶开始发现的一些全新传染病，将在单独章节中加以讨论。

本书还细数了人类通过疫苗和抗生素对抗微生物的艰辛历程，描述了人类未来可能面临的若干微生物威胁，并提出了相关对策建议。其中，就包括来自全新传染病大流行的持续威胁。从 2020 年初开始，全世界都不得不面对一场涉及前所未知的冠状病毒，即“严重急性呼吸综合征冠状病毒 2 型”的重大疫情。我们再次亲身体会，大流行对个人和社会产生的惨烈后果，而这无疑是过去多次震撼人类社会的重大疫情的整体样态再现。本书旨在强调，问题不在于未来是否还会暴发重大疫病，而在于何时暴发，以及如何在五花八门的微生物世界之中锁定罪魁祸首。

人类的传染病史充满戏剧性，可谓波澜壮阔、跌宕起伏。但个中流变，同样纷繁复杂、影响深远。在这个意义上，本书的写作初衷显得有些好高骛远。尽管如此，作者仍执意落笔，原因有二。

首先，作为一名医生，作者几乎毕生专攻传染病和微生物造成的免疫反应，从事相关科学研究的同时，投身一线临床治疗，直接面对患者。这些年以来，作者从数个维度研究了艾滋病这一近年来影响最为深远的流行病。除此之外，作者还亲身参与大量教学工作，并就这些相关课题举办了无数场讲座。其次，从孩提时代开始，作者就对历史产生了浓厚的兴趣。多年来，这种兴趣一直没有减弱。在这二者的双重作用下，将医学和历史结合起来的诱惑，实在无法抗拒。

这便是本书的由来。必须承认，作者的本意绝对不是撰写一部供专家同行阅读的学术文献。主要的目标群体，乃是缺乏专业知识背景，但对于相关领域感兴趣的普通读者。尽管如此，作者还是为那些希望了解本书所涉相关内容的业界人士提供了一些参考资料。

求十得一。假使本书能够展现作者希望表达的内容的一小部分，就应满足。

引言

无形之敌

智人，即人类这一物种，来自非洲。早期人类化石明确无误地告诉我们，距今大约二十万至三十万年，现代人类的祖先在非洲大陆诞生。

大约六万年前，我们的祖先离开非洲，逐渐迁徙至地球上除南极洲以外所有的大陆。迄今为止，上述观点仍属传统习说。[1]但最新研究发现表明，智人迁移的时间可能更早，甚至可以上溯至十多万年前。[2]

人类先祖无疑面临着诸多威胁和挑战。气候条件的巨大变化考验了这个新生种群的适应性——从非洲大草原上的热带气候到相较而言更为凉爽的温带气候。数不胜数的食肉动物，包括早已灭绝的可怕物种，如剑齿虎和大型洞熊环伺左右。即便如此，人类还是设法找到了应对这些可见威胁的有效对策，尽管在此过程中许多人丢掉了性命。

然而从一开始，我们的祖先就面临着其他同等危险的威胁，而他们对此却一无所知。这便是来自无形的敌人——可能导致传染病的微生物的攻击。细菌、病毒、真菌和其他微生物，一直都是造成人类各种或急性或慢性、或致命或无害的传染病的要因。[3]

纵观人类发展史，与微生物之间这场永无止境的缠斗从未间断。只要地球上仍然存在人类，这场你死我活的斗争就会持续下去。其结果绝不仅仅是影响医学的进步，还会对人类历史、文化和社会产生巨大影响。

想要了解各个时代人类的传染病史，单纯关注对决双方——人类和微生物——及其禀赋属性，显然是不够的。我们越来越清楚地意识到，对决的结果往往取决于生态和环境的关系。

本书讲述的就是数千年的传染史中，人类、微生物和生态因素之间的相互作用。

第一章

致命对手

细菌和病毒等微生物会导致传染病这一事实，如今是我们每个人从小便会习得的常识。同样作为自然常识的，还包括疾病可以从一个人传染给另一个人的认知。即便如此，距十九世纪下半叶一些取得认知突破的划时代研究发现，其实并没有过去多久。而在此之前的数十万年间，人类一直是大量或急性或慢性、或致命或普通传染病的受害者。

对于经常以大流行的形式出现，并对社会产生重大影响的传染病的成因，我们的祖先有何看法？人类这一物种的重要特征之一，便是渴望了解我们生活的世界，以及周围发生的事情，而这也是人类与其他动物物种的重要区别之一。出于这个原因，我们已经对许多已知传染性疾病的成因机理进行了大量思考。而这些关于疾病的早期理论的形成，自然受到人类关于周遭世界和自身地位的大众观念的影响。

阿波罗之箭，还是瘴气所致？

宗教观念，即对自然界中所谓超自然力量，以及随之出现的对可能干预人类生活的各种神祇的信仰，极有可能产生于人类发展的早期阶段。而关于传染病成因的最早概念，自然是神魔祸害人间。[1]

在美索不达米亚地区的苏美尔和巴比伦，以及中国等古代文明中，千百年来，人们普遍相信恶魔是传染病的成因。[2]美索不达米亚神话中的主神之一内尔伽勒（Nergal），作为幽冥世界的主宰，被奉为热病、瘟疫与战争之神。在中国古代文明中也存在类似的概念。

在《圣经·旧约》中，也可以找到耶和华用瘟疫惩罚以色列的敌人的相关记载。[3]非利士人将以色列人珍藏神示十诫与其他神器的约柜掳到阿什杜德，震怒之下的耶和华降下瘟疫来惩罚他们。亚述人威胁要攻打耶路撒冷，也被瘟疫击倒。《圣经·新约》中，恶魔在疾病，包括传染病中扮演着重要角色。[4]

在古希腊，对疾病，尤其对疫病暴发原因的宗教解读十分重要。其中的关键人物，莫过于主管医药以及消灾弥难之神阿波罗。[5]他弯弓射出的瘟疫之箭，将会引发大流行。在《伊利亚特》卷一中，荷马描述了阿波罗如何因为希腊统帅阿伽门农冒犯了自己派出的祭司，而让瘟疫席卷希腊军队的骇人经过。

> 神明气愤地走着，肩头的箭矢琅琅响，
> 天神的降临有如黑夜盖覆大地。
> 他随即坐在远离船舶的地方射箭，
> 银弓发出令人心惊胆战的弦声。
> 他首先射向骡子和那些健跑的狗群，
> 然后把利箭对准人群不断放射。
> 焚化尸首的柴薪烧了一层又一层。[6]

阿波罗和他的弓。阿波罗，宙斯之子，古希腊神话诸神中极具人气者。他承担的职责之一就是治病救人。但如果阿波罗想惩罚人类，也可以用弓射出瘟疫之箭，从而引发疫病流行。

在《伊利亚特》中，直到阿波罗的恨意平息后，瘟疫才告退却。在索福克勒斯的悲剧《俄狄浦斯王》中，忒拜城内瘟疫肆虐，而根据德尔斐神谕，这是对现任国王俄狄浦斯杀害前任国王，也即他父亲的惩罚，其弑父行为触犯了神律。[7]

毫无疑问，荷马和索福克勒斯的描述暗合了当时认为天降疫情的看法。在整个古代乃至中世纪，大多数人对此笃信不移。在罗马，至少有三座神庙供奉着掌控通常与疟疾相关的发热的女神费布里斯（Febris）。即使到了现代，在某些宗教语境下，我们偶尔仍会遭遇此类言论。二十世纪八十年代初艾滋病疫情暴发时，一些基督教传教士就曾宣称，这是上帝对不敬虔性行为的惩罚。

从古至今，在许多文化中还存在着另外一种观点，认为包括传染

科斯岛的希波克拉底被誉为“医学之父”。他与柏拉图和苏格拉底同时，公元前五世纪在雅典生活和行医。

病在内的疾病，可由掌握邪恶超自然力量的女巫、术士施黑魔法引发。正因如此，才会出现长达几个世纪的猎巫运动。时至今日，此类行为依旧存在于某些非洲社会。

维京时代，生活在冰岛和格陵兰岛的“诺斯人”的传说揭示，这里的先民也认为流行疾病与天意有关。在他们看来，疫情暴发是死者正在伸手召唤，将生者一起拖入死亡的深渊。[8]

在诸多领域，古希腊对西方文明产生了强烈的影响。前面提到了古希腊文化中对传染病成因的宗教解释。还有人另辟蹊径，试图理解自然环境与人类在其中之地位，而非诉诸宗教。自然科学就起源于公元前七世纪至前六世纪的希腊自然哲学家。[9]在他们的作品中，不难发现一个反复提及的理念，这便是宇宙由少数通常处于平衡状态的基本元素组成。希腊学者认为，适用于宏观世界的基本法则也必将适用于人体。一些人声称，疾病是身体中不同元素或组成部分之间的平衡以某种方式被干扰所致。这种看法被科斯岛的希波克拉底及其门徒发扬光大。

尽管希波克拉底可谓有史以来最著名的医生，但后世对其知之甚少。现在能够确认的是，公元前五世纪，他在雅典生活和行医，与同样位列希腊先哲的苏格拉底和柏拉图身处同一时代，而柏拉图在许多著作中都将希波克拉底誉为不世出之神医。希波克拉底及其学生的医学思想，散见于存世的《希波克拉底文集》。我们并不知道其中哪一段真正出自希波克拉底本人之手。这本医学著作讨论了发热和疫情成因等问题。[10]该书中关于疾病的观点经过高度简化，其基础观点是，疾病由人体内最重要的体液（血液、黏液、黄胆汁和黑胆汁）之间的平衡失调所引起。大流行是由空气中的有害气体——瘴气——的影响引起的。希腊单词“瘴气”（miasma）的意思是污染。[11]此类致病性瘴气可能来自死水和池塘、不卫生的污水坑、腐烂的动物或人类尸体。瘴气通常伴随着恶臭。这种理论强调，一年中不同季节和气象因素在疫病流行中都发挥着重要作用。星象位置也起着一定作用。人们对瘴气的敏感程度同样存在个体差异。

《希波克拉底文集》中表达的疾病观点及瘴气理论，由与希波克拉底同为古代名医的盖伦提出。[12] 这位希腊人出生于小亚细亚的别迦摩，公元二世纪中期在罗马行医，被誉为“哲人王”的马可·奥勒留聘为御医。在接下来的一千五百年里，盖伦的思想理论主导着欧洲医学的发展。公元八世纪至九世纪，希波克拉底和盖伦关于疾病的学说被翻译成阿拉伯语，对穆斯林世界的医学产生了深远影响。

尽管希波克拉底提出的疾病为体液失衡所致的古老理论已逐渐被抛弃，但瘴气导致疾病的观念一直延续到十九世纪。启蒙运动以后，人们越来越重视卫生和环境清洁能够带来的积极影响。而认为瘴气是疫情成因的想法，正是十九世纪诸多公共卫生措施背后的主要驱动力，相关措施旨在改善工业化期间城市快速发展导致的恶劣卫生条件。

细菌理论的先驱

传染病成因的宗教说从一开始就牢牢占据着人们的头脑，而如瘴气论等非宗教的解释也逐渐深入人心，特别是赢得了社会上层的青睐。这些不同解说似乎并行不悖。

许多流行病极具传染性。但令人惊讶的是，传染病的存在曾一度遭到忽视。如果回头翻看《希波克拉底文集》我们就会发现，虽然其中对相关症状和传染过程的描述可谓详细，但没有证据表明编著者考虑到了这些疾病存在人际传播的事实。值得注意的是，在希波克拉底和盖伦之后的几个世纪里，博学多识的医生对此依旧熟视无睹。瘟疫暴发期间，普通人难道无法在日常生活中观察到传染现象？对于学者的理论，人们是否照单全收？答案是否定的。有证据显示，我们的先辈对疾病的人际传播已经有所了解，而这也影响了人们在大流行期间的行为方式。

此方面的奠基者当数古希腊历史学家修昔底德。[13] 在对公元前五世纪肆虐雅典的流行病的全面描述中，他似乎就认为这种疾病是从一个人传染给另一个人的。同样值得注意的是，作者的观点好像是当时雅典人的共识。

时光之轮必须推进一千七百多年，才能发现进一步的证据，证明“疾病可以人传人”是一个被广泛接受的概念，甚至会产生政治后果。当时，黑死病作为有史以来最令人毛骨悚然的传染病，在全世界肆虐。随后，越来越多的欧洲城市效仿意大利城市的防疫模式，采取了旨在防止传染的明确措施。[14] 具体做法包括采用隔离：新抵达港口的船只上的水手需要留在船上，与岸上的人群隔离四十天，以观察是否患病。“隔离”（quarantine）一词正源自意大利威尼斯方言中的“四十天”（quaranti giorni）。十六世纪初，当梅毒在欧洲暴发流行时，对大多数人来说，这种传染病在人际的传播变得显而易见。

尽管传染观念在部分人群中得到了明确的接受，但就某些疾病而言，关于瘴气的经典理论仍然在见多识广的医生中大行其道，他们承继了希波克拉底的衣钵。尽管其中一些人接受了某些疾病会传染的观点，但很明显他们对传染发生的原因和方式缺乏明确的理解。

然而，出现了这样一位特立独行者，其观点与同时代医学同侪坚持的陈见大相径庭。此人便是意大利人吉罗拉莫·弗拉卡斯特罗（Girolamo Fracastro），或者，正如他在拉丁语著作中自称的那样，叫作希罗尼莫斯·弗拉卡斯特利乌斯（Hieronymus Fracastorius）。弗拉卡斯特罗活跃于十六世纪上半叶。在许多方面，此公都可谓文艺复兴时期的代表人物，精通科学和艺术。他悬壶济世，还是教皇的私人医生，同时身兼帕多瓦大学逻辑学教授，更是天文学家和诗人，善用优雅的拉丁语写作。弗拉卡斯特罗凭借两部作品让自己在医学史上占有一席

提香画作《吉罗拉莫·弗拉卡斯特罗》，约 1528 年，油画。弗拉卡斯特罗（1478—1553），医生，文艺复兴时期代表人物，在医学、诗歌、哲学和天文学等领域均有造诣，因对梅毒的研究名闻天下，提出了关于传染和传染性疾病的综合理论。

之地：叙事长诗《梅毒，法国疾病》（*Syphilis sive Morbus Gallicus*, 1530）和后来的《传染，传染疾病及其治疗》（*De Contagione et Contagiosis Morbis et Eorum Curatione*, 1546）。[16]

弗拉卡斯特罗关于梅毒的篇章，并不是艳词淫调，而是长达三卷的史诗，详细描述了这种疾病的症状、起源和治疗方案，并首次使用

“syphilis”一词加以指代。他还研究了这种疾病的传染机理，但直到若干年后，弗拉卡斯特罗才在上面提到的第二部作品中提出了关于细菌的最终理论。在《传染，传染疾病及其治疗》中，他声称传染是由看不见的极小颗粒，即所谓“微粒状物质”（seminaria）的传播引起的。这些微粒状物质可以通过衣服等物体或空气直接在人际传播。这一描述很符合我们现在的认知。从这个意义上，的确可以将弗拉卡斯特罗誉为具备远见卓识的先驱。当然，也曾有人严肃地指出，无法确切了解弗拉卡斯特罗所说的“微粒状物质”到底是什么意思，这位先驱也没有将这种物质视为具备生命的有机体。

还有人声称，弗拉卡斯特罗的说法并非完全原创，此前，一些古代学者就曾提到，疾病可能是由微小的生物引起的，也就是拉丁语中的“微生物”（animalcula）。盖伦在其包罗万象的医学著作中，还谈到了“瘟疫种子”的概念，但没有加以解释或衍生扩展，这让支持其观点的现代学者沮丧不已。

尽管存在上述反对意见，弗拉卡斯特罗的相关理论无疑颇为新颖有趣。在接下来的几十年里，曾引起了一定程度的关注，但后来逐渐被遗忘，直到二十世纪才又被人重新发现。而到了这个时候，弗拉卡斯特罗早已被奉为“现代传染病学之父”。[17]

1553 年，弗拉卡斯特罗去世。仅仅一个多世纪之后，荷兰业余研究者安东尼 · 范 · 列文虎克（Antonie van Leeuwenhoek）就提出了划时代的发现。如果时光能够倒流，这本应让弗拉卡斯特罗重回潮头，并加速科学研究转向我们今天对微生物和传染的看法。[18] 列文虎克生于 1632 年，是代尔夫特城里一位受人尊敬的布商。虽然没有受过正规教育，但列文虎克有一个爱好，那就是使用显微镜研究自然。他自学成才，钻研出一种制作显微镜透镜的新方法。他独创的显微镜（前后加起来大约二百架）比当时大部分原始仪器要好得多。1674 年的一天，他将从池塘里取来的一滴水放在显微镜下观察，出人意料的是，里面能看到许多肉眼无从分辨的微小生物。他当时看到的可能是一些单细胞有机生物，即如今所谓“原生动物”。两年后，列文虎克进一步改进了显微镜，还将自己的牙龈组织样本放在显微镜下观察。列文虎克在叙述中强调，虽然他非常重视自己的口腔卫生，但还是惊讶地发现了大量的微小有机物，并对其进行了非常精确的测绘。毫无疑问，这是人类历史上对细菌的首次详细描述，而其尺寸甚至比列文虎克之前看到的原生动物还要微小。

列文虎克将自己的发现公之于世，并凭借使用显微镜获得的发现而名声大噪。来自欧洲各地的名人显贵都希望获得他制作的显微镜，好有机会一窥神秘的微观世界。包括俄罗斯沙皇彼得大帝，还有英格兰与苏格兰女王玛丽二世在内的各国统治者，均收到了列文虎克亲手制作的显微镜。

列文虎克到死也没有意识到，自己发现的微生物正是致病元凶。他只会用荷兰语书写，对弗拉卡斯特罗提出的细菌理论一无所知。但令人惊讶的是，没有任何医学界人士将这些新发现的细菌与弗拉卡斯特罗和传染病联系起来。只能说时候未到，列文虎克发现的小生命，还只被当作一种饶有趣味的猎奇之物。

突破：一路荆棘

让我们迈进十九世纪上半叶。这个时候的世界准备好接受更为现代的细菌传播理论了吗？答案当然是否定的。诚然，人们在实践中逐渐认识到，梅毒、淋病、天花和麻疹等常见传染病存在人际传播，但未将这种现象与活病原体联系起来。在一些国家，当局早就制定了各种检疫措施来预防瘟疫——主要指“三大疫病”，即鼠疫、黄热病和霍乱的传播。但这并不意味着就现代意义上的传染病存在任何共识。

人们仍然可用瘴气理论来巧妙解释隔离措施可能产生的效果。

反对细菌理论的，不仅仅是一贯反进步、反科学的老顽固。事实上，许多优秀的科学家对这种理论也持异见，认为其已经过时，只是早期的传统。尽管人们对存在传染病的共识已经持续了好几个世纪，但没有人能够解释传染为何发生。从应对鼠疫、黄热病和霍乱等重大疫病流行的隔离措施中获得的经验，并没有明确指向人际传播。时至今日，我们才弄清楚原委。导致鼠疫和黄热病传染的微生物，主要通过携带病原体的昆虫叮咬，而非人际接触传播。霍乱则通常是通过水源传播的。这意味着经常会出现被传染者从未与已患病的传染者接触的情况。这就是为什么早在中世纪就开始采用的传统隔离措施不总是奏效的原因。而这也被用来作为反对人际传染的证据。这意味着，在强调全面卫生措施重要性的更新版本中，瘴气理论对许多人来说似乎更为合理。修正后的瘴气理论认为，致病的“瘴气污染物”不仅在空气中传播，还可以通过衣服和物品传播。

这一时期的顶尖研究者当然知道，列文虎克已经证明了微生物的存在，但还没有人能够令人信服地证明这种微生物会导致人类患病。此外，当时已经证明细菌可以存活于完全健康的个体内。透过尚属原始的显微镜观察，所有细菌看起来都相差无几，以至于当时的人们认为几乎不可能存在具备完全不同致病能力的不同细菌。

十九世纪中期，细菌感染理论备受质疑的原因还有很多。[19]此时，中产阶级的影响力与日俱增，他们高度参与国际贸易，支持经济自由主义，反对当局过多干预。而当时许多地方仍在执行的传统检疫规定，一方面可能会造成巨大的经济损失，另一方面，如前所述，它未必有效，因此被视为对贸易发展的阻碍。隔离检疫措施的反对者认为自己高瞻远瞩，是在为个人自由和贸易发展而战，是在对抗反动的专制政权。此起彼伏的抵抗导致几个欧洲国家取消了隔离措施。

在这场辩论中，政治和经济考量当然发挥了作用，但毫无疑问，细菌理论的反对者完全相信他们是正确的。正因如此，一些人才会大胆实验，甚至不惜将自己暴露在来自黄热病和鼠疫患者的传染性物质之下。令人惊讶的是，大多数情况下并没有发生感染。然而在某些情况下，事态急转直下。例如，一名实验者试图主动感染鼠疫未果，最终死于自己造成的黄热病。然而，这些大胆实验的结果，往往符合人们认为传染理论无用的结论。

细菌理论支持者和反对者之间两极分化的最后一个因素，是关于自然发生说的激辩。查尔斯 · 达尔文和其主张的进化论已经成为现代正规教育的组成部分，自然发生说对我们来说显然是陌生的。[20] 认为生命可从无生命物质中自然产生的自然发生说，很早便已出现，最初支持者甚众。[21] 例如人们认为，像老鼠和青蛙这样的小动物是从腐败物中自然孕育而生的。自然发生说之所以变得重要，还在于其反映了教会与宗教批评者之间的长期不睦。自十八世纪后半叶启蒙运动以来，宗教批评者的反对声愈发激烈。

虽然基督徒认为自然发生说亵渎神灵，因为只有上帝才能创造新的生命，但依旧得到了一些启蒙运动思想家及其后继者的支持。在十九世纪，仍有许多人相信细菌等微生物可在腐烂的物质中自发形成。早在十八世纪，双方阵营的代表就进行了一系列良莠不齐的实验，以期找到证明各自观点正当性的方法，但并未得出任何明确结论。

为什么自然发生说对于围绕细菌理论的论争至关重要？原因在于，主张细菌可以从无到有产生的人，认为细菌也可能自然生发于人体内，与外部传染无关。这个现在被嗤之以鼻的错误想法，得到了当时备受尊敬的科学家支持，而他们拒绝接受关于传染和细菌致病力的理论。

1850 年前后，正反双方围绕细菌理论和细菌作用的激烈斗争，有时甚至是情绪化的宣泄，依旧没有产生任何板上钉钉的结论。[22] 然而在此期间，针锋相对的不同阵营可不仅仅在打笔墨官司。得益于切

乔治·平威尔，“死神药房：经教区许可免费向穷人开放”，载于《乐趣》，1866年8月18日。这幅讽刺画展示了伦敦苏活区布罗德街传播致命霍乱病毒的水泵。

实可行的实验和细致深入的观察，不断涌出的新发现逐渐让反对细菌理论的一方难以望其项背，也为所谓“细菌学革命”奠定了基础。上述发现不少都来自名不见经传的研究者或医生，因此最初没有得到多少关注，某些甚至还受到了激烈批评。下面，就让我们重新审视其中的一些卓见吧。

英国外科医生约翰·斯诺（John Snow）与霍乱的故事相当有名。[23] 当时，欧洲霍乱肆虐。斯诺研究了此类疫情的许多细节，确信霍乱一定是由患者粪便中的某种传染性物质引发，而这些致病物质通过饮用水感染了新的个体。1854 年，伦敦苏活区霍乱流行，斯诺经观察发现，在布罗德街某个公共水泵取水的人中发病率特别高，据此确信这里一定是受了致病物质的污染。于是，他说服地方当局拆除此地的水泵手柄，新的霍乱病例随之大幅减少。不过在这个当口，霍乱流行的整体趋势也在很大程度上开始下降。

斯诺对此并不满意。当时，伦敦的供水系统掌握在多家私营公司手中，而这些公司从泰晤士河的不同区段取水。斯诺最终证明，由没有受城市污水污染的上游河段供水的地区，相较于由伦敦市内泰晤士河段供水的地区，霍乱病例要少得多，后者显然受到当时相当原始的垃圾和污水处理系统的严重污染。

最初，斯诺和他的细菌理论遭到了相当大的阻力，无法在业内知名的期刊上发表相关报告。然而，他主张的理念逐渐深入人心，并对伦敦的供水系统产生了实际影响。尽管斯诺本人并未证明引起霍乱的传染源，但理应在医学史上占有一席之地。诚然，他对霍乱传染的观点并非完全独创，却用惊人的努力使其得以证实。时至今日，在布罗德威克街上还有一家以斯诺命名的酒吧，尽管这位医生在一生中的大部分时间都滴酒不沾。

相对而言，匈牙利产科医生伊格纳兹·泽梅尔魏斯（Ignaz Semmelweis）的故事要悲惨得多。十九世纪中期，欧洲医院外科病房的传染情况十分严峻。[24]手术后的病人因为细菌感染，死亡率极高。曾有外科医生表示，因手术而住院的患者，其死亡风险远远超过1815年滑铁卢战役中的英国士兵。产科病房的情况也没好到哪里去，由细菌感染引起的产褥热风险极大，死亡率居高不下。

当时，泽梅尔魏斯供职于维也纳规模最大的医院产科病房，吃惊地发现产褥热极为高发。这间医院的产科分为主要作为医学生实习医院的第一产房，以及培训助产士的第二产房。第二产房收治的产妇和新生儿因产褥热死亡的比率明显低于第一产房。泽梅尔魏斯仔细记录了两个产房的产褥热发生情况。并发症明显是由医学生而不是助产士引发的。可原因到底是什么？泽梅尔魏斯最终发现，医学院的学生经常完成尸体解剖后就直接过来接生。他得出结论，医学生的手可能被所谓"尸体微粒"污染，然后又接触到产妇的外阴。泽梅尔魏斯认为，正是这些"尸体微粒"导致了产褥热。虽然并不知道这些微粒是活的微生物，但他仍命令学生即刻起在接生前用氯化水彻底清洁双手。此举使该医院的产褥热发病率急剧下降。

泽梅尔魏斯的遭遇可谓悲惨，他因为提出创新理论而面临卫生当局的质疑刁难，在精神病院里遭受了非人的虐待与折磨。泽梅尔魏斯于1865年去世，死因很可能是由其毕生与之抗争的同一种细菌所引起的伤口感染。

在很多人眼中，泽梅尔魏斯俨然被奉为科学真理的殉道者而名留青史。但在很大程度上，他被神化了。实际上，泽梅尔魏斯的思想赢得了大量支持者，并逐渐传播到欧洲各地。泽梅尔魏斯的确遭遇了维也纳顶尖医生群体的阻挠。在科学领域，任何全新的革命性真理若想得到支持，都需要一定数量的中坚力量大力"推销"。泽梅尔魏斯很可能缺乏相关天赋。他是一个很难相处的人，并逐渐发展出严重的人格障碍，近似于偏执的性格让朋友和支持者与其渐行渐远。当时维也纳的政治氛围也存在一定问题，奥地利人和匈牙利人水火不容，这让身为匈牙利人的泽梅尔魏斯处境极为尴尬。

虽然泽梅尔魏斯很可能没有意识到，但实际上，在他之前就有医生得出过类似的结论，即产褥热是由某种传染性物质引起的。1790 年前后，苏格兰医生亚历山大·戈登（Alexander Gordon）得出上述结论，但遭到同行集体反对，最终穷困潦倒，在兄弟的农场了却残生。[25]

法国医生卡西米尔-约瑟夫·达韦纳（Casimir-Joseph Davaine）的先驱身份鲜为人知，他的发现为后来细菌理论和细菌作用的研究突破铺平了道路。十九世纪六十年代，达韦纳对当时在牲畜中猖獗一时的炭疽病进行了一系列精妙研究。这种细菌性疾病不仅造成了严重的经济损失，甚至还会导致人类被感染死亡。达韦纳检测出患病动物血液中的细菌，证明含有细菌的血液将疾病传播给健康动物。命运多舛的他起初遭遇来自医学界的极大阻力，后来又被路易·巴斯德和罗伯特·科赫这两位在细菌学革命中占主导地位的学界巨人完全夺去风头。

然而，达韦纳并不是唯一在理解细菌致病作用的研究中取得重大突破的人。十九世纪，被认为处于欧洲知识圈边缘的挪威，在此领域做出了长足贡献。1873 年，在卑尔根一家麻风病医院工作的挪威医生阿莫尔·汉森（Armauer Hansen）有了一个重要发现。[26] 他对麻风病非常感兴趣，当时人们认为麻风病要么是遗传的，要么由瘴气所致。然而，汉森通过显微镜从患病组织的细胞内检测到细小的杆状体，得出结论：这些生物一定是麻风病的成因。这也是对麻风病细菌的首次科学认定。一位名叫阿尔伯特·奈瑟的德国研究人员试图争夺率先发现麻风病细菌的殊荣，但最终汉森获得了在麻风病史上的应有地位。在国际上，麻风病通常被称为“汉森氏病”。然而必须承认，汉森的伦理意识与他的研究天赋存在巨大反差。他试图将病菌转移到患病女性的眼中。虽然该患者当时已经患有麻风病，但汉森想通过骇人听闻的人体实验，弄清楚她是否感染了与病菌来源患者相同

1873 年，在卑尔根一家麻风病医院工作的阿莫尔 · 汉森医生，他率先在麻风病患者的组织细胞中检测到麻风病细菌。麻风病因此得名“汉森氏病”。

类型的麻风病。为此，汉斯象征性被判处刑罚，也丢掉了在卑尔根麻风病医院的饭碗。

斗牛士登场

这一时期许多重要的观察结果表明，细菌传播与许多疾病存在明确关联，但一直没有找到无可辩驳的证据。十九世纪中叶围绕细菌理论的争论，不由让人联想起斗牛。在西班牙斗牛赛的首轮，公牛虽被骑手用长矛以各种方式放血而变得虚弱，但没有被最终击败。然后才是斗牛士进入竞技场的高潮桥段。如果一切顺利的话，在四周看台如雷鸣般的掌声和激昂的进行曲中，斗牛士的剑画出优雅的线条，被刺中心脏的公牛瞬间倒地。这被称为“关键时刻”。到目前为止，本书提到的细菌理论史上的各位研究者，在某种意义上，都只不过扮演着这一“关键时刻”的助手角色。在这个关于细菌学革命的传奇中，备受赞誉的斗牛士非法国的路易 · 巴斯德（Louis Pasteur）和德国的罗伯特 · 科赫（Robert Koch）莫属。

路易 · 巴斯德出生于 1822 年，父亲是一名制革工人，此前曾在拿破仑的军队中英勇作战。巴斯德醉心化学研究，并最终晋升为化学教授。在这门学科中，他做出了有趣而新颖的发现。[28] 机缘巧合，巴斯德对发酵过程的生物机理产生了浓厚兴趣，当时的惯常观点认为，发酵过程完全是化学反应。然而，巴斯德最终证明，各种各样的发酵完全依赖于活的微生物：酵母真菌和细菌。这位化学家还证明了不同细菌会产生不同的发酵物。他在实验室里设法培养出研究的各种细菌和真菌。巴斯德还发现，某些细菌会在啤酒酿造过程中导致有害物发酵，可以通过热处理来防止这种情况，因为热处理会杀死相关微生物。这就是后来被称为“巴氏杀菌法”的发端。例如，对牛奶进行巴氏杀菌，可以使有害细菌失去活性。

巴斯德随后加入了当时如火如荼的关于自然发生说的争论。从最开始，他就不相信存在什么自然发生。这种现象也与他的宗教信仰不符。通过一系列设计精妙的实验，这位化学家最终彻底粉碎了流行几百年的自然发生说。[29]

又是阴差阳错，巴斯德再次着手调查一种神秘疾病，大量蚕虫患病死去，几乎摧毁了作为法国经济支柱的丝绸业。经过大量实验，他终于证明杀死蚕虫的疾病与微生物有关，所以这是一起传染病例。

巴斯德的研究结果对法国葡萄酒生产也具有重要意义。不言而喻，这使他享有盛誉，根据法国现任总统马克龙的说法，葡萄酒“代表着法国的灵魂”。

从那时起，巴斯德对作为致病原因的微生物越来越感兴趣，也对

阿尔伯特·埃德费尔特,《路易·巴斯德》, 1885年，油画。

人类传染病越来越感兴趣，并穷尽余生来证明。他通过动物实验加以证明，同时还跟进了达韦纳对炭疽菌的研究。他的研究结果也令人信服地证实了当时初出茅庐的新锐罗伯特·科赫发表的重大发现，本书将在后文详述。在人生的最后阶段，巴斯德做出了一生中最重要的贡献，划时代地研发出人类疫苗，在许多方面一举奠定了现代预防接种医学的基础。巴斯德对疫苗研发做出的贡献，丝毫不亚于其早期针对细菌开展的基础研究成果。对此，后文还有涉及。

巴斯德对细菌作用的历史性发现，在法国内外引发广泛关注。年轻的英国外科医生约瑟夫 · 李斯特（Joseph Lister）也痴迷于这些发现。[30] 与当时的其他外科医生一样，他对手术后伤口感染非常感兴趣。伤口感染事关生死，直接导致当时的术后死亡率居高不下。

李斯特的想法直截了当，伤口感染是由周围进入伤口的细菌引起的，最终引发了巴斯德证明在发酵过程中发生的相同类型的有害过程。李斯特认为，用杀菌物质治疗此类感染是合理的，他选用化学物质苯酚，将其直接涂抹于手术伤口，还喷洒在患者周围的空气中。结果令人信服，苯酚具有一定的杀菌效果。

李斯特的方法很快在欧洲大陆得到采用，先是在德国，然后是在法国。但在英国和美国，他的观点最初遭遇诸多质疑。这主要由于当时人们对医学界鼓吹的细菌和细菌理论普遍存在不信任感。然而渐渐地，李斯特作为先驱者的地位获得了充分的认可，他于 1897 年被维多利亚女王授予男爵头衔。在此后的一百五十年间，李斯特和其他外科医生在对抗伤口感染方面的投入，对外科的发展起到了至关重要的作用。

现在，让我们来看看巴斯德的伟大对手，细菌学革命的另一位巨人罗伯特 · 科赫。[31] 在执业生涯的早期，科赫被包括霍乱在内的传染病深深吸引。让他产生兴趣的动因，源自霍乱流行期间，以及 1870 年至 1871 年普法战争期间，他身为陆军医生亲身经历的伤口感染。作为一名在沃尔斯坦小镇，即现在波兰的沃尔什滕执业的当地医生，罗伯特 · 科赫痴迷于研究当时荼毒羊群并造成多人死亡的炭疽病。

二十九岁生日时，科赫收到了妻子赠送的礼物，一台显微镜。他由此建立了一个略显简陋的临时实验室，与其手术室仅一帘之隔。尽管他几乎无法接触其他研究环境，但仍然取得了一些开创性发现，表明炭疽病是由细菌引起的。与之前的达韦纳一样，科赫在患病动物的血液中发现了这种细菌。他成功培养出了菌株，并将炭疽传给实验的其他动物。科赫发现，自己所培养的细菌可以在长期的休眠状态下，转化为一种致命的杆菌，而这种杆菌又可以在长期的休眠状态下传染人类。

1876年，科赫将自己关于炭疽的发现公之于世。这一新发现被视为传染病学史上的重大突破，因为这是人类历史上第一次证明细菌会导致人类疾病。尽管有人将信将疑，但科赫的发现依旧引发了极大轰动。如前所述，此后不久，巴斯德就证明了这个发现。

科赫的发现接二连三，为现代细菌学奠定了基础。[32]他推出了一系列全新的细菌培养法，并开发了染色技术，可以让显微镜下的细胞清晰可见。他还对显微技术的改进做出了贡献，而这对细菌的进一步研究非常重要。

当时若干卓越的研究者声称，只有一种细菌可以变异成其他细菌，这种说法今天看来无疑像奇谈怪论。科赫对各种伤口感染进行了深入研究，完全驳斥了这种说法。事实上，存在大量不同的细菌，不同的细菌会导致不同类型的感染。这一结论，也与巴斯德关于不同细菌在发酵中的作用的研究结果一致。

接下来才是科赫的高光时刻，他发现了导致结核病的细菌。相较而言，炭疽传染人类的情况十分罕见，主要发生于农业区。结核病却是一种极其普遍的疾病，在当时，欧洲每七人中就有一人因结核病死亡。认为结核病可能是传染病的理论，显然算不得创新。[33]早在1865年，法国陆军医生让·维尔曼（Jean Villemin）就通过划时代的实验证明，向兔子注射结核病患者的病变组织可以传播结核病。但因为无法证明细菌的存在，维尔曼的发现备受质疑。科赫确信，病人的病变组织中一定含有某种常用细菌染色方法无法发现的结核杆菌。通过细致的试验不断试错，科赫成功研发出一种全新的染色方法，令人信服地证明了感染结核病的人类和实验动物的组织中都存有同种细菌。

经过进一步的艰苦实验，科赫成功培养出了结核杆菌。随后，被注射结核杆菌的实验动物出现了典型的结核病症状。

1882 年 3 月，罗伯特 · 科赫在柏林的一次科学家大会上展示了自己关于结核病的发现。观众中的几位大科学家对此赞不绝口。后来的诺贝尔奖得主保罗·埃利希（Paul Ehrlich）当时也在场，说这是“我作为科学家一生中最重要的经历”。短短几个月，科赫就已名满天下。

然而，就在结核领域取得成功后不久，科赫就面临着全新挑战：霍乱。[34] 当时霍乱高发，死亡率很高，已经蔓延到埃及。应埃及政府请求，科赫领导的德国研究小组和巴斯德手下的法国研究小组先后前往埃及。1883 年，科赫和助手在患者的肠道系统中检测到霍乱弧菌。他还设法培养了这种细菌，并证明它很可能是通过受污染的饮用水传播的。在埃及疫情达到顶峰，病例不断减少后，科赫和他的团队继续前往印度研究霍乱。

回到德国后，科赫团队被誉为英雄。相比之下，法国团队一败涂地，一名成员死于霍乱，巴斯德等人不得不灰头土脸打道回府。这被视为法国在普法战争战败后的又一次奇耻大辱。

尽管科赫对霍乱的研究极其彻底，但仍有许多人对他的发现表示怀疑，部分原因在于，最初没人能够将霍乱弧菌传染给实验动物。最具影响力的批评者当数德国科学家马克斯 · 冯 · 佩滕科费尔（Max von Pettenkofer）。佩滕科费尔发展出了一种高度复杂的瘴气理论变体，用以解释霍乱的成因，并不准备接受细菌本身会导致疾病的说法。他向科赫索要了一份霍乱弧菌的样本，然后喝了下去。佩滕科费尔没有感染霍乱。尽管佩滕科费尔最大限度地利用了这一点，但在接下来的几年里，科赫的观点明显占据上风。在多年的抑郁症恶化后，佩滕科费尔于 1901 年自戕身亡。

作为一名教授，科赫在从事了几年重要的行政管理工作后，又回

KOCH AS THE NEW ST. GEORGE.

罗伯特·科赫被描绘成挥舞手中作为武器的显微镜，与化身恶龙的结核病搏斗的“圣乔治”。

到了结核病研究领域。这一次，他致力于开发一种突破性的治疗方法。在实验室紧张工作一年后，1890 年 8 月，他在一次研究会议上宣布，动物实验已经发现了一种能遏制结核病的杀菌物质。他最初没有透露所谓的杀菌物质正是结核菌素——一种皮下注射的甘油，内含结核杆菌提取物。科赫之所以将结核菌素“配方”按下不表，是想通过销售结核菌素来赚钱，不希望有来自其他研究人员的竞争。科赫将这种结核菌素提供给了许多结核病患者，没有做系统性试验就声称治疗效果显著。

这一“疗法”引发国际社会的极大关注，科赫再次受到世人追捧——至少一开始是这样的。[36]结核病新的治疗方法一经公布，便成为关注的焦点。在德国最负盛名的医学期刊上，科赫被比作屠龙的圣乔治。前页图中描绘了科赫骑在名为“科学”的马上，挥舞手中作为武器的显微镜，向结核杆菌发起致命一击。

数以千计的结核病患者涌向柏林接受治疗，这座城市的客栈接待量濒临极限。科赫说服政府成立了一间传染病研究所，由他本人担任所长。科赫招兵买马，逐渐构建起由优秀同行组成的庞大团队，在接下来的几年里，他们在细菌领域取得了许多发现，包括识别导致伤寒、白喉、破伤风、肺炎和脑膜炎等重大传染疾病的细菌。科赫及其团队还启发了其他研究者寻找致病菌。科赫发现炭疽菌之后的三十年里，可以被称为细菌学史上的“黄金时代”。[37]

然而，科赫将结核菌素作为结核病治疗手段的疗法，对他本人和他的病人来说，都可谓一场灾难。[38]到了 1890 年底，人们开始清楚地意识到，广受赞誉的科赫疗法效果无法令人信服。结核菌素会导致患者发热，偶尔还会出现严重的过敏反应，但并未达到治愈的目的。令人惊讶的是，在此期间，科赫放弃了此前一直秉持的批判意识，对此，生活在现代的我们无法给出合理的解释。这是古希腊人所谓该当天谴的“狂妄自大”（hubris）的当代范例吗？随着人们对结核病疗法的热情不再，科赫的声望也跌至谷底，婚姻同时宣告破裂。但在经历结核菌素的惨败后，这位科学巨人再次站了起来，进一步做出了重要的研究贡献，尤其是在热带传染病领域，也逐步恢复了声誉。1905年，他当之无愧摘得诺贝尔奖的桂冠。

回顾细菌学革命

现代细菌理论的突破与细菌导致传染病的证明，一起成为医学史上的里程碑。作为一项革命性进展，细菌学理论对传染病的预防和治疗都产生了巨大影响，并颠覆了两千多年来一直占据上风的瘴气学说。如果咬文嚼字，“革命”这个词则可能不太准确，如前所述，传统疾病观发生根本性改变历经数十年之久。

每每谈到革命，历史叙事经常强调某些关键人物发挥的决定性作用。说到俄国革命，就会想起列宁和托洛茨基，法国大革命则可以与罗伯斯庇尔和丹东画上等号。而我们往往忘记，还有其他人也为革命性突破做出过贡献。

围绕细菌学革命最传统的历史表述，明确将巴斯德和科赫视为巨人，而为科学突破做出贡献、辛勤耕耘的其他人都被遮蔽在阴影下，甚至部分遭到遗忘。我之前曾把他们比作斗牛场上持长矛的骑手，至于高潮，则以斗牛士巴斯德和科赫登场后的“致命一击”告终。当然，忽视其他投身其中且富有远见的研究人员，明显是不公平的，他们在历史叙事中通常只被赋予了龙套角色。本书对其有所提及，并将在后文中多加笔墨。

本书着力于此，还有一个更好的理由，那就是不要忽视为巨人的壮举做出贡献的铺路者。关于科学的流行陈述，通常只关注少数关键人物的努力，表面上看来，电光石火般的灵感时不时会光顾这些天才。阿基米德意识到浸没于水中的物体存在向上浮力的规律后，兴奋地从浴缸中跳了出来；艾萨克·牛顿在看到苹果掉到地上后，顿悟出了万有引力定律，都很好地说明了这一点。然而事实上，即使是最杰出的天选之子，都需要以他人的前期研究作为基础。科学研究是一项艰巨的任务，需要聚沙成塔。这在很大程度上也适用于催生细菌学革命的思想贡献。

即便如此，巴斯德和科赫在传染病学史上的崇高地位仍毋庸置疑。他们是真正惊人的研究者，富有远见、严于律己，尤其具备超强的工作能力。据说，每当巴斯德一如既往在实验室工作到深夜时，年轻助手都会听到这位大师一遍又一遍地咕哝着一个特定的句子。为了弄清这是否为大师取得成功的秘籍，其中一人躲在窗帘后面，默记下巴斯德不断重复的咒语："工作必须完成，工作必须完成。"特别是在巴斯德被奉为英雄后，不管走到哪里，都能听到有人在谈论法国的巴氏杀菌法。[39]

巴斯德和科赫还拥有其他有助于科研成功的人格特质：宣传自己的发现与自我推销的能力，以及长袖善舞，与主要政治家保持良好关系的手腕。面对质疑，两人都会针锋相对，毫不退缩。有一次，被巴斯德激怒的一位年迈的外科医生甚至提出了决斗的挑战。

毫不奇怪，传染病学的两位新星之间一直剑拔弩张。可能是由于两位雄心勃勃的研究者之间围绕相关课题存在着激烈的竞争，而这在科学界并不罕见。同时，普法战争前后高度紧张的法德关系也在从中作祟。普法战争以法国的耻辱失败告终，巴斯德怒气冲冲地归还了此前从波恩大学获颁的名誉学位证书。

这个可以称之为细菌学革命的黄金时代，为全面系统的国际研究进程奠定了基础。随着新微生物和细菌的不断发现，病毒、原生动物、真菌和朊病毒等相关研究领域逐渐拓宽。对此，请容后文详述。

细菌学革命的相关记载通常集中在对现代传染医学和患者治疗的影响上。从某种意义上说，这并不令人惊讶，因为在这些领域，细菌理论的影响意义重大。尽管本书专注于从医学角度讨论人类和微生物之间永无休止的斗争，但需要时刻牢记的是，在过去一个半世纪，细菌学领域的积极探索增加了我们对世界的整体知识，其影响远远超出了传染病学领域。特别是，细菌学研究为我们提供了有关一切存活细胞生命过程的全新且有价值的认识。我们深入了解到，微生物对维持地球上所有生命极端重要。此外，我们还学会利用细菌制造新药。细菌和病毒也有可能以全新形式用于治疗包括各种癌症在内的多种疾病。特别是现在被纳入诸多基因疗法中的病毒，显示出治疗一系列疾病的广阔前景。

微生物的多元世界

本书主要关注人与微生物之间的殊死斗争,而这里使用的概念“微生物”指肉眼无法看见、只能通过显微镜观察到的生物体。但是，人类和其他生物也可能受到不用显微镜就可清晰辨识的生物体感染，如各种形式的寄生虫。正因如此,本书所使用的“微生物”概念较为宽泛，其中也包括能引发常见重症的寄生虫。

在介绍被称为病原体的各种形式的微生物之前，需要对生命起源稍加介绍。

“原始汤”与生命起源

一般认为,我们生活的这个星球形成于四十五亿至五十亿年前。[40]在最初的十亿年间，地球上没有生命存在。这里形同地狱，温度极高，大气中缺乏氧气，可能主要由二氧化碳、氮、氢和甲烷等气体组成。不时会出现猛烈的火山喷发、电闪雷鸣的暴风雨，乃至陨石撞击。原始大气缺乏保护性的臭氧层，这意味着地球表面持续暴露在紫外线和宇宙辐射之下。尽管各方面的条件决定了早期地球不甚宜居，但在地球形成十亿年后，温度冷却到了一定程度，温暖的海洋中开始悄然发生变化。水不再以蒸气的形式存在。一种生命形式出现，标志着随后地球上万千生灵的源起。关于这是如何发生的，存在不同学说，但相关论争不在本书的叙述范围之内。总体而言，过去八十年间盛行的观点认为，第一批细菌出现在三十五亿到四十亿年前被称为“原始汤”（primeval soup）、近似于混沌的海洋之中。

在接下来的三十亿年间，细菌是地球上唯一的生命形式。它们充分利用这段时间，根据永恒的进化律发展出了无数新形态。生命力极其顽强的细菌逐渐征服了地球上的每一个角落。

如前所述，在最初的数十亿年间，地球大气中缺乏氧气。但是大约二十亿年前，氧气浓度开始显著增加。这是因为细菌的出现。细菌可利用阳光的能量将水和氢转化为化学能，也就是如今植物的“光合作用”来制造氧气。渐渐地，一些细菌学会了利用氧气来产生能量。事实证明，这种能量生产效率要高得多。至此，地球生命史中下一个重大事件的基础已被奠定。大约十五亿年前，出现了真核细胞。[41] 这种细胞是除被称为原核细胞的细菌以外所有生命形式的基础。新的真核细胞肯定是从细菌中衍生出来的，但它们脱离了细菌世界，得到了进一步的发展。真核细胞的进化结果便是我们人类。

作为细菌的原核细胞与包括人类在内所有动植物中的真核细胞存在着根本区别。原核细胞更小、更原始，而真核细胞的细胞核中含有由染色体组成的遗传物质，即脱氧核糖核酸。细菌缺乏细胞核，其遗传物质位于一条环形染色体上，该染色体在细胞质中自由游动，而细胞质是被细胞膜包围的细胞液。细菌的细胞膜外一般都具有细胞壁，真核细胞中则缺少这一结构。两种细胞还有许多其他基本差异，也包括繁殖方式和代谢过程。

十亿年后，真核细胞开始为了互利共生而相互结合，生命的发展出现了下一次飞跃——多细胞有机体。在多细胞有机体中，单个细胞逐渐向不同方向分化，形成不同的器官。正如俗话所说，接下来的事就世人皆知了。

细菌：地球上最早的居民

细菌，作为单细胞有机体，大小在 0.2μm 到 10μm 之间，只能在显微镜下观察。迄今为止，得到命名的细菌总共有一万两千种。[42] 尽管如此，细菌的实际种类要比这个数字多得多，只是还没有被发现，或者没有得到充分研究而已。细菌在地球上随处可见，即使在最恶劣的条件下，如沸腾的泉水、极地冰层的深处、高盐度或极度酸性的湖泊、深不见底的海床，乃至多个大气压作用下的地球深处，也是如此。在所有种类的细菌中，只有少数（大约一千四百种）会导致人类疾病。

在自然界中，细菌的特性和作用有着巨大的多样性。然而，所有细菌都具备一个共同点：自适应的能力。数十亿年来，这种适应性一直是细菌独特的生存因素，但同样也使得致病菌成为人类的危险对手。

强大的适应能力与细菌繁殖和处理遗传物质（即“基因”）的方式有关。[43] 细菌的繁殖方式是，一旦细胞大小增加一倍，就会分裂成两个染色体相同的子细胞。在大多数细菌中，细胞分裂非常频繁。例如，霍乱弧菌每十三分钟就分裂一次。而脱氧核糖核酸分子中经常发生突变。这会改变遗传信息，有时还会改变细菌的性状。

然而，细菌的遗传信息（遗传物质）不仅与单个染色体上的脱氧核糖核酸有关。许多细菌，除了自身的一条染色体外，还具有单个、环状的脱氧核糖核酸分子，即所谓质粒，携带着对细菌有用的额外遗传信息。质粒携带的遗传信息可以在单个细菌之间交换，即通过在它们之间形成管状通道传递给相邻的细菌。通过这种方式，受体获得新的基因。

细菌还可以从周围的已死细菌中提取脱氧核糖核酸。最后，如果细菌细胞受到被称为“噬菌体”的特殊类型病毒的攻击，也可能得到新的遗传物质。对此，本书将在稍后再行讨论。

综上所述，细菌可以通过不同方法快速改变自身的脱氧核糖核酸，也就是遗传物质。这种特征使它们能快速适应进化过程，并导致了当今传染病学面临的一个主要问题：对抗生素耐药的细菌数量与日俱增。

病毒：生命过程中微小但有活力的参与者

在细菌学发展的黄金年代，新的致病菌不断被发现，人们清楚地意识到，在一些显然具备传染性的疾病中，根本无法检测到细菌的存在。[44] 对于一些疑似传染病（如麻疹、天花、流感、腮腺炎），这可能意味着，在过滤掉细菌后，患者体内仍存在传染性物质。因此，这些致病物质一定是非常小的颗粒，尺寸比细菌小得多。这些物质被命名为“病毒”。除少数特例之外，病毒比细菌小得多，用普通光学显微镜无法观察到。直到 1932 年电子显微镜出现后，观察病毒才成为可能。

病毒可能是地球上数量最多的微生物，其结构比细菌简单得多。遗传物质（基因）由脱氧核糖核酸或核糖核酸组成。它被一种蛋白质胶囊，即衣壳包围。许多病毒也有外膜，即病毒包膜。

病毒是生物体吗？对此存在不同意见，但答案在很大程度上取决于对生命的定义。如果将繁殖能力作为生命的标志，那么病毒就必须被算作生物。如果认为生物体必须能够完全独立繁殖，那么病毒就不能被算作生物。所有病毒的共同特点是，只能在活细胞内繁殖。当病毒颗粒附着在细胞表面充当“开门人”的特定分子之上，借此进入细胞后，这种情况就会发生。一旦进入细胞，病毒便接管了对细胞的控制权，迫使细胞根据病毒自身的遗传物质产生更多的病毒颗粒。新产生的病毒颗粒离开细胞，就可以感染新细胞。宿主细胞在这一过程中死亡的概率非常高，堪比微生物世界的“劫持人质”。

病毒的特殊生存方式对地球上所有生物都影响重大。病毒可以感染所有形式的生命：细菌、植物和动物。通常在前一次“造访”后，病毒基因就被吸收到不同生命体的遗传物质中。可以说，病毒在细胞中留下了自身的应答信息作为脱氧核糖核酸。这可能对进化过程产生了很大的影响。病毒具有破坏和分解受感染细胞的能力，但也促进了自然界中无休止且必不可少的营养循环。

迄今为止，在病毒的广阔世界中，只有少数几种引发了人类疾病。此类病毒中的大多数都会导致较为严重的传染病。其中一些，如天花、麻疹和流感病毒，更是导致高传染率的大范围疫情的典型原因。

至于病毒的起源，依旧迷雾重重。它到底是一种已经无法自力更生的退化细菌？还是来自质粒，即细菌中常见的环形脱氧核糖核酸结构？没有人能够给出确切的解答。

原生动物:“第一批动物”

原生动物，希腊语原意为“第一批动物”，是单细胞有机体，与细菌不同，它和其他动植物一样属于真核生物。[45] 而这意味着原生动物有自己的细胞核和更复杂的代谢机制。某些原生动物的大小与细菌大致相同，而另一些则稍大。原生动物的种类超过二十万，但只有少数会导致人类生病。然而这些疾病，如疟疾、阿米巴痢疾和非洲昏睡病，往往影响广泛、后果严重。原生动物是极为高效的致病微生物，人类的免疫反应很难与之对抗。因为新陈代谢机制与人类类似，原生动物相较于细菌更难用药物治疗。

大多数致病性原生动物都存在于热带地区。国际旅行的日益频繁，导致西方国家此类传染病发病率显著增加。免疫反应降低的患者不断增加也是原因之一，后文将谈到这一问题。

真菌：引发普通感染和严重传染病

真菌是单细胞或多细胞生物，与人类细胞一样，属于真核生物。[46] 与人类细胞的不同之处在于，真菌的细胞膜外存在甲壳质。在现存的二十五万个真菌物种中，只有少数会导致人类患病。一些真菌感染会引发相当轻微的皮肤问题，如癣或脚气，而另一些真菌则会造成人类医学所知最为严重的传染，患者死亡率几乎为百分之百。[47] 自身免疫力下降的病人，感染后往往会面临生命危险。

寄生虫：引起传染的大小原因

寄生虫是人类传染的最常见原因之一。[48] 这种传染在热带地区极为常见，但在世界其他地区也有少量分布，总体上无害。与其他导致人类传染病的生物不同，寄生虫是一种肉眼可见的多细胞生物，长度在一厘米到十米之间。许多寄生虫的生命周期相当复杂，而人类只是寄生虫感染的所有宿主的中间宿主。

寄生虫引起的传染病既有相对无害的慢性肠道感染，又有侵袭肝脏和大脑等内脏器官的危重症，不一而足。严重感染的例子有：可通过食用受污染猪肉传染的旋毛虫病，可通过接触水源传染的血吸虫病，以及可通过动物粪便中的卵传染的绦虫病。

朊病毒：致命的蛋白质分子

朊病毒是传染病最小和最原始的病原，直到几十年前才被发现。[49] 朊病毒很难被称为生物体，因为它们只由一个蛋白质分子组成，没有自己的遗传物质，若缺乏宿主就无法繁殖。朊蛋白具有一个令人生畏的特性，它通常会在人或动物中枢神经系统中找到与自身几乎相同的分子，对其发动攻击，并将之转化为新的朊蛋白分子，后者的氨基酸序列相同，但空间结构异常。随着越来越多的正常蛋白质分子被转化，逐渐通过一种多米诺骨牌效应导致神经细胞最终遭到破坏。

朊病毒会攻击大脑和脊髓，使动物或人类患上某些无药可治的罕见病。例如，俗称“疯牛病”的牛海绵状脑病。在北美和斯堪的纳维亚半岛，当地的驯鹿和麋鹿感染朊病毒后，患上了慢性消瘦病。朊病毒致病具有传染性，但也可能具有遗传性。

进化与微生物入侵

第一批细菌，作为地球上最早的居民，从出现之时起，就表现出了惊人的适应性，占据了所有可以想象的栖息地。[50] 然后出现了新的生命形式：原生动物、多细胞生物，以及病毒。毫无疑问，细菌很快发现了在新的生命形式中生长的可能性，并利用自身的适应能力成功侵入。病毒也贪婪地寄生于动物体内，地球上几乎没有任何形式的生命能够免受病毒传染。病毒常常对宿主细胞造成毁灭性后果。植物也未能发展出抵抗微生物强力入侵的能力。

微生物入侵其他生命形式的结果，有时是互利共生，有时则会导致宿主染病并受损。细菌和人类之间的相互作用也大致如此。这一结论同样适用于我们与入侵人体的其他微生物，如病毒、真菌和原生动物的关系。

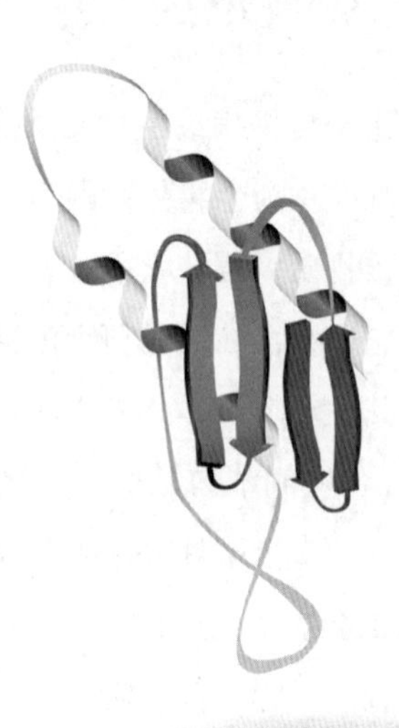

已知最简单形式的传染性病原体便是朊病毒，仅由蛋白质分子组成。朊病毒与其攻击的动物大脑中的正常分子几乎相同，但朊病毒分子的折叠方式不同。朊病毒分子与相应的正常分子接触时，会将后者转化为新的朊病毒分子。经过一段时间，最终导致脑部疾病。

因此从一开始，各种生命形式之间就存在着持续的互动，在这种互动中，参与者根据进化规律，不断适应来自对手的挑战，而这反过来又导致了新的应对之策。人类也不可避免地被卷入这一古老的过程。

微生物与人类

在数亿年的时间里，导致智人出现的多细胞生物的一系列发展，都伴随着微生物的入侵。我们最初从直系祖先，即猿人身上遗传了一系列微生物。此后，来自微生物世界的挑战，一方面通过控制微生物与宿主之间相互作用的进化适应，另一方面通过控制这种相互作用的生态和环境关系，不断发生变化。

作为人类盟友的微生物

本书的主旨在于介绍微生物导致传染病的能力。即便如此，也有必要强调，微生物的入侵不一定会导致疾病，相反，微生物可能对人类有所助益——甚至能够发挥至关重要的作用。我们对这一点的了解是对“微生物群”（microbiota）深入研究的结果，微生物群是健康人体内始终存在的微生物总量，包括消化道（尤其肠道）、皮肤、呼吸道和女性的产道。[51]微生物群由细菌、病毒、原生动物和真菌组成，但迄今为止，人们对细菌的研究最为深入。我们认为每个人体细胞都带有不止一个细菌。总体而言，每个人身上携带的细菌质量超过一公斤。

仅在人类的肠道中，就存在约一千种不同细菌。正因如此，人们对肠道内的细菌研究着力最甚。每种细菌都有大约两千个基因，因此，人类体内的细菌基因远多于总数约为二万三千个的人类基因。这种基因群被称为“微生物组”（microbiome）。

基因通过在肠道中产生大量细菌产物而得到“表达”。微生物组具有重要功能，可以保护人体免受外来致病微生物的侵害，促进消化过程，并产生抑制炎症的物质。[52]肠道中的细菌也会产生重要的营养物质，如维生素和氨基酸。

创新研究还表明，肠道中的微生物组通过其代谢产物，可以影响身体的其他部位，包括大脑的功能。[53]反之，大脑通过神经通路和自身激素，可以影响肠道和肠道内的微生物组。动物实验也表明，微生物组似乎对动物大脑和免疫系统的正常发育都非常重要。我们必须假设这一结论也适用于人类。

人类对微生物组作用的探索仍处于起步阶段，但迄今为止的研究

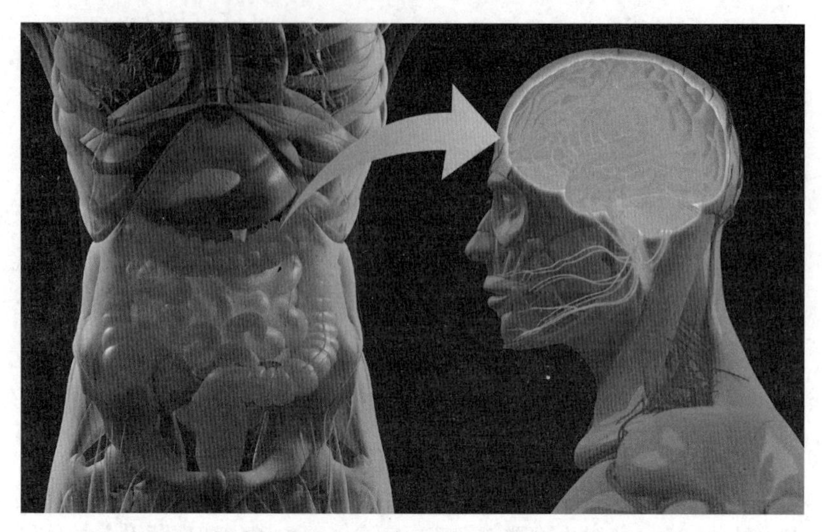

肠道内的微生物组会影响肠道以外，包括大脑的功能，对大脑的正常发育而言至关重要。

结果，帮助我们了解人体的正常功能和与微生物组破坏有关的各种疾病（如糖尿病和肥胖症），以及为控制微生物组以探索新疗法的可能性提供了某种希望。

微生物与疾病

尽管微生物入侵人体后并不总会导致疾病，绝大多数微生物也不是传染的原因，但事实上，主要微生物群体，即细菌、病毒、原生动物、真菌和朊病毒中的一部分，确实会导致人类传染病。自从我们的祖先走出非洲雨林，踏上大草原以来，传染病便与人类如影随形。后来，随着人类生活条件的改变，情况也出现了一些变化。微生物导致的传染病不仅在医学领域，而且对人类的历史、文化和心理发展都产生了重大影响。更有甚者，微生物还通过感染人类遗传物质，更为直接地影响人类的发展走向。

微生物是如何产生如此强大的影响力的？要想回答这个问题，必须首先研究微生物入侵人体的机制，毕竟这是传染的第一步。换句话说，传染是如何发生的？

微生物传染的途径

微生物惊人的适应性首先表现为，其所具备进入人体的能力往往匪夷所思。[54] 大多数微生物都有专门的传染途径，但也有很多微生物会使用替代方法。

第一个明显的问题是入侵人体的微生物来自何方。在入侵受害者之前，它们到底在哪里藏身？对此，存在各种可能性。诱发传染的微生物可能来自传播相关微生物的其他人类个体。这种传染源不一定是病人，可能是健康携带者。健康携带者在许多时疫中扮演重要角色。在我们生活的社会中，健康的病菌携带者人数往往远超因相关病菌而患病的人。可引发肺炎甚至脑膜炎的肺炎链球菌就是一个很好的实例。

但传染源不一定是人类。动物也可以携带会感染人类并导致传染的微生物。例如黄热病、埃博拉和鼠疫等常见的严重传染病。在这些情况下，微生物会使相关动物被感染，而动物是微生物的宿主，此即我们所说的“人畜共患病”。人畜共患病在人类传染史上具有相当重要的地位，现在依然是非常热门的研究课题。[55] 我们现在知道，历史上导致传染的许多重要微生物最初都来自动物。

某些致病微生物也可以在自然界自由生存，只有在人类不幸接触时才会引起传染。实例之一是土壤中发现的导致破伤风的细菌，另一种是存在于水中导致军团病的细菌。

微生物可以通过各种途径进入我们的身体，这是传染的第一阶段。[56] 我们简要看几种最重要的途径，因为在传染病学中起到重要的作用并且与进化相关的环境因素，往往通过影响微生物的传染途径发挥作用。

许多微生物通过直接的人际接触实现传染。其中既包括亲密（如性）接触，也包括感染者咳嗽或打喷嚏时，含有微生物的飞沫被喷到周围空气中，被接触者吸入。土壤或水中的致病菌（如破伤风梭菌）可与开放性伤口接触，或通过感染的动物啮咬（如狂犬病毒）而发生直接传染。婴儿也可能在母亲怀孕期间或通过母乳直接感染。人类免疫缺陷病毒是兼具这两种传染途径的典型例子。

许多微生物可通过空气传播传染，其传播距离比飞沫传染要远，飞沫传染只能在半径约一米的范围内实现。但暴露在空气中的人会吸入含有微生物的小颗粒物，譬如细小的液滴和气溶胶粉尘颗粒。这样的微小颗粒可在空气中停留相当长的时间，并传播相当远的距离。结核病和麻疹的传染就属于这种类型。通过空气传播传染的微生物，如水痘和天花病毒，也可能来自带有干痂颗粒的皮疹。

受污染的食物或水通过口腔或肠道传染的途径也很重要，而这是引起从普通腹泻到霍乱等危及生命的传染病的常见形式。由于传染是通过摄入被粪便污染的食物或饮料引起的，人们经常称之为“粪口传播”。脊髓灰质炎这一严重传染病便通常经由粪口传播。

微生物通过各种物体，如被污染的玩具、衣服、床单和医疗器械传播，也可造成传染。在医学领域，输血和血液制品都可能导致传染。人类免疫缺陷病毒和乙型肝炎与丙型肝炎病毒就以这种方式传播。共用被病毒污染的注射器吸毒也会发生同样的情况。

最后一种重要的传染途径是通过蚊虫叮咬，蚊虫将微生物从携带感染源的人类或动物转移到下一个受害者。在人类历史上，这种传染类型最经典的例子就是鼠疫，其病菌通过跳蚤传播。如今，疟疾和黄热病是比鼠疫更为严重的虫媒传染病，而这两种疾病的传播途径就是蚊虫叮咬。

人类免疫系统：一套极其复杂的防御机制

千百万年来，地球上的各种生命形态均受到微生物入侵的威胁。这是一场无休无止的殊死斗争。在许多情况下，这场入侵以相安无事收尾，但传染造成伤害和死亡的可能性一直存在。因此，即使在最原始的生命形式中，我们也能找到抵御传染的早期防御机制。在进化过程中，多细胞生物逐渐发展出一套基于特殊细胞和分子的日益复杂的免疫系统。我们可以自信地宣称，人类免疫系统代表了这一过程的最高形态。

对人类免疫系统的研究始于与细菌学革命同时出现的一些基础发现。个中先驱，大多属于巴斯德和科赫所在的学术圈子，或者受到这些巨人及其同侪弟子的革命性发现的影响。在过去的一百三十年间，关于免疫系统的知识逐渐增加，尤其是在医学领域，免疫学获得了重要地位。

二十世纪下半叶，免疫学发现的医学应用迅速展开。[57] 时至今日，免疫学已成为诸多医学门类，尤其是传染学科中的一门重要补充课程。我们非常了解免疫系统对抵御感染的作用，以及免疫系统或其重要部分失效的后果。尽管人们对这个异常复杂的系统的认知仍然存在大量空白，但由于研究的深入，情况较几十年前已经有所改善。

从摇篮到坟墓，从白天到黑夜，我们每时每刻都从呼吸的空气、吃喝的东西，以及触碰的物体上接触大量不同微生物。人类皮肤黏膜上生存着大量的微生物。尽管其中绝大多数是无害的，不会引起传染，但如果条件合适，也经常会遇到一些致病微生物。尽管如此，这些致病微生物也不是总能战胜健康的个体。西方国家的大多数人一般只会罹患少数几种严重的传染病，这主要归功于人类的免疫系统。该系统由高度分化的白细胞和大量分子组成，这些分子大部分由免疫系统的细胞产生，对其维持正常功能至关重要。[58]

免疫系统中，不同类型的白细胞在抵御致病微生物的威胁时有着不同的任务分工。免疫系统成功抵御传染的关键是各种细胞之间的密切合作。这一过程一部分是通过细胞间的直接接触实现的，另一部分是通过细胞释放各种信号分子实现的，这些信号分子可以将免疫信息从一种细胞类型传递到另一种细胞类型，并改变受体细胞的功能。细胞因子是一大类重要的信号分子，其中一些可以刺激其他免疫细胞，而另一些可以抑制免疫。某些细胞因子也会影响免疫系统之外的其他细胞。

免疫细胞分布在人体大多数组织和器官中，也包括血液。但多集中于淋巴组织中，淋巴结、脾脏和胸腺以及肠道黏膜中的淋巴组织都很重要。

简单来说，我们可以根据任务和功能将免疫系统分为两个主要部分：一部分负责自然或先天免疫反应，另一部分介导所谓获得性免疫反应。然而，这两个部分并不是分开运作的，而是彼此密切合作。免疫系统的两个部分都有能力对侵入人体的微生物携带的有害物质做出反应。这种区分自身和外来分子的能力对免疫系统的正常功能至关重要，在介导获得性免疫的细胞中尤其发达。

自然免疫反应是抵御入侵微生物的第一道防线，以反应迅速见长。自然免疫系统由来已久（至少存在了二十亿年），在极其简单的细胞生命形式中也有这一系统存在的最初迹象。自然免疫细胞是战斗先锋，以各种方式攻击微生物，并经常能战胜并杀死它们。战斗就可以告一段落。其中，最为关键的当数巨噬细胞，具备吞噬细菌的能力。另一种重要的细胞类型是中性粒细胞。

自然杀伤淋巴细胞（即“NK 淋巴细胞”）是一种白细胞，在对抗病毒这条防线中十分重要，对抗体内产生的癌细胞时也会发生作用。必须承认，这些细胞对本书作者具有某种特殊的怀旧之意。二十世纪七十年代初，我还是一名实验室研究人员，参与了对这种后来被命名为“杀伤淋巴细胞”(简称“K淋巴细胞”)的检测。该细胞也被称为“第三种淋巴细胞”,以区别于对获得性免疫反应至关重要的白细胞,即“B淋巴细胞”和“T淋巴细胞”。[59]

如果自然免疫系统无法迅速击败微生物，并且传染有扩散迹象，获得性免疫反应——全副武装的主力部队——就会被激活。这一机制通过与前线防御细胞的直接接触，以及这些细胞释放的细胞因子传递的信号来实现。在进一步对抗微生物的过程中，自然免疫和获得性免疫反应相互配合，同仇敌忾。

获得性免疫反应比自然免疫机制要年轻得多，只有大约五亿年的历史。获得性免疫反应存在于所有高等动物中。这种免疫反应发生在人体最初接触微生物几天后，但随着新细胞不断动员并加入战斗，免疫反应变得越来越强烈。有一种白细胞，即淋巴细胞，显得特别重要。淋巴细胞主要包括两种类型，B淋巴细胞和T淋巴细胞，各负其责。淋巴细胞具有高度分化的能力，能够识别微生物和其他地方发现的体外分子，并作出反应。B淋巴细胞和T淋巴细胞具有特异性，只对一种具有独特分子结构的抗原发生反应。由于有不计其数的淋巴细胞，免疫系统得以对大量外来抗原作出反应。

当单个B淋巴细胞和T淋巴细胞遇到相应的抗原时，就会发生反应并开始活跃的细胞分裂，形成越来越多淋巴细胞来攻击特定的微生物。在大多数情况下，这种反应能有效对抗传染，中和并清除入侵微生物。

B淋巴细胞和T淋巴细胞为何能有效地中和传染？前者的基本武器是它们产生抗体的能力，这种抗体是被称为免疫球蛋白（即“丙种球蛋白”）的重要分子。当与抗原发生反应时，B淋巴细胞会转化为专门生产免疫球蛋白的浆细胞。这是一种特殊构造的蛋白质分子，能够将自身与母体B淋巴细胞识别的微生物上的同一抗原结合。抗体在对抗传染中的作用，一部分是在与微生物结合后使其失活和受损，另

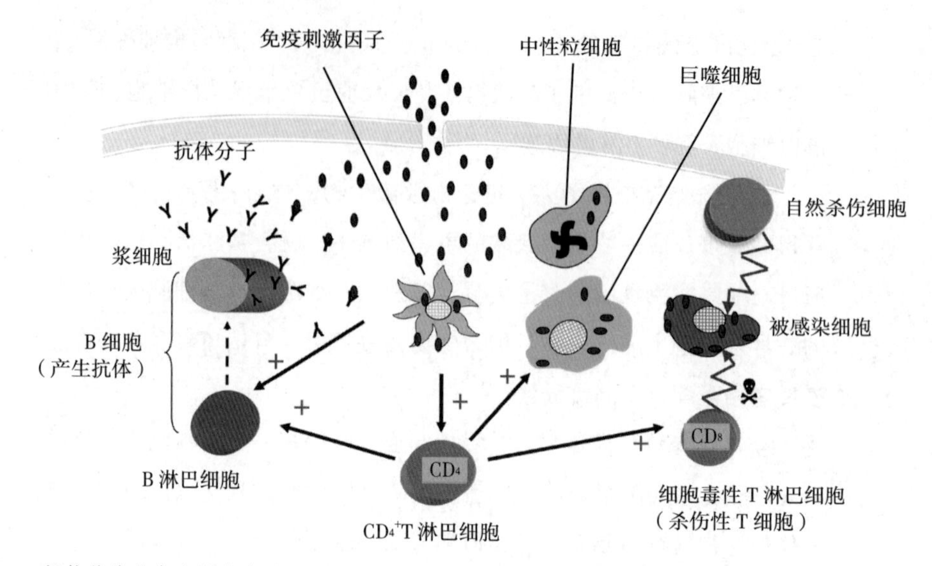

抵抗传染的免疫防御中最重要的细胞类型。当微生物通过黏膜或皮肤进入人体时，免疫系统中的各种细胞会与它们相遇，从而有效地与传染作斗争。CD_4^+T 淋巴细胞是防御、协调、控制和激活其他类型细胞的“指挥官”。与巨噬细胞相关的“刺激”细胞首先与微生物接触并激活免疫系统。

一部分是与微生物释放的、对传染和疾病发展至关重要的危险毒素发生反应并产生中和。

T 淋巴细胞在对抗传染中有着不同的、更加多样的任务。这是一个更大的细胞家族，具有不同功能的不同亚群。其中最重要的是 CD_4^+T 淋巴细胞。这些细胞是整个免疫系统中最核心的细胞类型。它们在对抗微生物入侵的过程中协调免疫防御的各个部分，可比作交响乐团的指挥，交响乐团的成员是各种类型的细胞和信号分子，它们在和谐的相互作用中可以有效地对抗传染。更为重要的是，CD_4^+T 淋巴细胞可以刺激 B 淋巴细胞，增加抗体的产生。其余的 T 淋巴细胞还有其他功能，包括实际杀死被感染细胞的能力。其他类型的 T 淋巴细胞还可以减缓过度甚至可能有害的免疫反应。这种调节机制对于防止免疫反应“过度杀伤”造成损害至关重要。

免疫系统中，B 淋巴细胞和 T 淋巴细胞的基本特征便是它们的免疫记忆能力。[60] 例如在早期传染中，哪怕仅仅遇到过一次特定的微生物抗原，对这种抗原的记忆都会储存在特殊的“记忆细胞”中，而这些记忆细胞会在体内保留数年，有时甚至会保留终生。如果免疫系统再次接触同一种微生物，记忆细胞有能力快速反应，并产生比第一次接触时更快的免疫反应。在大多数情况下，这将防止再次传染，至少可以降低传染威力。拜这种免疫记忆所赐，对于大多数传染病而言，人类才有幸在一生中只罹患一次。借此，我们获得了对该微生物的免疫力，麻疹和水痘便是如此。免疫系统的记忆能力是理解预防传染病疫苗原理的关键。

为什么传染会致病?

某些前现代文明认为，瘟疫流行乃是超自然的鬼怪恶魔作祟。自细菌学革命以来，人类逐渐搞清楚微生物才是传染病的主因，这并不意味着微生物有伤害人类的主观意愿。可能导致疾病的微生物之所以入侵人体，只有一个主要目标，这与整个进化史中所有其他生物的目标别无二致：获取食物、繁殖后代并进一步传播自身的遗传物质。[61] 这可能会伤害宿主（如人类），但从微生物的角度来看，只能算是一种意外。

“传染”到底是什么意思？一般情况下，人类黏膜和皮肤上会携带大量微生物。这些是我们永久的伙伴，通常不会伤害我们，甚至常常必不可少。传染一词描述的是，一种通常不属于与我们和谐共生的微生物群的微生物定居在我们的身体表面或体内。这种造访通常是短暂的，不会造成任何疾病。只有通过实验室检测，我们才能确定自身的免疫系统是否发现了这种微生物。有时，刚刚被传染的个体会携带这种微生物一段时间，然后传染其他人。这种传染携带者通常会在疫病流行过程中发挥重要作用。

微生物武器

在传染免疫系统正常的个体时，有些微生物更易致病。这些微生物具备强大的生存能力，可以在人体中站稳脚跟，获取必要的营养，积极繁殖，并能有效离开人体，从而传播给新的受害者。[62] 与通常不会引起疾病的微生物相比，这些被称为“病原体”的微生物具有一系列可怕的特性，并借此产生各种各样的影响。[63] 有害微生物的遗传产物被称为“毒力因子”。在传染的各个阶段，这些毒力因子都会对致病微生物有所帮助。其中一些因子确保微生物在入侵和传染的第一阶段附着在黏膜细胞上。而在许多细菌中发现的另一种因子，属于可以打破人体组织屏障的酶，能帮助病原体进一步渗透到人体之内。

确保不会被患者的免疫系统迅速中和，显然对微生物的成功入侵至关重要。病原体的微生物武器库中包括许多毒力因子，可以巧妙地阻止免疫反应的各种成分。下面为读者展示一小部分微生物发展出来的此类机制，这要归功于它们在与人类决斗时惊人的适应能力。

某些细菌，例如经常引发上呼吸道炎症的肺炎双球菌，以及脑膜炎双球菌，都具备超厚的壳，可防止细菌在自然免疫反应中被巨噬细胞吞噬。还有一些细菌，比如导致结核病和麻风病的病菌，却十分乐意被吞噬，它们演化出了一些技巧，能够保证自己在巨噬细胞内存活，伪装成无害细菌继续传染的同时不被杀死。许多常见细菌和某些原生动物则会产生有毒物质（毒素），在自然免疫反应中杀死细胞。

一些细菌毒素的作用是帮助新产生的细菌离开人体，从而确保其进一步传播。譬如，有些细菌会引发剧烈腹泻，大量稀薄的粪便被传播到周围环境中，从而使新的个体受到传染。最引人注目的例子是霍乱弧菌，患者在剧烈腹泻后会迅速脱水，如果救助不及时，几小时后便告死亡。

另外一些细菌产生的毒素对患者特别有害。例如，破伤风梭菌产生的剧烈毒素，通过影响神经系统导致破伤风。这种毒素还会引发剧烈抽搐，通过影响呼吸肌而造成危及生命的呼吸困难。毒性更强的肉毒杆菌毒素会导致神经系统广泛瘫痪，一毫克足以杀死数十万人。目前还不清楚此种毒素对微生物本身到底有何价值。

致病性病毒也有许多机制帮助微生物，并对患者造成伤害。如果病毒要生存和繁殖，就必须侵入细胞。各种病毒在宿主体内的不同细胞和器官中具有专一性。例如，某些病毒攻击肝细胞并导致肝炎；还有一些病毒侵入脑细胞，导致各种脑部疾病，如脊髓灰质炎。病毒侵入并控制细胞时，通常会导致细胞死亡，使新产生的病毒颗粒释放，继续攻击新细胞。

许多病毒也会使用一些技巧来阻碍宿主的免疫反应。引发传染性单核细胞增多症（即所谓“腺热”）的 EBV 病毒会产生一种分子，抑制免疫反应中重要细胞因子的产生。其他病毒通过攻击和传染免疫细胞本身来削弱免疫反应。这适用于麻疹病毒，而最引人注目的是艾滋病病毒，它会破坏作为免疫系统核心的 CD_4^+T 淋巴细胞，导致免疫系统崩溃并造成生命威胁，此即“获得性免疫缺陷综合征”。[64]

微生物还可以通过改变自身抗原这种巧妙的方式“愚弄”免疫系统，使其无法识别外来微生物的分子特征并做出反应。[65] 此方面一个引人注目的例子是布式锥虫所引发的非洲昏睡病，这是一种极其严重的传染病，患者容易出现包括睡眠障碍在内的脑部疾病。此病传染过程持续时间很长，一旦免疫系统开始对抗原外壳发生反应，这种微生物就会改变外部抗原特征还以颜色。免疫系统就必须重新开始，针对新抗原建立新的、更为强烈的免疫反应。这种情况一次又一次地发生，因此免疫防御系统永远无法有效地对抗微生物。通过这种方式，传染得以维持。改变抗原的能力也见于许多病毒，如艾滋病和流感病毒，并极大地加剧了相关病毒导致的问题。就流感而言，这意味着每年必须接种新疫苗，因为新一季的病毒抗原不同于上一季。

免疫系统成为致病原因

对于一部分患者来说，传染致病的原因不是微生物本身，而是患者自身对其做出的反应。这既可能是炎症，也可能是所谓的自身免疫反应。

毒力因子和在组织中繁殖的微生物会共同引发自然免疫反应，在患者皮肤和黏膜中表现为发红、发热、肿胀和疼痛等炎症。炎症是人体对包括微生物侵害在内的各种损伤的基本反应。炎症在传染中有着积极作用，有助于在局部对抗微生物入侵时使免疫系统的细胞和分子加速流动。不幸的是，在许多情况下，身体重要器官和组织（例如大脑、心脏和肝脏）的炎症会加重病情。

如果自然免疫反应不能有效对抗微生物，获得性免疫反应就会发起攻击，这种免疫反应也会通过炎症机制导致病情加重。在某些传染过程中，相当一部分疾病实际上是由 B 淋巴细胞和 T 淋巴细胞在发病后试图清除病原体引起的。

此方面的例子之一便是慢性肾炎，这种疾病很可能是免疫球蛋白抗体与微生物抗原发生反应，形成的免疫复合物在血液中循环并损害肾脏的结果。类似的情况还出现在疟疾和链球菌相关的咽喉疾病发病之后。就慢性乙型肝炎而言，血液中的这种免疫复合物偶尔会对肾脏等重要器官的血管壁造成危及生命的严重损害。

与之类似，特定 T 淋巴细胞（杀伤细胞）通过杀死受病毒传染的宿主细胞发挥作用，如果在重要器官中杀死过多此类细胞，就可能会导致重症。乙肝病毒感染者就是示例。携带病毒的肝细胞被与病毒抗原发生反应的 T 淋巴细胞赶尽杀绝。

最后，感染后的某些病变，可以由微生物导致的自身免疫性疾病来解释。[66] 免疫系统的细胞通常首先去辨别微生物抗原，清楚区分人体自身抗原分子和外来抗原分子。这对免疫系统的正常功能至关重要。然而，免疫系统有时不再能做出明确的区分。在这种情况下，B 淋巴细胞和 T 淋巴细胞开始攻击人体的细胞，从而引发自身免疫反应。我们刚才讨论的机制，包括 T 淋巴细胞和有害的免疫复合物，便可能导致重症。

自身免疫反应和传染导致的疾病存在几种可能的原因。其中一种发生在传染中，微生物携带了与患者自身细胞的抗原极为相似的分子，使免疫细胞难以区分。风湿病（被某些链球菌感染时可能出现的并发症）患者的心脏瓣膜炎就是示例。还有证据表明，引起传染性单核细胞增多症的 EBV 病毒可通过自身免疫反应引发严重的风湿性疾病。

不同微生物引起的病变存在巨大差异，我们绝不可能完全了解所有主要疾病的机制。为了避免挂一漏万，在此不能不提到某些病毒实际上会导致癌症。[67] 此前反复提及的传染性单核细胞增多症病毒可以引发各种类型的淋巴瘤，是首个被发现的此类实例。其他例子还有可导致肝癌的乙型肝炎病毒和可导致宫颈癌和口腔癌等癌症的人乳头瘤病毒（HPV）。通常会导致胃溃疡的幽门螺杆菌也会引发胃癌。某些寄生虫引发的慢性传染也会导致癌症。

人与微生物之间脆弱的力量平衡

微生物能够找到成千上万种巧妙的方法在人体内生存，同时战胜人类高效免疫系统的抵抗力。急性传染伴随几种可能的结果。传染病可能占上风，导致患者死亡，但更常见的是，免疫系统有效地中和了传染，患者最终完全康复。在某些情况下，免疫系统对传染的处理相对有效，但并不完全，微生物仍然通过各种方式留在体内。在这种情况下，就像我们在结核病中经常看到的那样，微生物会被人体细胞“包裹”，不会造成进一步损害。在水痘和疱疹等病毒传染的情况下，病毒在急症发作后进入非活性的无症状阶段，但不会从体内消失。之后，这些休眠病毒会“醒来”，并导致新的发病症候。

另外一种情况是，在传染的急性期后，留在体内的微生物可能会悄悄恢复活性，造成慢性损害，直到疾病再次发作，最终可能导致死亡。比如未经治疗的艾滋病感染者，在大多数情况下将会因此丧命。

哪个结果实际上符合微生物自身的利益？或者说，根据进化规律，从微生物的角度来看，哪个结果是可取的？从进化的角度来看，具备良好适应性的病原微生物有一个目标：通过后代有效地繁殖和传递其遗传物质。显然，引起如此剧烈的急性传染导致患者迅速死亡，并不符合微生物的利益。这将大大降低患者把微生物传染给他人的可能性。病人奄奄一息，动弹不得，也并不总是符合微生物的利益；这取决于相关疾病的传染机制。通过呼吸道实现有效的飞沫传染和性传染，取决于患者能否四处走动并传染他人，因此适应良好的微生物不希望引起过于严重的疾病症状。相反，在通过昆虫叮咬传播的疾病（如疟疾）或通过剧烈腹泻释放大量微生物实现的传染（如霍乱）中，情况就大不一样。此时，即便病人病势沉重，甚至卧床不起，微生物也能极其有效地传播。

此外，从进化的角度来看，某些微生物导致的慢性传染通常是连续多年无症状的，在进一步传染的传播不如通过呼吸道传染和腹泻疾病有效的情况下，这种趋势是有用的。例如，乙型和丙型肝炎病毒的传染，而更容易通过粪便传染的甲型肝炎病毒则不会引起慢性感染。

但是，这种模式是否符合狂犬病等极端严重的传染病中的情况呢？在这些传染病中，患者即使接受治疗，死亡率也非常高。答案是肯定的，这种传染符合进化的思维方式。微生物传染人类显然并不是其生活方式的重要组成部分，更多是一种偶然事件。狂犬病病毒通常会传染许多野生动物，在这些物种中，这种微生物能够很好地适应，不会引起太严重的疾病。因此，这种传染对人类是致命的，却与相关微生物的生存及其在自然界中的传播无关。

病人和微生物之间的力量平衡符合微生物的利益，类似于冷战期间的权力均势。令人不安的是，权力均势极其脆弱——人类和致病微生物之间的平衡也是如此。因为微生物的毒力因子和致病能力并不是一成不变的。正是这些微生物惊人的适应性从一开始就确保了它们在地球上的极高生存率。引起传染和疾病的能力是致病微生物进化史的核心，即生存和传播的斗争。这意味着环境条件的变化将迅速导致微生物特征和致病能力的变化。良性微生物会突然发生变化，变得更具攻击性。相反，微生物的致病能力可能会降低——如果这样做符合微生物的利益的话。

以前，微生物导致的传染会逐渐变得较为温和，几乎是一个公认的事实。近年来的研究表明，情况未必如此。微生物致病能力的变化可能是双向的，主要取决于微生物所面临的生态和环境挑战。有许多因素会干预微生物传染的可能性，从而影响其传播和生存的能力，而传播和生存正是微生物的主要目标。

人类的遗传学与抗传染

在整个进化史中，微生物的适应性非常强，也因此成为人类的强大对手。其原因在于，微生物能迅速改变自己的遗传特征。[68] 细菌通过分裂而繁殖。这种分裂发生得非常快，例如葡萄球菌的分裂仅为二十秒。分裂时，细菌的脱氧核糖核酸——基因的载体分子——可能会因突变而改变。此外，细菌通过质粒和噬菌体的交换可以很容易获得新基因。许多病毒也具备快速基因变异的能力：可能通过频繁的突变，如人类免疫缺陷病毒，或通过其部分遗传物质与其他病毒变体的交换，具备快速基因变异的能力。

提到遗传物质的快速变化，与人类相比，微生物的竞争优势可谓巨大，人类个体平均需要二三十年才能繁殖一代。有人大概会由此认为，在与微生物的较量中我们处于劣势，在遭到致病微生物持续几十万年的攻击之后，人类早就该灭绝了。这种情况之所以没有发生，主要归功于人类复杂的免疫系统。

在与微生物的相互作用中，人类也受到进化规律的影响。早先的医生认为，患者个体的特征，即关键体液之间的平衡，对罹患传染病的结局至关重要。[69]这种观点从希波克拉底时代一直持续到细菌学革命。

随着对微生物作为病因的重要作用有了新的认识，人类对微生物攻击时个体抵抗力差异的兴趣逐渐减弱。罗伯特·科赫等业界先驱在去世后被批评过于片面地关注微生物的作用，而对患者抵抗力的个体差异兴趣较小。[70]当新的细菌学方法逐渐被应用于越来越多的传染病后，人们明显发现同一种微生物传染的结果，包括死亡率和整体病程因患者而异。早先的医生是否在某些方面是正确的？每个人对传染的易感性是否存在差异？在这里暂且忽略免疫和非免疫个体之间的区别。

近年来，随着人类基因研究等前沿研究方法的发展，已经明确的是，在每个群体中个体的基因都存在明显的差异，而这影响了他们对微生物传染的易感性。[71]从婴儿期起，情况可能就是如此。对个体的全部遗传物质——基因组——的研究也表明，在过去的千百年间，人类和微生物之间的斗争在基因中留下了明显的痕迹。在整个人类历史上，传染病走过了极其诡谲的历程：传染的致死率很高；引发的慢性病导致致死率上升、健康状况不佳和生殖能力下降；自然选择的过程导致增加抵抗力的基因频率增加，或导致增加易感性的基因丢失。进化过程淘汰了不利于生存的基因，保护了有利的基因。我们在这里讨论的，正是这种基因的正向选择或负向选择。

上述基因调查比较了世界各地的不同族群。六万到十万年前，当我们的祖先从非洲迁徙至其他大陆时，接触到了不同地区的新型微生物，这以不同的方式影响了人类的基因类型。如果将当下同一地理区域内的人类基因与个别重要传染病的发生频率进行比较，可能会得出十分有意思的结果。尽管许多不明之处尚待厘清,但某些发现值得一提。

大多数情况下，两万三千个人类基因中，并没有哪一个能对个体抵抗微生物的能力产生决定性影响。在大多数情况下，即便某些基因的影响可能大于其他基因，影响传染结果的仍是一系列基因的共同作用。结核病可能就属于这种情况，某些家族的成员多发结核病，早已为人所知。在罗伯特·科赫发现这种传染病的微生物原因之前，在许多人看来，结核病是遗传性的。

在霍乱肆虐的孟加拉国，研究表明，某些基因显然对这种威胁生命的传染病具有保护作用，因此具备此类基因的人数随之增加。与此同时，这一地区人口的 O 型血占比全世界最低，也就是说，O 型血基因与更高的霍乱易感性有关。

还有一些例子说明，单一基因也可以提供相当大的保护，抵御特定的微生物。在亚、非两大洲存在一种特殊的血型抗原基因，即“达菲血型系统”。与非洲大陆的其他地区相比，这种基因突变的情况在西非和中非的发生率高得惊人。在这些地区很少见到特殊的疟疾寄生虫，即“间日疟原虫”，这种寄生虫是非洲其他地区分布最广的疟疾病原体。因此，我们很自然地认为，拥有这种基因的个体在群体中具有竞争优势，因为红细胞表面正常的血型分子受体是疟原虫进入细胞必需的，而突变的血型基因则不能以同样的方式表达。由于人口中有这么多人携带这种基因，间日疟原虫引发的疟疾在这些地区相对少见。作为微生物和人类对决的全新范例，必须补充的是，间日疟原虫的新变种已经出现，也可以用这种基因突变传染个体。以前令人恐惧的疾病，如麻风病，也有发现表明特定基因具有保护作用。超过七成的欧洲人体内都具备这种基因，在过去几个世纪里，欧洲的麻风病已基本根除。具备此类基因的中国人和印度人仅分别为百分之二和百分之九，在这两个地方，麻风病依然是令人头疼的问题。

让我们来看看人类免疫缺陷病毒，在 2020 年新冠病毒大流行之前，人类免疫缺陷病毒引发了近年来最大的全球大流行。[72] 其中，也可以发现基因影响传染的易感性。最明显的例子是德尔塔 32 突变基因，一种控制 CD_4^+T 淋巴细胞表面分子产生的突变基因。这种基因的正常变体是人类免疫缺陷病毒进入细胞并引起传染必需的。携带双份突变基因（来自母亲和父亲）的个体不会感染人类免疫缺陷病毒。这种特殊基因在北欧的出现率明显高于世界其他地区。有人认为，这是因为该基因还可以抵御十四世纪及以后肆虐欧洲的大规模鼠疫，但对此存在相当大的分歧。事实上，其他许多基因共同作用时，也会对艾滋病传染过程产生一定的影响，但没有一个基因像德尔塔 32 突变基因那样引人注目。

微生物对人类遗传物质施加的压力有时会产生令人惊讶的后果。我们知道，许多严重的遗传疾病是由单一基因引起的。就进化而言，这些基因不利于携带者的生存。在其中一些疾病中，致病基因可能只是偶然的结果，对某些传染病具有保护作用。这导致该基因被保存在群体中，在这些群体中，相关微生物施加了特别大的传染压力，为携带者提供了生存优势，抵消了其有害影响。[73]

某些遗传疾病具有“使用价值”，其典型例子包括非洲某些地区的镰状细胞基因。该基因在红细胞中产生一种铁结合血红蛋白变体，导致贫血，即红细胞数量减少。但该基因也能有效抵抗疟疾，因此，这种基因遗传疾病在严重疟疾极为常见的地区发生的频率要高得多。

另一个例子是严重的遗传病“囊性纤维化”。这种疾病是由囊性纤维跨膜通道调节因子基因的突变引起的。这些突变，以及由此引发的疾病，在欧洲人中比在非洲人中更为常见。相关基因实际上也能提供高水平的保护，防止死亡率极高的传染病——霍乱。欧洲人高频率的基因突变被认为是拜十九世纪袭击欧洲的霍乱大流行所赐，在这场疫情中，突变携带者具有生存优势，这是基因正向选择活生生的例子。

第三个例子是罕见但严重的遗传性代谢疾病——神经节苷脂沉积病，与其他人群相比，东欧和中欧背景的犹太人患此病的概率要高得多。[74] 如果一个人同时拥有来自父亲和母亲的相关基因，这种疾病就会发生，大脑和脊髓中的神经细胞会逐渐遭到破坏。患者的神经细胞通常在出生后的第一年开始被破坏，新生儿几年后就会死亡。而单亲携带上述基因的个体则是健康的。令人惊讶的是，该基因可能对结核病有保护作用，而结核病以前在东欧拥挤的犹太人聚居区很常见。携带该基因的后代比同一地区的其他人群患结核病的概率更低。因此，该基因一直保留在这一特定族群之中。

上述基因影响传染病抗药性和易感性的机制是什么？我们至今仍不清楚。许多基因控制着对人类免疫系统至关重要的基因产物，其中包括与传染相关的基因。

为人类基因在抵御传染方面起到的重要作用，绘制一幅全景图谱的工作，至今仍处于初级阶段。上述所有例子都表明，在人类发展历史中，微生物给我们的遗传物质留下了深深的印记，并影响了人类基因组的发展。今天人类的基因特征与我们的祖先离开非洲雨林搬到大草原时已然不同。[75] 智人的不同分支迁移到世界各地，由于遭遇的微生物不同，基因组中也出现了细微的差异。可以想象，这些遗传差异不仅对人类传染病易感性的变化非常重要，也对其他遗传疾病的发生十分重要。

第二章

第三要素：生态与环境

前文集中介绍了决斗的双方，即人类和微生物，并观察了传染发生时双方短兵相接的场景。我们见证了进化通过基因适应性影响决斗者的战斗力的全过程。与微生物相比，人类只能算作略显迟钝的学习者。但是，微生物和人类之间这种相互作用的前提是，双方的接触方式会导致传染。其实，在人类与微生物的决斗中，一直隐藏着发挥关键作用的第三个因素。这个要素既包括人类身处的大自然，也涵盖了各个时代的人类行为。直到最近几年，这些因素的巨大意义才进入研究者的视野，但它既有助于我们了解早期传染史，也有助于我们认识当前和未来人类面临来自微生物世界的挑战。

许多重要的生态和环境相关因素往往同时发挥作用，其中许多因素在一定程度上相互重叠。出于这个原因，若干细分方法同样有效。就许多因素而言，人类活动和对自然界的干预至关重要。这些与人类有关的因素在我们生活的“人类世”时代到来之前，就已经越来越重要，因为人类对自然界的干预产生的后果可谓非常严重。

贸易、旅行和移民

随着智人走出非洲，迁徙到地球上的其他地区，各种文化和文明随之出现，数千年来各自独立发展。随着时间的推移，地理和气候的差异以及当地微生物的整体面貌等因素，导致了世界各地来自微生物的威胁趋势和主要传染病的巨大差异。[1]

大约两千五百年前，亚洲、欧洲和非洲的文明开始相互接触，其主要原因在于贸易的发展。从那时起，国际贸易便以各种方式，成为改变世界各地传染情况的重要因素。

古往今来最著名的贸易路线首推“丝绸之路”，这条路线从中国西北部发端，越过喜马拉雅山以北地区向西，穿过中亚到达中东和欧洲。[2]除此之外，还存在其他重要的贸易路线，其中一条从印度穿过印度洋到达中东和非洲。正如“丝绸之路”这个名字暗示的那样，丝绸是沿着各条贸易路线运输的重要商品。但除此之外，还有一些不太讨喜的“私货”藏身于运输队伍当中。微生物沿贸易路线的传播被认为是从古代到中世纪肆虐欧洲、亚洲和非洲的一些重大疫情的原因。其中的典型例子就是反复肆虐欧洲和中东的鼠疫病菌，它曾在十四世纪引发黑死病。有观点认为，这场瘟疫始于亚洲，然后沿着包括丝绸之路在内的贸易路线向西传播。

自十九世纪以来，霍乱弧菌导致了世界范围内的一系列疫情。[3]自古以来，这种细菌一直生活在印度恒河河口的咸淡水中，通常与浮游生物和小型贝类和平共处。但一有机会，这种致病菌也会在人类肠道中生长。霍乱弧菌作为病原体，沿着贸易路线经陆路以及水路传播到世界各地，尤其多见于货船的压舱水中。[4]这种病菌并非通过海运传播到世界各地的唯一生物体。科学证明，压舱水中存在超过三千种动植物种类，并借此被运至全球各地，不仅对人类，而且对抵达国的本地动植物造成毁灭性后果。

全球范围内的食品贸易也可能导致传染问题。[5] 从卫生水平较差的发展中国家进口受微生物污染的新鲜蔬菜、水果和种子，可能会导致传染性疾病，包括甲型肝炎病毒引起的急性肝炎和各种消化道疾病等。

除此之外，动物贸易也十分普遍。来自世界各地的珍禽异兽，如鸟类和各种爬行动物，既可以作为宠物，也可以作为医学实验动物。在这个过程中，大量不受欢迎的微生物得以散播，其中一些很可能在接受国的人类以及驯养或野生动物中造成严重传染病。如今的典型例子是进口的供收养的流浪狗，它们可能携带许多微生物，也可能导致人类染病。[6]

从十六世纪开始的大约三百年里，一种更可怕的“商品”，即奴隶，对不同大陆间危险微生物的传播发挥了重要作用。起初，疟疾在新大陆并不为人所知，十八世纪才由西非奴隶传入美洲。[7] 病毒传染造成的黄热病在十七世纪随同非洲奴隶一起被运送到北美地区。[8] 装载奴隶的货船带来了各种蚊子，其中就包括专门在人际传播黄热病的埃及伊蚊。[8] 疟疾和黄热病对美洲土著和欧洲殖民者都造成了沉重打击。非洲奴隶则由于自身具备的免疫力，以及与这些微生物长期接触而形成的某种基因抵抗力，反倒未受到太大影响。

随着不同地区之间接触的增加，世界各地的微生物交换已经持续了两千多年。今天，全球贸易规模超过了以往任何时代，在过去几十年间，各种形式的旅行如雨后春笋般涌现，与国际航线的增加和旅行时间的缩短遥相呼应。如今，人们可以在几个小时内到达最遥远的目的地（尽管大部分时间都花在往返机场和等待航班起飞上）。以往，类似的乘船旅行通常需要数周乃至数月时间。

据估计，每天约有一千万人乘坐飞机，其中很多人搭乘的是国际航班。[9] 显然，微生物的大规模国际运输是很危险的。一旦涉及通过直接接触，如空气飞沫或性接触传播的传染病，就很容易造成微生物的国际间传播。传染病可通过日常旅游或商业旅行传播。对此，性旅游产业可谓“厥功至伟”，仅仅用了几年时间，艾滋病病毒便在所有有人居住的大陆蔓延开来。

出于各种原因，人们总是选择结伴出行，而迁徙的形式对微生物的传播来说十分重要。麦加朝圣就是一个很特别的例子。每年，穆斯林都会从世界各地涌向麦加朝圣。[10] 成千上万的朝圣者摩肩接踵，十分利于传染病的传播，并屡次导致严重的流行病暴发。1987 年，来自亚洲的朝圣者带来了一种特殊的球菌，导致患者脑膜炎发作。在这场疫情中，仅在沙特阿拉伯一地就报告了超过两千个病例。返程的朝圣者将致病菌带回祖国，导致出现了更多病例。古往今来的朝圣者还曾遭受霍乱疫情的打击。1821 年和 1865 年两次疫情期间，成千上万信徒死于朝圣。

当今世界，由于战争和贫困，来自卫生和医疗条件低于西方标准的地区的经济移民和难民更有可能感染疫病。[11] 这包括结核病、艾滋病等传染性疾病，也包括叙利亚战争后在中东地区死灰复燃的脊髓灰质炎。

对微生物的全球传播而言，除了被感染者这一媒介之外，同样十分重要的还包括蚊虫。许多重要传染病都是通过蚊虫叮咬传播的。这些昆虫参与了广泛的国际旅行，促进了微生物的传播。[12] 蚊子尤为值得一提。某些种类的蚊子更喜欢乘船运输，它们无疑导致了疟疾和黄热病在新大陆的传播。亚洲虎蚊可传播好几种病毒，最近通过从亚洲进口的二手汽车轮胎传入北美。这种蚊子对寨卡病毒、登革热病毒以及西尼罗病毒在北美大陆的传播起到了重要作用。其他种类的蚊子，如按蚊更喜欢航空旅行，耐受飞机货舱中的低温。在巴黎、布鲁塞尔和伦敦等定期接收来自疟疾高发区航班的机场，发现的许多“机场疟疾”病例都与按蚊有关。1999 年在纽约的首例西半球西尼罗病毒报告，很可能是通过搭乘飞机的库蚊传播。

历史上鼠疫大流行期间，黑鼠作为船上的“乘客”，在瘟疫的传播中扮演了关键角色。我们稍后将重拾这一话题。现如今，搭载众多观光客的大型邮轮带来了特殊的传染隐患。[13]这种巨轮可轻松容纳来自各地的三千多名乘客，航行期间从一个港口到达另一个港口。这些“流动城市”可能会促进微生物的全球传播，还可能产生由微生物引起的小型流行病。很多乘客都是老年人，通常患有导致免疫系统受损的慢性疾病，因而容易引发更为严重的关联疾病。常见的疾病包括由病毒或沙门氏菌引起的腹泻等肠道传染病。在邮轮乘客中也经常发现呼吸道传染，通常伴有流感病毒。有报道称，一些邮轮上暴发了新冠病毒传染事件。

千百年间动物传染扮演的关键角色

当然，人类并不是微生物偏爱的唯一动物物种。在类人猿先祖出现之前的数百万年里，微生物就很好地适应了地球上存在的极其多样的动、植物群。如今，现存的动物物种也都有自己特殊的微生物同伴，其中一些与宿主和平共处，一些则会导致疾病。动物界的“游戏规则”和人类中的情况差不多。人类作为地球上晚近出现的动物物种，从动物界中承继了大量微生物，这也许并不奇怪，毕竟这些微生物已经建立了良好的基础。在目前可以确定为人类传染病病原体的一千四百多种微生物中，超过六成也会导致动物感染。[14]在许多情况下，动物才是微生物最重要的宿主，微生物通常不会在目标的动物中引起疾病，但会在作为中间宿主的人类身上引起疾病。[15]这被称为人畜共患病。相关研究对于了解人类传染史、当今传染问题以及我们未来将面临的挑战尤为重要。

在人类发展史上，最重要的致病微生物大多源自动物界。绝大多数传染病最初是人畜共患病。[16]每当人类和动物之间的接触使传染成为可能时，动物身上的微生物就会试图以不同方式传染人类。这些努力常常不成功，毕竟外来微生物还没有适应人体内的环境。在许多情况下，微生物的进化和强大的适应性导致其只将人类作为宿主而非伙伴，结果往往导致人类患病。在最后一个阶段，微生物必须进化出有效将传染从一个人传播到另一个人的机制，才能继续生存。一般来说，这是一个缓慢渐进的过程。在从动物物种到人类的第一次“飞跃”中，微生物可能没有成功地将传染病传染给人类，但进一步的适应使这成为可能，并导致传播效率越来越高。

看看当今的人畜共患病，就不难发现动物微生物适应人类的不同发展阶段。这种情况因微生物而异。此前提到过造成致命狂犬病的病毒，这种病毒有其动物宿主，可以有效地从那里传播，但狂犬病毒无法从一个人传播给另一个人。其他例子包括罗伯特·科赫率先发现的导致炭疽的病菌，以及一到蜱虫繁衍季节便受到媒体关注的引发莱姆病的螺旋体细菌。这些细菌都不具备人际传播的能力。

令人恐惧的埃博拉病毒已经过渡至下一个发展阶段，即能够实现人际传染，但传染并不高效。正因如此，即便埃博拉病毒的传染性不断增强，疫情往往会相对迅速地销声匿迹。

下一个适应阶段的例子包括黄热病、非洲昏睡病和流感病毒，尽管这些病毒主要通过动物载体实现传染，但人际传播的效率更高。这场进化的越障赛跑已经到达了最后阶段，也就是说演化出了只会传染人类的致病微生物，包括导致麻疹、腮腺炎和天花的病毒，导致恶性疟疾的疟原虫，导致梅毒的梅毒螺旋体，此外还有艾滋病病毒。

能够弄清楚现在只会导致人类感染的微生物的动物起源吗？尽管还缺乏最终证据，但这些微生物基本上都可以在动物界中找到相应的起源。[17] 大多数人认为，麻疹病毒是由相关的牛瘟病毒发展而来的，而这种牛瘟病毒现已在全世界范围内得到根除。天花病毒也可能来自牛身上的相关病毒，但最近的研究表明其实际上来自骆驼。百日咳细菌被认为来自狗或猪。这些微生物都被推定为起源于驯养动物。换句话说，感染对象从动物到人类的转变发生在大约一万年前，在智人开始饲养动物之后。大概在同一时间，人类从鸟类那里感染了最危险的恶性疟原虫。我们也了解到，艾滋病病毒于二十世纪传染人类并获得适应性之前，已经存在于非洲的大猩猩体内。

在谈人畜共患病时，不得不提到，也有一些微生物通常只传染人类，偶尔才会攻击动物。出现过许多猿类动物，包括黑猩猩和大猩猩被人类结核杆菌传染的报告。[18] 这种情况也发生在野生类人猿身上，主要与所谓生态旅游有关。

人类对自然环境的改变

从大约一万一千年前智人定居下来，开始耕种土地的那一刻起，我们的祖先就不断地改变着自然景观。砍伐森林以创造更多的农业用地和居民区，在荒地修建道路和水坝，导致各种动、植物之间的生态平衡发生了巨大变化。[19] 在我们这个时代，森林砍伐已经达到了惊人的程度。仅在 2000 年至 2010 年间，估计就有一千三百万公顷林地消失，面积等于一个阿拉斯加。

人为改变自然景观的生态后果往往是不可预测的。某些动物物种将消失，另一些数量则将增加。如此一来，可能结果便是，人们将首次接触到动物携带的未知微生物，这些动物获得了更为有利的生活条件，数量急剧增加。对于携带病原微生物的啮齿动物来说尤为如此。至于微生物能否通过人际传播引发流行病，将取决于我们之前提到的不同适应阶段。

在某些情况下，微生物已经成为人类病原体，但仅限于偏远、孤立的人群，如丛林地区。如果该群体与世隔绝的状态被打破，例如修建新路，就可能导致微生物的传播，到那时，人们才会意识到自己正面对一种新的微生物。艾滋病病毒和埃博拉病毒的流行可能就是这种情况，在适应人类之前，它们作为动物传染病原存在于非洲丛林中。多年来，在进一步传播的可能性出现之前，这些病毒在孤立的部落中可能只引起了少数土著感染。

有充分的例子表明，伴随农业扩张的荒地开垦，导致人类遭遇到未知的微生物，在与携带微生物的动物物种接触增加之后，人类传染病的病例增加。其中三个具有异国情调名称的传染病的例子，源于二十世纪中叶的南美洲。[20]

在阿根廷，天然草原改种玉米后，人们发现胡宁病毒成为导致人类严重感染的罪魁祸首。人类开垦荒地的行为让某种老鼠获益匪浅，数量迅速增加。不幸的是，这种小鼠是胡宁病毒的宿主，该病毒导致了阿根廷出血热的肆虐。

出血热是一种危及生命的病理状态，一旦发作，毛细血管壁破裂，血液从皮肤和身体小孔渗出，会发生大面积内出血。大约与阿根廷暴发疫情同时，玻利维亚也发生了多起类似的严重传染事件。玻利维亚出血热与一种未知的病毒有关，它被命名为马丘波病毒，导致七分之一当地人口死亡。究其原因，也是林地被改为农业用地，导致携带此种病毒的老鼠增加。后来，委内瑞拉又发现了另一种新病毒——瓜纳里托病毒，这种病毒也会导致出血热，在农田活动的小型啮齿类动物身上也发现了它的身影。

为改善世界干旱地区的灌溉条件而修建的大坝设施也会导致生态变化。这可能会对相关地区的人类造成严重的传染后果。在亚洲，血吸虫病属于一种常见的肠道传染病。血吸虫的生命周期复杂，在人体外有不同的中间发育阶段。其中一个阶段依赖于小型淡水蜗牛。血吸虫在蜗牛体内成熟后，会释放出自由游动的小血吸虫，通过皮肤接触传染人类。有三种肠道血吸虫可以引发人类疾病，发病部位主要是在

亚马孙雨林地区的砍伐。砍伐森林往往会产生严重的生态后果，可能导致新型传染病。

肠道和膀胱，但也见于其他器官，如肝脏和大脑。

血吸虫传染在埃及和中国等古代文明中相当普遍，在这些文明古国，人工灌溉是农业的重要组成，也为肠道血吸虫提供了良好的生存条件。在埃及修建的巨大的阿斯旺大坝，以及当代西非的其他重要大坝工程，都导致大坝附近的居民和灌溉系统使用者中血吸虫病患者数量显著增加。

蚊子也完全依赖水来繁殖。因此，水坝的建设可能会导致传播疟疾等病原微生物的蚊虫数量激增。这在历史上无疑发生过多次。近年来，埃塞俄比亚提格雷地区为农业灌溉修建了许多微型水坝，导致当地人口中疟疾患者大量增加。包括斯里兰卡在内的亚洲地区情况也是如此。

尽管人类对自然环境的改变已经持续了多个世纪，不断引发新的传染病，但如今这种变化的速度比以往都要快。毫无疑问，到目前为止，仍有无数尚未发现的动物微生物与人类几乎没有接触。这些微生物中的许多可能无法传染人类，但其中一些肯定会在未来几年引起新的传染病。过去几十年中，不断发现新的致病微生物，其中大多数来自动物界。[22] 在很大程度上，传染病流行迫使我们对生态变化在人与微生物关系中的作用有了更深的认识。

人类行为：性与注射器

作为世界上的优势物种，人类自身行为也影响了地球的生态过程。我们已经提到许多来自大自然的例子。可以将人类在更为私密和社会层面的行为称之为人类生态学。人类在与微生物世界的互动乃至传染病的暴发中，也发挥着重要作用。[23]

性接触是许多微生物的重要传播途径，不仅限于导致性传播疾病的微生物。历史上，人类的性行为经历了重大变化，可接受行为的社会规范也各不相同。自大约一万一千年前第一个人类聚落组建以来，社会的持续特征便是以家庭为基础，性行为与繁衍后代有关。这导致了对性行为的各种限制。一般来说对女性的影响尤其显著。许多社会允许男性享有更大的性自由，在一定程度上接受家庭外的性活动，包括性工作者的存在。历史上对同性恋的看法也各不相同。自基督教传入西方以来，同性性行为直到最近才被社会接受。传统的伊斯兰社会也是如此。与这些不断变化的文化和社会条件相对应，通过性接触传播微生物的环境也发生了变化。在许多文化中，性工作对性传播疾病起着关键作用。

自二十世纪六十年代以来，大多数西方社会都经历了剧变。导致“性革命”的原因有很多。宗教对性行为规范的控制逐渐削弱，在年轻人中尤为如此。随着避孕药的发明，人们不再担心意外妊娠。不管原因如何，异性恋行为范式开始出现变化。初次性行为的年龄普遍降低。性伴侣，尤其是年轻人的性交对象数量显著增加。随意性行为，即“一夜情”越来越司空见惯。性行为的方式也发生了变化,除了“传统”性行为之外，肛交和口交等非传统性交方式变得更加常见。各种麻醉品的使用降低了个体对于性活动的自控能力。

性革命在男同性恋世界中同样引人注目，导致了一场“同性恋革命”。虽然同性性行为传统上是一种禁忌，被视为见不得人的行为，甚至在大多数国家被定为犯罪，但现在人们越来越接受这种形式的性行为。在西方国家，同性恋行为逐渐合法。随着专供同性恋群体使用的桑拿房和聚会场所出现，同性恋亚文化蓬勃发展，在这些场所，性行为可以随心所欲。在一些亚文化群体中,很多人的性伴侣超过千人。同性恋群体中，使用毒品或其他易成瘾物质，如所谓的“嗨药”来释放性欲的情况越来越普遍。许多同性恋男子还经常到国际都会和像海地这样的度假目的地“性旅游”。

异性恋和同性恋面临的社会环境变化，为通过性传播致病微生物的爆发式增长埋下了种子。随着青霉素的发现，梅毒在第二次世界大战后的几年里有所下降，但从二十世纪六十年代开始，梅毒在异性恋者和同性恋者群体中间都再次暴发。避孕药问世后，异性恋者使用避孕套的情况相对减少，淋病和衣原体等其他“典型”性疾病的病例急剧增加。而避孕套能有效防止性传播疾病的感染。通过性传播的人乳头瘤病毒变得更加常见，导致女性宫颈癌、女性和男同性恋肛门癌和口腔癌的发病率逐渐上升。

更为重要的一点是，性革命为我们这个时代最大的传染灾难——艾滋病大流行提供了温床。男同性恋的性活跃水平高得多，伴侣数量增加，安全套的使用差异很大，性旅游更为频繁，这些都极大地促进了艾滋病病毒的迅速传播。特殊形式的性行为，如拳交，即将性伴侣的拳头或下臂插入对方直肠，也会导致黏膜受伤和撕裂，从而增加传染的风险。这种易传染情况同样适用于人造阴茎（假阴茎）的使用。

异性恋者也受到艾滋病大流行的影响，但在早期，西方国家的异性恋者受到的影响比同性恋者小。而在非洲，各种因素导致病毒在异性恋者中猛烈传播。

在性革命出现后的几年里，除了通常被认为是性传播的传染病病例大幅增加之外，同样的情况还适用于肝炎，尤其是乙型肝炎等传染病，在男同性恋间尤为如此。

二十世纪下半叶，西方社会还面临另一个导致传染病等严重后果的社会问题。大规模的药物滥用行为，主要是通过共用受污染的注射器进行静脉注射毒品，为许多微生物提供了新的传染可能性。这种传染途径适用于乙型、丙型肝炎。在许多国家，艾滋病感染者在吸毒者中激增。与其他国家相比，挪威允许相关组织向静脉注射吸毒者分发干净注射器，从而在很大程度上遏制了传染激增的势头。然而在许多国家，分发注射器的做法遭到明令禁止。细菌也可以在注射毒品的人中引起危及生命的传染，通过受污染的注射器直接注入血液，导致心内膜炎等疾病。使用干净的注射器可以防止这种情况。在意大利和西班牙等国，瘾君子受艾滋病感染的影响最为严重。

城市：致病微生物的“黄金国”

在智人过渡到以农业和畜牧业为基础的生活之后，人口密度逐渐增加，从而形成了城镇。早在公元前3000年到前2000年之间，埃及、美索不达米亚、印度河流域和中国以及中美洲就出现了早期城市的雏形。

如前所述，向农业和畜牧业的过渡，导致了人类传染史以及一般医学问题的全面变化。这一趋势在许多方面因城市化的加速而加剧。直到现代，微生物很大程度上仍在继续对城镇构成严重威胁。多重因素共同作用，促成了这一局面。[24]

城市环境使生活在那里的人之间密切接触，自然为微生物直接人传人提供了最佳的可能性。因此，城市更容易发生传染病流行。社会分层逐渐加剧，导致从最早的时候起，就存在人口众多的下层贫困阶级，这些人住在狭窄、简陋的住宅中，恶劣的居住条件特别有利于人际的直接疫病传染。营养不良往往与贫困有关，使人们更容易患严重传染病。垃圾和排泄物的堆积吸引了老鼠和昆虫，而它们通常是致病微生物的携带者。

直到晚近，由于城镇卫生条件差，甚至连城市社会中的富裕阶层也未能免于疫病传染，上下水的恶劣条件，是霍乱、伤寒和脊髓灰质炎等流行病通过污水传播的理想环境。一些历史学家认为，水源性传染病肆虐，让灿烂的城市文明归为尘土。例如曾在大约公元前 3000 年到公元前 2000 年之间在印度河流域繁盛一时的“哈拉帕文明”。[25]

古罗马建设了一套渡槽系统，从遥远的乡村源源不断引来净水，因此受水传播疾病的影响较小。而且，作为伊特鲁里亚人的遗产，罗马的污水处理系统结构良好，其中一部分仍可使用。然而，这种优越的卫生系统在罗马帝国灭亡后解体，最终被遗忘。当然罗马的排水系统也存在严重缺陷，大多数私人住宅都没有与污水系统相连，往往采用极不卫生的手段清除粪便和其他垃圾，甚至将其简单倒弃在街道或垃圾堆上。[26]

相较于古罗马，中世纪欧洲城镇的卫生条件更为原始。人类和动物的排泄物经常留在街上，水井受到微生物污染的可能性始终存在。直到十九世纪上半叶，西方国家才在这一领域取得了真正的进步。

毫无疑问在整个中世纪，直到十八世纪，个人卫生和清洁都极为匮乏，这加剧了城市传染病的流行。而这种局面不仅出现于社会底层。当时人们普遍认为，洗澡和清洗身体可能会扰乱体液的正常平衡，对健康有害，希波克拉底和盖伦一直对此有所关注。中世纪早期为数不

十九世纪工业革命期间伦敦的贫民区。古斯塔夫·多雷的画作，载于《伦敦：朝圣之旅》(1872)，布兰查德·杰罗尔德著，古斯塔夫·多雷绘。

南非的棚户区往往位于人口密度较高的城市里，使用收集的废料建造的简易住宅，卫生和污水处理条件原始，供水系统令人担忧。非洲至少有超过一半的人口住在棚户区。

多的公共浴场，作为古罗马的遗存，逐渐被当作不道德的源泉或者犯罪中心。城市也是性工作的中心，往往与贫困有关，而贫困是性传播疾病的沃土。[27]

总之，城市一直是健康的威胁。直到大约一个世纪前，死亡率，尤其是儿童死亡率仍然居高不下，城市完全依赖农村地区的移民来维持其人口水平。[28]传染病在很大程度上成为这一高死亡率的主要原因。

在整个二十世纪，世界人口的城市化进程一直在加快。时至今日，地球上超过一半的人口生活在城镇，据估计到2025年，城镇居民占比将超过百分之六十五。[29]在世界范围内的欠发达地区，城市化进程过于迅猛，导致在许多地方，甚至一些特大型城市，其居民健康状况的糟糕程度堪比中世纪的早期城市。非洲的某些大城市尤其如此，如尼日利亚的拉各斯和刚果的金沙萨，成片的贫民窟或棚户区不断扩张，这里的居民暴露于众所周知的致病因素之下：难以获得清洁饮用水，排水不畅，污水横流，贫穷饥饿如影相随，遍地淫窟，吸毒盛行。事实上，这些城市堪比超大号的传染病定时炸弹。非洲艾滋病病毒的爆炸性大流行，大多都出现于这样的城市环境。

战争与传染病：古老的联盟

随着文明的兴起，各个文明之间的武装冲突以及内战反复出现。不幸的是，今天的情况仍然如此。

不同文明的早期书面记录表明，人类很早就意识到战争和流行病之间密不可分。前文便引用过荷马对特洛伊围城期间肆虐于希腊军队的瘟疫的描述。尽管这场瘟疫被认为是阿波罗的愤怒所致，但这篇文字如实地反映了一个事实，即青铜时代的希腊人已经意识到战争与流行病之间的联系。

《圣经·新约》中的末日四骑士，维克托·瓦斯涅佐夫于1887年绘制。在这里，四位可怕的骑士被赋予了“用刀剑、饥荒和瘟疫杀人”的权力。在这张画作中，我们看到随后而来代表死亡的“灰马骑士”。

《启示录》刻画的著名的末日四骑士中，瘟疫骑士被戏剧性地描述为战争骑士的随从，而死亡骑士则负责殿后。这并不是《圣经》中唯一涉及这个主题。书中多次提及，在公元前701年，亚述王西拿基立入侵以色列并包围了先知以赛亚居住的耶路撒冷之后，耶和华的使者击溃了亚述王的军队。据说仅仅一个晚上就有十八万五千名亚述士兵死亡。西拿基立不得不选择撤退。

古希腊历史学家希罗多德（Herodotus）在描述第一次重大的东西方冲突，即希腊人和波斯人之间爆发的波斯战争时指出，入侵的波斯军队因流行病而失去了数千人（本书前文提到在与斯巴达的战争中蹂躏雅典军队的流行病）。

几千年来，人类历史中战争和传染病之间如影随形的联系，为我们提出了三个重要的问题。[30] 为何存在这种联系？影响的对象是谁？战争和传染病之间的联系在历史上产生了什么后果？

首先考虑成因问题。原因有很多，有些还很复杂。军队新兵来自

图为拿破仑视察雅法的黑死病人，安东尼·让·格罗绘于 1804 年。1798—1801 年埃及战役期间，军队中暴发了鼠疫，人们害怕传染，士气低落。拿破仑试图通过参观医院来扭转这一局面，他还帮忙搬运了一名鼠疫患者。

全国各地，包括城市和农村地区，而这些地区存在着截然不同的传染史。新兵遇到了他们从未接触过的微生物，缺乏相应的免疫力。营房往往相当简陋，卫生条件甚至还不及地方。除了拥挤逼仄的住所外，兵营的环境对于通过直接接触传播的病原微生物，如流感、天花和麻疹来说，也可谓再理想不过。伤寒和痢疾等寄生虫传染病可通过部队伙食传播。战伤造成的严重创口感染司空见惯，在细菌学革命催生更为现代的救治方法之前，伤口感染几乎只能听天由命。当时的战场手术，包括残酷的截肢，还很原始。

除上面提到的这些因素外，孤军深入的军队遭遇了在本国前所未见的微生物菌群，也引发了新的传染病学问题。西方军队率先遭遇了这种情况。

拿破仑领导军队在埃及作战时，就需要应对早已在欧洲绝迹的鼠疫流行。这可能是他决定放弃对统治该地区的奥斯曼土耳其帝国继续军事行动的原因之一。凭借超乎常人的公关天赋，他亲临法军在雅法市建立的传染病医院，并让安东尼·让·格罗用画笔定格了自己勇敢探访受鼠疫折磨的士兵的英姿。[31]

直到现在，疟疾和黄热病依然是在炎热气候下开展军事行动的难题。例如在第二次世界大战期间，鏖战东南亚的盟军饱受疟疾的困扰。此外，一种罕见的细菌性传染病，由鸟类和小型啮齿类动物通过螨虫叮咬传播的地方性斑疹伤寒重创英美士兵，病死率高达百分之十至百分之十五。越南战争期间，瘟疫再现，尤以平民受害为甚。作为西方士兵在异国他乡遭遇传染病的结论，值得一提的是，稍早之前，入侵阿富汗的美国军方报告了相当多起原生动物寄生虫引发的利什曼病病例。

至此，还需要提到一种在军事环境中始终盛行的传染病——性传播疾病。不言而喻，大量年轻士兵聚在一起，背井离乡，在战争压力下，性行为较为随意，极易传播性病。在军事单位周边，通常存在利润丰厚的色情行业。而在过去，很多部队都会携带军妓共同行动。

梅毒，作为战争与性传播疾病之间密切联系的典型个例，于十五世纪九十年代法国和西班牙之间的长期战争期间传入欧洲。法国人从本土带去了大量性工作者，散居在那不勒斯周边。1495 年，这座城市沦陷，乱军对平民施暴，胜利者们庆祝狂欢。在此期间，一种未知的疾病暴发，我们的老熟人吉罗拉莫·弗拉卡斯特罗将其命名为梅毒。在随后的几年里，梅毒随同被遣散的法国士兵和性工作者散布到欧洲各地。

军事人员中常见的严重传染病暴发的例子不胜枚举。让我们反过来看看这些疾病对战争造成的后果，及其对历史的影响。

如前所述，《圣经·旧约》中提到了西拿基立如何因瘟疫从以色列撤军，显然瘟疫削弱了他麾下军队的战斗力。这并不是疫情延缓乃至挫败军事行动，对战争进程造成重要后果的唯一事例。从已知的古代军队死亡原因统计数据中，可以清楚地看到这一点。

也许令人惊讶的是，直到二十世纪初，死于疾病（主要是感染）的士兵人数，仍然远高于死于刀剑、子弹和炸弹的人数。[32] 拿破仑战争期间，英国士兵死于疾病，特别是由细菌引起的斑疹伤寒（也称斑点热）和痢疾的人数是战争创伤的七倍。在克里米亚战争期间，英法联军士兵死于疾病的人数几乎是战场上受伤人数的四倍。即使在第二次布尔战争期间，死于疾病，尤其是伤寒的英国士兵的数量也是战死者的两倍。

直到日俄战争和第一次世界大战，战死的士兵数量才超过在野战医院病死的士兵数量。不幸的是，该局面的改善只能部分归因于传染病预防和治疗方面的进步。毫无疑问，武器效能的提升也对战死率提高有一定影响。

下面，回过头再谈谈十六世纪法国和西班牙在意大利的那场无休止的战争，以及后来法国对西班牙控制下那不勒斯的围攻。这一时期，欧洲再次遭遇一种严重流行病的袭击，这次的罪魁祸首是由普氏立克次体引起的斑疹伤寒。伤寒病菌通过虱子的粪便实现人际传播。1528年，那不勒斯即将陷落之际，法国军队中暴发了严重的斑疹伤寒流行。在一个月的时间里，军队死亡过半，包围被迫解除，军队残部迅速解散。此举产生了重大的政治后果，西班牙一跃成为意大利的主导力量，教皇也为之站台。1530年，西班牙哈布斯堡国王查理五世被教皇加冕为神圣罗马帝国皇帝，史称“伤寒加冕”。

前面曾谈到过拿破仑战争。1812年，拿破仑悲惨而耻辱地从莫斯科撤退，成为流行病肆虐军队的又一个例证。俄罗斯的严寒让法国人措手不及，再加上哥萨克游击队的进攻，拿破仑的军队遭到严重削弱，但毫无疑问伤寒的影响更为严重，痢疾也起到了推波助澜的作用。

美国南北战争血腥至极。而这也是细菌学革命和现代微生物致病概念出现之前的最后一次重大军事冲突。据估计，六十六万士兵在这场战争中丧生，其中不少于三分之二死于传染病——主要是伤寒、痢疾、肺炎和疟疾。某些情况下，流行病推迟了重要军事行动的发生，据军事历史学家考证，这很可能导致内战延长了足足两年。[33]

但受传染病影响的不仅仅是士兵，战争成为传染病肆虐的舞台，而平民很大程度上也付出了代价。[34]一般来说，传染病都是先在军队暴发，然后传播到民间，引发瘟疫肆虐。这正是对《启示录》中末日四骑士原本的解释，其中就包括代表战争的红马骑士。

战时平民罹患传染病的原因多种多样。[35]来自作战人员的传播可能发生在战争期间，但也更常见于士兵复员回国之后。在战争期间，平民往往被迫逃离家园，最终可能会死在自身无法免疫的传染病流行地区。难民往往被安置在临时搭建的难民营中，那里的条件非常利于传染病的暴发，住所狭窄，肮脏污秽，而且难民往往营养不良。在战争期间，社会上正常的医疗基础设施可能会失灵，疫苗接种和医疗服务不复存在。第二次世界大战期间的德国集中营堪称人间地狱。在那里，斑疹伤寒等传染病肆虐，死亡人数令人瞠目结舌。

如前所述，十六世纪的梅毒疫情始于围攻那不勒斯的法国士兵。从那时起，这一幽灵的魔爪伸向整个欧洲，影响了社会各个阶层。1866 年，普鲁士军队赢得了血腥的普奥战争，在此期间暴发的天花疫情也波及平民，仅在奥地利就导致十六万五千人死亡。1870 年至 1871 年的普法战争期间，天花病毒再次祸乱人间，共有超过三十万法、德居民丧生。俄国革命期间死难者人数众多。一个多世纪后的今天，我们更不应该忘记，在俄国革命和随后的内战中，一场伤寒大流行就夺去了二百五十万人的性命。[36]

已知与战争有关的最大规模疫情正是西班牙大流感，疫情暴发于第一次世界大战即将结束时，在随后的几个月内快速蔓延。最终，死于这场流感的人数估计在五千万至一亿人之间。冲突中的战争双方因此遭受重创。

德国方面甚至声称，流感导致了 1918 年 7 月攻势的失败，否则德军很有可能赢得战争。关于德国战败是因为传染病“背后捅刀”的阴谋论显然不那么现实，但可以肯定的是，流感对军事行动的结果产生了重大影响。[37]

战争和流行病如影随行，不仅仅是过去的历史。长期战乱的南苏丹为我们提供了晚近的具体例子。[38] 由于饥饿和营养不良，严重的原生动物传染病利什曼病（即黑热病）大规模流行，患者如果不接受治疗，死亡率极高。而南苏丹战争导致当地生存条件恶劣，死亡人数居高不下。

媒体还报道了近来发生的实例。尽管叙利亚在战前通过广泛接种疫苗使脊髓灰质炎得到了很好的控制，但内战期间，该国依旧暴发了脊髓灰质炎流行病。[39] 同样由于战乱频发，也门国内霍乱持续不断，麻疹又在疫苗接种因战争而中断后暴发。

千百年来，战争和传染病之间不幸结盟的例子再次说明，微生物凭借惊人的适应性，充分利用人类行为中的每一种可能而发展变化。无数悲剧表明，《启示录》的佚名作者仿佛真的受到了天启一般，对这个世界遭受的苦难给出了无比深刻的洞察。

技术进步：一把双刃剑

人类在生存竞争中，拥有的决定性优势便在于大脑容量和制造工具的能力。由此，人类从只能打磨原始石器，一路发展到可以将复杂的太空探测器发送到遥远星球。与前人——不仅指徜徉在非洲大草原上的先祖，还包括生活在一个世纪以前的人——相比，现代技术改变了这个世界以及人类的日常生活。

尽管如此，技术的快速发展仍不乏批评者。有些批评可能言过其实，或者基于对过去不切实际的怀旧与留恋，但我们不能忽视一个事实，即现在看起来不言而喻，甚至引以为豪的一些进步也有其缺点。就本书的主旨，即微生物对人类行为的适应而言，有许多现代技术导致传染病传播的关键例子。

无论何时，被污染的食物都是微生物传播的一种途径。以前，几乎所有的粮食生产都依靠个体农户，因此大部分流行病都借由这种方式在本地传播。但是在西方国家，情况悄然发生了变化。在过去的半个世纪里，个体家庭已高度依赖工业化食品。[40] 原料经过加工后制成的最终产品经过大规模工业化包装，远销海外。如果使用的原材料因质量控制失败而被微生物污染，就可能引发广泛的流行病。近年来，我们见证了许多这样的例子。

工业生产的鸡肉和鸡蛋经常导致引起肠道感染的细菌流行，尤其是沙门氏菌和弯曲杆菌。小型和大型牲畜的肉制品也可通过大肠杆菌的特殊致病菌种引起感染，在幼儿和老人中甚至可导致危及生命的疾病。这些传染病也给供应未熟肉类的汉堡等快餐连锁店带来了麻烦。

冷链运输与全球市场催生了大规模的食品国际贸易。从食品生产卫生控制不善的发展中国家向西方国家出口食品，导致了致病微生物流行。例如在美国，从危地马拉进口的树莓导致原生动物环孢子虫诱发的肠道传染病流行。还曾有新闻说，从泰国进口的一批冷冻椰奶包含霍乱弧菌，导致了一场小规模传染。[41]

微生物利用现代技术传播的另一例子是军团菌。[42] 这种致病微生物存在于水中，通常不会引发疾病。在与现代空调设备相连的冷却塔中，细菌找到了有利的生长条件，以气溶胶的形式随水汽排放，从而在周边引发疫情。热水器中细菌的增加，也导致了通过淋浴的传染病流行。

自第二次世界大战以来，医疗和技术取得了长足进步，各种疾病治疗手段的发展日新月异。[43]突出的例子之一就是现代移植技术。心脏、肝脏、肾脏、胰腺和骨髓的移植挽救了无数生命。成功移植的先决条件是患者终身服用免疫抑制药物，以减少免疫系统对“外来”移植组织的反应。类似的药物也被大量用于治疗免疫反应的有害影响导致的许多其他疾病，如风湿病。

人类在免疫抑制药物方面取得了重大进步，但付出的代价是严重免疫缺陷的患者群体稳定增长。微生物再一次找到了出击的机会。大量不能在免疫系统正常者身上引起感染和疾病的微生物，可以在这些患者身上造成严重的甚至致命的感染。这类微生物被称为机会致病菌，因为它们利用了患者虚弱的免疫系统，催生了一个全新的、稳步扩展的传染病学领域。

医疗技术在现代急救中也取得了胜利。在重症监护病房，先进的技术治疗手段使患者身上插满针头和导管来维持生命。这也为微生物的入侵提供了新的机会。因此，传染的预防和治疗是此类病房医疗活动的重要组成部分。

这些例子再次表明，人类活动，即使是最初非常合理的活动，在人与微生物的对决中不断改变微妙的平衡。

气候与传染病：高度复杂的互动过程

气候在人类与微生物世界的相互作用中无疑扮演着重要角色。这会影响到传染病的发生，其发生频率和严重程度因气候条件而异。这里的重要因素包括温度、降雨（降水）、风和阳光。[44]

气候和传染病之间的联系特别复杂，即便到了今天，我们对这些联系的了解仍然不完整。这不仅限于各种气候因素。在人类与微生物的相互作用中，大量因素和参与者，如微生物、携带传染的昆虫、在人畜共患病时作为微生物宿主的动物，尤其是在大规模气候变化后能够改变其行为和抗传染能力的人类等，均受到气候的影响。[45]

首先，微生物本身会受气候因素，包括气温的影响。疟疾就是这样。疟原虫的成熟对于气温的要求十分苛刻，仅能在16℃至33℃之间完成。疟疾传染来自按蚊叮咬。蚊子在28℃至32℃之间发育最佳。气温越高，蚊子的叮咬就会变得越频繁。这些条件解释了为什么在非洲疟疾流行的地区中地势较高、气温较低的少数区域反而没有疟疾。传播黄热病和登革热病毒的蚊子，如疟蚊，不能耐受34℃以上的高温，当气温超过这个阈值，相关传染病就会从该区域销声匿迹。

温度越高，霍乱细菌在水中，或沙门氏菌在食品中的繁殖速度就会随之增加，并提高导致疫情的可能。在强烈的日光照射下，霍乱细菌更为猖獗。创伤弧菌和霍乱细菌类似，随着海水被日光加热，数量会急剧增加，在游泳者存在开放伤口或免疫力降低的情况下，将引发伤口感染。在气候炎热时，北半球也能看到这种情况。

降雨的变化会影响微生物和携带病原体的昆虫。由于饮用水受到污染，长期暴雨后的洪水往往会引发寄生虫传染，在发展中国家情况尤其严重。长期干旱之后，一旦致病微生物在饮用水源中的浓度变高，超过了净化的能力范围，即便在发达地区也可能会引发相关传染病的暴发。

降雨量也会影响携带病原体的昆虫。[46] 例如，疟蚊随着降雨量的增加茁壮成长，而气候干燥会降低其幼虫在水中成熟的可能性。但是，气候与传染病之间的联系相当复杂，甚至存在不可预测性，潮湿地区的干旱期也可以为蚊子提供更多的积水滋生地。大雨对昆虫也可能是灭顶之灾，会将其从繁殖地席卷一空。

病毒、真菌和细菌还会随风在空气中传播，在强风的情况下，含有微生物的灰尘颗粒可以传播很远。例如，一些人认为，流感病毒可以通过这种方式从亚洲一路传播到美洲大陆。

这里还需要提到的是人畜共患病，即微生物的主要宿主是动物，但也会影响人类的传染病。如前所述，人畜共患病在人类传染史上扮演了重要角色，过去几十年中新发现的大多数微生物也属于这一类。啮齿动物是导致此类传染的重要原因。气候变化会强烈影响啮齿动物种群，进而影响啮齿动物携带的微生物传染病发生。极端干旱的时期通常会使啮齿动物数量减少，降雨再次出现时，啮齿动物的数量就可能会出现激增。随之而来的结果就是，人类接触带病动物的概率显著增加。例如 1993 年，在美国东南部，一种此前闻所未闻的病毒开始流行，并因此被命名为“辛诺柏”（Sin Nombre，即“无名”）。最近的研究结果表明，通过影响相关地区啮齿动物种群，气候因素可能与鼠疫暴发有关。

最后，重大气候变化，包括极端气象灾害和更长期的气候变化，将导致人类行为的改变，导致移民、贫困、营养不良和本已糟糕的卫生服务崩溃，本身就让人们更容易罹患传染病。

上述例子表明，气候因素与传染病之间的相互作用极为复杂。近年来，借由全球气候发展变化，特别是围绕全球变暖的激烈争论，这一领域的研究越发深入。很多人主张，气候变化将导致多发于热带和亚热带的传染病向欧洲和北美等温带地区扩散。但是对此做出全面性结论仍为时尚早。

在讨论气候和传染病时，应该区分长期气候变化的可能后果（如全球变暖）与更严重的极端气候事件。我们能从历史中学到什么？虽然人类早在四千年前就有重大流行病的书面记录，但最古老的存世记录中，几乎没有提到流行病与气候条件的可能联系。[47]

查阅中国历史档案中所有省份主要流行病的信息，就会发现自 1300 年至 1850 年，总共记载了八百八十一起瘟疫。如果分析这与地球冷暖变化的可能联系，就会发现，在寒冷期发生大规模流行病的可能性比在温暖期高百分之三十五至百分之四十。然而遗憾的是，今天

2005年，卡特里娜飓风肆虐美国路易斯安那州新奥尔良，数千名难民被红十字会集中安置在休斯敦太空蛋体育馆等地方临时搭建的避难所。飓风过后，近九百种急性传染病接踵而至。

已经无法确定到底发生过哪些流行病了。

气候变化与流行病之间的联系非常复杂，往往涉及许多因素。很多历史档案都记载了极端气候条件导致在歉收、饥荒和营养不良后暴发瘟疫。这些气候危机还经常伴随着社会动荡和战争，这与流行病暴发有着明显的联系。欧洲“三十年战争”前后发生的状况戏剧性地说明了这一点，而瘟疫和斑疹伤寒疫情始终跟随着军队的脚步。

在我们生活的当下，足以说明极端气候事件与传染病暴发之间关联的例子不胜枚举。[48] 2005年，卡特里娜飓风肆虐美国，大灾之后，近九百种急性传染病相继暴发，其中多为肠道和呼吸道传染病以及皮肤和伤口感染。

2010年夏天，巴基斯坦遭受了强烈季风降雨后的大规模洪水袭击。除了造成大规模经济损失外，这场灾难还导致三千七百万例急性

公元前 9000—前 8500 年，第一次“流行病学转型”时期之前，智人一直以狩猎者和采集者的身份成群结队地四处游荡。借由这次转变，人们开始选择定居的农牧生活。

传染，特别是肠道和呼吸道感染、皮肤感染和疟疾。

近年来，人们对厄尔尼诺现象的重要性认识不断加深。[49] 这个术语被用来描述海洋和大气温度变化对气候，尤其对南半球气候产生的重大复杂影响。厄尔尼诺现象每隔两年到七年发生一次，通常伴随风暴和飓风、强降雨、区域性干旱和高于正常的气温。厄尔尼诺现象与多起疟疾流行病有关，1993 年，美国东南部久旱逢雨，但同时也暴发了几次与厄尔尼诺有关的辛诺柏病毒疫情。一些研究人员声称，厄尔尼诺现象的影响将随着全球变暖而变得更加严重。然而，根据本书描述的厄尔尼诺效应，就断言全球持续变暖将导致更长期的后果，显然缺乏足够的事实依据。

总之可以这样认为，综合各方面考虑，气候条件无疑对传染病的传播与发生频率，乃至由此引发的大流行起到了关键作用。许多因素都对气候和人、微生物和环境之间的相互作用至关重要。[50] 由此可见，未来可能发生的情况极其复杂，难以预测。

三位一体：微生物、人和环境

微生物和人类之间永无休止的决斗，其结果将很大程度上取决于生态和环境因素，在这里，我们将人类自身的行为纳入生态图景。这些因素实际上决定了双方是否势均力敌。与此同时，作为决斗一方的人类，在很大程度上有意识地，但绝大多数情况下是无意识地影响了环境和生态因素。这一过程已持续数千年，但在最近几年迅速加剧。

人类行为和我们与微生物世界的关系产生的后果，只是表明人类对大自然的影响越来越大的例证之一。人类活动对地球的物理和生态环境产生了巨大影响，导致气候变化和全球变暖，温室气体排放，陆地、海洋和大气污染，物种多样性丧失，森林砍伐和放射性同位素沉降。正因如此才有许多人提出引入一个新的概念，即“人类世”来描述我们所处的地质时代，但截至目前，我们还生活在始于大约一万二千年前，被称为“全新世”的地质时代。[51]

人类世这一新纪元何时开始，尽管为处理这一问题而成立的一个委员会的大多数成员都赞成将起点定在二十世纪中叶，但仍存在分歧。[52] 很明显，无论将起点定在何时，都显得有些随意。而这尤其适用于我们的主题：人类行为对微生物世界和传染病史的影响。这个过程已经持续了数千年，远远早于所谓的历史时期。

第三章

鸟瞰今昔：传染的始末

智人，即现代人类，是人属的唯一现存物种。我们的历史至少可以追溯到三十万年前。当然，目前我们对这段历史的了解还并不完善。尽管如此，通过一个多世纪以来诸多学科门类的共同研究，我们对智人在各个时期经历的生存环境，尤其是传染病在人类历史中的作用，已经得出了一个初步的认知。

如前所述，仅仅关注人类和微生物这两个因素来理解传染病的产生和传播机制显然是不够的。当代研究使我们意识到第三个因素（生态条件和环境）的重要性，也对人类传染病的历史产生了不同理解。

现在普遍认为，人类历史的发展是渐进式的，尽管受到各种危机和灾难的干扰，但人类生活条件不断改善。但这种观念可能是错误的，在人类传染病史上尤为如此。一般认为，人类面临的传染病的发展特点是大幅度的全面调整，即“流行病学转型”，而不是不断演变的均衡发展。在每个转型期，人与微生物和传染病之间的关系发生激烈变化，与人类生存环境的其他重大变化齐头并进。

与上述转变相关，传染病整体出现大规模变化，是因为在人类与微生物之间的相互作用中发挥重要作用的生态因素的重大变化。尽管目前，该领域的大多数研究人员都相信人类传染史上存在着重大且划时代的转变，但对于“流行病学转型”这一概念的价值，或这种转型的次数，还没有形成完全一致的意见。相关研究者大多不具备医学背景，可能不像身为执业医师的笔者那样重视纯粹的医学因素。根据我们今天掌握的知识，可以很有根据地认为，从第一批智人在非洲大草原徜徉开始，总计出现过五次流行病学转型。下面，本章尝试沿着人类传染病史的时间脉络，说明人类、微生物以及生态环境因素相互作用下的各个转型阶段。

作为狩猎者和采集者的人类

智人的祖先离开了非洲热带雨林，那里的高温潮湿孕育了特别丰富的微生物样态，许多昆虫和动物都可能对智人构成传染病威胁。之后的数万年，智人作为狩猎者和采集者在非洲大草原上游荡，居无定所。

这一时期的人类到底过着什么样的生活？以三五十人的规模群居？是否过着十七世纪哲学家托马斯·霍布斯描述的那种“孤独、贫乏、污秽、野蛮而又短暂的”可怕生活？抑或十八世纪让–雅克·卢梭热衷于描写的生活在“天国般庄严的朴素”中的“高贵的野蛮人”？真相可能介于两者之间。

如何才能了解远古时期人类先祖的生活状态呢？我们的认知基于两种不同类型的知识，将近期对少数幸存的狩猎采集族群的深入研究与考古发现，尤其是骨骼遗骸进行了比较。[1]在这个基础上，可以合理假设这一时期的人类生活条件十分严苛，预期寿命比当今世界富裕地区的民众要短得多，当然可能不比生活在贫穷落后地区或几个世纪前的欧洲普通人短太多。一旦缺乏猎物，早期人类群体的能量摄入可能存在短缺。尽管如此，他们的饮食相当多样化，包括各种野味、植物、块茎和浆果。从骨骼化石看，不存在营养不良或缺乏维生素的确凿迹象。这就是某些现代浪漫主义者盛赞“石器时代饮食”的原因。

早期人类罹患过何种传染病？有理由相信，和之后不同阶段相比，早期人类罹患传染病的情况较少。原因之一在于，采集狩猎的生存方式需要经常改变地点，重新安置住所。这种方式使得早期人类可以避免粪便堆积和饮用水污染的危险。这两种情况可能会导致引发肠道传染病的微生物，如细菌、肠道蠕虫和原生动物的传播。

还可以认为，群聚的早期人类个体受到引发急性传染病的微生物影响非常有限，这些微生物要么导致患者死亡，要么通过传染使患者获得永久免疫。一旦所有个体均被传染，幸存者获得的免疫力将导致微生物消失。今天，在与世隔绝的狩猎采集族群中，仍可以看到这样的实例。因此，早期人类中并不存在麻疹、天花、腮腺炎和百日咳等烈性传染病。直到很久以后，当人们开始定居在更大规模的社区时，这些致病微生物才成为重大威胁。

尽管如此，早期人类仍然会感染微生物。最重要的两种类型包括人畜共患病（动物传染）和近距离传播的慢性传染病。对狩猎采集者来说，狩猎期间与野生动物的接触要频繁得多，因此罹患人畜共患病的风险可能比后来的人类高得多。其中许多传染病可以通过蚊虫叮咬从动物传染给人类。疟疾、黄热病和非洲昏睡病就是此类疾病的例子。猎人也有可能从野生动物身上感染炭疽。生活在土壤中的微生物，如破伤风菌和某些真菌，也可能导致严重传染病。但这类传染病和许多人畜共患病都没有在人际传播。因此，在没有被微生物消灭的早期人类群体中，只存在个别病例。但受影响的往往是成年人，这可能会对规模较小的脆弱群体造成严重后果，因为在早期人类群体中，每个成年人对群体存续都至关重要。

重大的慢性传染病主要是通过身体密切接触、飞沫或食物传播的轻微疾病。一个典型的例子是雅司病，这是一种与梅毒病菌（梅毒螺旋体）密切相关的微生物引起的传染病，可被视为梅毒感染的前兆。雅司病会造成皮肤的慢性病变，现如今仍可以在非洲找到相关病例。此外，在早期人类阶段就存在麻风病。如前所述，麻风病菌是结核菌的近亲，二者都属于分枝杆菌。同样作为慢性病的结核病，是否发生在小型狩猎采集群体中？关于这一点无法给出确切的结论，但我们知道导致人类结核病的细菌，即结核分枝杆菌的历史至少和智人一样古老，甚至可能更早就已经出现。

当时还可能出现了疱疹病毒导致的慢性传染病，既包括水痘，也包括单纯疱疹病毒感染。这些病毒在急性传染后以潜伏形式留在人体内，并可能再次暴发，在感染者晚年再次引起传染。例如，休眠状态下的水痘病毒可以潜伏几十年，在老年人中以带状疱疹的形式重新冒头，对所有早年没有患过水痘的人都具有传染性。

伤口感染，部分源自土壤中的细菌，部分源自属于人类微生物群的细菌，在狩猎采集者中自然存在。通常存在于口鼻和皮肤上的葡萄球菌就是一个可能的例子。

在非洲大草原上漫无目的地游走了几十万年后，智人逐渐走出非洲，随着时间的推移，他们出现在除南极洲以外的其他大陆。与充斥着不同生物群落，如微生物和动物（包括昆虫）的新环境接触，无疑导致了传染病的整体变化。[3] 迁徙的人类随身携带了人际传播的慢性传染病，但人畜共患病的模式在悄然发生变化，毕竟许多早期传播微生物的动物和昆虫只存在于热带非洲。然而，智人遇到了可能导致人类传染病的新物种，包括新的人畜共患病。在新的气候环境中，较低的气温导致早期人类开始越来越多地穿着动物毛皮，从而为虱子和跳蚤等可能会传播致病微生物的寄生虫提供了理想的生存条件。尽管如此仍有理由相信，与热带非洲相比，生活在温带的人类传染负荷相对较轻，而在热带非洲，所有形式的动物群落的变异都相对更大。

综上所述，可以得出如下结论：早期人类在狩猎和采集过程中的健康状况并不十分糟糕。在许多方面，他们的营养状况可能比后来历史上大多数人的营养状况要好。他们面临的传染病情况同样相对乐观。即使到了现在，发展中国家仍有大量生活在贫困状态下的人，他们在营养和传染负荷等很多方面远比我们的祖先更为糟糕。然而，随着人类发展史上的第一次转型，即从狩猎采集向农业和畜牧业的转变，情况将发生巨大变化。

第一次转型：农业和畜牧业

有明确的迹象表明，大约一万一千多年前，智人改变了生活方式。以前由少数人组成的狩猎采集群体开始定居并饲养牲畜。[4] 这一戏剧性的转变发生在世界各地，但一般认为始于公元前 8500 年左右位于中东地区的“新月沃土”，以幼发拉底河和底格里斯河之间的土地为中心，延伸到今天的以色列、黎巴嫩、约旦和土耳其南部。埃及通常也被包括在内。在北美和南美、非洲部分地区和亚洲，也出现了类似的进展，尽管不是在同一时间或以完全相同的方式。总之，人类向农业和畜牧业的转型，可能发生在九个相互独立的区域。新的生活方式逐渐扩展到这些原初区域之外。

关于人类生存方式戏剧性转变的原因一直众说纷纭，部分解释涉及社会组织、行为，尤其是健康状况的重大变化——包括人类面临的传染负荷。[5] 许多人认为，由于上一个冰河时代的消逝，伴随着升温，气候条件对农业生产更加有利。这也导致了适合种植的野生食用植物出现更多变种。另一方面，气温升高导致一些地区干旱，可食用野生植物减少，大型猎物也大量下降。与此同时，狩猎采集人群的数量开始增加，对更多食物的需求增加可能逐渐促成了最终的根本转型。在很长一段时间里，狩猎采集群体周围可能并存着定居社群，只不过前者数量开始逐渐减少。

许多人可能会将这一戏剧性转变视为人类发展的重要一步。从很多方面来看，这是不可否认的。新的生活环境为全面的社会、政治和文化发展奠定了基础。这也带来了物质上的优势，即粮食产量增加，人口大幅增长。坚固、永久的住宅为人类抵御恶劣的天气条件提供了更好的庇护所。

但凡事都有两面。[6]定居后，人类承担的工作可能远比狩猎采集时代更为繁重。就健康而言，尽管全新的生存形式能提供一定的物质优势，但反倒发生了相当大的倒退。多重原因共同作用下，人类预期寿命下降，平均身高也出现退步。

在营养方面，这一时期的人类所处境况似乎比以前要糟。饮食结构变得过于单一，以谷物为主食。如果歉收或粮食储备遭遇敌方掠夺，更容易导致营养不良。维生素缺乏症可能也更加普遍。这些都会削弱人类对传染的免疫防御，使最早一批永久定居者比他们的祖先更易成为传染病的牺牲品。这产生了严重的后果，因为农业和畜牧业极大地改变了人们与微生物和传染病世界的关系。原因不一而足。

在之前的生活模式当中，人类作为到处迁徙的狩猎者与采集者，时不时地抵达不同的地方生活。如前所述，这样一来，粪便和其他形式的废物没有机会堆积起来，污染饮用水源。[7]由此，这一时期的人类没有受因接触粪便而引起的“粪口传染”——通过食物或水可能导致的急性和慢性肠道传染病——的严重困扰。由于人们经常更换住所，而各种肠道蠕虫在体外需要一个中间阶段才能成熟，因此未给其留下传染的机会。对于定居者来说，情况完全不同。在第一次转型后，肠道传染病暴发的频率显著增加。感染通常发生在儿童期，会导致慢性疾病和腹泻，这也削弱了他们的营养状况，这在现如今世界各地的贫穷国家仍然随处可见。随着人类粪便被用作农田肥料，定居社群的肠道传染病传播进一步加剧。毫无疑问，堆积如山的粪肥垃圾吸引了成群结队的昆虫和小型啮齿动物，它们经常携带如鼠疫和可能导致出血热的病毒在内的危险致病微生物。

造成新的传染病的重要因素之一便是农业的引入。[8] 智人周遭的自然环境和生态条件开始发生重大变化。这种对生态平衡的改变可能会导致新的传染问题，因为人类接触到了从未或很少接触的微生物。这种情况的发生，主要是由人类与动物，通常是小型啮齿动物的接触增加所致，携带致病微生物的老鼠，或者是携带传染源的昆虫改变了它们对人类的行为。后者的例子如疟疾，在第一次转型后，疟疾显然成了比以前严重得多的问题。农业用地被清理，加上灌溉引入后建成新的水库和堤坝，为传播疟疾的蚊子提供了理想的繁殖地，而蚊子越来越喜欢人类的血液，在人类永久性定居后，蚊子吸血也比以前更容易。同样，黄热病病毒也成为人类面临的更大威胁。

在使用大规模灌溉系统的农业社会中，引起慢性血吸虫病感染的肠道蠕虫也成为一个真正的问题。蜗牛是肠道蠕虫的中间宿主，在灌溉条件下，蜗牛在水中大量繁殖，人类会因为涉过受污染的水而遭传染。这在埃及和亚洲用水灌溉的稻田地区都成为极严重的问题。农业生产也增加了被土壤中微生物，包括导致破伤风的细菌感染的风险。这种细菌在马和其他牲畜的肠道中繁殖，并通过动物粪便传播到牧场中。

这些因素都增加了人类感染的风险，并导致曾对狩猎采集民族来说苦不堪言的健康问题。尽管如此，人类生存方式的重大转变导致人口急剧增加，这种情况一直持续到今天。正是这种发展为微生物世界的威胁打开了全新局面。我们将看到，急性传染病流行现在成了波澜万丈的人类传染史的组成部分。

对于定居的农民来说，捕猎野生动物不再像以前那样发挥核心作用。这意味着与狩猎采集社群相比，人们感染野生动物可能传播的人畜共患病的风险显著降低。另一方面，人们与现已驯服的动物物种有了更亲密的接触，也经常与许多家畜生活在一起，比如猪、狗和牛。这些驯服的动物也有自己的传染病，因此为新的人畜共患病奠定了基础。这将对人类后来的发展产生重大影响。

因此，一些最常见的致病微生物，最初是在人类开始定居并从事农牧业的阶段在家畜中传播的。这些微生物中，最重要的是那些通常会导致急性传染病的微生物，而传染要么是转瞬即逝，让人体产生相应免疫力,要么是新的个体被传染之后即告死亡。这为通常被称为“儿童传染病”的麻疹、腮腺炎、风疹和百日咳等时疫的发生奠定了基础。目前已被根除的天花病毒也遵循这种传播模式。为了生存，这些微生物必须不断感染新的受害者，而这完全依赖于存在大量可能被传染的个体。在此之前接触这种微生物的小规模人群中，感染者要么免疫，要么死于感染。随后微生物就会从该群体中消失。因此，在小型狩猎采集社群,这种被称为“群体感染”的现象,还算不上什么严重的威胁。

然而，随着人类社会向农业和畜牧业过渡，人口大量增加，情况发生了变化。几千年后，城市社会开始出现。在这种环境下，微生物能够在人群之中留存不去，部分原因在于缺乏免疫、能够被传染的新生儿不断出生，部分原因是来自偏远地区、此前未受相关致病微生物感染的大量成年个体持续涌入城市。

造成这种群体感染的微生物按一定的时间模式，以时疫的形式出现。每隔一段时间，当足够比例的人口获得免疫力时，疫情就会缓解。然后，人群达到了所谓的群体免疫效果。但这种微生物仍然存在于人群中。在同一种微生物引发的下一次时疫暴发之前，一切都很平静。这种情况需要多少人口才能出现？理论计算和实践经验都表明——对麻疹病毒的研究尤其如此，一旦人口达到三十万至五十万，病毒就无法消失，而是继续存在于社群并反复引起流行。这一结果，部分是通过数学计算得出，部分是通过在较小、孤立的社群观察麻疹流行情况得出。在后一种情况下，因为易受感染的人群数量不足，病毒从人群

如阿瑟·坎普夫创作于1900年前后的画作所示，在约公元前9000—前8500年间的第一次流行病学转型期间，人们开始永久定居并从事农牧业。

中消失。

现在的普遍观念是，导致这种时疫的大多数微生物与人类饲养的许多家畜关系密切。[9]这些可能导致相应的动物流行病。在某个时间点，相关的动物微生物在经过长时间的多次失败后，转移到人类身上，成功地站稳脚跟并引起了传染。通过不断进化以适应人类宿主，致病微生物学会了如何完成人际传染。

麻疹病毒在动物中有许多近亲。大多数人认为该病毒起源于相关牛瘟病毒，但也可能来自与狗有关的另一种病毒。[10]天花病毒在许多动物中都有其亲属。有观点声称，不能传染其他动物物种的人类天花病毒来源于牛。然而最近的研究似乎表明，“我们的”病毒来自骆驼体内一种密切相关的病毒，这种病毒转移到人类身上，进一步适应了人类。[11]这种研究不仅具有理论意义。今天，天花病毒被认为已经被根除了，但来自骆驼或其他动物物种的新天花病毒是否可能再次出现？猴子身上的另一种相关病毒，猴痘病毒实际上可以在人类身上引起重症，但它并不是特别具有传染性。这种病毒能适应人类并像“经典”天花病毒一样产生极强的传染性吗？

在这里需要先回答一个重要的问题。这种家畜微生物引发的“新”传染病是否在经历了定居并从事农业和畜牧业这一巨大转变的所有地方都有所反映？也许令人惊讶，答案是否定的。在此问题上，必须明确区别处理首先开始出现转型的欧洲和亚洲，以及在北美、中美和南美的几个中心同样出现转型的美洲。在美洲，没有出现与麻疹和天花等相对应的重大疫情。原因是什么？美洲大陆的情况与欧洲和亚洲存在某些根本不同吗？

美国生物学家贾雷德·戴蒙德（Jared Diamond）对这一现象的解释是，在大约一万三千年前，即最后一个冰河时代末期，美洲大陆上的大型哺乳动物，如牛、马和骆驼等已经灭绝。[12]虽然这可能部分是气候变化的结果，但美洲早期人类的密集捕猎应该是主要原因。

一般认为，在最后一个冰河时代或更早的时期，即大约二万到三万年前，智人从西伯利亚穿过白令海峡迁徙到北美，当时亚洲和北美之间可能存在一条陆桥。在欧洲和亚洲发生流行病学转型几千年后，北美大陆首次面临这一局面，但美洲适合畜牧业的大型动物要少得多，大羊驼和其他美洲驼是个例外。然而，我们不知道有哪些微生物从这些动物传播到人类身上，美洲驼只存在于安第斯山脉西部相当小的区域，也不像“旧世界”的家畜那样与人类密切接触。因此在美洲，人畜共患病远不是多么严重的问题。

在某种程度上，欧洲和亚洲的人们要幸运得多，那里有许多适合畜牧业的大型动物，如牛、猪、绵羊和山羊。但有得必有失，为此付出的代价便是“新”流行病。不管是什么原因，美洲人最初都避免了疫情肆虐的局面。在欧洲人到来之前，麻疹和天花等疾病都还是天方夜谭般的存在。而这些微生物将给这片土地带来悲惨的后果。

在结束关于人畜共患病和家畜向人类传播微生物的讨论之前，必须先看看在人类传染史留下浓墨重彩的结核病，其至今在世界部分地区仍然是非常严重的健康问题。结核杆菌是如何与我们刻画的拼图相互吻合的？

直到最近，人们仍普遍认为人类结核杆菌是一种牛体内相关细菌，即牛分枝杆菌在人体内的进一步发展。正如许多其他微生物那样，这种细菌能够部分通过牛奶传染人类，然后进一步变异。利用复杂的分子生物学方法进行的新研究表明，这一设想几乎不可能是正确的，因为人类结核杆菌似乎比牛体内的相关细菌古老得多。要么它们是从共同的“祖先”平行发展而来，要么牛身上的细菌是人类传染牛之后留下的“我们”人类细菌的后代。

回顾人类向农业和畜牧业过渡后生活方式的许多变化时，不难发现这对智人来说确实是戏剧性的转变——无论是好是坏。我们已经看到，与依靠采摘狩猎为生的祖先相比，人类健康在许多方面都有所恶化，营养状况和传染负担都是如此。如果你关注的是人类首次传染病学转型的消极方面，就可能会像一些人那样，主张从狩猎采集到定居的过渡是人类犯下最大的错误之一。然而这种极端的说法自然忽略了一个事实，即第一次转型为人类在诸多领域取得巨大进展奠定了必要的基础。

在人类选择定居后的第一个千年里，人口的不断增加以及政治和社会的发展导致社会人口密度更大，以及城市、城邦和帝国的发展。数千年来，主要文明——中国、印度、中东，最终是欧洲——彼此非常孤立。可以因此推定，在很大程度上，各个文明都发展出了自身包括常规流行病在内的传染模式。[13] 人们对偶尔引起流行病（即群体感染）的微生物产生免疫力，除此之外我们还必须假设，在抵御本地主要微生物的过程中，某些人类基因逐渐发生变化。这将提高人类对抗这种微生物的能力，并导致遗传物质，即人类基因组出现差异。现在，在世界各地，可以明显发现这种差异。

然而，一度与世隔绝的文明之间的接触是不可避免的，这将对来自微生物世界的威胁产生影响。欧洲和亚洲文明之间微生物交换的基础也因此奠定。美国历史学家威廉 · 麦克尼尔（William H. McNeill）在 1976 年出版的经典著作《瘟疫与人》中特别指出了这一点。

在公元前最后几个世纪，亚洲各文明和欧洲特别是罗马帝国之间的贸易得到长足增长。其部分归功于陆地贸易路线，尤其是著名的丝绸之路，部分也归功于横渡印度洋的海上贸易。跨越大洋的货船上还潜藏着来自微生物世界的偷渡者，它们可以接触到全新的寄生对象——这些尚蒙在鼓里的人们没有针对微生物进化出免疫或基因防御机制。结果，微生物如愿以偿。

随之而来的致病微生物的交换产生了巨大的医学和政治影响，人们倾向于将其称为人类传染史上的第二次流行病学转型。一些学者已经这样做了。本书作者没有亦步亦趋的原因如下：第一，尽管出现了很多理论和观点，但我们对亚欧交流时的微生物进化过程知之甚少；第二，这种微生物的互换是在相当长的一段时间内以某种复杂的方式进行的。最终的结果是，天花和麻疹等主要传染病产生的影响差异很大。然而，这个过程花了几个世纪。许多其他致病微生物的传染负荷仍然存在很大的地域差异，这与微生物、动物群、气候和生态条件的永久性局部差异相呼应。

然而，人类与外来微生物的第一次会面可谓风云激荡。最能体现这一动态过程的事例来自欧洲，罗马帝国提供了两个颇具戏剧性的个案：“安东尼瘟疫”和“塞浦路斯瘟疫”。这两场瘟疫给罗马帝国造成了沉重的负担，并对罗马帝国的稳定产生持久的影响。我们不知道疫情具体涉及哪些微生物，但本书稍后将更为详细地剖析。

第二次转型：新旧世界之间的微生物交换

与欧洲和亚洲不同，美洲大陆没有出现过同样的急性传染病大流行。这自然意味着生活在这里的人们没有遇到这些微生物，也没有进化出任何特异性免疫或基因防御机制。只要美洲继续与世界其他地区隔绝，这一切都并不重要，但随着1492年欧洲人的到来和美洲的"发现"，安宁与祥和戛然而止。挪威人的零星到访显然未曾改变北美的传染病情况，故可忽略不计。这些欧洲来客的停留时间相对较短，登船人数较少，且与土著居民几乎没有接触。

然而，随着西班牙探险家的到来，欧洲征服者在很短的时间内入侵并镇压了中南美洲的大型文明，一场完全不同的微生物大戏随之拉开了帷幕。[14] 征服者本身的军力其实非常有限。这些人身上的许多特点虽不那么讨人喜欢，但没人能怀疑他们的勇气和意志。当然，这本身不足以确保征服者能取得巨大成功。赫尔南·科尔特斯（Hernán Cortés）和其率领的区区几百人，何德何能在这么短的时间内征服墨西哥强大的阿兹特克帝国？因为科尔特斯带来了一个决定性的武器：天花病毒——诚然，他没有意识到这一点。这种病毒是在旧世界兴起的，并不存在于美洲，当地原住民对此不具备任何免疫力。因此，疫病的暴发对阿兹特克人的斗志与士气造成了灾难性打击。

另一位"著名"的征服者弗朗西斯科·皮萨罗（Francisco Pizarro），荡平了秘鲁繁荣一时的印加帝国，天花病毒也在很大程度上为虎作伥，从墨西哥迅速传播到南美洲。

据计算，征服者到来之后的首轮天花疫情夺走了三分之一原住民的生命。[15] 在欧洲人到来后的几年里，这种病毒进一步传播到美洲大陆其他地区，造成了同样悲惨的后果。

对美洲原住民来说，生死威胁不仅来自从没遇到过的天花病毒，接踵而至的麻疹病毒同样导致了极高的病死率。正如我们在其他地方

“哥伦布交换”，是指1492年克里斯托弗·哥伦布抵达美洲后，新旧世界之间发生的植物、食物、动物、人口和传染病的交换，这一事件的描绘，参见 Pelagio Palagi, from Giulio Ferrario, *L'Amerique*, vol. I（1820）, part of *Le Costume ancien et moderne*。

看到的那样，一旦病毒被引入尚未对其产生免疫力的人群之中，就会产生严重的后果。欧洲人携带的，还包括能够导致腮腺炎和风疹，以及百日咳和白喉的病毒。此外，斑疹伤寒杆菌也很可能是外来输入的，但目前尚不确定。这一时期的美洲地区，其他疫情也在肆虐，现在的我们已经无从考证致病原因，但很可能是由征服者带来的其他微生物引发。

据墨西哥研究人员称，1545年至1548年间，墨西哥曾遭受一场罕见流行病的蹂躏，可能夺走了近一千五百万人（约占原住民人口百分之八十）的生命。[16] 这一疾病的病理特征对医生来说闻所未闻，病症包括高烧、口鼻出血和黄疸。阿兹特克人用纳瓦特语称这种流行病为 cocoliztli（意为“瘟疫”）。1576—1578 年，同一流行病卷土重来，导致二百万人死亡。导致这些流行病的原因尚不清楚。耐人寻味的是，就在疫情暴发之前，墨西哥遭遇了一个极端干旱时期。墨西哥研究人员因此声称，流行病可能是某种由啮齿类动物病毒引起的出血热，而其种群受到气候干扰的影响。他们怀疑这种微生物可能来自“旧世界”。

最新研究利用先进的分子生物学方法发现，病因可能是沙门氏菌大家族中的一员，更准确地说是副伤寒沙门氏菌 C。[17] 这种细菌可以引起副伤寒，一种通常很严重的肠道传染病。该细菌是来自旧世界的“礼物”吗？尽管无法肯定，但有很多迹象表明情况的确如此。在挪威特隆赫姆出土的一名十三世纪年轻女子的骸骨中，发现了曾于 1545 年侵袭阿兹特克人的同一种细菌。也就是说，在哥伦布来到美洲的三百年前，这种疾病就已经存在于欧洲。然而，南美“瘟疫”的病理特征并不像我们通常认为的副伤寒症状。因此，瘟疫之谜的确切答案尚不得而知。

在接下来的一个世纪里，黄热病和疟疾通过奴隶贸易接连传入美洲大陆。微生物引发的灾难是否只在新旧世界之间单向传播？有没有从美洲被携带到欧洲的“新”传染病？实际上存在一个可能的例子，即梅毒。如前所述，这种恶性流行病与 1494 年法国围攻那不勒斯的军事行动有关，而当时距离哥伦布第一次探险返回欧洲不久。是他把梅毒病菌带回了老家吗？还是当时在欧洲已经出现了这种疾病？研究人员就这一问题争论多年，但尚未找到明确的答案。

可以这样认为，第二次流行病学转型导致人类传染史上的致病微生物传播达到了跨大西洋的级别，这与大约一千年前欧洲和亚洲之间的微生物交换旗鼓相当。后来欧洲人抵达澳大利亚和太平洋地区时，同样的情况再次上演，尽管规模较小。例如，澳大利亚的土著居民几乎被天花疫情赶尽杀绝。

第三次转型：工业革命

从四五千年前第一批城市出现之时起，人类在历史和文化上都经历了快速发展。城市化进程不断加快，目前，世界上有一半以上的人口居住在城市。二十世纪下半叶，发展中国家的城市发展速度惊人。

在中世纪末期之前，城市人口总体上的健康状况，特别是传染病负荷，基本保持不变。在人类社会向农业和畜牧业过渡之后，尽管粮食产量增加，但社会分层加剧，加之人口的爆炸增长，往往导致低收入阶层营养不良。出生率虽然很高，但死亡率，尤其婴儿死亡率同样居高不下。因此千百年来，人类的平均预期寿命只有二三十岁。这在很大程度上是由传染病和营养不良造成的。贫苦的下层百姓受到的影响最大，但富裕且营养充足的上流社会同样无法避免罹患传染病。

一万年前，第一次流行病学转型时，地球上的人口总数约为一千万。到了 1830 年，总人口数量已膨胀到大约十亿，到了 1975 年，人口总数足足翻了四番。今天，全球人口估计约为七十亿。令人震惊的是，人口增长实际上从大约三百年前便已经开始，从那时起便不断加速。

历史学家们研究了官方出生和死亡数字揭示的问题，在大多数国家，这些数字往往并不齐备。即便如此，结论似乎是明确的：出生率总体上保持不变，略有下降趋势，而传染病死亡率，尤其是婴儿死亡率下降明显。因此，在过去三百年中预期寿命稳步增长。这一时期被称为第三次流行病学转型。那么，转型的背后隐藏着什么？医学是否能独揽这一“殊荣”？

直到十九世纪末，细菌学革命才姗姗来迟。因此，在传染病死亡率开始下降很久之后，人们才知道微生物在传染病中的作用，于是开始研发抗生素和绝大多数疫苗。无论医生们对过去一百五十多年来医学的进步感到多么自豪——这是应该的，但他们不得不承认，除了对病人的治疗之外，肯定还有其他解释（至少直到十九世纪）。人类传染史上第三次转型这一概念，要特别归功于一位社会科学家，托马斯·麦基翁（Thomas McKeown）医生。[19] 在一定程度上，第三次转型与十八世纪末的工业革命相吻合。

如果医学对传染病的积极预防和治疗不是预期寿命增加和婴儿死亡率下降的原因，那么第三次转型的原因是什么？麦基翁的解释是什么？

在工业革命之前，人类的生活条件，尤其是穷人的生活条件几乎没有改变。自第一次流行病学转型以来，下层阶级拥挤的生活空间和恶劣的卫生条件一直对人口感染负荷起到重要影响，而在十九世纪初沉闷的工业城市中，贫民窟式的工人区的恶劣生活状况不但没有改善，反而继续恶化。麦基翁认为这些领域的改善是传染病死亡率下降的原因。他创建的宏大思想，即“麦基翁理论”，给出的解释是过去三百年来营养的逐渐改善。他认为，这与这一时期西方国家通过改进农业技术实现的粮食增产有关。

众所周知，营养不足和营养不良都会增加个体对传染病的易感性，并使其病情恶化。诚然，这并不适用于所有传染病，但对于结核病和麻疹等疾病来说，营养水平显然事关重大。

麦基翁的解释模型主要基于营养水平的提高，这是理解第三次流行病学转型的关键，得到了热烈的讨论和批评。人们对它提出过许多反对意见。

首先，历史资料无法证明这一时期人类的营养状况出现了很大改善。这是麦基翁欣然承认的事实。此外，他可能忽视了英国和其他国家自十九世纪中期以来城市卫生条件和卫生标准的重大改善。相关改善的推动力来自瘴气理论的支持者。他们笃信瘴气有害，这意味着需要改善城市环境中常见的可怕卫生状况，因此，疏浚污水、清理废物、确保供水、改善个人卫生和清除贫民窟中最糟糕的地区是绝对必要的。尽管基于瘴气理论的出发点有误，但相应的综合措施在实践中有效地预防了许多传染病。毫无疑问，这有助于降低结核病和霍乱等传染病的死亡率，这些疾病在十九世纪中叶肆虐城市。在医院系统内，这种公共卫生运动也有影响。耐人寻味的是，护士们的偶像弗洛伦斯·南丁格尔也是瘴气理论的支持者。1853—1856年克里米亚战争期间，她做出了重大贡献，改革了军队医院的卫生条件和卫生状况，使死亡率显著下降。不言而喻，越来越多的细菌学革命支持者也认同瘴气支持者提出的基本措施。

在本书作者看来，麦基翁的观点有些过犹不及，他认为直到1935年，也就是细菌学革命五十年后，医学才对传染病产生了影响。始于十八世纪末的天花疫苗接种无疑对死亡率的下降起到了相当大的作用，细菌学取得突破后研发的其他疫苗也是如此。对微生物和传染条件的新认识也迅速影响了手术和分娩医学，导致术后感染和分娩死亡的减少，从而形成许多包括结核病在内的传染病预防措施的基础。对细菌作用的理解，无疑加强了人们对改善卫生和卫生条件措施的信念。

在过去的几个世纪里，西方国家人口传染病负荷的逐渐改善有多种原因。在我们称之为第三次流行病学转型的大部分时期，直到二十世纪初，除了基于科学的传染病学之外，其他因素对发展无疑至关重要，但从那时起，细菌学革命和现代传染理论的结果开始得到证实。

在我们的笔墨离开重要的第三次流行病学转型之前，有必要强调，本书的介绍适用于西方工业化国家的情况。较为贫困的发展中国家落后多年，直到第二次世界大战之后才真正开始进行重大变革。还不确定这些变革是否会朝着正确的方向发展，因为有许多障碍，战争、内乱、贫困和人口过剩，不一而足。在迅速扩张的大城市中，往往存在贫民窟，那里的卫生条件、营养状况和传染病负荷与工业化世界早期的恶劣状况基本近似。人们可能会担心，在发展中国家，传染病今后的发展趋势将与西方不同，在富裕国家特有的非传染性、主要由生活方式导致的疾病，已经开始在发展中国家站稳脚跟。

第四次转型：生物学革命

传染病史领域的大多数研究人员都会进行明确的转型阶段划分，尽管相关的定义并不总是完全一致。在本书作者看来，令人惊讶的是，十九世纪末的细菌学革命通常不被认为是重要的转型。巴斯德和科赫的重大发现，以及他们的前辈和后继者，彻底改变了人们对传染病病因的认识，对传染病的预防可谓厥功至伟。此外，上述见解导致传染病诊断和治疗出现划时代的突破。二十世纪三十年代中期，继青霉素和其他一系列抗生素之后，磺胺类药物投入临床。拯救了数百万生命的新型疫苗的基础，也在十九世纪末建立起来。

作者认为，这些进步的重要性之所以被低估，可能是因为托马斯·麦基翁的强大影响。他的观点毫无疑问有其正确性，在很长一段时间内，医学贡献以外的其他因素导致传染病状况逐步改善以及死亡率下降。但在作者看来，细菌学革命开创的全新领域及其影响，在麦基翁对此也表示认可之前的几年就显而易见。毫无疑问，细菌学革命对二十世纪传染病死亡率的影响比麦基翁断言的更大。

另外还有一点可能非常重要，那就是谈论主要的流行病学转型时忽略细菌学革命的大多数研究人员并非来自医学专业，而更多是人类学和历史学出身（有医学背景的托马斯·麦基翁是个例外）。毫无疑问，如果像作者一样毕生从事传染病研究，就会认为细菌学革命必须被视为人类传染史上与其他转型平起平坐的重要阶段。稍后，本书将讨论细菌学革命对应的流行病学转型给人类带来的诸多好处，特别是确保人类在与微生物的对决中占据上风。

第五次转型：地球村

在第二次世界大战后的头几十年里，西方国家的政治家和民众普遍认为，传染病已经不再是导致疾病和死亡的重要原因。[20] 这一时期，人们越来越重视其他疾病，包括心血管疾病、关节炎和癌症。导致态度改变的重要原因在于，实验室培养出了青霉素和一系列其他抗生素，越来越多的疫苗也被研发出来。这些都使传染病危害得到有效控制。古希腊人可能会将此视为人类过度自信的傲慢表现，这种自大将不可避免地招致上天的惩罚。

上天的惩罚说来就来。从二十世纪五十年代中期开始，越来越多未知的微生物粉墨登场，造成包括流行病在内的严重健康问题。很明显，传染病的情况正在悄然发生变化。二十世纪八十年代初，艾滋病大流行暴发时，许多不明白即将厄运临头的人都对此有了直观的认知。

微生物世界不断出现新威胁的原因是什么？其中涉及很多因素。简而言之，微生物具有适应和利用环境变化，包括人类行为变化的能力。所有传染病历史背后的主旨是，这一切往往是人类行为和对自然界干预的结果。近年来，人类对地球上自然活动的干涉越来越多，也凸显了作为对不同地质时期传统术语之补充的"人类世"概念的意义。[21]

人类世的一个重要方面正是智人和微生物之间斗争的平衡变化，这产生了许多新的，或者至少是新发现的微生物和传染病，对此将在后文探讨。其中重要的例子包括艾滋病、埃博拉和 SARS 冠状病毒以及导致军团病的致病菌。

这一发展背后的机制令人关切。事实上我们可以说，此前讨论过的所有与环境和生态相关的因素，都与人类传染史上的第五次流行病学转型有关。

现在，请考虑一个从根本上将我们这个时代与人类历史早期区分开来的因素。从前，微生物和流行病的传播较为缓慢，显然无法超过骑马乘驼的速度。十八世纪，乘坐帆船从英国航行到澳大利亚需一年之久。即便到了十九世纪初，搭乘快船仍然需要三个月的时间。而在二十世纪上半叶，蒸汽船抵达同等距离只需要五十八天。[22]这就是法国作家儒勒·凡尔纳（Jules Verne）在1873年出版的科幻作品《八十天环游地球》在当时引起轰动的根本原因，从旅行时间来看，这无疑是惊人的壮举。现代空中交通完全改变了这一点。现如今，从欧洲前往澳大利亚或是去世界其他地方的漫长旅程，所需时间仅以小时计。通常每年有超过十五亿人乘坐飞机，其中一半乘坐国际航班。这意味着受传染的人类、动物和致病性昆虫可在短短几个小时内跨越不同大陆，在抵达后引发疫情。[23]

在诸多社会领域里，全球化的诸多面向都可谓极其重要的话题。说到我们与微生物世界的关系，全球化的支持者经常使用的“地球村”概念，恐怕存在一个重要的缺陷。事实上在当今的全球化社会中，传染病和此前在村庄聚落中同样容易暴发，但可能引发洲际传染病的形式所产生的后果，即“大流行”，破坏性要大得多。令人信服的例子包括二十世纪的艾滋病和流感大流行，以及最近新型冠状病毒的全世界大流行。

在人类迄今为止五次流行病学转型中的最后一次，传染病领域的发展导致了“新兴传染病”这一新概念的提出——此概念意味着未知微生物引发的新传染病，或是最近发病率或地理范围迅速增加的已知微生物传染病流行。[24]尽管微生物本身存在的历史更为久远，但作者更愿意称这些为“新传染病”。这些传染病为世人瞩目，并引发了对它们的强烈关注。但若了解人类传染病的历史，以及人类与微生物之间永无休止的斗争，就不会感到惊讶，微生物凭借其惊人的适应和变异能力，再次利用了生态和环境因素中的剧烈变化。而在过去的一百年中，我们对这些变化负有责任。这些都是我们在应对未来必将出现的微生物的全新威胁时，应该更多去考虑的问题。

第四章

瘟疫流行：悲剧的轮回

数十万年来，人类和微生物之间的决斗一直互有胜负。在相当长的历史时期，决斗双方至少各自保持了克制，没有出现太过明显的戏剧性波动。但也有微生物突然占上风的时候，导致了传染病的流行。所谓流行病，是指传染病在相对较短的时间内在人群中呈现爆发式增长。流行病只出现在规模较大的人群当中。唯其如此，致病微生物才有机会传染足够多的宿主。这就是直到人类第一次流行病学转型，即放弃采摘狩猎转而定居并从事农牧业之后，才出现所谓“瘟疫”的原因。关于流行病的暴发究竟需要多少病例，或者必须发展得多么迅速，并不存在一致意见。如果流行病袭击整个大陆或几个大陆，就可以使用“大流行”（pandemic）一词形容。

许多传染病，如麻疹、腮腺炎和天花，流行过程非常典型，可以迅速传播给大量缺乏免疫力的人，当人群中不再有易感个体时，就会销声匿迹一段时间。这些都是典型流行病的例子，微生物会导致我所说的“群体感染”。但我们也使用“流行病”和“大流行”这两个术语来描述一些非急性传染病，这些疾病的传播速度要慢得多，在一定时间后不一定会消退。类似的例子包括结核病、麻风病、疟疾和艾滋病。随着时间的推移，这些传染病也会改变其特征，卷土重来，然后进一步传播。

以前，在不知道微生物是致疾元凶时，我们自然对流行病和大流行的成因没有明确的概念。直到过去几十年，相关致病机理才得以澄清，生态和环境相关因素对人与微生物的相互作用发挥着至关重要的影响。在很多情况下，正是这些因素的重大变化奠定了历史上许多流行病的基础。许多因素经常同时起作用。

但我们也能找到微生物致病性变化的例子，而这些变化至关重要。当有利于适应环境时，微生物使用多种方法改变其遗传特征。人类行为的变化（可以称之为人类生态学）在流行病中也常常发挥重要作用，而人类改变基因特征的过程，远比微生物遗传特征变异的过程复杂。

基于最近获得的新知识，现在可以回顾历史，并借此分析我们描述的许多流行病的背景，这些流行病在许多地区对人类产生了重大影响。从这些研究中获得的见解，对于人类未来与微生物的对决具有极其重要的价值。

不过，既然对微生物的认识直到十九世纪末才出现，我们怎么能对过去的流行病和传染病做出确定认知呢？如何确定早期的流行病是由微生物引起的？对于这些相当自然的问题，我们实际上能够提供很好的答案。因此，在研究一些重要的流行病和大流行的例子之前，应该首先反思，使用类似犯罪学中所谓“冷线索”的历史调查工作的基础是什么？

如何追踪历史中的“冷线索”

自从大约四五千年前人类首次用书面记录开始，就开始出现关于重大流行病的记录。而这些描述自然是研究古代流行病的重要来源。然而，许多曾经给人类带来重创的流行病在古代文献中并未被提及。一些记载湮灭在历史长河中。在存世的历史描述中，可能还存在额外的诠释问题，从而让相关研究工作举步维艰。编年史的作者通常不是悬壶济世的良医，而是历史学者或普通僧侣，不一定熟悉自己生活的那个时代的医学专业术语。因此，翻译往往会遇到相当大的问题，毕竟人们并不知道作者用来描述疾病的医学概念是什么意思。此外，现代医学出现之前的相关概念体系与如今大不相同。典型的例子如对皮疹的描述，而皮疹是许多流行病的重要标志，甚至可能是诊断之关键。教会人士在关于病因的理论中往往集中于宗教方面的考虑，而非从较为俗常的方面进行冷静描述。

尽管如此，的确能够找到对过去瘟疫进行彻底分析的极好案例。此前已提到的一个经典例子，便是修昔底德对公元前 431—前 404 年伯罗奔尼撒战争期间雅典瘟疫的描述。[1] 几个世纪以来，相关描述一直得到学界的密切研究，并影响了后来的作家对流行病的描述，他们在描述和解释疾病时，使用了与修昔底德相同的词语。

尽管在翻译和解释古代关于流行病的记载时遇到许多问题，但这些历史档案对于我们理解流行病的地理分布和传播路径，以及相关病理描述和死亡率等方面，都具有异常宝贵的价值。

对于古代编年史而言，极有价值的补充之一便是其他书面资料，如遗嘱、雇佣合同、销售契约和其他非文学文献及记录。对于外行来说，这些资料可能乏善可陈，但对于历史学研究者来说，历史档案可以提供有关重大流行病的过程、传播和后果的宝贵信息。这些原始材料，也是亟待深入研究的主题。

尽管这种历史方法通常能让我们很好地了解过去的许多流行病及其可能的致病微生物，但其本身很少能为分析提供完全可靠的基础。对于许多流行病，历史学家依据的各种来源均无法得出明确的结论。

历史上曾发生的许多著名流行病均属于此类。稍后将讨论其中一些迷雾重重的个案，包括前面提到的雅典瘟疫。

在对古代传染病的研究中，历史学者得到了考古学者的帮助。[2]考古发掘经常发现人类发展过程中不同时期的遗骸。通常情况下，只有骨骼残存，因为软组织（皮肤、肌肉、内部器官）会因细菌寄生而迅速腐烂。在干燥、低温、缺氧或化学影响等特殊情况下，这种腐烂过程可能会被阻止,从而导致我们所说的“木乃伊化”。在这种情况下，软组织可能保存得很好，这意味着可以使用现代医学中的普通显微镜方法来研究身体组织和器官，例如在尸检时。木乃伊制作通常是人为的，几千年前古埃及人的安葬习俗留下了“木乃伊”一词。然而，其他文明也会对死者进行防腐处理。在特殊的气候条件下，木乃伊化甚至可以自动发生。著名的例子便是在阿尔卑斯山发现了生活在数千年前的“冰人奥茨”。在这种情况下，肠道内容物也可以提供有价值的信息，例如寄生虫引起的慢性传染病。而这，正是发生在奥茨身上的故事。

不幸的是，人类遗骸的木乃伊化只是例外。在大多数情况下，只能找到骨骼残骸。然而随着慢性病的进展，患者的骨骼也会发生变化，可以提供有关健康状况的宝贵信息。[3]例如，结核病和梅毒就可能导致特征性改变。然而，造成传染病广泛流行的绝大多数微生物只攻击身体的软组织，而非骨骼。因此，检查骨骼并不能告诉我们这些传染病的发生情况。

幸运的是，现代科学拯救了历史学者和考古学者。1953 年詹姆斯 · 沃森和弗朗西斯 · 克里克发现脱氧核糖核酸分子的结构和作用后，这一重大突破也彻底改变了传染病和流行病史的研究走向。脱氧核糖核酸分子是所有（除某些含有核糖核酸的病毒和朊病毒——如果后者算是生物的话）生物遗传信息的载体。现代分子生物学方法可用于检测数千年前人类和动物遗骸中显示出传染迹象的微生物脱氧核糖核酸。这些新方法还可以用于研究人类和动物的脱氧核糖核酸，获得的轰动性新数据也可以提供有关进化过程的信息。

聚合酶链反应（PCR）作为最重要的方法，被用来检测古代脱氧核糖核酸。这种方法在医学的诸多领域都带来了革命性的诊断，可使极微量的脱氧核糖核酸的原始数量增加，从而能够使用其他方法做进一步研究，然后进行检验。[4]

尽管检测古代脱氧核糖核酸的新方法可谓重大突破，但相关研究要求极高，存在许多可能导致错谬的误差源。古代脱氧核糖核酸会受到不同程度的破坏，这在很大程度上取决于外部气候条件。脱氧核糖核酸最好在干燥、凉爽的条件下保存。不幸的是，在许多发现了主要流行病受害者遗骸的重要地区，如地中海，没有这种保存条件。然而，脱氧核糖核酸在木乃伊化后通常保存完好，因此首次成功检测到的古代微生物的脱氧核糖核酸都是埃及和秘鲁木乃伊中存在的结核分枝杆菌。上述成果于二十世纪九十年代公之于世。后来证明，这种方法可以从许多其他微生物中识别脱氧核糖核酸，包括麻风分枝杆菌和鼠疫杆菌。在不同时代的人类遗骸中发现的鼠疫杆菌为我们提供了可能的答案，解答了有关鼠疫大流行尚未解答的问题。

由于其他不相关脱氧核糖核酸的污染，使用聚合酶链反应方法的脱氧核糖核酸研究非常容易受到误差源的影响，例如发现地点或进行调查时实验室中自然产生的微生物。因此，这种方法对这些实验室条件提出了特殊要求。

多年来，用于检测古代脱氧核糖核酸的方法变得越来越复杂。此外，现在有了在考古材料中检测蛋白质的方法。这种方法可能会发挥相当大的作用，因为蛋白质分子在有利的条件下可以保持几十万年不变，而脱氧核糖核酸的“保质期”有限。然而，在研究历史上曾经发生过的传染病时，上述两种方法都不能单独使用。所有研究发现必须始终与可靠的考古评估，包括相关遗骸的年代，以及现场的其他情况相结合。

现代分子生物学的迅速发展，极有可能会给出其他方法，用于研究古往今来的流行病和古老的微生物样品。然而，目前的方法还处于起步阶段，许多有意思的考古发现仍有待于使用现代脱氧核糖核酸方法进行研究。

鼠疫大流行

在日常用语中，很少有哪个词像“鼠疫”（plague）那样充满负面意义。这个词常用来形容某种现象或某个人相当可怕。当一个人面临两个同样可怕的选择时，也会用这个词来表示，如在日耳曼语和罗曼语系中的习语“在魔鬼和深渊之间”，或者“在斯库拉和卡律布狄斯之间”*,可以被称为“鼠疫和霍乱之间的选择”。这个词的使用来源于对历史上可怕流行病的记忆。在纯医学用法中，plague 一词仅指由鼠疫杆菌而不是其他微生物引起的流行病，然而它通常也可以不太准确地用于形容其他疫情。

最著名的鼠疫大流行，便是大多数人在上学时都听说的，曾在十四世纪中期肆虐的黑死病。[5]在传染史中，还曾出现过另外两次席卷全球的鼠疫。[6]这三次鼠疫都可以被称为大流行。[7]第一次疫情，即查士丁尼瘟疫，于六世纪中期暴发，接着是十四世纪中期暴发的黑死病和十九世纪末的第三次鼠疫大流行。除了这些大流行之外，在前两次之后的几个世纪里，还出现了一些规模较小的鼠疫流行。鼠疫仍在世界某些地区阴魂不散：最近，马达加斯加和刚果就暴发过疫情。

* 在荷马史诗《奥德赛》中，奥德修斯在归途中需要经过两侧都是悬崖峭壁的墨西那海峡航道，一侧藏着六头海怪斯库拉，另一侧藏着她的同伙卡律布狄斯，这使奥德修斯进退维谷。

现在，绝大多数医生和历史学者认为，这些大流行都是由鼠疫杆菌引起的。然而，也存在不同意见。[8]几十年来，关于这个问题的讨论一直很激烈，有时甚至剑拔弩张。对于每次鼠疫流行的其他特征也存在分歧，我们将在后文再次讨论。下面，请先了解一下历史上历次鼠疫大流行，再讨论背后的疾病机制、鼠疫杆菌的属性，以及在生态和环境因素影响下，人类如何与鼠疫杆菌展开决斗。历史上的鼠疫流行就是这些因素重要性的极好例子。

"查士丁尼瘟疫"：第一次鼠疫大流行

公元542年，拜占庭皇帝查士丁尼（Justinian）居住在当时世界上最大的城市，宏伟的帝国首都君士坦丁堡。[9]查士丁尼有充分的理由对自己的帝王生涯感到满意。这位巴尔干贫农的儿子，凭借自己的能力和舅父查士丁一世的帮助，最终登上大位。查士丁一世本人也出身卑微，但成为帝国的皇帝。查士丁尼于公元527年接替舅舅查士丁称帝。而查士丁尼的皇后是相貌美丽且意志坚强的狄奥多拉（Theodora），根据某些同时代的历史学者，尤其是普罗科皮乌斯（Procopius）的说法，这位历史上极受关注的女性有着极其复杂、相当可疑的过去。普罗科皮乌斯在其所撰的官修历史中盛赞查士丁尼的种种丰功伟绩。除此之外，他还匿名撰写了另一部《秘史》，里面包含了对这对帝王夫妇的尖锐攻击。[10]他笔下的狄奥多拉是君士坦丁堡竞技场马戏团一名养熊人的女儿，后来成为著名演员，因其极不雅的表演而声名狼藉，很早就当了性工作者。此后她引起查士丁尼的注意，尽管名声不好，但还是被迎娶入宫。不久之后，他登上了皇位，养熊人的女儿则摇身一变成了皇后。

不可否认，此时的罗马帝国已江河日下。帝国西部逐渐衰落，被日耳曼各部征服。公元476年经常被认为是西罗马帝国灭亡的年份。

公元 541 年，查士丁尼皇帝统治期间，拜占庭帝国暴发了史称“查士丁尼瘟疫”的大流行。这无疑给帝国带来了沉重的负担，但历史学家对它的范围存在一定程度的分歧。上图是对早期瘟疫罕见的描绘，可能是有关查士丁尼瘟疫的唯一壁画。这幅画位于法国拉旺迪耶的圣安德烈修道院，绘于 1315 年。

查士丁尼皇帝的伟大计划是恢复帝国昔日的兴盛和辽阔疆域，而他正在通往成功的道路上，部分是因为得到了杰出将领的加持。其中最重要的将军是贝利萨留斯（Belisarius），军事历史学者称其为战略家，与亚历山大大帝、尤利乌斯·恺撒和拿破仑齐名。到 542 年，查士丁尼的将军们重新占领了包括北非、意大利和西班牙部分地区在内的区域。

极其勤勉的查士丁尼还力主全面修法，《查士丁尼法典》在后续数百年间对欧洲律法体系产生了重大影响。此外，他还兴建了许多气势恢宏的建筑，其中最令人印象深刻的是高大雄伟的圣索菲亚大教堂，时至今日，造访伊斯坦布尔的游客依旧可以欣赏它。在庄严的祝圣仪式上，查士丁尼皇帝提到所罗门王宏伟的圣殿时喊道：“所罗门，我超过了你！”

查士丁尼的丰功伟绩是否让他表现出希腊人所谓会导致众神愤怒和惩罚的傲慢？有些人，尤其是仍然信奉远古诸神的人可能会认为，皇帝现在正试图用火和剑来消灭这些神祇。如此一来，他们可能认为，公元541—542年，天谴果真以戏剧性的方式降临人间。

公元541年，在尼罗河三角洲东部的埃及小港培琉喜阿姆暴发了一场死亡率极高的流行病。[11] 疫情迅速蔓延，向北扩展到巴勒斯坦、叙利亚和波斯，向西蔓延到附近的亚历山大，这里也是地中海区域最大的港口之一。疫情从亚历山大港通过海上交通传播到地中海其他地区，542年春天，瘟疫侵袭了君士坦丁堡。对于当时的景况，最著名的历史学者普罗科皮乌斯，以及教会负责编撰编年史的学者都留下了较为全面的书面记录。[12] 其中，以弗所的约翰目睹了瘟疫蹂躏埃及和北部邻国的悲惨过程，十室九空，土地荒芜。普罗科皮乌斯对瘟疫在君士坦丁堡肆虐的描述令人痛心，每天就有五千至一万人死亡。教会历史学者埃瓦格里乌斯·斯科拉斯蒂克斯（Evagrius Scholasticus）写道，仅在君士坦丁堡一地，瘟疫就夺走了三十万人的生命，而当时帝国首都的人口可能还不到六十万，这显然是一个相当可怕的数字。尽管这些数字尚无法确定，但死亡率居高不下却是不争的事实。渐渐地，人们不得不放弃通常的埋葬方式，转而使用乱葬坑。在君士坦丁堡，将尸体抛入大海也成为无奈的选择。

档案记载还提供了瘟疫中常见的病理细节。被传染者会突然发烧，很快，大多数人的腹股沟、腋窝和颈部开始出现巨大肿胀。我们现在知道，这些是淋巴结感染后发展成了脓肿。这种肿胀被称为“横痃”，是鼠疫杆菌传染的典型特征。因此，这一传染病也被称为“腺鼠疫”。

典型的病理描述为，患者在陷入昏迷和死亡之前，很快神志不清，经常出现幻觉，但仍有一些人侥幸康复。这种疾病可能发展得极其迅速。无论在君士坦丁堡还是亚历山大，人们早上出门时都会在脖子里

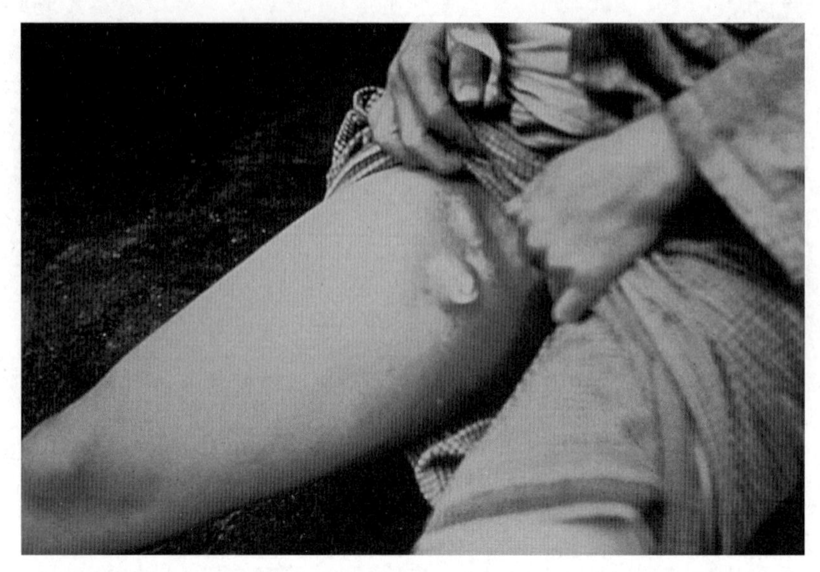

如 1993 年拍摄的这张照片所示，典型的淋巴腺鼠疫患者的颈部、腋窝和腹股沟可见大量积满脓液的淋巴结。

系上印有自己姓名和所在地区的标签，这样如果在街上晕倒，就可以联系他们的亲属。据普罗科皮乌斯记载，皇帝本人也不幸染疾，但最终大难不死。

瘟疫一直持续至公元 543 年。此时，疫情已经蔓延到地中海其他国家，乃至现在的德国、英国和爱尔兰一带，甚至波及今天的大部分中东地区和中亚地区。[13] 在接下来的两百年左右，每隔五到七年就会暴发瘟疫，总计报告了十五到十七次疫情。[14] 有时，“查士丁尼瘟疫”也被用作上述鼠疫流行病的总称，但大部分学者只是用这个词来指 541—543 年的首次鼠疫大流行。一些学者声称，后来疫情也传到了斯堪的纳维亚半岛，但记载这一说法的文献可信度存疑。

公元 750 年之后，不知何故，欧洲及其邻近地区一直侥幸免遭受鼠疫袭扰，但好运并未永远眷顾这片土地，十四世纪中叶，第二次鼠疫大流行，即令人谈之色变的黑死病在这片土地暴发。

查士丁尼统治时期，人们对流行病的起因有何看法？在医学界，希波克拉底和盖伦的疾病理论自然具有很强的代表性。[15] 然而，从成书于六世纪的文献来看，当时的人们普遍认为，瘟疫是上帝对人们的原罪、不敬和世俗的惩罚。包括以弗所的约翰在内的几位教会编年史学者对此都非常重视。但即使那些声称瘟疫是天谴的人也认为，必须允许人类摆脱瘟疫，因为他们也认同瘴气在致病方面的作用。许多人也逃离了受灾最严重的城市。

另一方面，普罗科皮乌斯对瘟疫的起因存在不同看法：在《秘史》一书中，他把皇帝描述为一个近乎恶魔的邪恶人物。根据普罗科皮乌斯的说法，瘟疫是上帝对皇帝之恶行的惩罚。[16]

许多人仍然私下里信奉古代诸神，对瘟疫的起源有自己的想法。据说一些基督徒因为感到被基督抛弃，开始转而崇拜古代诸神。

虽然流行病显然始于培琉喜阿姆，但查士丁尼时代的普遍看法是，祸端实际上始于更远的南方，即今天的埃塞俄比亚，并从那里被带到下游的埃及。一些学者坚持这种存在争议的观点，认为古代的记载千真万确，查士丁尼瘟疫源自非洲，可能是通过连接苏伊士湾和尼罗河的运河传播而来。另一派则断然拒绝这一理论，声称瘟疫是通过中亚的贸易路线传入地中海地区。

还有其他一些与查士丁尼瘟疫相关的问题引发了历史学者的热烈讨论，例如，这场瘟疫对罗马帝国末期以及地中海国家的后续发展产生了什么影响。[17] 当时几乎所有历史学者和编年史家都众口一词，断言疫情期间城乡地区出现惊人死亡率，有谁还会质问瘟疫是否引发重大的社会后果，以及在此期间，社会机器是否停止运转？一些当代研究人员对上述说法持怀疑态度，声称由于各种原因，当时的人们过分夸大了疫情的影响。[18] 批评者认为，考古发现并不能证实当时学者关于瘟疫期间高死亡率的戏剧化叙述。然而历史学者似乎普遍认为，东罗马帝国（后来被称为拜占庭帝国）在接连遭受公元 541—

543年的第一次鼠疫大流行和持续到八世纪接二连三的瘟疫冲击后，元气大伤。[19]

查士丁尼及其接班人不得不屡次三番在多条战线上发动战争，帝国财政迅速恶化。东罗马帝国的大部分收入来自土地所有者缴纳的税金，但随着瘟疫肆虐农村，劳动力丧失殆尽，这一收入来源几近枯竭。大部分由招募农民组成的军队也受到了疫情的严重影响。尽管第一波疫情后依旧发动了一些成功的战役，但许多历史学者认为，拜占庭帝国的军事影响力因瘟疫遭到永久削弱，这为伊斯兰军队征服拜占庭领土，即叙利亚、巴勒斯坦和北非，以及斯拉夫人从七世纪开始对巴尔干半岛的入侵敞开了大门。尽管如此，拜占庭帝国在第一波瘟疫后仍然苦苦支撑了七百年。

在西班牙，席卷而来的瘟疫同样削弱了西哥特人在八世纪应对伊斯兰入侵的抵抗力。同样，有人认为正是瘟疫破坏了罗马帝国对于不列颠的控制，并且导致盎格鲁–撒克逊人对英格兰的渗透变得更加容易。

鼠疫肆虐了两百年，在公元750年左右消失。可以肯定的是，瘟疫对相关国家的政治、社会和文化发展造成了严重后果，地中海地区的情况可能最为严重。但这一时期的历史条件极其复杂，如果让鼠疫杆菌承担这一阶段历史文化发展的主要责任，显然有些太过天真。

拜占庭帝国的许多亲历者相信，查士丁尼瘟疫是上帝对人们背负原罪的惩罚。耐人寻味的是，许多地方都采用了类似的思维方式来解释瘟疫的最终消失。[20]公元750年，定都大马士革的穆斯林倭马亚王朝被推翻。作为胜利者的阿巴斯王朝声称，真主推翻了邪恶的统治者，从而阻止了疫情的传播。无独有偶，新上台的加洛林王朝用结束墨洛温王朝的统治这一事实解释法国瘟疫的结束。因为墨洛温王室的先祖信奉异教邪神。

黑死病：第二波鼠疫大流行

第二次与鼠疫杆菌有关的大流行发生在十四世纪中叶，此时距欧洲上一次鼠疫流行已经过去了足足六百年。[21]这场鼠疫大流行史称黑死病，但这个名字是后来才引入的。1555年，瑞典文献中首次出现这个概念。这场瘟疫最初的名字包括“大瘟疫”“人类大死亡”或简称“瘟疫”。如今大多数研究人员认为，这场瘟疫也是由鼠疫杆菌引起的，但其中尚有许多问题，尤其是传染机制和疫病的传播亟待厘清。[22]

黑死病的起源地尚不确定。史料中最早出现的关于鼠疫病例的报告，出现在黑海和里海之间由当时的蒙古人控制的领土之上，而这并非巧合，对此稍后将加以说明。1346年，在克里米亚的费奥多西亚（即当时的卡法城），官方报告了流行病的发生。当时，这座由热那亚商人建立的城市被札尼别汗领导的蒙古军队围困。围攻没有成功，两年之后蒙古军队中暴发了鼠疫。这场传染病的致死率很高，在几周内有八万五千名士兵身亡。札尼别汗采取了一项特别战术，后来被称为细菌战的首次尝试，传染鼠疫的死者身体，被蒙古军队用投石机弹射到城内，目的是让守城方也被鼠疫击垮。这一策略取得了相当大的成功，城内开始暴发鼠疫。随后，一些热那亚人选择从海上逃走，蒙古人的包围在这里留出了缺口。但逃离者的战舰上还搭载了危险的“货物”：鼠疫杆菌。在海上航行几天后，这一点变得清晰起来，船上开始接二连三有人死于鼠疫。

热那亚的战船穿过博斯普鲁斯海峡，将鼠疫带到君士坦丁堡。皇帝约翰六世·坎塔库泽努斯（John VI Kantakouzenos）极其准确地描述了跨海而来的这场疫情：

> 在大多数情况下，患者全身遍布病斑。所有生病的人发现症状出现时都会绝望，失去了康复的希望，自暴自弃。这种绝望意

味着他们更容易感染这种瘟疫，并导致死亡。令人惊讶的是，一些病人能够康复，自此再也不会感染。这种疾病具有高度传染性，照顾病患的人自己也生病了。绝户的情况亦不罕见。

这些船只从君士坦丁堡出发，将瘟疫带到地中海东部和西部的大部分港口。通往欧洲大陆和北非港口的重要枢纽便是位于西西里岛的墨西拿港，1347 年 10 月，十二艘热那亚帆船从卡法抵达这里。当居民们看到船上搭载的首批鼠疫病例时，所有船只都被赶回了海上，而这些帆船把瘟疫传播到了北方的巴黎和英格兰南部的港口。在接下来的一年里，英格兰、爱尔兰以及荷兰和德国的部分地区都受波及。整个欧洲的情况如出一辙。瘟疫首先通过船只到达港口，然后沿着贸易路线向内陆扩散。

挪威的孩子在学校一直被教导，黑死病于 1349 年 9 月从伦敦乘冰岛船只抵达卑尔根。然而最近的研究似乎表明，1348 年夏天，瘟疫已通过英国来的船只抵达奥斯陆，然后沿着贸易路线传播。瘟疫从奥斯陆和卑尔根蔓延到挪威其他地区、瑞典、德国北部和波罗的海港口。病菌从那里进一步向东传播到俄罗斯，1353 年夏天抵达莫斯科。而此时，这种病菌在欧洲其他大部分地区已经偃旗息鼓。在各个地方，鼠疫通常会在春季、夏季和初秋持续五到六个月。黑死病肆虐了整整七年，欧洲大部分地区都受影响。中东和北非也遭到了沉重打击。冰岛和芬兰则侥幸逃过此劫。

可怕的病理形态

现在能够找到大量当时关于鼠疫病理情况的目击者报告。根据这些描述，在大多数情况下，感染者的腹股沟、腋窝和颈部迅速出现巨大的肿胀，也就是查士丁尼瘟疫期间记载的所谓横痃，伴随疼痛。这

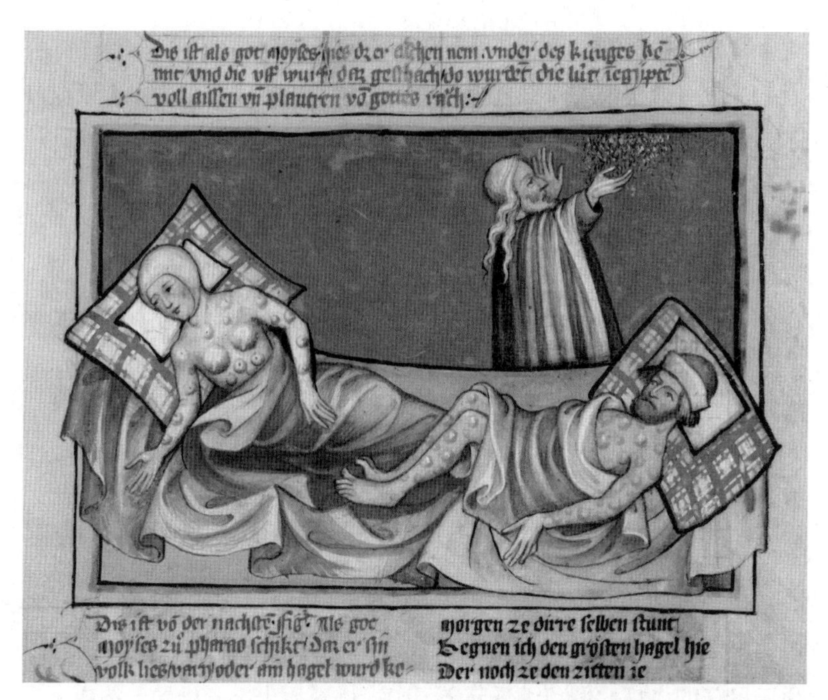

黑死病患者。这位艺术家在整个身体上都画满肿大的淋巴结（即横痃），而不仅是腹股沟、腋窝和脖子上（通常出现在脖颈部位），笔调多少有些夸张。参见1411年瑞士吐根堡的《圣经》。

些都是感染和发炎的淋巴结。病人发高烧，变得意识模糊。几天后，横痃破裂，里面的脓液流出。通常情况下，患者的皮肤会出现蓝黑色斑点。这便是典型的黑死病。鼠疫的致死率很高，但黑死病期间的死亡率究竟有多高目前尚不确定。一些人存活下来，可能对鼠疫杆菌产生了免疫力，这意味着他们可以与患者接触而不会再次生病。

除了上述的病理表征外，淋巴腺鼠疫还有两种可能的病程。一些病人患上了危及生命的肺炎，即肺鼠疫，使其咳出带血的痰，呼吸困难。几乎所有这样的病人都很快死亡。第三种病程中，病人在一两天内死亡，既没有出现淋巴结肿大，也没有感染肺鼠疫。相反，他们的皮肤表面出现了黑斑，随后开始流血。这可能就是我们现在所说的败血症，细菌通过血液传播，造成血压下降，并导致休克和大多数器官衰竭。

从大多数目击者对鼠疫病理表征的描述中可以明显看出，鼠疫有别于其他疾病，引起了人们不常见的恐惧和厌恶。当时的一篇报道称，“病人身上所有的分泌物都有一种无法忍受的臭味”。感染者的汗水、粪便、痰液甚至呼吸都散发一股难闻的气味。

在此，稍微思考一下黑死病这个概念及其出现的原因。在当时，这个词还没有被使用；如前所述，直到十六世纪下半叶，这种说法才首次出现在斯堪的纳维亚。许多人认为黑死病反映的是患者死前的外表特征，这是不正确的。拉丁语中，这种瘟疫被称为 *atra pestis*。因为 atra 可以同时表示“可怕的”和“黑色”两个意思，所以很可能最初指的是“恐怖的死亡”，只是后来 atra 被错误地翻译为“黑色”。[24]

虽然目前无法确定黑死病受害个体在总人口中的占比，但可以明确的是，受灾地区的大部分人口都感染了病毒。许多历史学者估计，死于鼠疫的人口比例高于百分之三十。挪威历史学者奥勒·约根·本尼迪克托因对欧洲特别是斯堪的纳维亚黑死病的全面研究而获得国际认可。他估计，至少六成的欧洲人口死于鼠疫。[25] 如果当时欧洲人口总数约为七千五百万至八千万，这意味着可能有近五千万人死于黑死病。

鼠疫一般沿着海上和陆地贸易路线传播。然而，疫情的猛烈程度在地理上存在很大的差异；某些地区的疫情发展出人意料地相对平缓，但又无法为其提供合理的解释。在意大利北部，佛罗伦萨、比萨和威尼斯等城市受到疫情严重打击，而同样是重要商业城市的米兰则安然无恙。具体到各个城市，还可以观察到不同区域之间的巨大差异。

瘟疫所到之处，所有阶层，无分贵贱，都不能幸免，但人们的感觉是，穷人死得最多。可能是富人与走投无路的穷人不同，更有机会逃离疫区，而这是当时唯一在一定程度上有效的自救措施。而这也是世界文学史上对黑死病最著名的描述之一——乔万尼·薄伽丘（Giovanni Boccaccio）的《十日谈》的背景，尽管从历史上看，这本书受人追捧的原因在于其中有关色情而非瘟疫的描写。[26]故事的背景是，七名富有的上流社会妇女和她们的仆人逃离佛罗伦萨躲避瘟疫，与三位年轻男子一起逃到一个田园诗般的、与世隔绝的乡村庄园。他们一边等待疫情过去，一边互相讲述情色故事，以此消磨时间。

薄伽丘向读者生动地描绘了佛罗伦萨的瘟疫，包括病理特征和人们对瘟疫的反应。关于这场严重的瘟疫，作者如是描述：

> 疫病初起时，无论男女腹股沟或腋下先有肿痛，肿块大小像苹果或鸡蛋，也有再小或再大一些的。一般人把这些肿块叫作脓肿。不久之后，致命的脓肿在全身的各个部位都可能出现，接着症状转为手臂、大腿或身体其他部位出现一片片黑色或紫色斑点，有的大而分散，有的小而密集。这些斑点和原发性的脓肿一样，是必死无疑的征兆。医生的嘱咐和药物的作用似乎都拿它没有办法，或许因为这种病是不治之症，或许由于病因不明，没有找到对症的药物。

薄伽丘显然对瘟疫的迅速传播感到惊讶。

> 那场瘟疫来势特别凶猛，健康人只要一接触病人就会传染上，仿佛干燥或涂过油的东西太靠近火焰就会起燃。更严重的是，且不说健康人同病人交谈或者接触会染上疫病、多半死亡，甚至只要碰到病人穿过的衣服或者用过的物品也会罹病。

据薄伽丘称，有十万人死亡，但最近的研究估计这一数字约为七万人。

面对瘟疫，当时的医生能做些什么？能做的屈指可数。[27]在那个时代，医学界仍然信奉希波克拉底和盖伦的传统医学原则。许多医生

佛罗伦萨的瘟疫是佛罗伦萨人乔万尼·薄伽丘创作《十日谈》的背景。图为弗朗茨·克萨韦尔·温特哈尔特绘于1837年的油画《十日谈》。

1348年佛罗伦萨的瘟疫。路易吉·萨巴泰利的蚀刻画，约成于1801年，基于薄伽丘在《十日谈》中的描述。

一位穿着全套工作服的瘟疫医生，穿披风，戴手套，蒙着带有独特鸟喙的头饰，图为乔瓦尼·格雷韦姆布洛赫绘制于十八世纪的手稿。瘟疫医生经常穿戴的这套行头，旨在与人们保持距离，并检查患有鼠疫的患者。这种打扮多见于十七、十八世纪的意大利和法国。

认为鼠疫是体液严重失衡的结果。出于这个原因，人们开始放血，并经常切开横痃，排出脓液。正如我们所听说的，一些黑死病患者存活了下来，而他们的康复往往被归功于医生的治疗。

当时最著名的医生盖伊·德·肖利亚克，作为教皇的御医研究了黑死病的各种治疗方法，但发现均无效。他建议教皇克莱门特六世将自己隔离在阿维尼翁的教皇宫殿内，并在身旁点燃两处熊熊燃烧的明火，这位名医相信此举会避免接触瘴气。[28] 教皇真的活了下来，尽管差点被烤熟。一些人认为，真正的原因可能是携带鼠疫的跳蚤无法忍受高温。

通行的瘟疫观念及其后果

从薄伽丘和其他作家那里，我们在很大程度上了解了当时对黑死病的看法。一如既往，这一时期的人们普遍相信瘟疫是上帝对民众原罪的惩罚。这一点在教皇诏书中也有表述。然而，巴黎大学发表了一份冗长而博学的声明，最后的结论是：瘟疫由代表厄运的某个天体引发。毫无疑问，大多数人都同意教皇的观点，许多人因此积极忏悔、补赎和虔诚生活。

薄伽丘对瘟疫的起因有着左右逢源的看法：

> 不知是由于天体星辰的影响，还是因为我们多行不义，天主大发雷霆，将惩罚降于人世，那场瘟疫几年前先自东方地区开始，夺去了无数性命，然后毫不停留，以燎原之势向西方继续蔓延。[29]

宗教对瘟疫的反应往往以歇斯底里的现象告终。其中最引人注目的是“鞭笞者运动”。[30] 尤其在德国，参与该运动的一群人四处游走，在公众集会上鞭打自己，直到鲜血迸流，以此为自己的罪行忏悔。鞭

瘟疫医生的鸟喙面具。尖嘴部含有一种芳香的草药混合物，据信可以净化空气中引起瘟疫的瘴气。

来自荷兰的鞭笞者队伍。参见 Gilles Li Muisis, *Antiquitates Flandriae*, *c*. 1350。他们相信黑死病是上帝对人类罪恶的惩罚，为了忏悔，他们将自己鞭打到皮开肉绽。

在黑死病期间，被指控造成了瘟疫的犹太人烧死在火刑柱上。涉嫌与犹太人勾结的麻风病患者也被烧死。参见 Nikolaus Marschalk, *Mecklenburgische Reimchronik*, 1521–3。

笞者通常认为自己是具有超自然力量的神圣队伍。他们逐渐开始打断弥撒，在口头上，有时甚至通过肢体行为挑战教会的权威。这导致教皇及天主教会对该运动进行了成功镇压。

虽然鞭笞者运动可能在某些地区刺激了宗教复兴，但显然也有其消极方面，其中就包括瘟疫最悲惨的后果之一——对犹太人的迫害。[31] 纵观历史，重大灾难发生后的常见心理便是寻找替罪羊。在黑死病期间，犹太人就被安上了这个角色。人们听信谣言，怀疑犹太人在水井下毒并引发了瘟疫，尽管大多数君主，尤其是包括教皇克莱门特六世在内的统治者试图加以阻止，在一些欧洲国家仍然发生了一系列可怕的种族屠杀。成千上万的犹太人在大屠杀中丧生，导致大量犹太人移民到东欧建立起自己的社群，并一直持续到第二次世界大战。

其他一些群体，虽然受迫害的惨烈程度不如犹太人，但也被列为替罪羊。尤其是被怀疑与犹太人沆瀣一气的麻风病人。这个令人毛骨悚然的现象，不禁让人想起了基督教之前的时代，据说在斯堪的纳维亚半岛，为了安抚瘟疫流行背后的神秘力量，会将完全无辜的个体作为牺牲加以献祭。

黑死病的诸多后果

像黑死病这样大规模的灾难，如果没有在特定地区造成重大后果，显然将更加令人惊讶。疫情暴发期间，欧洲人口超过一半死于非命。这方面的文献记载也很全面。然而，这也是历史学者之间仍存在相当大分歧的问题。

有观点声称，黑死病对欧洲随后的历史起到决定性的重要作用，是中世纪和现代之间的分水岭。其他人则较为轻视这场大流行的长期影响。对此，本书将不进行详细讨论，而是尝试找到其中较为合理的结论。

毫无疑问，黑死病在经济和社会领域，特别是在农村地区产生了相当大的影响。[32] 如果像当时很多欧洲国家那样，超过一半人口死亡，将不可避免地产生严重后果。[33] 在瘟疫大流行之前，面积广阔的耕地由佃农耕种，他们同时承担向富有的土地所有者提供服务的附带义务。拿薪水的农场劳工也开始变得普遍。但黑死病导致劳动力显著减少，这给地主农场的经营带来了严重问题，一方面是因为劳动力短缺，另一方面是因为对农产品的需求和价格下降。劳工想方设法提高薪资水

“瘟疫主保”圣罗克（St Roch）。他的腹股沟有一处明显的横痃，即充满脓液的肿胀淋巴结。图为弗朗西斯科·里瓦尔塔绘于1610年的油画《圣罗克》。

平，而佃农则待价而沽，努力争取更好的租种条件。在许多地方，这导致了明显的社会动荡，因为当局试图通过立法来支持土地所有者的要求。这一切最终导致了一些农民揭竿而起，发起暴动。其中最大的一次起义爆发于1381年的英格兰。尽管如此，黑死病也在农村地区实现了一定程度的社会平等。

在挪威，黑死病对农业造成极其严重的影响。大量的农场，特别是在内陆地区的农场遭撂荒。粮食和肉类的产量骤降至之前的三分之一左右。这导致王室收入大幅下降，进而对王国的管理产生负面影响。但值得一提的是，瘟疫打击了上层阶级的大地主，导致其收入锐减，往往"降格"为大农场主。在治理国家中发挥重要作用的挪威上层阶级受到黑死病的沉重一击，这无疑促成了这个衰弱的国家后来与丹麦结成联盟。瘟疫过后，劳动力的缺乏也促成了重大的技术进步，发展出旨在节约劳动力的技术创新，如水力锯木厂。

黑死病导致许多人皈依宗教，但并不一定意味着对现存教会的支持增加。相反，黑死病很可能严重削弱了教会的威望和神权。[34]尽管许多神职人员在瘟疫期间尽职尽责，但更多的神父没有忠于职守，而是脚底抹油逃离了瘟疫肆虐的地区，或者不道德地坐地起价，哄抬葬礼和其他教会仪式的价格。事情发展到如此地步，教皇本人不得不严惩各级神职人员的贪婪。在黑死病大流行期间和之后，教会中的许多空缺职位都由教育程度更低的人来填补。此举显然无法提高教会的声誉。总而言之，可以合理地认为，黑死病导致信众对天主教会的怀疑日益增长，为十六世纪的宗教改革奠定了基础。

尽管在许多人眼中，黑死病暴发后教会权威尽失，但矛盾的是，社会越动荡，就有越多人希望支持教会。这一点尤其适用于富有的资产阶级。这一时期，他们向教会提供了大量捐款，资助在欧洲各地新建大大小小的教堂，其中最著名的或许就是米兰大教堂。

许多人声称，在黑死病之后，欧洲的视觉艺术出现了明显变化。

很少有哪个时代像黑死病肆虐时期那样对死亡如此着迷。这也成为艺术中一个非常流行的主题的基础：死神与人类共舞——所谓“死亡之舞”。画中，死神被描绘成一个微笑的舞者，向每个人发出共舞一曲的邀请。图为《死亡之舞》局部，弗朗齐歇克·莱克西茨基或其所属的画家团体绘于十七世纪晚期。

瘟疫过后，宗教艺术中的主题变得更加阴郁，强调苦难、死亡和惩罚。“死亡之舞”（*danse macabre*）的共同主题是死神引领舞蹈，许多人认为这是对于黑死病的某种回应。时至今日，死亡之舞这一艺术主题仍很常见，如在英格玛 · 伯格曼（Ingmar Bergman）的电影《第七封印》（1957）的最后一幕，就生动地描绘了中世纪瘟疫流行期间的心理氛围。

黑死病前后，欧洲的建筑风格也有着明显的区别，可能是因为少数高水平石匠被瘟疫消灭一空。[35] 相较于经典的哥特式风格，更为简单洗练的营造法式开始流行。

英格玛·伯格曼执导的电影《第七封印》的最后一幕，以中世纪的黑死病为主题，展现了经典的死亡之舞主题，死神引领着电影中的主要人物沿着山脊起舞。

整个中世纪，直到晚近，拉丁语一直被用于学术研究，它也是天主教会的官方通用语言。黑死病之后，各地方言的使用有所增加，部分原因可能是精通拉丁语的大学教师数量大幅减少。黑死病期间，一些天主教大学甚至被迫关闭。

关于黑死病的长期影响仍存在相当大的分歧。一些历史学者指出，一些归因于黑死病的变化实际上疫情之前就已经存在，即便没有黑死病，也可能会进一步发展。即便如此，我们也有理由认为，黑死病这样的巨大灾难加速了前面提到的许多变化。

瘟疫流行对当时和后世产生了巨大的心理影响，反映在欧洲各地的许多传说中。这一描述非常适用于挪威，该国大部分地区都保留着当地关于黑死病及其后果的故事。其中最著名的松鸡传说，与挪威西部松恩峡湾以北约斯特谷的松鸡有关。据说当年一些农民为了躲避瘟疫，逃到偏远的约斯特谷，试图在那里过上与世隔绝的生活。但瘟疫还是追上了他们的脚步，除一个小女孩之外，所有人都死于非命。这女孩后来被发现时，处于半野生状态，像一只害羞的松鸡，被称为“约斯特谷松鸡姑娘”。传说中，她后来成为有着漫长世系的松鸡家族的先祖。这个传说很可能四处流传，因为在欧洲其他遭受瘟疫导致人口大量死亡的地区，也发现了类似的故事。

同样广为人知的还有挪威瓦尔勒斯的赫达伦山谷著名的木板教堂传说。这座教堂建于黑死病暴发之前，并出现在1327年前后的文献记录中。黑死病期间，赫达伦地区的居民几乎完全被瘟疫抹去，山谷中的教堂和农场都遭遗弃。传说中，一名外地的猎人来此捕猎松鸡时射箭未中，却在羽箭落下时听到了一种类似钟声的响动。箭头击中了木板教堂的大钟，教堂就这样被重新发现了。传说中还有一只熊躺在祭坛上。猎人于是杀熊剥皮。今天，这张熊皮仍然挂在法衣室墙上的一个玻璃盒子里。

传说背后的现实是什么？几年前有观点宣称，保存状态相当糟糕的熊皮的确取于1290年到1370年之间，这与黑死病时期非常吻合。因此，这个引人入胜的故事背后可能隐藏着一些真相，尽管对最初事件的呈现可能已经一变再变，毕竟故事被无数次地重述，并且可能受到黑死病时期类似传说的影响。

挪威人对黑死病的看法，无疑受到了流行艺术家西奥多·基特尔森精彩的瘟疫主题插画的强烈影响：稀少的人烟，可怕的农场，床上的骷髅，还有路边的尸体。特别值得一提的是，他把瘟神描绘成一个邪恶的老妇人，这种刻画深入人心，成为头脑中的共同印象。瘟神带着扫帚和耙子所到之处，都会留下死亡和痛苦。

瘟神造访农场。参见基特尔森出版于1900年的画册《黑死病》。

位于挪威瓦尔勒斯的赫达伦山谷的木板教堂，建于1163年。据传说，黑死病期间赫达伦地区人口减少，教堂被遗弃，多年后被猎人重新发现。在祭坛上，猎人们发现了一只熊，将其射杀。一张据传制作于黑死病时期的熊皮挂在法衣室内。

挪威画家基特尔森的画作基于广为流传的传统观念，认为瘟神是一个苍白的老妇人，拿着扫帚和耙子从一个农场走到另一个农场。在她的扫帚所到之处，没有人幸存。在她的耙子所到之处，一些人幸存了下来。参见基特尔森绘于 1894—1896 年的画册《瘟疫》。

1665—1666 年，欧洲北部最后一次大规模鼠疫流行，伦敦的灵车在夜幕降临后穿过街道，收集当天的死者遗体。图为埃德蒙·埃文斯绘于 1864 年的彩色木版画《死亡宣告》。

后续的鼠疫大流行

“黑死病”一词通常用于描述 1346 年至 1353 年期间的鼠疫大流行，但欧洲的疫情还没有结束。在接下来的几个世纪里，欧洲每隔十到十五年就会受到新一轮鼠疫的侵袭，有些规模较小，有些规模较大，但没有一次能够比肩第一次大流行。欧洲北部最后一次大规模的鼠疫，也是最著名的大流行之一，便是 1665—1666 年侵袭伦敦的鼠疫，而它之所以在世界文学中占有一席之地，部分是因为丹尼尔·笛福（Daniel Defoe）的《瘟疫年纪事》，作者生动地描述了疫情期间伦敦人的恐惧和痛苦（尽管大疫发生时笛福本人只有五岁）。[36]

笛福写道：“或许应该说，死神不仅仅在每个人的头上萦绕不去，

1665—1666 年，伦敦发生鼠疫，灵车内的尸体被倒进了乱葬坑。塞缪尔·达文波特根据乔治·克鲁克香克的画作雕刻的版画，1835 年。

而是开始登门踏户，闯进房间，凝视每个人的脸。患病离世只在转瞬之间，因此打听谁被传染了，与其说不可能，不如说没有意义。”根据笛福的说法，“一个小时前看起来还好好的，但一个小时之后，人就死了”。今天我们估计，当时伦敦四十六万人中有七万五千人到十万人死亡。

鼠疫逐渐从欧洲消失。1720—1721 年，西欧最后一次大规模鼠疫暴发于马赛。然而，东欧的鼠疫时断时续，上一次重大暴发出现在 1771 年的莫斯科。在埃及和中东，鼠疫暴发则一直持续到十九世纪。[37]

渐渐地，民众和当局都学会了忍受鼠疫的威胁。大多数欧洲国家采取了各种保护措施，包括直到十九世纪才生效的隔离检疫条例。许多研究人员认为，不断复发的鼠疫降低了欧洲人口数字，使其直到十八世纪才开始持续增长。

第三次鼠疫大流行：尘埃落定，抑或未定？

十九世纪以前，欧洲以外仍有鼠疫暴发，但总体上都只是在局部流行。直到第三次鼠疫大流行暴发，人们才意识到早期目击者描述的淋巴腺鼠疫和其他形式鼠疫的起因是鼠疫杆菌。

第三次鼠疫大流行可能早在十八世纪七十年代就开始于中国云南，并逐渐传播到中国其他地区，最终在几个大洲均留下了印记。[38]这场疫情在十九世纪五十年代达到顶峰，当时中国正经历相当大的社会动荡，包括血腥的太平天国起义。内战中，军队不断调动，大批难民流离失所。毫无疑问，这一切都有助于疫情扩散。1894 年，瘟疫蔓延到广州和香港这两个主要通商口岸，据估计，鼠疫造成两地各五万至十万居民死亡。而这些港口也成为未来几年通过航运在全球传播疾病的起点。与黑死病时期相比，现代轮船使瘟疫传播得更快、更远。当时世界上有人居住地区的重要港口，无一例外受到了鼠疫的袭击：

位于维也纳市中心格拉本大街的黑死病纪念柱。1679年，大规模的瘟疫结束时，为了表达感激之情，当地兴建了这一令人印象深刻的巴洛克式雕塑，而它也成为哈布斯堡帝国其他地方许多类似建筑的灵感来源。

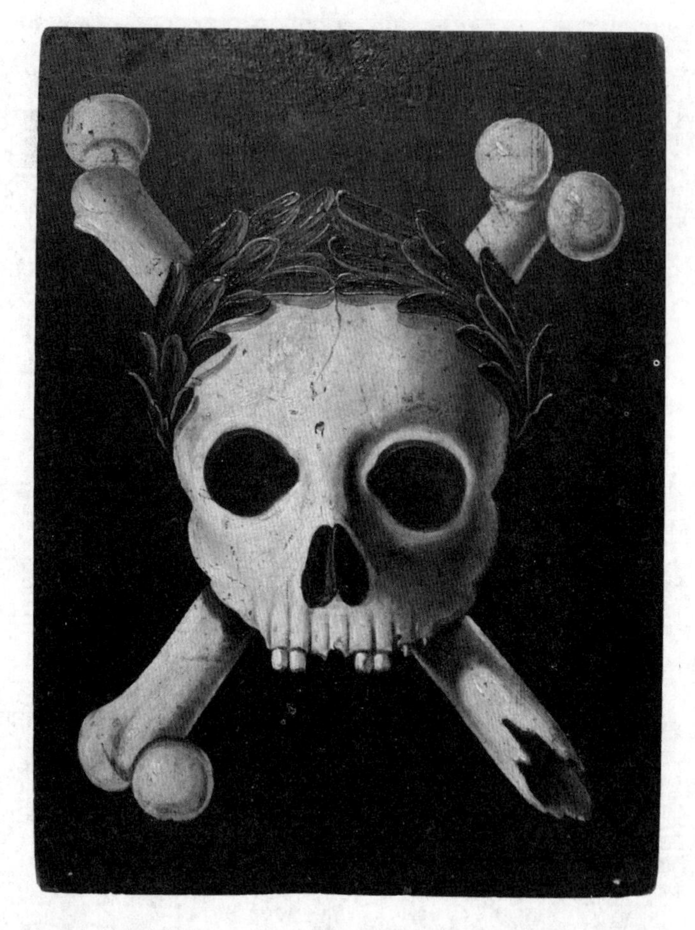

宣告瘟疫胜利的警示板。十七世纪。这种装饰板被放置在房屋的墙上，以警告人们预防瘟疫。1607 年至 1636 年间，一场鼠疫在奥格斯堡肆虐。

1896 年的孟买和加尔各答、1900 年美洲的布宜诺斯艾利斯和旧金山、澳大利亚的悉尼和欧洲的格拉斯哥等遥远港口。鼠疫于 1901 年抵达南非开普敦。事实证明在这些城市中，大多数都实施积极的隔离检疫措施限制了疫病的传播。悲惨的例外是印度，在鼠疫到来后的二十五年里，可能有一千二百万印度人丧生。据估计，在第三次鼠疫大流行期间，共有约一千三百万人死亡。1914 年后，死亡人数大幅下降。

即便在大多数情况下人类有可能击败鼠疫杆菌，这种致病微生物仍然作为一种持久的威胁，在几个大洲站稳了脚跟。

关键时刻

第三次鼠疫大流行受害者的患病情况，大体上与历史上的其他鼠疫大流行和十九世纪后的许多鼠疫相同。[39] 因此，当时的医生对这种疾病可能的表现形式十分熟悉。如前所述，几个世纪以来，尽管人们试图通过瘴气理论的某种变体解释鼠疫大流行，但仍然怀疑瘟疫会通过某种方式实现人际传染。然而到了 1894 年，细菌学革命如火如荼，人们接二连三发现了诱发炭疽、结核病和霍乱的致病微生物。许多研究人员愈发确信，鼠疫也是由细菌引起的。

在细菌学革命兴起的最初几年，由柏林的罗伯特 · 科赫和巴黎的路易 · 巴斯德领衔的两大研究团队展开了激烈竞争。最终，科赫团队率先检出霍乱弧菌。时过境迁，当时世界上最负盛名的两个细菌研究团队之间的竞争再次打响。

1894 年 6 月，日本天皇政府派遣细菌学者北里柴三郎前往当时英国治下的香港岛调查鼠疫暴发的原因。[40] 北里柴三郎曾作为科赫团队成员，从事过多年传染病方面的研究，因此受到友好接待，英国方面提供了极大便利，获准他自由接触染疫尸体研究。不久之后，年轻的瑞士医生亚历山大 · 耶尔森（Alexandre Yersin）抵达香港，也进行鼠疫研究。耶尔森曾在巴斯德手下学习，又被法国殖民地部长派往国外。

不知为何，耶尔森遭英国当局冷遇，被禁止接触医院实验室和染疫患者的尸体，而这显然对其研究至关重要。这位年轻人不得不在香港教会医院外一个摇摇欲坠的棚子里临时搭建起实验室，通过贿赂

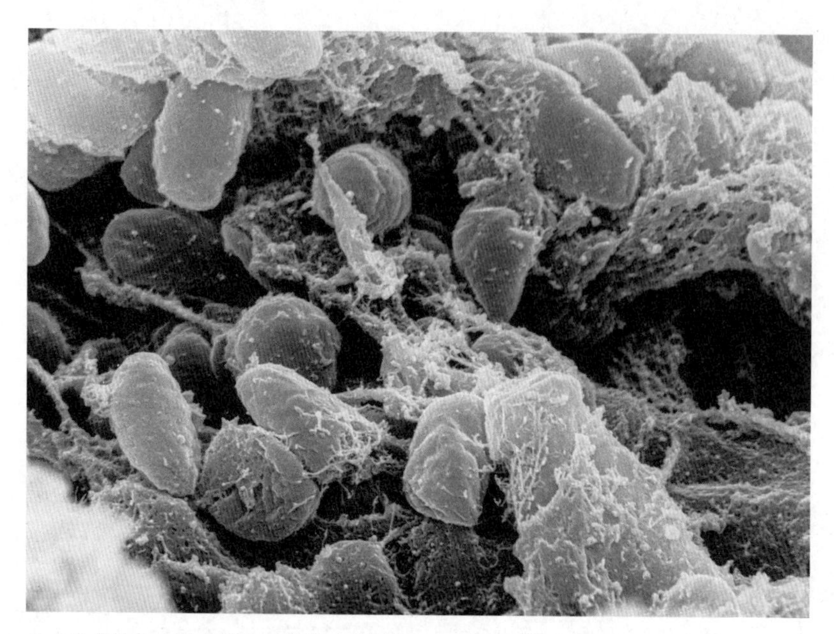

导致鼠疫的致病微生物鼠疫杆菌，直径 0.5-0.8μm，长度 1-3μm。

负责处理尸体的海员，在黑暗的掩护下偷偷获取科研所用遗体。他向大鼠注射从这些尸体的淋巴肿胀处提取的组织，成功地检测到引发瘟疫的细菌，并将其命名为鼠疫杆菌，后来改称巴氏鼠疫杆菌，以纪念著名的巴斯德研究所所长。在 1944 年，鼠疫杆菌被正式命名为耶尔森氏菌，以此纪念这位于前一年离世的富有进取精神的发现者。早在 1894 年 9 月，耶尔森就公开发表了关于鼠疫致病细菌的发现。在争夺鼠疫杆菌发现者的竞赛中，寻找霍乱弧菌落败的巴斯德实验室终于成功扳回一城。

与此同时，北里柴三郎也在染疫尸体中发现了一种细菌，但并没有公布自己的发现。[41] 在后来公布时，他对鼠疫杆菌的描述并不准确，因此人们怀疑这位日本学者是否检测到了“真正的”鼠疫杆菌。

跳蚤和老鼠登上历史舞台

耶尔森的发现令人信服，现在人们普遍认为，鼠疫的致病原因在于感染了耶尔森氏菌，即鼠疫杆菌。耶尔森和其他研究人员也确信，历史上的多次大流行，包括黑死病，都是由这种细菌引起的。

但人类是如何传染鼠疫杆菌的呢？耶尔森并未回答这个问题。在印度疫情暴发之初，耶尔森等医生就怀疑老鼠在传染方面起了重要作用。印度当地的主要鼠种是黑鼠。在大多数鼠疫暴发之前，都可以观察到这种老鼠的死亡数量全面激增。[42] 老鼠的尸体漂浮在排水沟和溪流周围，在房屋角落和缝隙中随处可见。因此许多研究人员认为，老鼠也感染了瘟疫。亟待解决的问题是，这种致病菌是如何从老鼠传染给人类的。

1898 年，同样在巴斯德研究所工作的保罗–路易·西蒙（Paul-Louis Simond）发表了一份报告，指出鼠疫杆菌通过名为印鼠客蚤的跳蚤从老鼠传播给人类。受感染的老鼠血液中含有大量细菌，而吸血跳蚤将细菌在动物之间传播。老鼠死后，跳蚤必须找到新的宿主，自然包括人类。必须指出的是，日本内科医生绪方正规在一年之前，就已经证明鼠蚤中含有鼠疫杆菌。[43]

后来的研究表明，印鼠客蚤特别适合鼠疫杆菌的传播，因为这种细菌能在该跳蚤的消化道中造成堵塞。这种堵塞意味着血液不能被跳蚤吸收为营养，因此跳蚤在下一次吸血时会将血反吐入此前咬开的伤口，从而将细菌传播给人类。跳蚤因饥饿而逐渐变得狂野，像吸血鬼一样异常活跃，几天后就宣告死亡。[44]

在接下来的几年中，人们普遍认为鼠疫传染的机制是鼠蚤将鼠疫杆菌从鼠传给人，因此需要应对的是人畜共患病。通过跳蚤叮咬传播的鼠疫杆菌会被运至最近的淋巴结，在那里炎症会导致典型的淋巴结肿大，通常发生在腹股沟或腋窝。然后细菌通过血液进一步扩散，出

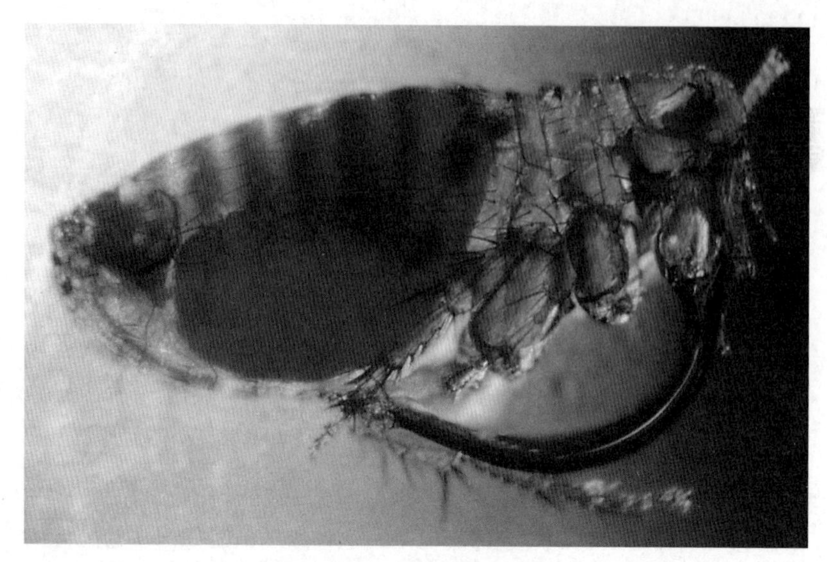

感染了鼠疫杆菌的印鼠客蚤，其肠道被血液和细菌堵塞，导致它在从人身上吸血时会将其反吐出来，从而传播鼠疫杆菌。

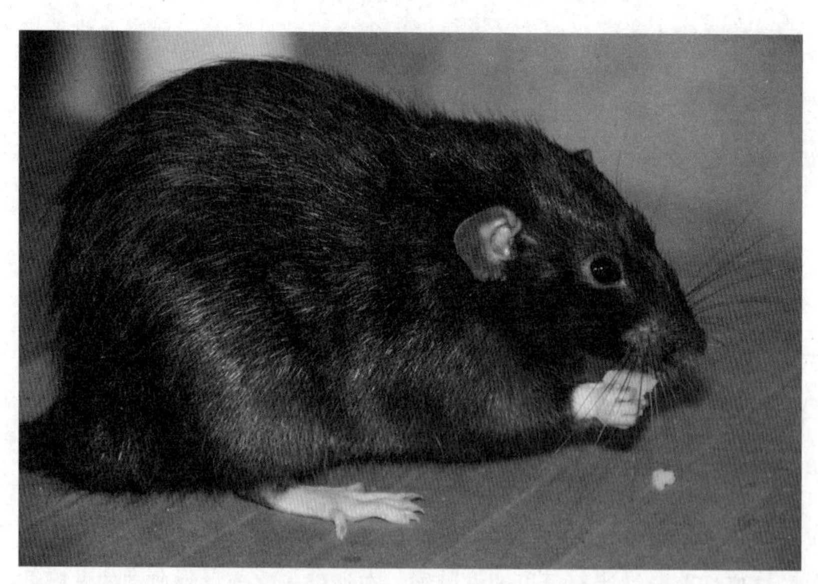

黑鼠在鼠疫流行中作为鼠疫杆菌携带者发挥了关键作用。在欧洲的大部分地区，它已被褐鼠取代。

现严重并发症，包括凝血机制和免疫系统被强烈激活。未经治疗的患者四五天后就会死亡。对于一些患有典型淋巴腺鼠疫的患者，细菌也会进入肺部，导致肺鼠疫。在少数患者中，细菌在传染后很快进入血液，加快了这一过程，因此死亡发生在几天之内，而未必会形成鼠疫肿胀。

长期以来，人们普遍认为，感染鼠疫的人通常不会直接相互传染。只有当患者患有肺鼠疫时，飞沫传染才有可能出现。感染者可能会发展成肺鼠疫或通常的淋巴腺鼠疫。一般认为，在大多数鼠疫中，飞沫传染是例外，而不是常态。飞沫不会扩散到很远的地方，因此通常不会实现致病微生物的有效传播。

尽管如此，我们仍然意识到飞沫传播在鼠疫暴发中占主导地位。1910年，在第三次鼠疫大流行期间，中国东北暴发了一场地方性鼠疫，罪魁祸首就是肺鼠疫导致的飞沫传染。[45]在相对寒冷的气候条件下，这种情况尤其可能发生，因为在中国东北那样的严寒环境中，人们往往会聚居。

直到二十世纪，基于“黑鼠—印鼠客蚤—人类”的三位一体传染理论是唯一用来解释鼠疫传染的理论，同样适用于解释早期的大流行。然而近几十年来，许多研究人员开始质疑这是鼠疫流行的唯一可能机制。这一机制肯定适用于第三次鼠疫大流行的暴发，但其是否也是查士丁尼瘟疫、黑死病和其他许多鼠疫的传染机制？人们逐渐认识到，人类传染的方式可能比我们讨论过的更多。让我们先看看生态因素在鼠疫流行中的作用，毕竟在这一领域已经涌现了许多有意思的发现。

鼠疫杆菌的藏身地

很早以前，人们就察觉老鼠并不是唯一传播鼠疫的哺乳动物。我们现在知道鼠疫杆菌可以传染许多哺乳动物。许多啮齿类动物尤其重要，大约有二百多种啮齿类动物可以传染这种细菌。[46]在世界的某些

土拨鼠，又称旱獭。这种动物是松鼠的亲戚，在地下通道系统中群居生活，是中亚和北美等地区携带鼠疫杆菌的多种啮齿动物之一。

地方存在所谓的鼠疫疫源地，生活在该区域的野生啮齿动物（及其身上的跳蚤）是这种细菌的持续携带者。啮齿类动物与这种致病微生物和平共处，不一定会死亡，因此鼠疫杆菌会一直存在于上述环境中。许多啮齿动物生活在地下洞穴中，鼠疫杆菌也可能在土壤中生活数月乃至数年，然后再次传染给啮齿动物。[47]

这样的鼠疫疫源地并不罕见。其中最大的一块覆盖了包括哈萨克斯坦在内的中亚大部分地区，而它可能形成于几千年前。在美国西部发现了另一块鼠疫疫源地，并且正逐渐向东扩展。在南美、非洲和亚洲部分地区发现了零星的鼠疫地区。这些地区构成了世界各地新一轮鼠疫暴发的根据地。在欧洲或澳大利亚没有发现此类疫源地。稍后我们将回头讨论一个有争议的问题，即欧洲是否曾有过鼠疫疫源地。

人类感染鼠疫的孤立病例或小规模流行，最常见的原因是直接接触鼠疫疫源地中受感染的野生啮齿动物。[48] 但这种疫源地诱发的传染也可以传播给生活在人类附近的其他动物，不仅包括老鼠，甚至还包括猫，而猫很容易感染鼠疫杆菌。病菌经由动物身上的跳蚤传播给人类，猫染疫时会通过飞沫传染。狗则不太可能成为传染源。动物和人类食用受感染的动物肉，包括骆驼肉，也会被传染。食肉的鸟类也有可能将细菌传播到相当大的区域。

鼠疫的大暴发可能是因为疫源地中受感染的啮齿动物数量短期急剧增多，导致动物大量死亡的结果。携带鼠疫杆菌的印鼠客蚤随后会离开死去的动物，跳到其他动物（尤其是老鼠）身上，并将其传染给人类。由于某些气候变化，受感染的跳蚤数量也会迅速增加。稍后我们将更仔细地研究气候因素对鼠疫流行的影响。

推翻将鼠疫杆菌作为鼠疫病因的尝试

二十世纪，鼠疫的流行病史继续吸引着许多学者。一些人详细研究了前两次大流行的历史记录，并将其与第三次大流行的相关事实进行了比较，发现存在一些矛盾之处。大约从 1970 年开始，有研究人员对写进教科书的流行的鼠疫传染理论提出了反对意见，公开宣称鼠疫杆菌不可能是此前大流行的原因。这引发了一场持续几十年，并在一定程度上仍在继续的大规模辩论。

为什么这些“鼠疫否定论者”希望推翻鼠疫杆菌是罪魁祸首的通说？因为他们认为第一次和第二次大流行的性质与最近的大流行完全不同，没有人怀疑鼠疫杆菌在第三次大流行中起的关键作用。[49]

早期的大流行，如黑死病，肯定比第三次大流行的传播快得多，例如在印度就是如此。死亡率也远高于现代。正如我们看到的，老鼠在第三次大流行中发挥了关键作用，大量死老鼠是鼠疫即将暴发的明确迹象。然而批评人士声称，在黑死病或查士丁尼瘟疫的记载中，没有提到大量的死老鼠。此外，他们认为，在早期大流行期间，北欧地区的老鼠数量非常有限。在大流行肆虐的欧洲北部，也没有发现印鼠客蚤的存在迹象。一些历史学者还声称，黑死病暴发期间出现的对这种疾病的描述与近代鼠疫病例不符。否认鼠疫的人断言，以前所谓的鼠疫流行一定是由鼠疫杆菌以外的其他微生物引起的。替代解释包括炭疽菌和埃博拉病毒，但没有任何文献能够佐证。

“鼠疫否定论”是否重要，是否真实？如果承认鼠疫杆菌为致病原因，能否解释当今出现的鼠疫与历史上大流行之间的差异？本书作者绝对相信存在这种可能性，我认为鼠疫杆菌是早期两次大流行中瘟疫成因的观点是可靠的。现代分子生物学提供了解释。正如我们之前提到的，在过去几年中，我们已经获得了通过聚合酶链反应等创新手段来检测极少量脱氧核糖核酸的方法。

自二十世纪九十年代以来，研究人员在查士丁尼瘟疫、黑死病和后来的鼠疫大流行时期的历史遗存中成功检测到了鼠疫杆菌的脱氧核糖核酸。[50] 到目前为止，此类发现大多集中于地中海国家、欧洲大陆和东欧。但现在可以认定，鼠疫杆菌是所有三次大流行和随后的小范围流行的可能原因。

但是，鼠疫否定论者关于现代和历史上大流行之间存在深刻差异的主张呢？是因为鼠疫杆菌的不同变种导致了各次大流行，使其在传染和死亡方面不同吗？这种说法没有依据。根据对历次大流行期间保存下来的细菌脱氧核糖核酸进行的分子生物学研究，这种可能性也不大。

为了打破长期的争论局面，必须再次审视流行了一个世纪的理论，即鼠疫杆菌、老鼠和鼠蚤的三位一体组合，是否为鼠疫流行唯一或主导的机制。我们现在知道，不仅印鼠客蚤可以传播鼠疫杆菌，其他种类的跳蚤，包括可以在人际间转移的人蚤也可以传播鼠疫杆菌。[51] 在鼠疫流行期间，体虱中也检测到鼠疫杆菌。那么，这种细菌是否也可能通过酷爱叮人的昆虫直接在人际传播呢？在疫情的初期阶段，老鼠及其携带的鼠蚤很可能起到了将病菌从宿主传播到人身上的桥梁作用，但后来，流行病可能会通过人际传染自我驱动。通过这种方式，鼠疫的传播速度可能比传说的大鼠模型所允许的要快得多。最近，一个国际研究小组通过数学计算表明，与传说的三位一体模型相比，人蚤或体虱传染与黑死病中的传染传播率更为相符。[52]

老鼠的作用可能比之前假设的更小，这也可以解释为什么挪威学者研究黑死病在挪威内陆的肆虐时，未能发现老鼠遗骸。[53] 黑死病期间的有害细菌会通过人蚤和虱子在人际传播吗？这一理论也遭到强烈反对。历史学者奥勒·约根·本尼迪克托坚信，在第三次大流行期间绘制的"老鼠—鼠蚤—人类"这一典型传染模型也适用于挪威暴发的黑死病。[54] 就像 1910 年中国东北疫情期间那样，能直接通过飞沫传染的肺鼠疫也可能在挪威这样一个寒冷的国家产生关键影响。

关于早期的瘟疫流行，我们仍有很多不甚了了之处。目前为止，还没有找到大流行的发源地及其传播的最终答案。到底是什么引发了这些大流行？如何解释查士丁尼瘟疫和黑死病之后肆虐的大流行从欧洲（东欧除外）突然消失？鼠疫杆菌在各次大流行之间处于何种状态？这些问题的答案，可能部分来自气候研究。

气候与鼠疫的相互作用

中亚和北美的研究表明，如果疫源地的啮齿动物在营养状况良好的情况下短期内数量大幅增加，又随着条件的变化而大量死亡，鼠疫暴发的风险就相当大。[55] 这一周期是气候变化的结果，气候变化先是有利于植被得到丰富营养，然后情况又变得不利。类似的机制能否解释在第一次和第二次大流行后每隔十到十五年在欧洲反复暴发的疫情？这里的问题是，欧洲和其他大陆不同，无法找到永久性的鼠疫疫源地。即便如此，我们也不能完全排除在欧洲的啮齿动物种群中也存在这种疫源地的可能性。

最近有人提出一种新的理论，用以解释黑死病之后欧洲鼠疫的不断复发。[56]挪威学者组织的国际研究团队发现，每当中亚地区出现可能激起鼠疫疫源地显著气候变化后的十五年内，地中海地区的港口就会暴发新一轮疫情。他们的理论是，鼠疫杆菌沿着商队路线进入地中海——这需要很多年——然后通过老鼠、跳蚤或人类在船上进一步传播。鼠疫杆菌以这种方式反复从亚洲输入欧洲，在新的鼠疫暴发期间，这种致病微生物也可能存留在当地黑鼠种群中。然而近年来，在欧洲大部分地区，黑鼠在很大程度上已被褐鼠所取代。最近的发现还表明，如前所述，早期鼠疫流行期间的传染主要是通过跳蚤和虱子在人际传播。

毫无疑问，气候变化在鼠疫流行中发挥了相当大的作用。几百年来，欧洲鼠疫不断复发的原因，正是亚洲气候波动导致细菌反复输入，但这一点只是对鼠疫流行模式的几种可能解释之一。

相关观察表明，在黑死病中幸存下来的患者获得了终身免疫。如果鼠疫杆菌本应以某种方式在两次流行之间保持稳定，那么新一轮疫情复发的可能解释之一便是，如果足够大比例的人口对该细菌缺乏免疫力，新一轮疫情就会暴发。进一步的研究或许能够回答这些问题。

鼠疫杆菌：适应力极强的人类敌手

在与人类永无休止的较量中，微生物适应新生活环境的能力可谓出类拔萃。而鼠疫杆菌在这个方面极为典型，因此有必要对其“简历”加以考察。

鼠疫杆菌来自一个相当普通的细菌家族。[57]其今天的近亲，如假结核杆菌，只会在人类体内引起不痛不痒的肠道感染。这两种细菌有着相同的祖先，但在几千年前便走上了不同的进化之路。从那时起，注定要成为令人谈之色变的鼠疫杆菌那一支，逐渐发生质变，而质变

在俄罗斯萨马拉地区发现两具公元前 1800 年的人类骸骨，这是迄今为止发现最古老的鼠疫感染者。

的过程一部分是通过基因失活，另一部分是通过两种质粒从周围吸收新的基因，如前所述，质粒是许多细菌遗传物质的重要组成部分。有了这些新基因，鼠疫杆菌就有能力在人体其他部位引起危及生命的感染。除此之外，基因变化导致鼠疫杆菌能对抗受害者的免疫反应，并引发凝血和免疫系统的严重紊乱。[58] 尽管如此，这种细菌的人际传播机制仍然不是特别有效。最后，基因发生了变化，使得细菌有可能利用跳蚤作为从啮齿类动物到人类，以及在人际间的传播媒介——从细菌的角度来看，这算得上一个相当大的进步。

现在还无法确定完全发育的鼠疫杆菌何时粉墨登场。研究人员最近证明，早在公元前 3000 年，这种细菌在东南亚人中就很常见，显然已经具有通过跳蚤传播的能力。[59] 然而其他研究人员认为，直到公元 1000 年左右鼠疫杆菌才发展出这种能力。[60]

从人类历史上对鼠疫流行的描述中，可以看到鼠疫杆菌以其高超的“技能”，利用了许多影响微生物与人类相互作用的生态和环境因素。这种细菌已经开始利用吸血昆虫传染新的个体，且有能力在野生啮齿类动物和土壤中停留相当长的一段时间。鼠疫杆菌沿贸易路线传播，这一点在历史上的三次大流行中都得到了清楚体现。鼠疫也经常在难民涌入的战争局势中暴发。这在克里米亚黑死病暴发之初、欧洲三十年战争期间、十八世纪初瑞典国王卡尔十二世发动的对俄战役期间，以及十九世纪中叶太平天国起义期间的中国，都有迹可循。

在结束对鼠疫杆菌的描述时需要指出的是，第三次鼠疫大流行后，鼠疫仍有新增病例。这种流行病在亚洲内外均孕育出了疫源地。根据世界卫生组织的数据，2010 年至 2015 年间全球范围内共记录了 3248 例鼠疫病例，其中 584 例死亡。鼠疫杆菌的适应性很强，因此可能会酿成重大问题：检测发现鼠疫杆菌对用于拯救鼠疫患者生命的常用抗生素产生了相当大的耐药性。因此，未来的情况依旧让人感到不安。

天花：最可怕的死神使者

1980年，世界卫生组织宣布，1977年在一名索马里青年身上发现最后一例自然发生的病例后，天花已从我们这个星球上被根除。[61]这是一场持续十二年的艰苦战役的结果，其中一个关键因素，便是研发出了有针对性的疫苗接种。战胜天花病毒是迄今为止人类对抗微生物取得的最伟大胜利之一，在此之前，天花是人类历史上夺走了大量生命的传染病。英国伟大的历史学者托马斯·巴宾顿·麦考利以维多利亚时代的悲情笔法，将天花描述为“最可怕的死神使者”。[62]仅在二十世纪，天花病毒就夺走了三亿人的生命，是战争中死亡人数的三倍。据估计，在过去的一千年里，天花造成了全世界十分之一的人口死亡，这是一个令人难以置信的数字。

天花是由病毒引起的急性传染病。[63]这种病毒尽管在动物界多有“近亲”，但只传染人类，类似的病症在动物中都没有发现。因此，天花不是人畜共患病。因为天花没有动物感染宿主，将其根除才成为可能。

感染天花病毒时，患者的病程可以大体预测。[64]潜伏期平均为十至十二天。患者随后出现高烧、背痛、头痛，经常伴有呕吐。然后开始出现皮疹，首先是口腔，然后扩及全身。皮疹以红斑的形式发展成水泡，最初含有透明液体，然后是脓液。七到十天后，溃疡开始变干、结痂，然后逐渐脱落。大约三周后，体表结痂通常会全部脱落。

这种最常见类型的天花，病死率约为百分之三十。在少数病例中，皮疹的发展有所不同，可能伴有严重的皮肤出血，这种情况下，百分之九十七的患者可能会死亡。大多数死于天花者都死于这种类型，其特征之一是患者的凝血系统被破坏，导致出血并发症。除了高死亡率，天花的后遗症同样令人担忧，许多人因感染病毒落得终身残疾。明显的疤痕，尤其是脸上的疤痕，极为常见。眼睛也易受到病毒攻击，多达百分之三十的感染者最终失明。[65]

十九世纪，非洲和中美洲报告了一种相当温和的天花类型，被称为“类天花”，其死亡率仅为百分之一至百分之二，长期并发症也少得多。[66] 导致严重天花的变种称为重型天花，而导致类天花的变种称为轻型天花。感染这两种形式的病毒后通常都会对这两种病毒产生终身免疫。

天花最常见的传播形式是飞沫传染，尤其发生在皮疹出现后的第一周。[67] 这意味着这种疾病通常传染性不强。传染也可能通过直接接触皮肤痂或携带病毒的物体，尤其是衣物和床单等织物完成。干燥形式的病毒可在体外存活很长时间，因此也有可能通过微小的气溶胶颗粒造成空气传播感染。

骆驼、女神和木乃伊

天花是我们之前所说的群体感染的一个典型例子，也就是说，需要大量的人群才能使这种微生物在流行后存活。因此，天花病毒一定是在大约一万年前人类开始定居之后很久才出现的。天花病毒在动物界有很多亲戚，我们假设其起源于动物中的相关病毒，很可能最初来自啮齿动物。然而根据最新发现，与天花病毒关系最密切的动物病毒来自骆驼。[68] 这种动物病毒可能是天花病毒的本源。不管怎样，天花最初可能是一种人畜共患病，直到它完全适应人类，并与最初的动物宿主失去联系。

在古代印度和中国的记载中，可以发现许多有趣的信息，在过去的几个世纪里，这些信息以各种方式得到了强调，但第一次天花疫情发生的确切地点却湮灭在历史的长河之中。尽管有一些学者倾向于印度起源说，但最有可能的起源地应该是亚洲西南部、埃及和美索不达米亚。公元前几个世纪的梵文文献[69] 提到的印度疫情也很可能是天花，但对这些疾病的描述语焉不详。长久以来，印度教徒一直供奉天花女

印度教徒崇拜天花女神希塔拉的传统，至少存在了两千年。这位女神人气很高，在印度各地都有寺庙——仅在印度教圣城贝拿勒斯就有四座。希塔拉经常被描绘成穿着红色衣服。

神希塔拉（Shitala），充分体现了天花在印度社会中的严重性。这位女神令人敬畏，广受崇拜。

天花很可能是从北方传入中国。大约在公元前250年左右，游牧民族将这种传染病带入中原，就在秦朝修建了长城以防止外敌入侵后不久。中国人也有自己的“痘疹娘娘”，在全国各地专门为其修建的娘娘庙中受祭拜，以求预防传染和治愈天花。天花病毒在公元八世纪从中国传播到日本，之后，日本遭受了几次大规模天花疫情肆虐。

在讨论天花病毒的起源时，埃及也引起了研究者的兴趣，因为有证据表明，公元前2000年的几具木乃伊中存在天花病毒。其中最著名的是法老拉美西斯五世（Rameses V）的木乃伊，他死于公元前1157年。[70] 这位法老的王名令人印象深刻：“强壮的公牛，埃及的守护者，百战百胜的长胜者，金色荷鲁斯神，上下埃及之王”。显赫的高位可能无法保护他免受天花病毒的侵害，因为这位法老的木乃伊的脸、脖子、胃和下腹部都有明显的天花样皮疹的痕迹。然而这并不是一个完全确定的诊断，因为埃及当局不允许对法老的皮疹进行分子生物学调查。

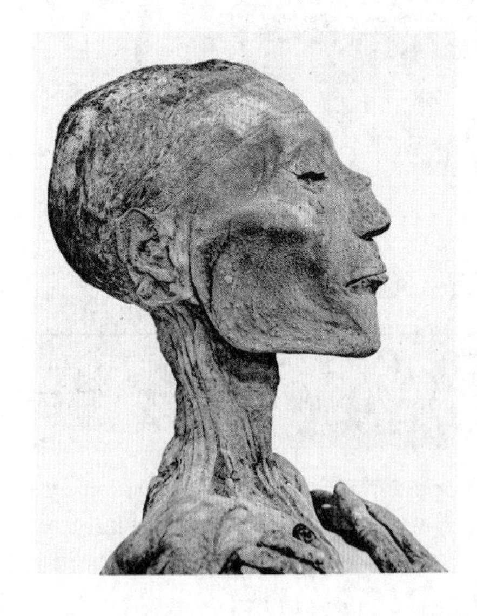

法老拉美西斯五世的木乃伊头部，这位君主死于公元前1157年，可能感染过天花。

古埃及人经常与小亚细亚强大的赫梯王国交战。存世的赫梯人记事泥板，讲述了一种据称由公元前十三世纪中叶的埃及战俘带来的可怕疫情——很可能是天花，导致赫梯军队不战自溃。

俄罗斯研究人员最近发现的证据表明，天花病毒可能起源于非洲之角的索马里，此地古时曾为蓬特国所在。[71] 自古以来，这一地区便与埃及之间有贸易联系，因此病毒可能从那里输入埃及。病毒也可能沿着贸易路线传播，或通过海运向东传播到印度。

如前所述，在公元前一世纪，欧洲和亚洲的文明之间出现了微生物交换。[72] 必须指出，这一点也适用于天花病毒，但目前尚不清楚病毒何时到达欧洲。大多数研究人员对古希腊存在天花的说法将信将疑，[73] 因为如果真的存在，而希波克拉底的著作中又没有提到让人想起天花的发热症状，这显然匪夷所思。公元二世纪马库斯·奥雷柳斯统治时期暴发的安东尼瘟疫可能是天花所致，但也无法确定。

公元 500 年前后，天花病毒很有可能在地中海周边的基督教世界中站稳了脚跟，但与在阿拉伯世界的泛滥程度不可同日而语。[74] 普遍认为第一个明确描述天花的人是公元九世纪末在巴格达行医，在欧洲被称为拉齐斯的波斯医生阿布·巴克尔·穆罕默德·伊本·扎卡里亚·拉齐。这位医生率先明确区分天花和麻疹，而即使到晚近，麻疹对医生来说还是个棘手的问题。后来，人们逐渐了解到，早在公元四世纪，中国炼丹术士葛洪就对天花做出了相当准确的描述。我们尚不知道拉齐斯是否了解这一发现。

有理由相信，在七世纪穆罕默德统一阿拉伯半岛后，其率领的伊斯兰军队带来了天花病毒。这可能是他们在地中海沿岸畅行无阻的原因，这里以前是基督徒的土地，而当地基督徒与穆斯林征服者不同，几乎没有任何抵抗病毒的免疫力。在随后的几个世纪里，接连出现了一系列天花病毒对战役和军事冲突产生决定性影响的例子。

早在公元十世纪，天花就已经蔓延到包括斯堪的纳维亚半岛的北欧地区。[75] 挪威人可能从丹麦人那里感染了此种病毒，而挪威船只又将其带到冰岛，使后者受到了一系列疫情袭击。从十一世纪末开始，归来的十字军战士带回了新的天花病毒。

在中世纪和公元 1500 年左右，天花病毒成为影响欧洲人生活的众多微生物之一。然而，人们对天花并不像对鼠疫那样恐惧，在当时，天花对人口死亡率的影响也存在差异。不过我们下面将看到，这一切在十七世纪发生了变化。

天花病毒跨越海洋

1492 年，克里斯托弗 · 哥伦布带领欧洲人来到美洲，开启了人类史上第二次流行病学转型期。这次到访也导致了新旧世界之间的微生物交换。[76] 毫无疑问，“贸易平衡”对欧洲有利。更多的致病微生物被转移到美洲，最终导致了美洲原住民被迫经历的巨大悲剧。

西班牙征服者埃尔南 · 科尔特斯摧毁了墨西哥强大的阿兹特克王国，这一令人惊叹又毛骨悚然的经过，可被视为天花病毒影响人类历史进程最著名的事例之一。[77] 1519 年，科尔特斯率领四百名步兵、十六名骑兵和十四门大炮，从古巴航行到墨西哥。为了证明自己背水一战的决心，抵达后，这位探险家烧毁了自己的船只，而“破釜沉舟”这一习语从此成为毫不妥协的标志。然后，他与反对阿兹特克人统治的土著战士合兵一处，向宏伟的首都特诺奇蒂特兰进军。阿兹特克王朝的皇帝莫克特苏马二世（早期常被称为“蒙特苏马”）和他的大臣们被吓得魂不附体，因为据说这些白皮肤的入侵者具有超自然的神性：根据阿兹特克人的传说，被流放的羽蛇神有朝一日会从东方回来。阿兹特克人被西班牙人骑乘的骏马、身披的金属盔甲和从未见过的、能发出雷鸣般声响的火炮吓得魂不附体。难不成传说中有浅色皮肤和胡须的羽蛇神真的重返人间？正因如此，西班牙人最初没有受到拥有数万名训练有素精兵的阿兹特克统治者袭击，而是被奉若上宾，在首都受到盛情接待。阿兹特克国的首都位于湖心，通过许多桥梁与外界相连。然而几个月后，由于西班牙人的残暴行为，以及对黄金不甚虔诚的贪婪胃口，阿兹特克人的敬畏已经消失殆尽。这一切最终导致了当地人对西班牙人的反抗，西班牙人不得不仓皇逃离这座城市。

对于西班牙人和他们的当地盟军来说，逃离的过程非常可怕。在流行的西班牙传说中，这被命名为“悲痛之夜”。由于阿兹特克人摧毁了通往大陆的部分桥梁，西班牙人不得不搭建浮桥，以便逃得生天。一度进展顺利，但随后事态恶化，浮桥开始难以安放，人被困在桥上，陷入生死搏斗，遭到来自城市方向和乘坐独木舟掩杀过来的阿兹特克战士的两面夹击。许多西班牙人受伤倒地，其他人则被拖入水中。西班牙人的大炮、盛放战利品的箱子、人和马的尸体填满了壕沟，大部分人最终设法逃生。自始至终，阿兹特克人的战鼓声不绝于耳。逃走的西班牙人不得不眼睁睁看着被俘的战友被拖到城里的制高点——祭祀战神维齐洛波奇特利的神庙顶上，负责献祭的祭司以阿兹特克的方式，从还活着的俘虏身上扯下心脏。

科尔特斯手下的兵卒折损过半，幸存者们向当地盟友寻求庇护。为什么他们在到达安全地带之前没有被阿兹特克战士赶尽杀绝？这就不能不提西班牙人最重要的盟友之一，天花病毒。正如历史学者威廉·麦克尼尔强调的，疫情在西班牙人逃跑的当晚暴发。[78]蒙特苏马二世在与西班牙人的周旋中去世，而阿兹特克新任领导人，他的胞弟奎特拉瓦克，也因感染天花身亡，疫情还夺走了大批将士以及平民的生命，当时生活在特诺奇蒂特兰的三十万人中，有五万人死于非命。这让阿兹特克王国陷入瘫痪，也可以解释为什么阿兹特克训练有素的军队将科尔特斯和他的手下赶出都城之后，没有乘胜追击。几个月后，科尔特斯和他的手下返回并设法控制了这座城市，发现那里满是死于天花的阿兹特克人。参与战斗的西班牙人贝尔纳尔·迪亚斯后来写道：

“悲痛之夜”，对试图征服墨西哥的埃尔南·科尔特斯和他的手下来说，是一次痛苦的经历。1520 年 7 月 1 日夜间，西班牙人试图越过浮桥，离开阿兹特克首都特诺奇蒂特兰时，遭到来自陆地和水面的阿兹特克战士的猛烈攻击。科尔特斯折损了超过一半的士兵，其中很多人作为人牲，献祭给了阿兹特克战神维齐洛波奇特利。

“去任何地方都要迈过死去的印第安人遗骸。地上的尸体堆积如山。”除了天花之外，饥荒也降临到了试图保卫这座城市的原住民身上。

同年，天花病毒随着与科尔特斯联手的西班牙军队，从古巴传播到墨西哥。天花通过阿兹特克人和其他土著民族传播，渐成燎原之势。天花病毒对于新世界来说是一种新病毒。当地原住民对这种病毒没有

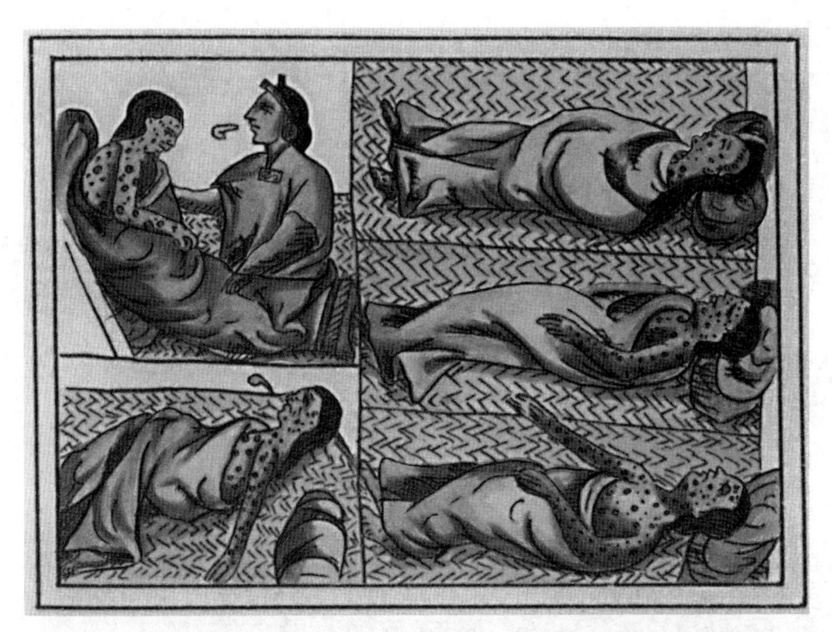

《佛罗伦萨手抄本》中一位阿兹特克艺术家的插图，感染天花的濒死阿兹特克人。该手抄本由方济会修士贝尔纳迪诺·德·萨阿贡编著于1575—1577年。

任何免疫力，而且从基因上讲，他们也可能没有达到应对这种病毒的最佳状态。

而西班牙人有数百年的天花感染经验，他们中的绝大多数人在儿童时期患有天花，获得了终身免疫。阿兹特克人怀着敬畏和恐惧的目光注视着白人征服者，这些征服者没有受到可怕疾病的影响，而原住民却遭受痛苦折磨，他们认为这是神的旨意，即西班牙人应该获得至高无上的地位。这使阿兹特克人士气低落。此外，西班牙人将天花病毒对阿兹特克人的偏爱解释为上帝的旨意。正如一名目击者所写："当基督徒在战争中筋疲力尽时，上帝认为是时候将天花送给印第安人了，这座城市暴发了大规模的疫病。"

据估计，感染天花的阿兹特克人中至少有一半死亡。死亡数字并

在位于首都特诺奇蒂特兰的金字塔形神庙顶部，阿兹特克人向战争之神维齐洛波奇特利献祭了无数战俘，参见 J. Chapman for *Encyclopaedia Londinensis*, vol. XV（1817）。

不完全可靠，但在短短几个月里死亡了数百万人。随后几年暴发了新的天花流行，墨西哥土著进一步受到旧世界微生物带来的其他疫情摧残。

天花病毒对西班牙征服者征服新世界的另一个伟大文明，即南美洲西部的印加王国也大有帮助。西班牙人曾听说在更远的南方盛产黄金，这引起了另一位征服者弗朗西斯科·皮萨罗的注意。[79] 1531年，他带领一百八十名手下、三十七匹马和几门大炮开始了远征。然而，他所攻击的印加王国此前已经遭两轮灾难的蹂躏：内战和天花，来自墨西哥的流行病向南蔓延。天花病毒早在1525年就袭击了这个王国，给社会各阶层带来了致命的后果，病毒传播导致大量人口死亡。然而，在这片南美沃土，从病毒袭击到征服者到来之间的发展脉络，与墨西哥的情况明显不同。

与阿兹特克人一样，印加人对病毒没有先天免疫力。在首轮疫情中，至少有二十万人死亡。天花病毒为皮萨罗和他的部下征服印加王国提供了宝贵的帮助。强大的统治者华伊纳·卡帕克（Huayna Capac）就死于这种传染病。在告别家人和朋友后，他宣布父亲，也就是太阳神正在召唤自己。然后他将宫门紧锁，以免被人看到自己死前遭受的痛苦。大约在同一时间，他指定的继任者也死于非命，另一个儿子被印加人提名为国王，但遭到了卡帕克私生子的挑战。这导致了一场持续五年的毁灭性内战，并为皮萨罗和他的手下在1532年抵达时的征服铺平了道路。执政的印加统治者阿塔瓦尔帕赢得了内战，但后来被西班牙人欺骗、诱捕并谋杀。随后，两次新的天花疫情迅速暴发。在不到两年时间里，皮萨罗和他的部下以残忍的暴行征服了印加王国，1533年西班牙人胜利进军印加首都库斯科，殖民者面前的道路早已被天花病毒打扫得一干二净。

十六世纪期间，天花病毒在中美洲和南美洲的大片地区传播。[80] 葡萄牙人把它带到巴西的沿海地区，然后蔓延到整个内陆，消灭了所有的土著部落。其中一些传染发生在耶稣会传教的场所，数万土著聚

皮萨罗画像。1532—1533 年，弗朗西斯科 · 皮萨罗动用一支规模很小的军队便征服了印加王国。天花病毒先于西班牙人，为征服奠定了基础。阿马尔 · 保罗 · 库坦绘制于 1835 年。

集在那里接受宗教和文明的祝福，寻求庇护，以免受葡萄牙奴隶贩子的掠夺。然而，本应传播福音的教堂却成为传染瘟疫的温床。

在接下来的几个世纪里，来自西非的奴隶贸易不断增加，南美洲和中美洲定期被传入新的天花病毒。穿越非洲大陆的众多奴隶商队极大地促进了病毒的传播。天花似乎早在十世纪就存在于非洲东海岸，病毒可能是由阿拉伯、埃及或印度商队乘船带来的。大约在同

西班牙人处决印加最后一任统治者阿塔瓦尔帕。图为 A. B. 格林绘制于 1891 年的版画。

一时间，撒哈拉以南的国家可能从北非穿过沙漠的商队那里感染了这种病毒。[81] 早至十六世纪，非洲西海岸就出现了天花疫情。就像在印度和中国一样，西非部落约鲁巴人也有自己的天花之神“沙波纳”（Sopona），因为太令人恐惧，当地人绝口不提其名讳。直到十九世纪，天花病毒才开始在南美式微。原因有三：疫苗接种逐渐引入；非洲奴隶的进口停止，天花病毒不再输入南美洲和中美洲；最后，轻型天花取代了更致命的类型，同时也让感染者提高了免疫力。

与南美相比，天花病毒在北美的传播被推迟了一百年，但十七世纪初天花病毒到达北美之后，结果却如出一辙：在当地人口中，经常出现新的疫情，死亡率很高。[82] 第一次疫情发生在东海岸，然后向内陆蔓延。这里情况与南美一样，土著也很容易感染，部分原因是缺乏免疫力，部分原因是狭窄的居住区和持续的游牧活动增加了传染的可能性。人们经常看到重型天花传染，死亡率特别高。各部落受到不同

今天居住在尼日利亚和西非贝宁的约鲁巴人依旧崇拜天花神“沙波纳”。沙波纳是大地之主，可以用天花来惩罚人类，非常令人生畏。当地专门为沙波纳建有寺庙，配备祭司。而二十世纪七十年代之前，沙波纳崇拜者还在强烈抵制天花疫苗。

程度的影响，导致北美大陆土著民族之间的权力关系发生了相当大的变化。

居住在北美的英国和法国殖民地的欧洲移民也未能避免天花的侵袭，他们的免疫力比南部的西班牙人低，但受到的影响比土著人小得多。十七世纪和十八世纪，白人移民中每隔几年就会反复出现天花疫情，但天花病毒并不像在同一时期的欧洲那样肆虐。

十八世纪八十年代，天花通过英国船只传入澳大利亚。其结果是，当病毒被引入缺乏免疫力的"处女"人群时，人间悲剧再次上演：澳大利亚土著受到了惨痛的打击。

欧洲瘟疫的继承人

毫无疑问，在整个中世纪和文艺复兴时期，天花病毒在欧洲造成了大量的人员死伤。[83] 尽管如此，同一时期，鼠疫杆菌引起的高致命性流行病使天花黯然失色。然而，这种情况在十七世纪开始发生变化，在十八世纪初最后一次大暴发之前，鼠疫对欧洲人的荼毒逐渐减弱。

在烈性传染病中，天花已经取代鼠疫、伤寒和痢疾，成为最重要的致死原因。这些疫情都常见于肆虐欧洲的战争之后，"三十年战争"期间尤为明显[84]，以至于出现一句德国谚语："很少有人能逃脱坠入爱河和天花带来的厄运。"

目前尚不清楚为什么天花的流行以及这种流行病的烈度在十六世纪末和十七世纪期间有所增加。一种理论认为，病毒的毒力增强了，也就是说它的致病能力更高了。到目前为止，还不可能用现代方法证明这一点。对立陶宛一具 1650 年左右死亡的儿童木乃伊进行的分子生物学检查表明，在过去的两百到三百年中，天花病毒发生了基因重组，但尚不知这一时期病毒是否比历史上早期更具攻击性。[85]

天花病毒一直存在于大城市，但重大疫情也开始以更短或更长的间隔复发。[86]十八世纪中期，欧洲（不包括俄国）每年死于天花的人数约为四十多万。许多人在童年时受到天花病毒的攻击，但也有许多成年受害者，特别是年轻人。在瑞典，每十名婴儿就有一人死于天花，在俄国，婴儿死于天花的比例约为七分之一。这一时期三分之一的患者失明也是因为感染了天花病毒。[87]

当时约有一半的欧洲人口因为罹患天花而毁容，这通常会引发相当大的心理问题，尤其影响年轻女性进入婚姻市场的机会。前面提到的英国历史学者托马斯·麦考利曾生动地描述了天花肆虐的情况：

> 天花如影随形，在教堂院子里堆满了尸体，不断地用恐惧折磨着所有它还没消灭的人，给那些逃过一死的人留下可怕的痕迹，把可爱的婴儿变为让母亲吓得瑟瑟发抖的妖魔，使待嫁少女的明眸和脸颊成为情人心中萦绕不去的梦魇。

乞丐与皇帝

如前所述，人类定居并从事农业和畜牧业后出现的第一次流行病学转型，不可避免地导致了社会分层，即有少数富裕的精英阶层和庞大而贫穷的下层阶级。当然，在营养状况和住房条件影响传染风险的情况下，不同阶层的生活条件完全不同。就某些传染病而言，这可能意味着弱势群体更为脆弱。但是，这些时疫的微生物病因和传染机制尚不清楚，社会精英们也很难置身事外。

最令人震惊的是，相较于前几代的疫病流行，天花更加“人人平等”。从乞丐到皇帝，社会各个阶层都受到了影响。1240 年，当天花传入冰岛时，这种疫情被命名为“乞妇病”，因为人们认为它是由到处乞讨的妇女传播的。[88]但患病的不仅是乞丐，十六世纪以来，尤其十八世纪后，欧洲皇室成员和其他上流社会人士也患上了这种疾病。

这个问题的耐人寻味之处在于，其往往会产生历史后果。下面，就来看看一些王室受害者。[89]

十六世纪最著名的天花受害者是年轻的英国女王伊丽莎白一世。在登基仅仅四年后，她于 1562 年感染了天花。然而，女王最终大难不死，脸上更没有任何疤痕，这是她用略带胜利的语气写给美丽的对手玛丽 · 斯图亚特的信中提到的话题。伊丽莎白一世也没有像人们所说的那样掉头发。她的两位女侍则没有那么幸运：一位去世，另一位面容尽毁，不得不戴着面具在宫廷中度过余生。被女王拒绝的求婚者中也有这样一位倒霉蛋。阿朗松和安茹公爵弗朗索瓦，是法国国王亨利二世的小儿子，他的一位哥哥因天花去世，另一位哥哥则因为感染天花病毒失去了一只眼睛。这位公爵满脸都是天花留下的麻子，伊丽莎白以此为借口拒绝了他的求婚。

伊丽莎白一世身后无子嗣，王位传给了苏格兰王室斯图亚特家族。[90] 玛丽二世 1694 年死于天花。今天的我们对其病情和治疗之所以有所了解，因为当时的御医为了免于受牵连构陷，公布了细节。玛丽二世的妹妹，即后来的安妮女王在十二岁时，即 1677 年罹患天花，但病情轻微。她于 1714 年去世，标志着斯图亚特家族的终结，因为王位继承人，年仅十一岁的格洛斯特公爵威廉 · 亨利于 1700 年死于天花。这样说来，德国汉诺威王室家族应该为此感谢天花。

自诩“太阳王”的法国国王路易十四，小时曾罹患天花，但幸存下来，没有任何不良影响。[91] 后来，他的两个女儿也成为天花的受害者，但也都活了下来，只是其中的一位不幸成了寡妇。王室的继承顺位在很大程度上受到天花病毒的影响，因为路易的儿子和孙子死于天花。只有他年轻的曾孙，后来的路易十五幸存下来，据说是其家庭教师挺身而出，将这个孩子带出了凡尔赛宫。但天花病毒并没有忘记路易十五。病毒最后一次对法国王室的戏剧性袭击发生在 1774 年，这位国王的身体先是肿胀，然后几乎分崩离析。病床上的臭味很重，仆人们都被熏得晕了过去。由于担心传染，王位继承人，后来担任法国国王的路易十六没有被允许近前探视。如前所述，这表明传染的人际传播概念在细菌学革命之前很久就已经深入人心。

一些历史学者声称，路易十五之死可能促成了法国大革命，但这种历史假设当然高度存疑，很少能够结成正果。能够确定的是，路易十五死于天花很可能加速了法国首种天花疫苗接种运动。

在长达六个多世纪的漫长岁月当中，哈布斯堡王朝一直是欧洲实力最为强大的王室之一，也因为天花受到重创。[92] 1711 年，在西班牙王位继承战争期间，天赋异禀、自由派的神圣罗马帝国皇帝约瑟夫一世死于天花。这导致他的对手路易十四的孙子获得了西班牙王位，哈布斯堡王朝丢掉了这片土地。约瑟夫的无能兄弟查理六世即位成为皇帝，在他去世后，继承人玛丽亚 · 特蕾莎继承了王位，只获得了奥地利大公的头衔，因为作为一名女性，她被禁止当选为皇帝。从此，这位传奇女性将影响欧洲政治几十年，但她所处境遇依然受到天花病毒的左右。

年轻时，玛丽亚 · 特蕾莎就因为未婚夫感染天花丧命，不得不嫁给了他的哥哥。两人共育有十六个孩子，其中两儿一女，还有两个儿媳都死于天花。另外两个女儿幸免于难，但由于毁容终身未婚，最后去当了女修道院院长。她的女儿玛丽 · 安托瓦内特（Marie Antoinette）在感染后没有后遗症，后来成为法国国王路易十六的王后。1793 年，是断头台而不是天花病毒终结了她和她丈夫的生命。

位列天花病毒受害者名单的欧洲王室成员不胜枚举。年仅十六岁的西班牙国王路易斯一世在登基八个月后，于 1724 年驾崩。他的妻子路易丝 · 伊丽莎白 · 德奥尔良（Louise Elisabeth d’Orléans）在宫廷其他成员避之唯恐不及时不离不弃，忠实地照顾着丈夫，虽然感染了病毒，但最终活了下来。在俄国，彼得大帝的孙子，十五岁的沙皇彼得二世于 1730 年死于天花。他是罗曼诺夫王朝的最后一位男性直系继承人。有历史学者认为，这位沙皇如果活得再长久些，就很有可能推翻此前彼得大帝提出的进步改革措施。继任者沙皇彼得三世在天花中幸存下来，但严重毁容，人们认为这严重影响了他的心理。他与表妹结下了一段非常不幸福的婚姻。目前尚不清楚这位后来被称为“大帝”的女皇叶卡捷琳娜二世在丈夫遇刺中扮演了什么角色。

在瑞典，身后无子女的王后乌尔丽卡·埃利诺拉（Ulrika Eleonora）于 1741 年死于天花，她在哥哥卡尔十二世战死后短暂继承了王位，后来退位以支持她的丈夫登基。

天花病毒也影响了世界上许多国家的王权继承，但相关信息的丰富完整程度显然不如欧洲，故不赘述。

最后关头

历史学者之所以对天花病毒在欧洲王室的肆虐如此感兴趣，有很多原因。王室的天花受害者的显赫地位意味着，他们的病情往往会引起相当大的关注，这可以告诉我们很多关于疾病的流行观念和治疗方式。此外，从前的王室对政治的影响远大于现在的君主。正如我们看到的那样，传染病常常对国内和国际政治产生重大影响。

也有理由相信，天花病毒对欧洲王室的强势入侵使这种传染病广为人知，并导致了加快制定有效治疗措施的努力。正是这些努力在过去三百年中成为天花病毒历史的特征——这是一个漫长的阶段，包括戏剧性的事件和医学突破。在这一时期，人类与天花病毒之间的斗争时有反复，直到二十世纪七十年代，天花病毒最终被击败并彻底根除。[93]

在这段漫长的时间里，一个关键因素是逐渐引入各种形式的天花病毒疫苗，从所谓的人痘接种（使用普通天花病毒接种）开始，然后是更为现代的使用毒性更低的病毒疫苗接种。本书稍后将回到这段历史，总体来说，在疫苗接种的不同阶段，人们经历了重大进展、障碍以及挫折。

伤寒：拿破仑的复仇女神

尽管鼠疫和霍乱等概念一直存在于人们的意识中——至少在语言中是如此——但作为烈性传染病的伤寒无疑已被遗忘。这真的相当令人惊讶，毕竟在过去五百多年里，伤寒在世界各地引发了大大小小的时疫，夺走了数百万人的生命。在第二次世界大战期间，伤寒传染在欧洲造成了严重的后果。

伤寒又称“虱传斑疹伤寒”，由普氏立克次体引发。为了理解为什么这种细菌在几个世纪以来引发了如此重大的疫情，以及为什么能够在特定情况下引发疫情，我们必须更仔细地研究这种疾病具有的特殊传染机制。伤寒的历史也彰显出人、微生物和环境之间相互作用的许多基本特征。

污秽、虱子和饥饿——致命三重奏

普氏立克次体属于立克次体细菌亚群，具有一系列特性，尤其是比通常的细菌小，并且像病毒一样只能在活体细胞内繁殖。[94]

伤寒杆菌通过虱子在人际传播，虱子自古以来就是智人忠实的伴侣。这是理解传染如何发生以及伤寒为何流行的关键。这种联系在二十世纪初首次被发现。人们生活环境污秽、居住空间狭小，大多数人都受到虱子的困扰，而这种环境对普氏立克次体可谓再理想不过。当时的普遍状况还包括营养不良。伤寒杆菌专门针对人类，不会传染其他动物物种，只有一个例外：北美的飞鼠。

在仔细观察伤寒杆菌及其帮凶——虱子之前，我们先来看看伤寒本身，其症状可能非常剧烈。感染一到两周后，患者会开始连续几天感觉不适，随后会出现剧烈的头痛、肌肉和背部疼痛。四到五天后，患者体表会出现红疹，通常会发展成小的出血疮，但脸、手和脚底通常不受影响。同时，患者往往变得头脑糊涂，可能会失去意识或出现痉挛。这种疾病的名字来自希腊单词 typhos，意思是模糊或不清楚。[95]伤寒通常伴有肺炎的症状。患者还可能出现手指、脚趾和身体其他部位的坏疽，导致组织坏死，甚至手指和脚趾脱落。如果没有接受现代治疗，病死率几乎能够达到六成。即便患者康复后，这些细菌仍然存活其体内，只不过处于休眠状态。若干年后，它们可能再次活跃起来，引发新的疾病。

瘟疫中的新来者

伤寒杆菌远不如鼠疫杆菌等导致人类瘟疫的其他致病微生物那样古老，可能只有大约一千年的历史。现在可以相当确定的是，第一次伤寒流行出现在 1489 年的西班牙。[96]信奉基督教的西班牙发动“收复失地运动”，在北非摩尔人统治了七个世纪后，西班牙南部重新被征服，随着摩尔人最后一个据点格拉纳达王国被攻克，收复失地运动进入最后的高歌猛进阶段。陶醉在胜利中的伊莎贝拉女王和费迪南德国王决定资助克里斯托弗·哥伦布的远征计划，而这将产生重大影响。

然而，重新夺回格拉纳达城并非没有付出代价。基督教军队受到了一种以前未知的危险疫病的袭击：一万七千名士兵染疫死亡，相比之下，只有三千人死于摩尔人的武器。西班牙编年史学者认为，这种疾病是由来自塞浦路斯的雇佣军引入的，他们在本国从土耳其人处感染了这种疾病。伤寒杆菌也许来自东方。

无论起源于何处，在接下来的几年里，伤寒杆菌传播到了西班牙和葡萄牙。早在十六世纪初，在意大利就暴发过相关疫情，始作俑者很可能是参加西班牙和法国之间无休无止战争的西班牙士兵，当时意大利正是敌对双方的主战场。因为军队遭到伤寒的袭击，法国人不得不在 1528 年放弃对那不勒斯的合围。[97] 疫情导致军队减员五成，虚弱的幸存者在撤退时也很容易成为游击队和凶残农民觊觎的猎物。伤寒流行的主要政治后果便是西班牙成为意大利的主导力量，教皇也摇身一变，唯查理五世马首是瞻。同时，伤寒流行还间接地影响了英国历史。由于担心得罪这位战无不胜的英勇国王，教皇拒绝批准英国国王亨利八世提出的离婚申请，后者希望与自己的王后阿拉贡的凯瑟琳离婚，凯瑟琳是西班牙人，同时也是查理五世的姨母。这导致亨利宣布英国教会独立于教皇，开始在英国进行宗教改革。如此一来，他就可以随心所欲迎娶新的王后。

作为全新流行病的伤寒，于十六世纪在欧洲各地肆虐。[98] 此前，我们曾经提到过意大利文艺复兴时期的全能天才吉罗拉莫 · 弗拉卡斯特罗，他曾撰写过关于梅毒的长篇史诗，并在一本书中提出了关于传染的理论。1546 年出版的《传染，传染疾病及其治疗》一书，极好地描述了伤寒的病理表征，并对疫情传播进行了敏锐的观察。

即使伤寒在欧洲呈现出逐渐向北的传播趋势，但流行病的重心仍在东欧。几个世纪以来，基督教欧洲一直与土耳其人作战，后者仍然被视为心腹大患。1529 年和 1683 年，土耳其人两次兵临维也纳城外，两次都被击退。对阵土耳其人的前线集中于匈牙利和巴尔干半岛。德意志军队曾数次受到可能是伤寒的严重流行病袭击。他们的匈牙利盟友和土耳其对手的反应相对轻松。这可能表明后者对早期接触的伤寒杆菌产生了免疫力。匈牙利后来被称为“德意志的坟墓”，伤寒则一度被称为“匈牙利病”。德意志军队返回西欧时，也带回了伤寒，并开启新一轮疫情。伤寒疫情在欧洲一直持续到十九世纪。

前文介绍过鼠疫杆菌在“三十年战争”中的肆虐情形。然而，伤寒同样严重，并且往往伴发作为细菌性肠道疾病的痢疾。十七、十八世纪蹂躏欧洲的历场战争，都伴随着伤寒的大流行，但有一个例子值得特别提及：1812 年拿破仑发动的灾难性的俄国战役。

严寒、哥萨克和惨败

1812 年，拿破仑登上权力的巅峰。这个小个子法国人俨然是整个欧洲大陆的主人，而俄国沙皇亚历山大一世是他多年的盟友。然而，在沙皇忤逆拿破仑欲达成的重大政治目标后，两位统治者之间的友谊开始降温。拿破仑决定给沙皇一个教训，进攻俄罗斯。1812 年夏天，他召集了一支庞大的军队，穿过波兰和东普鲁士向俄罗斯挺进。这支"大军团"由六十多万人组成，其中三分之一是法国人，其余来自各个盟国。此外，与早些时候的军事行动一样，还有许多平民随军行动。[99]

6 月 23 日，拿破仑的军队挥舞旗帜，演奏着军乐，越过尼曼河边境进入俄罗斯。然而，那一年的夏天异常炎热干燥，缺水使士兵们更难洗澡。当地的波兰人和俄罗斯人异常肮脏，虱子缠身。行军时，士兵们霸占了当地人简陋的棚屋过夜，自然滋生了虱子。几个世纪以来，伤寒杆菌一直牢牢地控制着这些地区，因此不久之后，军中就报告了伤寒病例，死亡人数稳步上升。庞大军队的后勤供应问题也导致士兵们食物短缺，营养供应每况愈下。受污染的饮用水增加了痢疾等水传播传染病的风险，大大加剧了士兵的健康不良状况，使其不适合作战。尽管如此，法国军队还是孤军深入，不时与俄罗斯军队发生小规模冲突。俄罗斯军队使用焦土战术撤退，直到双方最终在博罗季诺展开决战。博罗季诺之战被认为是近代史上最血腥的军事冲突，直到第一次世界大战期间的索姆河战役后来居上。

9 月 15 日，拿破仑率领只剩九万人的军队进入莫斯科，但俄罗斯人马上纵火焚城。与此同时，伤寒继续肆虐。然而，征服莫斯科并没有像拿破仑指望的那样结束战争，10 月 19 日，他带着军队离开莫斯科，开始向西撤退。这位法国枭雄不得不留下几千名伤寒患者，任由其自生自灭。在整个撤退过程中，法国军队既受到来自正规俄罗斯军队的攻击，还遭受了哥萨克骑兵的袭扰，后者来去如风，神秘莫测。

1812 年，俄罗斯的冬天来得特别早。拿破仑麾下的士兵们缺衣少食，根本没有备齐冬装。降雪和严寒导致越来越多的士兵冻饿而死。晚上，为了保暖和安全，士兵们被迫挤在一起。这支曾经无比骄傲的军队，现在却是肮脏和虱子缠身。就连这位皇帝陛下也未能幸免，虱子显然笃信法兰西大革命倡导的“平等博爱”原则，虽然这位统治者将这些口号抛在了脑后。所有的一切都为伤寒流行做好了准备，士兵们蹒跚前行时，伤寒在他们中间肆虐，他们最终往往会躺在路边等死。散兵和主力部队留下殿后的小分队几乎悉数被哥萨克骑兵和愤怒的农民俘虏，遭到抢劫，衣物被洗劫一空，只能赤身裸体地留在雪地里，更有甚者在遭受可怕的折磨后被殴打致死。[100]

今天，依然能够在文献中找到许多目击证人，包括普通士兵和高级军官的相关描述。世界文学巨匠列夫 · 托尔斯泰的名著《战争与和平》也对战争的这一阶段进行了戏剧性刻画。尽管巨大的苦难也折磨着俄罗斯人，尤其是普通民众，但 1812 年战争无疑是俄罗斯人的胜利，这也反映在柴可夫斯基为庆祝俄军获胜七十周年而创作的《1812 年序曲》当中。

当地学者估计，法国大军团中大约四十万士兵丧生，其中战死者不到四分之一。很大一部分死难者都感染了伤寒。数万跟随军队一同行动的平民也魂断俄罗斯，很多人感染了这种恶疾。值得一提的是，追击法国人的俄罗斯军队也减员六万余人，其中大部分同样死于伤寒。[101]

对这场灾难般的溃退及相关疫情的叙述意味着，传染源无疑就是伤寒。然而，在此方面，我们亦能提供一个说明现代分子生物学如何

拿破仑的大军团从莫斯科撤退，是军事史上的重大灾难之一。正如伊莱昂·普莱尼什尼科夫1874年的这幅画作所示，法国士兵忍受着刺骨的寒冷前行，还经常面临俄罗斯军队的袭击，以及肆虐的伤寒。

帮助提供明确诊断的例子。2005年，曾参与鼠疫研究的法国研究人员在位于今天立陶宛维尔纽斯的一座法国士兵公墓的尸骨中检测到了普氏立克次体的脱氧核糖核酸。[102] 在撤退期间，这座城市曾是法国大军团患病士兵的临时收治站，许多人最终被扔进了乱葬坑。

从俄罗斯穿越中欧回国的法国士兵携带了伤寒杆菌，沿途留下许多新的传染病例。收治重伤士兵的医院也遭受了伤寒的严重打击。但“伤寒将军”与拿破仑的恶缘还远未结束。他重新召集军队试图东山再起的努力，再次受到了这种传染病的重创。[103]

拿破仑发动的俄国战役产生了巨大的政治后果，标志着短暂而辉煌的帝国之梦开始走向终结。笼罩在他身上超凡的无敌光环开始褪色，而之前偃旗息鼓的众多对手从中获得了继续战斗的新勇气。尽管拿破仑做出不懈努力并取得了一些军事胜利，但三年后不得不承认失败，最终命丧圣赫勒拿岛。

由此，我们知道了小小的普氏立克次体在拿破仑跌下神坛的过程中扮演的重要角色。拿破仑麾下的高级将领，陆军元帅米歇尔 · 奈伊在法军从莫斯科撤退期间做出了英勇的贡献,被称为“勇士中的勇士”。在写给妻子的信中，这位元帅慨叹:“饥荒将军和冬天将军，而不是俄罗斯子弹,打败了大军团。”[104] 显然,他忘了提到另一位“伤寒将军”。

法官和陪审团都被判死刑

十九世纪之前，监狱条件通常都非常恶劣，空间狭窄、人满为患、肮脏不堪、食物劣质、跳蚤横行，堪称伤寒的理想滋生场所。传染的情况异常普遍，以至于伤寒常被称为“监狱热”。[105] 因此，监狱往往是伤寒暴发的起点，而严重的疫情也会影响到司法系统中的从业人员。从十六世纪末到 1750 年，在英国所谓“判处死刑的巡回审判”（Black Assizes）中，可以发现一些戏剧性的例子。在这些庭审中，法官、陪审员、以及许多出席庭审者，感染了来自患病囚犯的伤寒。1577 年，在牛津的一次审判中，被告来自一所要求囚犯佩戴镣铐、很多囚犯死于伤寒的监狱。五百多人因参与该案审判而死亡。被告因亵神罪被判处将耳朵钉在当地的刑台上，但最终幸存了下来。

伤寒还经常在船上肆虐，那里的条件对普氏立克次体及其追随者虱子来说再理想不过，因此，“船热”是伤寒的另一个常见名称。

如前所述，饥荒和营养不良是伤寒流行的另外一个重要成因。1845 年至 1851 年间，爱尔兰发生了大饥荒，一种真菌病导致马铃薯歉收。[106] 爱尔兰是欧洲人口最密集的国家之一，大部分人口所处的社会状况相当糟糕。在饥荒的同时,伤寒大流行暴发,带来了可怕的后果。当然，污垢和虱子也起到了重要作用。令人惊讶的是，社会上层也有很大一部分人被传染，尤其是那些在工作中与下层社会的伤寒患者密切接触的人。医生群体首当其冲。这可能是因为伤寒可以在没有虱子帮助的情况下传染。

爱尔兰的伤寒疫情伴随着反复发热，这是由另一种虱子传播的细菌引起的传染，即回归热螺旋体。现代历史学者估计，至少有五十万人死于这两种传染病，其中大多数可能死于伤寒。

爱尔兰饥荒加疫情的后果相当严重，直接导致了大量移民，尤其是向北美移民。时疫过后，正如我们在黑死病之后看到的那样，当地人口中最贫困群体的经济和社会状况有所改善。[107] 但这场灾难也导致了对英国巨大而持久的恨意，爱尔兰人觉得英国政府没有提供必要的帮助。一些人甚至声称，为了减少人口数量，英国政府故意延迟出手干预。

布尔什维克主义、虱子和世界大战

从十九世纪中期开始，伤寒疫情在西欧逐渐消退，在这里，普氏立克次体不再是严重的问题，但这种致病菌在东欧和巴尔干地区仍很活跃。然后，伤寒得到了大好机会：1914 年 7 月奥地利王位继承人弗朗茨 · 斐迪南大公被塞尔维亚恐怖分子暗杀后，奥地利向塞尔维亚宣战，宣告人类历史上两次血腥世界大战中的第一次大战正式打响。

伤寒杆菌最早于 1914 年秋天出现在巴尔干半岛的塞尔维亚。[108] 然后，伤寒在关押数千名奥地利战俘的营地暴发，那里的卫生条件令人震惊。随后，疫情通过押运而来的囚犯和军队以惊人的速度传播。塞尔维亚全国总共近四百名医生几乎全部感染，而六万名奥地利战俘中有多达一半死亡。军事历史学者认为，如果奥地利发动全面袭击，塞尔维亚此时将根本无力抵抗。但因为奥地利方面也害怕伤寒，这一切并没有发生。因此，奥地利及其盟友可能失去了可能对战争结果产生决定性影响的宝贵时间。“伤寒将军”再一次在战争进程中起到了至关重要的干预作用。

在欧洲东部，奥地利的德意志盟友正在与俄罗斯作战。德国军队通过有效的卫生和医疗措施控制了伤寒，但俄方的情况很糟。1918年，苏俄媾和后，全国暴发了规模最大的伤寒疫情之一。与此同时，1917年布尔什维克革命后的内战带来了熟悉的饥荒、社会混乱和难民潮，为士兵和平民中的伤寒流行提供了最佳条件。据估计，1916年至1921年间，约有两千五百万人感染了伤寒，三百万人因此死亡。红军中三分之一的医生被传染，五分之一感染者死亡。情况如此严重，据说列宁说过："不是社会主义打败虱子，就是虱子打败社会主义。"这一次，社会主义获胜，伤寒疫情成功消退。

第二次世界大战期间，双方都采取了相当有效的措施，防止在士兵中暴发伤寒，但在巴尔干半岛、北非和远东等战乱地区的平民中，疫情依旧此起彼伏。[109] 德国集中营发生了骇人听闻的悲剧，数万人因营养不良和恶劣的卫生条件而死于伤寒。原则上，为了确保有足够的囚犯能够劳动，抗击伤寒固然符合集中营指挥官的利益，但采取的措施有时是野蛮的，违反了医学道德。[110] 如果特定营区遭伤寒袭击，防疫规则简单粗暴：该区域内的所有囚犯，无论是否患有伤寒，一律杀死。得了伤寒的患者即便被获准住进集中营医院，也经常被杀死。党卫队的医生还对囚犯进行实验，向他们注射受污染的血液，以观察他们有传染性的时间，这些试验者随后被杀。以感人至深的日记而闻名的德裔荷兰女孩安妮·弗兰克在"贝尔根-贝尔森集中营死于伤寒，年仅十五岁"。[111]

抗击伤寒的战役中另外一个令人毛骨悚然的事实是，包括奥斯威辛集中营在内，德国人大规模杀害犹太人和其他囚犯时使用的"齐克隆B"（Zyklon-B）型毒气，最初由德国化学家在1923年作为消毒剂制造出来，而这种毒气在当时被认为能除虱，也标志着预防伤寒的巨大进步。[112]

在过去几十年里，伤寒疫情在欧洲渐趋平息，但在世界其他地区，特别是非洲和中南美洲，这种传染病仍然很活跃。[113] 二十世纪九十年代布隆迪内战期间暴发的伤寒大流行已造成四万五千多例病例，其中有百分之十五的患者死亡。

虱子和人类：伤寒杆菌的进化史

伤寒杆菌所属的特殊细菌群（立克次体）在过去通过传染各种昆虫开始了其职业杀手生涯。其中一些逐渐发展为高等动物，特别是许多啮齿类动物的吸血者。与昆虫一样，伴生的细菌也会反过来适应动物，从而导致传染。经过几十万年的适应，细菌与它们传染的昆虫和啮齿类动物实现了和平共处，昆虫和啮齿类动物都不会生病。不幸的是，事态发展没有就此止步。参与这种互动的一些吸血虫偶尔需要从人类身上取血。如果这种吸血虫是细菌的携带者，就可能导致传染和疾病。

这种发展顺序并不仅仅是纸上谈兵。我们现在知道，在老鼠身上发现了伤寒立克次体，这是一种与导致伤寒的病菌密切相关的细菌。[114]偶尔，人类会被之前在鼠疫中介绍过的印鼠客蚤叮咬而感染。这会导致类似于普通伤寒的感染，但感染程度要轻得多，死亡率要低得多。我们有理由相信“我们的”细菌——伤寒杆菌——已经从这个亲戚进一步演变了。当这种细菌学会如何感染人类虱子时，这一重大转变可能就出现了。它获得了导致人际传染的能力。再一次，我们看到了微生物通过进化适应环境的惊人能力。

虱子在伤寒和许多其他传染病中起着关键作用，有必要对这一物种仔细研究。首先是在伤寒传染中至关重要的体虱。[115]穷尽一生，这种生物都在人类的衣服里度过，每天靠从人类宿主那里吸四五次血过活。虱子卵也产在衣服里。当虱子从伤寒患者身上吸血时，由于血液中存在细菌，虱子也会被传染。细菌穿透虱子肠道中的细胞，并通过粪便被排出，粪便呈细颗粒状，像粉末一样。被传染的虱子叮咬健康人时，吸血本身不会导致传染，但在人因为被虱子咬而开始发痒时，含有细菌的虱子粪便会随着抓挠被摩擦到皮肤上。如果吸入粉状虱子粪便，也可能发生传染。这种细菌可以在虱子的粪便中存活数月。

正是这种细菌对虱子的适应使得历史上的伤寒大暴发成为可能。公平地讲，受传染的虱子在大约三周后就要付出生命代价。通常，虱子的肠子会破裂，全身变成血红色。

曾在巴黎巴斯德研究所工作过一段时间的夏尔·尼科勒（Charles Nicolle），在北非研究期间发现了虱子对伤寒传播的重要性，并意识到这种生物是伤寒细菌的携带者。[116] 这是一个重大突破，使人们能够有效地对抗伤寒。尼科勒因此在1928年当之无愧地获得诺贝尔奖。实际在伤寒患者的虱子中发现细菌的人是斯坦尼斯劳斯·冯·普罗瓦泽克（Stanislaus von Prowazek），他在与亨里克·达罗查·利马的合作研究过程中感染伤寒，不幸身亡，该细菌被命名为“普氏立克次体”以纪念他。首位发现立克次体的霍华德·泰勒·立克次（Howard Taylor Ricketts）也因该疾病丧生，这一事实进一步说明了立克次体细菌的致命性，而伤寒杆菌也是该菌群中的一员。

回顾虱子的文化历史时，我们也意识到，几乎在整个人类历史中，伤寒疫情都拥有肥沃的土壤。虱子从一开始就随着智人，成为我们这个多毛祖先留下的遗产。在埃及木乃伊上居然也发现了虱子。整个中世纪，主要因为清洁程度很低，虱子相当常见。直到十七世纪，虱子在所有社会阶层都算得上十分普遍的寄生虫。关于如何优雅地处理自己和他人的虱子，宫廷还有专门的一套礼仪规则。

利用虱子作为特洛伊木马进行传染的不仅仅是伤寒杆菌。这也适用于“五日热巴通体”，它也属于普氏立克次体，会导致被称为“战壕足”的疾病，第一次世界大战期间，在西线战壕中折磨士兵。如前所述，在试图解释黑死病的传染机制时，虱子最近成为关注的焦点，此前，导致黑死病的罪魁祸首一直被视为跳蚤。

我们知道伤寒杆菌的所有秘密吗？

在很长一段时间里，普氏立克次体与它的所有亲属不同，只传染人类，没有像我们在人畜共患病中看到的动物宿主。然而，1975 年人们发现伤寒杆菌也会传染美国东海岸一种特殊类型的啮齿动物——南方飞鼠。[117] 偶尔，这种细菌可以通过跳蚤叮咬，从松鼠传染给人类。在欧洲，尚没有已知的动物疫源地。但我们真的仔细研究过个中奥妙吗？

如果没有被传染的虱子或任何动物宿主，伤寒杆菌能否在人群中存活？答案是肯定的。事实证明，即使患者完全健康且无症状，细菌也不会放过潜在的受害者。细菌隐藏在身体的某个地方（我们不知道在哪里）。在宿主完全没有症状的多年之后，这种细菌可以再次活跃起来，并产生像普通伤寒一样的疾病迹象，尽管通常不那么严重。我们不确定是什么"唤醒"了细菌，可能的解释是免疫系统由于某种原因而变弱。虱子与此无关，但如果这种细菌的"复活"发生在虱子广泛传播的环境中，通常会发生大流行。

本书作者在这一部分的开头就指出，尽管伤寒有着极其险恶的历史，需承担导致数百人死于非命的良心责任，但这种流行病毕竟已经从公众意识中消失了。可这种细菌并没有像天花病毒那样从地球表面消失。如果条件合适，它仍然会造成大问题——或者，正如美国研究人员汉斯·津瑟（Hans Zinsser）在其著作《老鼠、虱子和历史》中所写的那样："伤寒并没有死绝。它将持续几个世纪，只要人类的愚蠢和残暴给它一个机会，它就会乘虚而入，重整旗鼓。"

霍乱：蓝色死神

像瘟疫一样，霍乱也进入了许多语言当中，成为"两害——鼠疫和霍乱——相权取其轻”的代名词。在英语中，这相当于“在魔鬼和深渊之间”的无奈选择。这句话可能是对十九世纪霍乱流行造成的巨大恐惧的呼应，因为霍乱过去是，现在也是一种真正可怕的疾病。

霍乱是由逗号形状的微小霍乱弧菌引起的，通常会出现急性的、剧烈的肠道传染。这种传染病在历史上的出现方式，可以用来说明人与微生物决斗的诸多面向，展现致病微生物适应外部环境，特别是气候因素的强大能力。霍乱疫情在十九世纪产生了相当大的政治和文化后果，并在推动医学和卫生服务的发展中发挥了重要作用。

1883 年，罗伯特 · 科赫发现了霍乱的致病细菌，将其命名为霍乱弧菌。事实上，一位默默无闻的意大利解剖学者菲利波 · 帕奇尼（Filippo Pacini）早在 1854 年就发现了这种细菌，并推断它是霍乱的病因。这一伟大发现在意大利没有引起注意，当时人们仍然坚信瘴气理论。在帕奇尼去世的同一年,科赫发表了自己的发现。直到 1965 年，帕奇尼的发现才得到了姗姗来迟的认可，同年，霍乱细菌被重新命名为“帕奇尼霍乱弧菌”。[118]

霍乱细菌不会传染人类以外的任何动物。相关疫情首先与水有关。当摄入含有细菌的水或食物时就会发生感染，最常见的是被细菌排泄物污染的水。感染后一天至五天内，患者出现恶心和剧烈腹泻等症状，每小时最多排出一升液体。液体的大量流失导致严重脱水。由于患者排泄的液体量很大，因此会用到特殊的“霍乱病床”，将腹泻液体收集在特殊容器中。在几个小时的时间里，患者变成了自己的缩小版，皮肤逐渐变成蓝紫色,这便是术语“蓝死病”(the Violet Death)的由来。最后，血压下降，病人死亡，有时仅需几个小时。如果不加治疗，大多数患者将会在发病后二十四小时内死亡。[119]

我们并不清楚“霍乱”一词的来源，希波克拉底和古代其他医者曾用来描述单独发病的重症腹泻病人。“霍乱”可能源自古希腊语中对水渠排水管的称呼，用以形容来势汹汹的水样腹泻。但希波克拉底

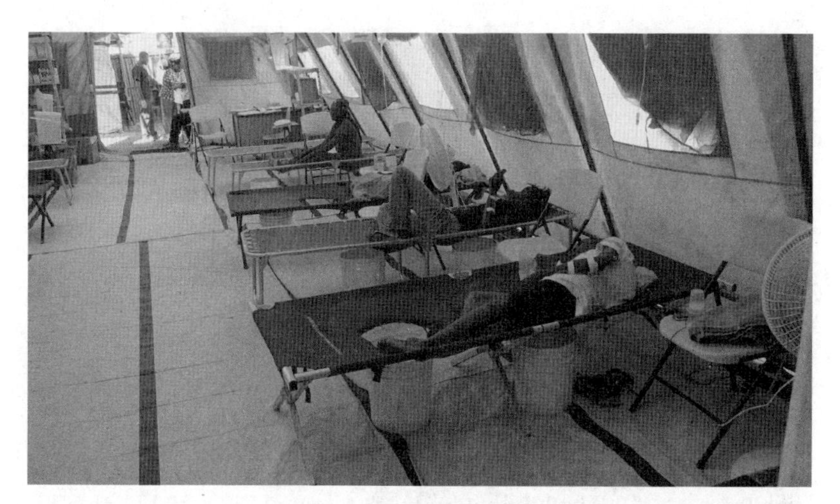

2016 年海地疫情期间，为霍乱患者提供的临时病房里配有特殊的“霍乱病床”，配备了液体排水管。

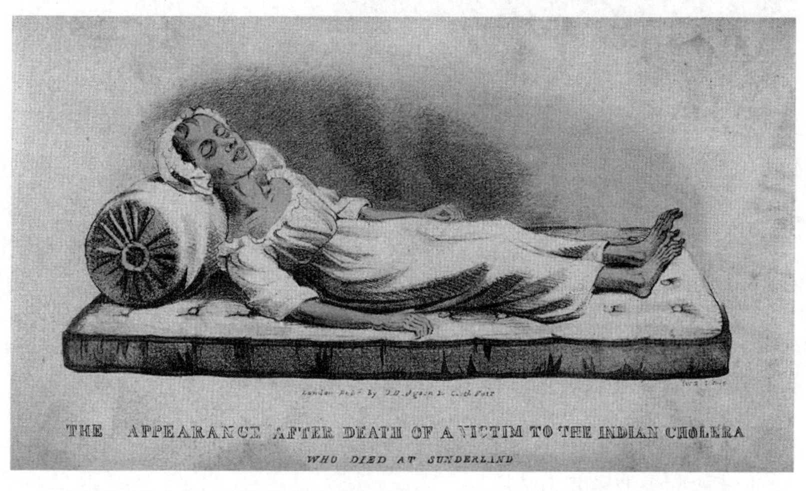

一名死于霍乱的患者，因其特有的蓝紫色皮肤，该病被称为“蓝死病”。

记载的传染病并非由霍乱杆菌引起，因为欧洲当时并不存在这种细菌。

1883 年发现霍乱弧菌，成为罗伯特·科赫的主要成就之一，但事实证明，这并没有解决所有问题。这种致病菌背后仍然隐藏着许多

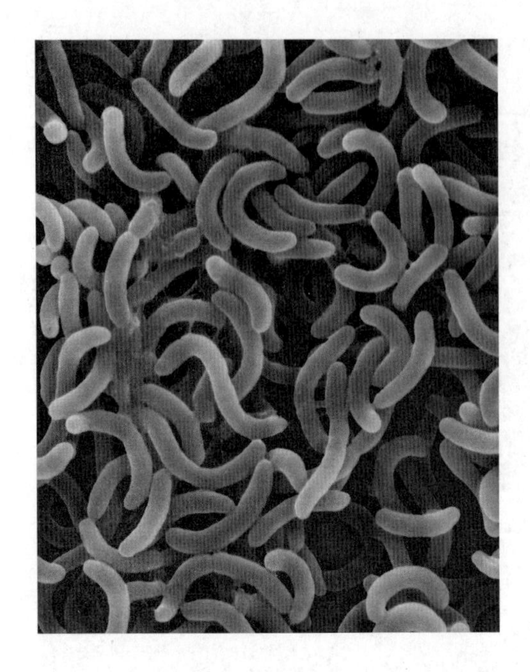

典型的逗号状细菌——霍乱弧菌

秘密。在被科赫发现将近一百五十年后，霍乱弧菌仍然在世界上许多地方荼毒人间，给当地人造成巨大的痛苦。

来自东方的威胁

霍乱细菌来自哪里？就像瘟疫和伤寒一样，我们必须把目光再一次转向东方。目前流行的观点是，霍乱起源于印度。因此，这种疾病以前常被称为亚洲霍乱。

第一次霍乱疫情是什么时候发生的？公元前 500 年的古梵文著作讲述了一种类似霍乱的疾病。但这种疾病这么早就以疫情的形式出现了吗？ 1498 年，葡萄牙探险家瓦斯科 · 达伽马绕过好望角，在印度西南海岸登陆。他的手下加斯帕尔 · 科雷亚提到，1503 年，印度当地发生了霍乱疫情，并造成两万人死亡。我们估计，在这之前以及随后的几个世纪里，类似的疫情无疑都在肆虐，但仅限于印度次大陆——直到决定性的 1817 年。[121]

七次大流行

霍乱弧菌在印度肆虐了几个世纪甚至数千年之后，于 1817 年开始向世界其他国家和地区传播。这标志着七次名副其实的大流行开始。[122] 在前六次中，每一次大流行结束之后，这种细菌似乎都会回撤到它的故乡印度——更准确地说，位于孟加拉湾恒河河口，面积相当大的三角洲地区，那里长期以来是霍乱细菌的"总部"。目前第七次大流行仍在继续，但并没有给人留下在世界各地失去控制的印象。

本节将简要介绍这七次大流行及其传播范围，再简要反思其后果。霍乱在这些疫情中的全球传播，说明了人与微生物相互作用中涉及的一些环境因素。历史学者们对这些大流行的确切年代存在一些分歧，但在我们的讨论中不那么重要。

第一次大流行始于 1817 年，发生在孟加拉湾的霍乱核心疫源地。随后，印度重要城市加尔各答暴发霍乱疫情，在接下来的几个月里迅速蔓延到印度次大陆的大部分地区。其中一部分与东印度公司的军事力量重新部署有关，该公司当时控制着印度的大部分地区。这可能是霍乱细菌第一次导致大规模传染病流行，也许是因为它已经完全适应了人类。

在接下来的几年里，疫情向东传播到泰国、缅甸、马来亚、印度尼西亚、中国和日本，向西传播到中东，直至叙利亚地中海沿岸。霍乱还渗透到了俄罗斯最南端。在 1824 年暴发的第一次大流行期间，欧洲没有受到攻击，但这种传染病在其故乡继续保持活跃。

1827 年，第二次大流行再次开始于印度核心地区，并沿着贸易路线迅速向西通过阿富汗和波斯传播到俄罗斯。这一次，它没有停留在俄罗斯边境，而是无情地在俄罗斯蔓延。它从那里向西移动到波兰（部分通过俄罗斯军队传播），然后到达德国和波罗的海国家。随后，疫情蔓延到英国，1832 年，包括法国在内的西欧，尤其是巴黎受到严重影响。在接下来的几年里，大流行蔓延到了南欧。

在第二次大流行期间，印度以西的亚洲其他地区受到的波及较轻微。但是，在霍乱肆虐欧洲的同时，它也蔓延到了中东。这主要与穆斯林麦加朝圣有关，而麦加的疫情在很大程度上促成了霍乱散播到中东和非洲朝圣者的母国。1831 年春天，仅在圣城麦加和麦地那就有近三万人死亡。开罗可能因疫情失去了百分之十五左右的人口。

然而这一次，霍乱弧菌并不满足于旧世界。1832 年夏天，它抵达加拿大和美国，次年，西印度群岛和拉丁美洲也受到影响。

正是在第二次霍乱大流行期间，欧洲和北美首次见识到了这种猛烈的传染病。这次大流行导致了自黑死病以来前所未有的心理、政治和文化后果。所有受影响国家的死亡率都相当高。当时仅在有八十万居民的巴黎，1832 年就有一万八千人死于霍乱，同年 4 月每周有七百人死于这种传染病。

到 1837 年，这场大流行在印度以外的地区销声匿迹，许多人因此认为这是大流行结束的一年。

1839 年暴发了第三次霍乱大流行，印度再次成为核心地区。又一次，英国军队对该传染病的第一轮传播负有责任。第一次鸦片战争期间，英国军队将霍乱带到了阿富汗、西南亚和中国，当时英国通过发动鸦片战争，强迫中国开放贸易。霍乱随后从中国向西传播到中亚。与此同时，霍乱弧菌沿着从印度向西的海路到达伊拉克和阿拉伯，那里的穆斯林朝圣者再次受影响。这种传染病再次向西传播到欧洲大部分地区，然后在 1848 年传播到美国。西印度群岛和南美洲的几个国家也受到影响。

1854 年，前往克里米亚参战的法国军队将霍乱带到希腊和土耳

西西里岛上的巴勒莫镇在第二次霍乱疫情期间遭受重创，疫情始于 1827 年，一直持续到 1837 年。

其。1853 年至 1856 年战事正酣，导致了大量感染，在此期间，弗洛伦斯 · 南丁格尔带领其他人努力改善军队医院的卫生条件。[123]

同样是在 1854 年，欧洲霍乱疫情达到顶点。正是在这一年，约翰 · 斯诺在伦敦得出了自己的发现，但他认为传染是通过水源传播的结论并没有立即被接受。从 1856 年起，这场大流行几乎在除日本之外的世界各地蔓延。1858 年，日本通过与西方开放贸易的港口长崎受到疫情袭击。

第四次大流行暴发于 1863 年，源头再次是印度。霍乱漂洋过海传播到非洲，并通过红海向北传播到麦加、麦地那和吉达港等朝圣中心。1865 年春，九万名麦加朝圣者中约一万五千人死于霍乱。疾病从那里被带回了中东和北非朝圣者的祖国。仅在两个月的时间里，就有六万人在埃及死亡。霍乱弧菌从那里越过地中海，侵袭了大多数欧

1883 年的美国绘画，展示了当局（和科学界）如何在面临霍乱威胁时放松警惕。当时的人们仍然对霍乱惊惧异常。

洲国家，然后传播到美国和西印度群岛。

与印度教节日有关的大规模朝圣活动，在印度的霍乱传播中发挥了相当大的作用。1867 年，三百万人聚集在恒河边的一处圣地，其中二十五万朝圣者感染了病毒，一半死亡。然而在 1874 年，大流行逐渐消退。

第五次大流行始于 1881 年，仍然始于印度，一直持续到 1896 年。这次疫情通过前往麦加的穆斯林朝圣者传播到东亚和西方的一些国家，麦加再次遭重创。1883 年，霍乱袭击了埃及，造成五万八千人死亡。正是在开罗大流行期间，罗伯特 · 科赫和他的同事进行了实地调查，最终发现了霍乱弧菌。这种疾病再次跨越地中海，在一些欧洲国家开始流行，并渡过大西洋到达几个南美国家。由于采取了包括隔离在内的积极应对措施，北美的霍乱疫情相对较轻。

1884 年，那不勒斯霍乱流行，同时爆发的暴力事件几乎使该市陷入瘫痪。年轻的瑞典医生兼作家阿克塞尔 · 穆特（Axel Munthe）向瑞典报纸发回了吸引眼球的报道，并在《圣米歇尔的故事》一书中描述了那不勒斯的疫情。[124]

1899 年，第六次大流行仍然在印度暴发，疫情十分可怕——1900 年印度所有死亡病例中有百分之十是死于霍乱，一直持续到 1923 年。大流行向东传播到东南亚、印度尼西亚、菲律宾和中国，向西最初传播到中东和俄罗斯。在停顿了几年后，霍乱弧菌进入巴尔干半岛和意大利。在俄国革命和第一次世界大战期间，这种病菌获得了新的繁殖地。而这一次，美洲大陆再次幸免于难。

第七次大流行始于 1961 年，与前几次大流行在好几个方面有所不同。[125] 首先，本次疫情的病因是霍乱弧菌的一种变体，它被命名为“艾尔托”，得名于埃及的一个小镇，在这里首次在一些前往麦加的穆斯林朝圣者中发现了这种霍乱变种病菌。其次，前六次疫情始于印度，而这次疫情始于印度尼西亚。第三，许多例子表明，病菌这次是通过

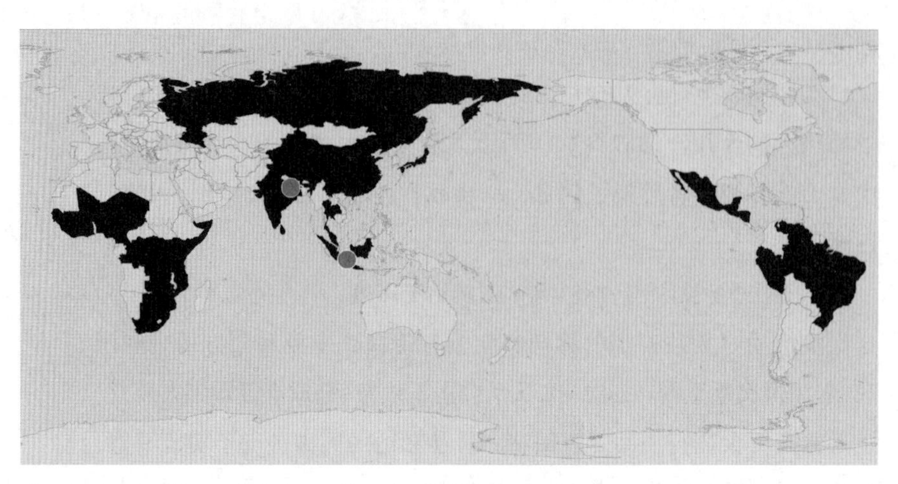

前六次大流行均始于孟加拉湾，而第七次大流行起源于印度尼西亚。黑色区域表明这场持续的大流行正在蔓延。审图号：GS（2016）1665 号

航空传播的，而之前的大流行都通过传统的陆路和海路传播。

在大流行的第一阶段，东亚的一些国家首当其冲，但这种疾病也向西传播到印度和中东，沿着“传统”的扩散道路进入苏联，从阿拉伯半岛进入东非。但随着乘客从亚洲乘飞机抵达，西非的一些国家也受到了严重打击。西班牙、葡萄牙和意大利紧随其后。

1991 年，在大流行开始三十年后，霍乱在拉丁美洲暴发，首先是在秘鲁，然后蔓延到其他几个国家。到年底，拉丁美洲共报告三十九万一千例霍乱病例，相当于全世界所有霍乱病例的三分之二。

最新的这场霍乱大流行与之前有所不同，相对而言，人们对霍乱，尤其是对霍乱的预防和治疗方面有了更多了解。[126] 我们现在知道，补充大量液体对肠道感染的恢复有显著效果。因此，霍乱的病死率现在要低得多，可能是仅为百分之二或百分之三，而早些时候霍乱的致死率高达百分之五十。即便如此，霍乱在印度以外的许多地方都已经建立了牢固的根据地，已成为所谓的地方病。只要生态和环境因素适合，

霍乱就会定期在世界各地暴发，或出现广泛的地方性流行。[127] 典型例子包括海地和也门，前者在 2010 年地震造成破坏后暴发了霍乱，也门则在连年战争后饱受霍乱困扰。

是瘴气还是人际传染？

当霍乱细菌在十九世纪初首次传入欧洲和北美时，当地的情况可以说“万事俱备，只欠毒来”。自中世纪早期以来，城镇地区的卫生条件就极为恶劣，进入工业革命之后变得更加糟糕。[128] 来自农村地区的产业工人大量涌入，造就了一望无际的贫民窟，生活在那里的穷人居住条件非常拥挤，获得清洁水源的机会有限，污水问题严重。粪便经常被排放到街上或露天沟渠和洞里，有时甚至被储存在地窖里。人类粪便污染水井的可能性很大。饮用水通常来自被人类垃圾严重污染的河流和其他水源。这些贫民区的个人卫生也非常糟糕。这些条件都为霍乱弧菌的高效传播创造了条件，而这与第二次霍乱大流行时期受到巨大冲击的西方国家的情况如出一辙。

虽然没有哪一个阶层能够独善其身，但在整个十九世纪，很明显受霍乱影响最严重的是社会下层。这部分是由于贫民窟地区的条件，部分是因为劳动人群经常接触各种类型的传染物。

如前所述，在十九世纪的大部分时间里，关于传染病和时疫的两个最重要的解释模型——瘴气理论和人际传染——之间的斗争非常激烈，甚至在十九世纪七十年代和八十年代科赫和巴斯德的划时代发现之后，这件事实得到认可实际上还需要一些时间。[129] 直到第五次大流行，细菌学革命的成果最终被普遍接受，霍乱的病因和传染方式才得到明确。

相较于其他传染病，围绕霍乱，披着各种伪装的瘴气理论，和认为其属于人际传染的观点之间的辩论尤为激烈。观点的分庭抗礼自然对扑灭霍乱的努力造成扰乱。早在十四世纪抗击瘟疫时，人们就已经使用了各种形式的隔离措施（试图在一段时间内将可能有传染性的人与其他人隔离），但这种防疫措施的使用频率逐渐降低。[130] 大多数国家都不再遵循传统的检疫规定。某些地方使用了强制隔离或送往霍乱医院的做法，以及设立所谓的防疫封锁线，利用军事守卫的边界来防止传染病人的流动。这些措施往往会在人群中引发激烈反弹，人们动辄就会怀疑这些措施是否有对抗霍乱的实际价值。实业界对检疫规定也有相当大的抵制，认为这些措施对贸易活动有害无益。在十九世纪的大部分时间里，许多医学界的代表也反对传染理论。这些都意味着，从第二次霍乱大流行开始，大多数国家在一定程度上放松了强制性防疫措施。

早在远古时代，垃圾、污水和腐烂废物的恶臭就强化了人们对瘴气在疾病中作用的信念。人们认为在这种情况下可能会出现致病性瘴气。这种思维方式对所谓的卫生运动无疑是重要的。在十九世纪后半叶，卫生运动倡导者积极地改善城市贫民区的污水、废物处理和个人卫生状况，并确保清洁的供水。[131] 这些始于英国但启发了许多其他国家的措施，到十九世纪末将会取得重大进展。尽管瘴气理论是其基础，但可以肯定的是，这项运动影响了霍乱和其他重要传染病（如结核病）的防治。传染理论在细菌学革命中产生影响之后，这些措施在很大程度上也存在正当性。

但是传染理论的重大突破面临诸多反对。1892 年第五次霍乱大流行期间汉堡出现的情况，就是一个很好的例子。[132] 汉堡当局曾将维持经济活动的必要性作为拒绝采取积极的卫生措施来抗击疫情的理由。而当霍乱来袭并造成数千人死亡时，这座城市显然准备不足。帝国政府派罗伯特 · 科赫亲自前往，授权他根据一切必要的全新细菌学原理抗击疫情。然而，科赫提出的一些措施遭到了市政府的消极对待。

德国政府根据科赫的建议试图通过一项关于瘟疫的国家法律，但这项提议最初被国会否决。拥有众多支持者且备受尊敬的医生马克斯·冯·佩滕科费尔固执抵抗科赫发现的霍乱病菌理论，但佩滕科费尔最终意识到斗争失败并自杀。

战争、阶级斗争和革命

从最早的时候起，战争和瘟疫就联系在一起。这也适用于霍乱。在十九世纪的大部分时间里，霍乱往往与战争和军队调动有关。

十九世纪的另一个特点是社会和政治动荡频繁，特别是工业革命加剧了激烈的阶级冲突。[133]一方面，形成了一个有影响力、有自我意识的资产阶级，另一方面，形成了一个庞大而贫穷的下层阶级。阶级之间明显的政治紧张关系在政治动荡和革命中一次又一次地表现出来，而霍乱往往会在这种政治危机中暴发。1830年“七月革命”之后，霍乱席卷了整个欧洲，1848年“二月革命”期间，可能是整个世纪欧洲霍乱最严重的年份之一。不是霍乱引发了革命，而是霍乱病菌在难民潮和镇压革命的部队中得到了有效传播。

霍乱还可能以更直接的方式引发政治动荡和骚乱。这一点在十九世纪三十年代欧洲第二次霍乱大流行开始时，就已体现得十分明显。许多政府随后在抗击疫情时实施了“传统”的强制措施，包括严格的检疫规定。这在许多地方非常不受欢迎，因为它干扰了许多人的工作和货物运输，可能导致价格上涨和粮食短缺。在巴黎，出于公共卫生考量，当局采用了垃圾集中清运的方式来对抗霍乱，所谓的“拾荒者”开始修路障，并实施纵火行为。这些人靠翻捡垃圾为生。这一幕不禁让年长的巴黎人回想起了1789年的法国大革命。

在圣彼得堡，当局开始粗暴地围捕所有可能传染霍乱的人以及其他不受欢迎的人，将他们关押在特殊的霍乱医务所，引发了社会动荡。其中一家医院遭到袭击，暴徒杀死了一名医生，并成功地“解放”了生者和死者。沙皇不得不召集军队平息骚乱。

在许多地方，医生特别容易受到民众的攻击，因为他们被视为当局的爪牙，对疫情采取了不受欢迎的措施。[134] 很多偏执想法也导致了对医生的攻击。在法国，人们普遍认为，上层社会曾指示医生在饮用水中下毒，以消灭穷人。这种观点源于这样一个事实：较贫穷的社会下层比资产阶级和上层阶级更容易传染霍乱。

在英国，许多人认为医生只是为了获取患者的尸体，以在教授医学生时供解剖之用。此前，有两名臭名昭著的连环杀人犯威廉·伯克（William Burke）和威廉·黑尔（William Hare）因将尸体卖给爱丁堡大学医学院而夺走了约十六人的生命。

与霍乱有关的社会阶层之间明显的两极分化，还体现在资产阶级对这种疾病的态度上。十九世纪，欧洲资产阶级普遍笃信谦逊克制，否定身体机能。几乎没有什么疾病能像霍乱那样与主流价值观格格不入。感染霍乱的病人到死都完全清醒，最后几个小时都在清醒的状态下饱受剧烈腹泻的煎熬。人们提到霍乱时，用“狗命一条”来形容，而不是当时文学艺术界渲染的让人们着迷的“死亡之美”。由于霍乱对穷人的影响非常之大，中产阶级认为这种高度缺乏美感的疾病一定源于肮脏和不道德的生活方式。穷人显然只能怪自己。这种疫情起源于印度的说法也促使英国人以类似的方式抹黑当地人。在印度，当地人受到的打击尤为严重。

十九世纪，欧洲主要大国正在加速发展帝国主义。霍乱对欧洲构成巨大威胁，殖民宗主国全力控制殖民地国家以及一些主权国家的疫情，试图将霍乱堵在欧洲之外。[135] 大规模的穆斯林和印度教朝圣活动对霍乱在几次疫情中的传播尤为重要。在第五次和第六次疫情期间，几个大国，如英国控制下的印度和波斯（现在的伊朗）试图对朝圣者实施严格的隔离措施。英国还在阿拉伯半岛南端建立了一个隔离站，监控前往麦加的朝圣者往来。这些措施都在受影响的人中引起了相当大的不满，认为欧洲人傲慢地侵犯了他们的权利。

霍乱病菌在自然界的变化莫测

事实证明，霍乱弧菌的秘密比罗伯特·科赫及其后来者知道的要多得多。这种细菌在自然界中高度复杂的生存方式和行为远未被完全理解。

霍乱弧菌导致危及生命的腹泻，主要是因为它能够在人体肠道内活跃繁殖，并产生一种影响黏膜的特殊毒素，使其无法像正常情况那样从肠道吸收水分，因而导致了严重水样腹泻。[136]

关于霍乱病菌感染方式的普遍理解是，它的行为就像许多其他微生物一样，通过所谓的粪口传染，即摄入被含菌粪便污染的食物和水而在人际传播。这一点至今仍然被接受，但在最近几十年里，我们逐渐意识到，这显然不是全部真相。据了解，霍乱弧菌（被认为只影响人类）实际上是一种水生细菌，如果条件合适，可以在盐水和淡水中愉快地生活。

在水中，霍乱病菌可以自由游动，但这种生存方式显然异常危险。于是，这种细菌通过与水中的生物，特别是作为海洋浮游生物的微小甲壳类动物，以及藻类、虫卵、大型甲壳类动物和鱼类结盟，使自己适应了更受保护的生活。[137] 在这些保护性环境中，霍乱病菌的存活概率大大提高，除此之外，它还可以通过浮游生物流、昆虫甚至鸟类，在各种距离内自由移动。

在水中发现的所有霍乱弧菌都是危险的、致病的吗？答案是否定的。这种细菌有两百多个变种，其中只有三种能引起霍乱，只有这些变种才具备产生霍乱毒素和其他毒力因子的必要基因，使细菌能够在人体肠道引起感染。然而令人不安的是，霍乱弧菌和其他许多细菌一样，有许多改变其基因构成的可能性，做法很简单，就是从周围环境中提取新的基因。[138] 例如，特殊的脱氧核糖核酸分子（质粒）可以将新基因运输到细菌中，作为现有基因的补充。这也可以通过一种无害的霍乱弧菌转化为危及生命的瘟疫所需基因来实现。如果这样做的条件恰好具备，那么水生的无害细菌就成为可以“咬人”的致病性霍乱弧菌。

关于水生霍乱弧菌存在的重要新知识，首先是通过检查孟加拉湾的水体获得的，而这里正是霍乱弧菌的诞生地，也是前六次大流行的疫源地。霍乱的流行无疑已经在那里持续了几个世纪。是什么打开了潘多拉的魔盒？或者说，来自孟加拉湾的致病细菌是如何上岸并引发疫情的？最近的研究表明，与气候变化相关的生态条件可能起着关键作用。

稍微简化一下，可以这样认为：气候与霍乱流行之间的联系似乎是，当气候变化提高水温，改善浮游生物和其他水生生物的营养条件时，浮游生物及其“偷渡者”霍乱弧菌的生长显著增加。[139] 不仅如此，同样的气候变化加快了霍乱弧菌改变其基因的趋势，这可能导致水中致病性霍乱弧菌的数量增加，进而引发霍乱疫情。

人类针对霍乱弧菌有一个重要的自我保护机制：酸性胃液可以杀死大量吞入腹中的霍乱弧菌。据估计正常情况下，至少需要吞食一亿个细菌才能引起传染。如果气候变化导致水中致病菌大量增加，那么当饮用水源受到污染时，这一限度就会突破。这可能是霍乱流行的开始，尤其在处理人类排泄物的卫生条件差、获得清洁饮用水的机会有限的情况下，这意味着人际的传染即将开始。

对于这些潜在的霍乱机制来说，在霍乱的核心地区，即今天的孟加拉国，条件一直是最佳的。在第七次大流行期间，事实证明霍乱弧菌也存在于世界许多地区，包括北美和南美、非洲和亚洲的沿海水域。对于这些地区的水源作为霍乱弧菌疫源地的重要性仍然存在分歧，一些人仍然认为，只有当新的传染携带者从霍乱仍在发生的其他国家进入时，才会引发疫情。然而事实是，在重大霍乱疫情发生之前，气候变化，包括厄尔尼诺现象，往往会导致水温升高和降水量增加，为水中致病性霍乱弧菌的激增铺平道路。[140]

地震、火山爆发、海啸和洪水等自然灾害也可能引发霍乱流行。在这种情况下，最重要的因素可能是卫生条件的严重破坏，大大增加了霍乱以通常的方式通过粪口传染的风险。[141]

关于霍乱弧菌在自然界中的复杂生命形态，以及为这种不可预测的微生物引起的疫情大开绿灯的因素，至今仍有许多未解之谜。一些研究人员认为，或许可以使用卫星监测浮游生物和藻类等高科技方法系统检查霍乱易发区的水质状况，为人类提供霍乱暴发的预警。[142]

拜现代卫生条件所赐，西方社会不再面临重大瘟疫的威胁，但显然霍乱并没有被彻底消灭。事实上，每年有三百万至五百万人感染霍乱，导致十万人死亡。如果考虑到可以通过非常简单的方法，如为病情较轻者提供口服液，或对病情较严重的病例实施静脉注射，并辅以抗生素便可轻松救治，上述情况显然是完全不可接受的。

全球变暖将导致海水温度升高，也让人们有理由担心霍乱弧菌通过浮游生物流传播到更北部的水域，甚至抵达斯堪的纳维亚海岸。

麻疹：不仅是无害的儿童疾病

在二十世纪六十年代末开始普遍接种疫苗之前，几乎每个人都在儿童时期感染过麻疹。因此，这种传染病是儿童疾病的典型例子。麻疹病毒的传染也说明了人与微生物相互作用的许多耐人寻味的方面。

麻疹是什么时候出现在人类传染史上的？其实，这种病毒是导致“群体感染”微生物的典型例子。致病微生物，通常是病毒，会导致急性感染，患者要么终身免疫完全恢复，要么死亡，因此，如果想要在人群中保持“流动”，致病微生物就完全依赖于不断传染新个体。也就是说，这种传染病只能出现在相当规模的人群中。

这意味着在人类选择定居并从事农耕，即大型社会出现之前，麻疹病毒不可能在智人中作为一种病因出现。大约五千年前，在美索不达米亚，上述条件首次齐备，不久后，世界其他地区也相继出现满足病毒传播条件的社群结构。[144] 换句话说，麻疹病毒的存在时间不可能超过五千年：早期的人类祖先作为狩猎采集者不会罹患麻疹。

为什么麻疹是在第一次流行病学转型，即在人口足够多的社会出现之后出现的？可以从我们所说的比较病毒研究，即对各种动物物种中相关病毒的调查中获得可能的答案。麻疹病毒一定来自人类经常接触的一种大型动物。这种病毒应当具有种属关系，在不同的动物中，包括狗、牛、猪、山羊和海豹体内存在不同的代表。其中一些病毒与人类病毒非常相似，因此它们可能有一个共同的祖先，随后向不同的方向发展。动物界中与麻疹病毒最相似的病毒是会导致牛急性感染的“牛瘟病毒”。[145] 这种共同的祖先很可能在牛身上引起了传染病，在多次尝试失败后，设法跳到人类身上并适应新的宿主。今天的麻疹病毒在自然条件下只会导致人类，而不是其他动物物种感染。

有理由相信，从古到今，麻疹病毒可能在一定程度上改变了自身的特征，也许以前的病毒比现在的更危险。

绝非无害

现在使用的“儿童疾病”一词，多表示大多数儿童在没有任何原因的情况下会经历的疾病，在很大程度上无害。在发达国家，大多数情况下，儿童疾病的病程与上述描述基本相符。

麻疹是一种传染性很强的疾病。该病毒在患者体内，包括呼吸道大量存在。当患者咳嗽、打喷嚏或说话时，病毒以飞沫或极小的空气颗粒（气溶胶）形式扩散到周围环境中，被其他人吸入就会发生传染。大多数暴露在外的人都会生病。空中传播可以在相当远的距离内发生。[146]感染后十至十四天内，患者发烧，并出现呼吸道感染和咳嗽的迹象。几天后，皮疹出现，红点逐渐融合。皮疹始于面部，蔓延至身体其他部位，持续约五天。出疹时发烧加剧。整个病程持续七到十天。

即使病症本身并不严重，麻疹患者仍可能会在几天内受到极大影响。然而，麻疹还容易导致病情恶化，最常见的是呼吸道细菌感染，如肺炎，以及中耳炎。一种罕见但严重的并发症是患者处于恢复期时的急性脑炎。这些患者中有相当一部分因此落下神经系统慢性损伤。此外，在急性感染多年后大脑可能会出现慢性炎症，并且往往会引发致命性后果——尽管这种情况极为罕见。[147]在西方世界，健康人群中五岁以下的儿童和二十岁以上的成年人容易出现最严重的麻疹病例。

患者在皮疹发生前两到三天，以及皮疹发生后四天内都可能传染他人。麻疹通常会导致终身免疫。如果一个人感染麻疹，病毒几乎会侵入身体的所有部位，也会侵入免疫系统的细胞。[148]这就是为什么麻疹患者在感染期和感染后对其他微生物的免疫能力减弱，这可能会导致其他传染并发症，最常见的是细菌感染。十九世纪末，结核病非常普遍，医生们都知道，如果患者也感染麻疹，病情可能会恶化。患麻疹期间梅毒症状也可能加重。

上述病程适用于感染前身体健康的患者。如果患者患病或正在接受导致免疫系统减弱的治疗，麻疹可能会严重得多。患有癌症的儿童和成人以及艾滋病患者正是如此，相关群体的感染死亡率可能在百分之四十至百分之七十之间。这类患者并不经常出现皮疹。孕妇也有罹患麻疹后症状更严重的倾向，可能是因为怀孕期间免疫系统稍微减弱的缘故。

关于麻疹对免疫系统的抑制作用，一个有趣的现象便是医生观察到，肾病综合征患者如果感染麻疹，则表现出明显的改善。我们今天知道，肾病综合征是由于免疫系统对肾脏的攻击所致。直到二十世纪中叶，针对患有这种综合征的治疗，实际上是让其故意传染麻疹。[149]今天则使用药物来降低免疫反应。

在世界贫穷地区，麻疹仍然非常普遍，经常可以在儿童中发现更严重的病例。[150]一个可能的解释是营养不良导致免疫系统变弱。在这些情况下，皮疹通常很严重，伴有皮肤出血，这有时被称为“黑麻疹”。剧烈腹泻很常见，会产生致命后果。

总而言之，很明显麻疹不像某些疫苗反对者所说的那样，只是一种几乎没有理由接种疫苗的无害儿童疾病。如果我们回顾历史，就会发现麻疹疫情往往会带来悲惨的后果。

罗马人有麻疹吗？

我们相信麻疹病毒已有几千年的历史。然而，现在无法确定第一次麻疹流行暴发的准确时间。[151]希波克拉底虽然描述过多种疾病，却对麻疹爱莫能助，在他的著作中找不到关于类似麻疹的描述。一个重要的问题是，几个世纪以来，医生们一直无法清楚地将麻疹与其他会引起皮疹的疾病，如天花加以区分。此前提到的波斯医生拉齐兹，率先证明了麻疹作为独立病症的属性，他在公元十世纪初非常透彻地描述了这种传染病。[152]然而，拉齐兹本人如实交代，认为三百年前的犹太医生，“一位犹太人”曾对这种疾病有过描述，可惜没有留下书面记载。

麻疹早在古罗马时期就进入欧洲了吗？历史学者威廉 · 麦克尼尔相信这一点，并认为公元二世纪，即盖伦生活时代暴发的安东尼瘟疫很可能就是麻疹。[153]在本书作者看来，麦克尼尔的论点不具有说服力，但的确可以认为麻疹在六、七世纪已传播到欧洲，因为上面提到的那位犹太人医生似乎是在这一时期描述了这种疾病。

然而拉齐兹的著作不为人知，在整个中世纪，直到十七世纪，许多医生仍然无法区分麻疹和天花。在此期间，在欧洲，麻疹无疑被视为一种儿童疾病。由于贫困人口普遍营养不良，这种情况可能比当今西方社会面临的状况更严重。[154]

麻疹病毒导致的历史悲剧

麻疹病毒导致的巨大悲剧出现在历史大发现，尤其是欧洲人入侵新世界时代，在西班牙征服者将麻疹从欧洲带来之前，美洲大陆并不存在麻疹。在中美洲和秘鲁的第一次天花大流行几乎打趴了当地土著后，麻疹接踵而至，而在美洲，这种病毒可不仅仅会引起无害的儿童疾病。当地人对病毒没有免疫力，所有年龄段的人都受到影响，死亡率很高，很可能受到了营养不良的推波助澜。1531 年，古巴三分之二的本地人口死于麻疹，这一年，麻疹也是墨西哥许多人的死因。两年后，令人难以置信的是，洪都拉斯有一半人口死于麻疹。毫无疑问，在欧洲人从旧世界带来传染病后，疾病极大地削弱了土著社会。[155] 欧洲殖民者和土著人中都有几次麻疹流行，后者的死亡率往往更高。有证据表明，往往整个原住民部落都被这种疾病赶尽杀绝。[156]

麻疹病毒被引入与世隔绝的社会后，曾在美洲大陆发生的戏剧性后果多次重演。经常被提及的例子发生在 1875 年的斐济群岛。当时这里刚刚被英国吞并，在澳大利亚悉尼举行了接管会议，斐济最高酋长获邀参加。在乘英国军舰回家的途中，酋长的随从中有几个人感染了麻疹。一回到家，人们就计划举行盛大的庆祝活动，邀请来自许多岛屿的酋长及其随从参加。麻疹因此肆虐，十三万五千名斐济居民中约有三万六千人死于麻疹。在长达几个月的时间里，这些岛屿完全瘫痪。许多当地人认为这场灾难一定是复仇的天神所为。[157]

针对麻疹在没有免疫力的孤立人群中的流行过程，最著名同时研究最为深入的例子，可能是1846年的法罗群岛。中世纪时，这些岛屿属于挪威，后来成为丹麦–挪威联合王国的一部分，1814年联合王国解体后归属丹麦。这些岛屿几乎与世隔绝，基本上没有船只进驻。1846年，一位丹麦木匠从哥本哈根航行到法罗群岛上的托尔斯港。他出发前已经感染了麻疹，此行引发了一场疫情，法罗群岛上七千八百六十四人中有六千一百人感染麻疹，最终一百零二人死亡。[158]

多亏了时年二十六岁的丹麦医生彼得·潘努姆（Peter Panum）的努力，这次疫情极大地促进了我们对麻疹的了解。被丹麦当局派去控制疫情的潘努姆敏锐地观察到一系列有可能确定这一疾病的重要事实：传染是人际传播的，通过呼吸道发生，从被传染到发病需要十到十四天，患者在皮疹爆发前后近一周时间内具备传染力，感染后终身免疫。潘努姆之所以能够推断出最后一个事实，是因为该疫情没有影响六十五岁以上的任何人，而六十五年前该岛曾出现过麻疹疫情。潘努姆后来发表的经验奠定了麻疹传染的核心特征，并为进一步研究该病毒奠定了基础。[159]

虽然历史上麻疹在战时没有像伤寒和鼠疫那样兴风作浪，但这种传染病也对重要的军事行动产生了影响。招募的新兵部分来自从没有接触过病毒的偏远地区，因此在他们驻扎的军营中暴发传染疫情几乎是不可避免的。这一幕就出现在美国内战期间。在这场战争中死亡的六十六万人中，不少于三分之二死于传染病；在感染麻疹的六万七千人中，共有四千人死亡。经验丰富的将军往往会避免在新兵“成熟”之前，也就是说从麻疹中幸存前就把他们派上战场。

消灭麻疹——不切实际的梦想？

在西方国家，在过去的六十年间，凭借麻疹疫苗的普遍接种，这一传染病几乎已经根除。到目前为止，发展中国家还不具备在全国范围内进行疫苗接种的经济能力，麻疹在这些国家仍然是相当大的问题。全世界每年有十二万人死于麻疹，其中绝大多数是发展中国家的儿童。鉴于疫苗的存在，上述悲剧在今天本不应该发生。

自从全面疫苗接种的效果变得明显以来，人们希望麻疹病毒能够像天花病毒一样在全球根除。[160] 对于几个世纪以来一直与天花病毒混淆的致病微生物来说，这个结果可谓最好的归宿。

然而如今来看，根除麻疹的希望要渺茫得多。我们现在发现，麻疹不仅仍在发展中国家肆虐，这种传染病在这些国家只是许多未得到控制的传染病之一，即便在西方世界似乎也在死灰复燃。自 2016 年以来，欧洲的麻疹感染率出现了令人不安的增长，造成了多人死亡。这些死亡发生在因为疫苗过敏而未接种疫苗的人群中，原因可能有很多。如果这种趋势无法扭转，麻疹可能再次成为西方国家的重要问题。

黄热病：几百年来的致命威胁

黄热病理应在对人类历史和健康产生重大影响的瘟疫中占有一席之地。在欧洲，这种疾病从来都不是什么重要问题，因此在人们的意识中，从来没有像鼠疫和霍乱那样占据重要地位。之所以如此，原因在于这种疾病传染人类的特殊方式。在追溯黄热病的历史路径之前，首先需要了解这一点。

丛林和城镇

黄热病是由病毒引起的，这种病毒经由携带黄热病的各种蚊子的叮咬传播给人类。[161] 在被叮咬几天后，患者出现高温并有流感样症状，之后似乎有所改善，体温下降。一些患者随后会好转。另一些患重病的人，在几天后感到越来越不舒服，高烧、头痛、肌肉痛和胃痛。恶心和呕吐很常见。患者的皮肤和眼睛随后变黄，这是因为患者肝脏正在受到攻击，胆红素在血液中积聚。然后皮肤和内脏都会出血，患者经常会吐血。肾脏和心脏在严重情况下会受到攻击。患者经常会丧失意识，伴发痉挛。死亡通常出现在发病第二周。如果患者存活下来，可能会出现肺炎等细菌并发症。在这些严重的黄热病病例中，死亡率可能高达百分之五十。[162] 某些感染黄热病的病例没有任何症状。幼儿受到的黄热病毒攻击通常比成年人轻。

在患者发病的最初几天，病毒大量存在于患者血液之中。如果蚊子叮咬病人，它会吸入血液中的病毒。然后病毒在蚊子体内繁殖，它已通过进化而适应了蚊子。几周后，蚊子便成为这种疾病的传播者。如果它随后叮咬健康人，黄热病病毒可通过蚊子的唾液传播给该人。受感染的蚊子将能够在余生中不断传染人类。此外，黄热病病毒可以通过卵传播给下一代蚊子。[163]

有许多种类的蚊子可以通过这种方式传播黄热病病毒。然而，埃及伊蚊是一种对人类适应性极强的物种。这种蚊子喜欢接近人类，依靠水池、容器和水箱中的水进行繁殖。[164] 埃及伊蚊非常恋家，很少飞到几百米以外的地方。这意味着黄热病如果要有效传播，必须在人口密集的城市环境中才能进行。此病的一种形式叫作城市型黄热病，它引发了大小城市的黄热病流行，埃及伊蚊在其中起着决定性作用。长期以来，人们认为这是黄热病的唯一形式，只有这种特殊的蚊子传播黄热病。此外，人们还以为这种传染病只影响人类。

直到二十世纪三十年代，人们才发现生活在野外的各种猿类都会感染黄热病病毒。[165] 在这种情况下，病毒也是由蚊子传播的，但与传播人类黄热病的蚊子不是一个品种。在热带非洲和南美洲的丛林中都能找到这些蚊子和被它们吸血的猿类，尽管它们在这两个大陆上不是完全相同的物种。在非洲，猿类总体上不会因感染此病毒而患病，而在新大陆，猿类则经常死亡。因此，在丛林中频繁发现死猿表明，它们中间正在流行黄热病。

如果有机会，专门叮咬猿类的蚊子也可以叮咬人类，尽管这并非首选。因此，丛林中的人们，尤其是森林工人会出现孤立的黄热病病例。这种形式的黄热病被称为丛林型黄热病，以区别于城市黄热病。涉疫的蚊子及被感染的猿类通常都生活在树上。如果丛林中发生大规模砍伐树木的事件，附近的人遭遇蚊子叮咬的风险就会增加。森林的砍伐也增加了水池的数量，这些水池为传染黄热病的虫卵提供了繁殖地。在此问题上，我们再次看到人类活动因改变生态条件而引发传染病的例子。

在世界范围内，只要有人居住的地方就可以找到埃及伊蚊，这种生物表现出了非凡的能力，将其领土从非洲扩展到美洲，而美洲最初并没有发现黄热病。[166] 这种蚊子出现在城市社区并不一定意味着黄热病的流行是不可避免的，因为病毒首先必须被引入人群。但这种情况往往岌岌可危。如果一个或多个早期黄热病患者进城，就有可能引发毁灭性疫情。丛型林黄热病和城市暴发疫情之间有这样的联系：丛林型黄热病会导致患者在城市社群中引发疫情。从丛林到城镇的丛林型黄热病传播，在非洲和美洲反复发生。

奴隶与蚊虫

黄热病的历史令人着迷。在这一领域的大部分知识要归功于现代分子生物学，而之前我们主要是基于历史材料进行研究，当书写传染史的时候，当然可能会有误导。

直到最近，历史学者对黄热病的地理起源还存在分歧。[167] 一些人声称病毒来自非洲，其他人则认为起源于美洲大陆。今天，非洲起源的支持者赢得了胜利。

历史资料清楚记载，1647 年至 1648 年，第一波黄热病疫情袭击了西印度群岛的巴巴多斯和墨西哥的尤卡坦。[168] 在玛雅手稿中，这种疾病被称为“重度呕吐症”，这是最严重的黄热病的典型形式，患者会咳血。可能早在 1495 年，即哥伦布抵达海地三年后，海地就出现了黄热病疫情，但对此仍不太确定。

1778 年，在塞内加尔的英国士兵遭受了非洲第一次有详细记录的疫情。在此之前，黄热病在非洲肆虐了几个世纪，但这些病例可能已被“淹没”在包括疟疾在内的其他疾病中。因此，黄热病在非洲并没有很早被“发现”。接触该疾病地区的非洲人口可能也对该病毒建立了相当大的免疫力，儿童感染该病毒只会产生轻微的症状。与南美洲的猿类不同，非洲猿类不会因病毒而患病，这也表明它们对病毒有很长的适应期。在非洲，主要是白人商人、海员和探险家受到严重黄热病的袭击，因为他们在出生后还没有通过接触病毒获得免疫。[169]

病毒起源于非洲的最后证据来自最近的分子生物学研究，这些研究将东非和西非患者的病毒类型与美洲大陆的病毒类型进行了比较。[170] 结论是，这种病毒可能在一千五百年前起源于东非。来自新大陆的病毒与来自西非的病毒的相似性远远大于来自东非的病毒。这些发现表明，西非病毒在三百至四百年前传入美洲，当时大规模奴隶贸易开始，成千上万的奴隶从西非被运送到美洲。这种病毒很有可能是与埃及伊蚊一起传播的。埃及伊蚊及其感染病毒的卵在横渡大西洋的航行中可以存活数月。[171] 这种蚊子很快适应了新大陆的环境，在那里继续在人类附近生存，并引起疫情。在美洲，病毒发现了许多新的受害者，包括对病毒没有免疫力的土著和欧洲人，他们很容易成为猎物。这导致疫情反复流行，死亡率高得惊人。

但从非洲输入的这一新病毒，其袭击对象不仅是美洲大陆的人类。病毒还传播到各种美洲猿类身上。[172] 当地几种蚊子协力传播黄热病病毒,控制了猿类中的传染病传播,非洲丛林就是这样。就像在非洲一样，当被攻击猿类的蚊子叮咬时，人类也会发生零星感染：美洲也出现了本土的丛林型黄热病。当这些受害者接触到埃及伊蚊已经扎根的城市社区时，那里的环境就成了造成毁灭性疫情的理想条件。

黄热病最初在西印度群岛站稳脚跟，但它迅速蔓延到美洲大陆。疫情肆虐南美洲和中美洲的城市，然后是北美，在那里，病毒实际上传播到了加拿大的魁北克。欧洲也没有逃脱。在十八世纪和十九世纪，里斯本、波尔图和巴塞罗那等城市遭到袭击，病毒甚至一度到达马德里。法国和英国的一些城镇也受到了小规模疫情影响。这些欧洲疫情的起因通常是来自西印度群岛的商船。[173]

奴隶起义与拿破仑的帝国梦

几个世纪以来，西印度群岛一直是英国、法国、西班牙和后来的北美在各种结盟中交战的舞台。这意味着没有黄热病免疫力的新兵持续不断投入战场，导致黄热病在士兵中反复暴发，死亡率很高。这一事实经常影响军事行动的展开。

在海地，人们感受到了重大的政治后果，当时被称为“圣多明戈岛”的海地，一半居民都是法国人。法国大革命期间，糖厂黑奴反抗法国奴隶主，岛上出现了混乱。1793 年，英国人抓住机会入侵该岛。事发于热月政变的前一年，在海地的英国士兵的死亡率高于法国贵族。超过一半的士兵死于黄热病，英国军队最终被迫撤离。[174]

1801 年，拿破仑战争过程中出现了一段短暂的和平时期，拿破仑决定从叛军手中夺回海地——叛军在这里建立了一个独立的共和国。[175] 海地对法国具有重要的经济意义，提供了当时世界上一半以上的糖产量。也有理由相信拿破仑正策划在北美发动一场重大军事行动，毕竟法国已经在那里拥有路易斯安那。拿破仑派遣了一支由妹

在1804年弗朗索瓦·金森绘制的一幅油画中，拿破仑的妹夫查尔斯·勒克莱尔将军于1801年被派往海地镇压前奴隶杜桑·卢维杜尔领导的叛乱。在初步取得成功后，法国军队受到黄热病的严重打击，死亡率很高。勒克莱尔本人也于1802年死于黄热病。一段时间后，法国军队不得不从获得独立的海地撤军。

杜桑·卢维杜尔，这位充满魅力、精明能干的前奴隶，在法国大革命期间领导了海地的奴隶起义，对抗由查尔斯·勒克莱尔将军领导的法军。1803年，他死于法国的监狱。参见巴洛1805年的木版画。

夫查尔斯·勒克莱尔（Charles Leclerc）将军率领的入侵部队，勒克莱尔娶了拿破仑四姐妹中最漂亮的一个，轻浮的波利娜（Pauline）。叛军的领导人则是一名获得解放的奴隶，极具魅力的杜桑·卢维杜尔（Toussaint L'Ouverture）。最初法国人高歌猛进，但随后黄热病不期而至。在相对较短的时间内，入侵法军的三万五千名士兵中有两万五千人死亡，大部分死于黄热病。勒克莱尔将军也未能幸免。杜桑被俘后被送往法国，死于结核病。这位前奴隶死后获得了某种英雄地位，与公元前73—前71年罗马帝国大奴隶起义的传奇领袖相提并论，被称为“黑斯巴达克斯”。遭受重创的法国军队不得不撤退。海地成为美洲第二个从欧洲宗主国手中挣脱出来的共和国，也是唯一以奴隶起义成功为基础的国家。

拿破仑在海地的失败使他放弃了将帝国扩张到大西洋彼岸的梦想，并于1803年将路易斯安那卖给了美国。黄热病无疑间接导致拿破仑改变了最初的作战计划。[176]

波利娜并没有为她死去的丈夫勒克莱尔将军守丧多久。几个月后，她便改嫁给了富有的意大利王子卡米略·博尔盖塞（Camillo Borghese）。安东尼奥·卡诺瓦在罗马博尔盖塞美术馆为她雕刻了大理石雕像“胜利女神维纳斯”，供后世的我们观看。

海地的戏剧性事件也对年轻的美利坚合众国产生了影响。[177]由于英国入侵后的叛乱和战争，许多法国殖民者于1793年从海地仓皇逃往费城等沿海城市。黄热病病毒伴随着他们的脚步不期而至，在这座拥有五万一千人口的城市引爆了疫情，两万人逃离。剩下的人中死亡人数超过五千。

1668年至1870年间，黄热病在美国肆虐。仅在纽约就至少报告二十五起疫情。1853年，黄热病袭击新奥尔良，造成九千人死亡。1878年，该病毒袭击了密西西比河谷，造成十万病例，其中两万人死亡。受灾最严重的是商业中心城市孟菲斯。随着市议会成员的逃离，

1793 年，费城暴发了黄热病疫情，由躲避海地奴隶起义的法国难民引起。参见小詹姆斯 · D. 麦凯布 1871 年出版的《巨大财富是如何产生的》书中版画，《吉拉德的英雄主义》。

该市的行政机构几乎完全崩溃，三分之一的警察逃离。值得一提的是，这里的医生忠于职守，堪称捍卫职业道德操守的典范。孟菲斯的一百一十一名医生没有一人落荒而逃，他们中超过六成死于该病。

黄热病密码遭破解，但代价不菲

在美洲大陆，黄热病可谓十九世纪最严重的疫情，但即使在欧洲，人们也担心它对美洲和非洲的贸易和军事行动构成威胁。

与霍乱一样，黄热病也成为这一时期讨论疫情起因的核心问题。[178] 瘴气理论得到了强有力的支持，这导致许多城市当局在抗击黄热病的过程中努力改善卫生条件。但也有许多人相信，一定存在某种形式的传染病，因为无数事例表明，黄热病往往是在来自疫区的人抵达后在城市暴发的。1793 年从海地到费城的难民就是明证。因此，无论是航运还是陆运，仍在使用各种检疫措施。用来称呼黄热病的俚语“黄杰克”（Yellow Jack），正是来自表示隔离的黄旗。北美和欧洲港口对来自西印度群岛的船只实施了检疫，而这些措施在西印度群岛要宽松得多。[179]

在黄热病反复流行了几个世纪之后，某些医生的敏锐观察将一种蚊子确定为该疾病的传播者。1881 年,在田纳西河谷疫情暴发三年后，古巴医生卡洛斯 · 芬莱（Carlos Finlay）首次提出了这一理论。他专注于埃及伊蚊，进行了一系列实验证明蚊子在黄热病中的作用，但实验结果并不令人信服。[180]

1898 年，美国与西班牙交战，主战场位于古巴，当时古巴是西班牙的属地。驻扎在古巴的美国士兵中暴发严重的黄热病后，美国政府于 1900 年派遣了一队研究人员前往首都哈瓦那，以解开该疾病的谜团。这个黄热病研究委员会由陆军医生沃尔特 · 里德（Walter Reed）领导，还有三位相当敬业的组员。他们受卡洛斯 · 芬莱的蚊子理论启发，试图通过实验证明他的正确性。这一理论也变得越来越热门，因为当时有证据表明，另一种微生物，即疟原虫，还有一些其他热带传染病，都是通过蚊子传播的。人们强烈怀疑蚊虫与人类传染病密切相关。

由于当时不知道人类以外的动物会感染这种疾病，黄热病委员会选择在人类身上进行实验。志愿者中便有里德的三名同事。这些甘当小白鼠的先驱首先让蚊子从黄热病患者身上吸取血液，然后任由其叮咬自己，结果杰西 · 拉泽尔感染了黄热病并死亡，詹姆斯 · 卡罗尔感染后活了下来。最初的实验并不明确，又由志愿者进行了控制良好的新实验。结果最终证明，黄热病是由蚊子叮咬传播的病原体引起的。研究还表明，这种病原体比细菌小，理由是它通过了阻止细菌通过的过滤器。但实验仍然没有直接证明病毒存在的可能性。直到 1930 年左右电子显微镜问世，这一点才得以证明。

拉泽尔在古巴的献身并不是黄热病研究人员的最后一次捐躯。二十世纪二十年代后半期，洛克菲勒基金会派往非洲的四名研究人员因试图证明病毒存在而死亡。

巴拿马运河和抗击黄热病

在古巴，黄热病委员会的成功很快促成了抗击该病原体的重要成果。里德和他的同事制定了一系列必要的措施，以对抗埃及伊蚊导致的传染。[181] 然而，里德于 1902 年英年早逝。接替他的是另一位陆军医生威廉·克劳福德·戈加斯（William Crawford Gorgas），他对哈瓦那潜在的蚊子滋生地采取了密集行动，排干沼泽，填塞池塘，喷洒消毒剂。所有黄热病患者都被隔离在自己的营房里，以防蚊虫叮咬。这些措施证明是成功的。在三个月的时间里，黄热病便从哈瓦那消失了。

然而，这只是戈加斯抗击黄热病的前奏。他的下一个成功将对国际航运和贸易产生历史性影响。当时，从大西洋到太平洋的海上航行，必须沿着南美洲南端好望角附近的高度危险路线进行。法国人费迪南·德·雷赛布（Ferdinand de Lesseps）因修建苏伊士运河而闻名天下，1869 年，运河开通时还举办了盛大的庆典。雷赛布希望在这一成功之后修建一条穿过巴拿马地峡的运河，从而连接大西洋和太平洋。[182] 为此，法国专门创立了一家企业，为这项“伟大事业”筹集资金。运河项目始于 1881 年，法国不仅投钱，也在这个计划中赌上了国家的声望。

然而事实证明，建设项目面临巨大的障碍。首先，资金捉襟见肘，更严重的是，在运河上劳作的欧洲工人面临着可怕的传染病。疟疾当然是一个问题，但最让人头疼的是肆虐的黄热病。修建运河的沼泽地区是蚊子聚集地，存在无数滋生地。黄热病患者的死亡人数迅速上升。

巴拿马的安孔公墓，靠近当年黄热病患者静待死亡的医院。W. R. 小纽博尔德拍摄于 1908 年。

几年里，每个月都有数百名工人死亡。1885 年，十七名新来的工程师中除一人外，在一个月内全部暴毙。有人试图隐瞒这些数字，以免阻碍招聘新的工程师和工人，并继续为这项耗资巨大的项目注入资金，但没有成功。1889 年，运河项目宣告破产。

但修建运河的想法仍然萦绕不去。1904 年，美国接手了运河的建设。项目医疗方面的负责人正是威廉 · 戈加斯，上文提到这位军医署长曾不负众望，非常有效地解决了古巴的黄热病问题。[183] 他希望在巴拿马采取类似的策略，通过排干沼泽、填塞池塘和喷洒消毒剂，以及隔离黄热病患者，全面打击传播疾病的蚊子。起初，地方当局反弹强烈，但戈加斯的意志占了上风，他在运河区与蚊子开战，最终取得了他在古巴取得的同样成功。巴拿马运河最后一例黄热病死亡病例记录于1906年。1913年运河开通时，运河区所有疾病的死亡率都低于美国。这一令人印象深刻的成就是应用研究成果解决严重医疗问题的成功例子。威廉·戈加斯也在第一次世界大战中结束了他作为美国陆军军医署长的辉煌职业生涯。

种族主义和黄热病

美洲黄热病流行的早期研究者和这个时代的大多数历史学者都认同，非洲裔，或者具有非洲血统的混血儿，对黄热病有天生的抵抗力。从表面上看，这种疾病在非洲人中的表现较为温和，死亡率也较低。根据我们对遗传学的现代理解，这可以用以下事实来解释：在非洲，数百年甚至数千年与黄热病的接触导致基因变化，从而增强了对该病毒的抵抗力。这是一种对黄热病极其精确的进化适应，类似于我们已经确定的疟疾适应。[184]“镰状细胞病”（SCD）这一遗传疾病在非洲某些地区出现并持续存在，正是因为这种基因能够预防疟疾。

威廉·戈加斯在巴拿马运河建设中成功防治黄热病后表示，热带地区对白人来说也是安全的。这句话可能没有种族主义意图，但戈加斯的言论以及其他人随后发表的类似言论都被攻击为种族主义。甚至非洲人对黄热病具有遗传性、先天性抵抗的概念也遭到了蔑视。[185]这些批评人士指出，非洲人在儿童时期更容易受传染，而儿童时期发病通常比较轻微，并具有持久的免疫力。这自然可以解释为什么相较于前往该地区的白人，黄热病多发区的非洲人中严重黄热病的病例少得多。对于美国黄热病地区的人口来说，这一论点不那么有说服力，那里的白人儿童几个世纪以来也一直暴露在蚊虫叮咬和传染病环境中。在这些地区，黄热病在白人中比在黑人中的传染情况更为猖獗。

非洲人对黄热病具有遗传抵抗理论的批评者也声称，长期以来，人们对非洲奴隶的健康状况几乎不感兴趣，严重的黄热病病例被忽视了。本书作者认为，这个论点也没有多大说服力，因为奴隶对他们的主人来说具有相当大的经济价值，即便人们更愿意否认白人对奴隶有什么同情。

有论者还提到非洲人口曾受严重影响的几次黄热病流行，特别是发生在非洲的黄热病流行。但这可能与“典型”黄热病地区以外的人群有关，换句话说，这些黄热病是从外部“输入”的。最后，某些批评者的论点还基于黄热病起源于美洲大陆的说法，因此非洲人根本无法产生遗传抵抗力。这一观点现在可以加以驳斥，因为一切都指向了该病毒的非洲起源。

综合考虑所有因素，本书作者不认为可以忽略某些非洲人口群体对黄热病有明显抵抗力的假设。对人类免疫防御黄热病病毒的基因研究，有可能对这个问题给出明确的答案。

黄热病仍在伺机而动

古巴和巴拿马防治黄热病运动的显著成果，为二十世纪在黄热病猖獗的美洲大陆一些大城市开展类似防治埃及伊蚊的运动提供了支持。[186] 这项运动也取得了巨大的成功。埃及伊蚊在二十世纪四五十年代从这些城市消失，从而标志着城市型黄热病的结束。在整个二十世纪，仅发生过几次较小规模的黄热病流行，其暴发可追溯至埃及伊蚊以外的蚊子传播的丛林型黄热病，现在意识到这些蚊子是一大问题。根除黄热病则是不可能的。

然而近年来，特别在中美洲的一些城市，埃及伊蚊卷土重来。[187] 造成这种情况的可能原因是，与戈加斯代表的英雄精神时代相比，现在的人们在抗击蚊子方面逐渐松懈了下来。不管怎样，这都是一个令人担忧的情况，因为这可能构成城市型黄热病新一轮流行的基础。

另一件令人担忧的事情是，亚洲大陆直到今天都没有暴发这种传染病，而没有人真正知道背后的原因。亚洲有许多种类的猿类可能会受到这种病毒的攻击，埃及伊蚊在许多亚洲国家都已安营扎寨。为什么黄热病没有像我们在非洲和美洲看到的那样，以丛林暴发和城市疫情等形式席卷亚洲？有许多理论试图加以解释。[188] 与美国和非洲的近亲相比，亚洲的埃及伊蚊变种传播病毒的效果可能稍差。亚洲还有许多其他致病性病毒有黄热病病毒亲缘关系。可以想象，在早期接触这些病毒后，对这些病毒的免疫力也可以保护人们免受黄热病病毒的传染，这使得黄热病病毒很难在亚洲站稳脚跟。但黄热病仍有可能在亚洲肆虐，其后果与我们在非洲和美洲看到的情况类似。

梅毒：来自新世界的礼物？

“妈妈，把太阳给我！”在亨里克·易卜生（Henrik Ibsen）于1881年创作的阴郁戏剧《群鬼》（*Ghosts*）最后一幕中，欧士华如是向母亲说。易卜生的这句话表明欧士华感染了梅毒，并患有可怕的脑炎，梅毒患者在最后阶段的命运往往就是这种情况。易卜生提到这种疾病，使这部戏在当时引起了相当大的骚动。尽管梅毒在十九世纪社会中很普遍，与我们这个时代的艾滋病大流行有许多相似之处，但在上流社会中，“梅毒”二字却讳莫如深。它的传染方式与艾滋病类似，病程为慢性，有许多人长时间无症状，其症状则有很大差异。感染了这两种疾病都被认为是极其可耻的，人们也对染病的恐惧非常强烈。

五百年来，梅毒在医学史上占有特殊地位。这不仅是由于前面提到的因素。社会名流，无论是国王、元首、政客、作家还是音乐大师，都可能患有梅毒。[189] 而这种病毒的起源也很神秘，几个世纪以来一直是激烈争论的主题。

来自易卜生戏剧《群鬼》的最后一幕。年轻的欧士华患有先天性梅毒，已经开始影响他的大脑，他向自己不幸的寡母阿尔文喊道："妈妈，把太阳给我！"

伟大的模仿者

梅毒的病因是感染了梅毒螺旋体病菌，传染途径则是性接触（某种形式的性交）。第二种重要的传染方式是在当今西方国家非常罕见的母婴传播，这也是在《群鬼》中欧士华的悲剧基础。在少数例外情况下，传染可能以其他方式发生。下面我们讨论在发生性传播感染且没有得到及时治疗的情况下，病程可能发展的三个阶段。

一期梅毒通常在感染后三周开始，病人可能感到微小或不剧烈的疼痛,通常发生在生殖器官或直肠周围,少数发生在口腔内。除此之外，患者自感健康无异。

二期梅毒通常在感染后六周出现，但最早可在感染后两周或九到十天出现。这种疾病的症状差别很大。在这个阶段，梅毒病菌繁殖迅速，并扩散到身体几乎所有部位。最常见的是广泛的皮疹，有各种各样的红斑，但身体的大部分部位都可能受到攻击，包括神经系统、眼睛、肾脏和关节。病人经常发高烧，感觉不舒服。这一阶段可能持续数周或数月。病征的多样性使梅毒被称为“伟大的模仿者”，因为它与许多其他疾病类似。早期的医生也常说“了解梅毒的人深谙医学之道”。

然后，患者进入漫长的三期梅毒。在最初几年里，感染是潜伏的，完全没有症状，但患者仍然可以传染其他人。数年后，三分之二的患者摆脱了这种病菌，没有进一步的发病迹象。剩下的病人可能会在首次感染后三十年内恶化为重症。

三期梅毒晚期的病征可能存在很大差异，但心血管疾病以及大脑和脊髓疾病最为常见。主动脉经常受到影响，这经常影响心脏，损害瓣膜。患者可能会中风，因为梅毒病菌会引起血管炎症。它还可以直接攻击脑组织，导致人格障碍、精神病、痴呆和瘫痪。其中一种形式的脑部疾病是“全身麻痹”，患者会产生奇异的壮丽幻觉，比如想象

一位哭泣的母亲抱着病重的孩子，孩子患有先天梅毒，身体畸形，遍布皮疹。蒙克在巴黎的一家医院里得到了这幅画的灵感。爱德华·蒙克，《遗产》，1897—1899 年。

自己是拿破仑或恺撒。如果这种细菌攻击脊髓，就会导致脊髓痨，以及无法忍受的疼痛和步态紊乱，有时甚至导致患者完全瘫痪。

我们对梅毒自然（未经治疗）病程的了解在很大程度上来自对大量患者多年的细致研究。在二十世纪初找到对这种疾病真正有效的治疗之前仍是如此。一项国际知名的重要研究，是在挪威进行的“奥斯陆研究”。[191] 挪威皮肤科医生凯撒·伯克很有根据地认为当时对于梅毒的汞疗法无效，事实上这种做法既没有效果，也没有损害。于是，博克选择跟踪 1890 年至 1910 年在奥斯陆报告的一千四百名未经治疗的一期和二期梅毒患者。针对这些患者的随访一直持续到 1948 年，为我们提供了关于梅毒病程的宝贵知识。

不幸的是，尽管当时已经出现了有效的治疗方法，类似的研究依然持续了很长一段时间。当然，这违反了医生的基本道德准则。稍后将讨论两个这样的研究。

可怕的疾病登场

现如今，我们能够高度肯定梅毒首次出现在欧洲舞台上的时间。[192] 十五世纪末，意大利仍在遭受战火的蹂躏，交战的双方是西班牙和法国，各自与意大利为数众多的城邦和王子结成了不断变化的联盟。1495 年，查理八世统治下的法国人从西班牙人手中征服了那不勒斯。胜利者携带了数量众多的军妓，在战争告一段落后开始了长时间的庆祝活动，后逐渐演变成纯粹的狂欢，那不勒斯部分人口也参与其中。几个月后，法国军队撤出了这座城市。不久之后，越来越多的法军士兵染上了一种急性重疾，症状相当可怕：溃疡从生殖器开始迅速蔓延到全身，之后伤口加深，开始吞噬组织，摧毁手指、脚趾、嘴唇、眼睛和生殖器。这种病非常痛苦，死亡率很高。患者通常在几个月后死亡。

法国军队不仅由法国人组成，还有来自德国、荷兰、瑞士、意大利和西班牙的雇佣兵。军队解散后，这些雇佣兵及军妓等随行人员带着新的可怕疾病返回祖国。梅毒迅速蔓延：在五六年的时间里，大多数欧洲国家都受到了影响。很快，梅毒也传播到了其他大陆，1498 年，

《梅毒病人》，德国艺术家阿尔布雷希特·丢勒（1471—1528）创作的首批木版画作品之一，表现了一个因为感染梅毒病情恶化导致皮肤溃烂的男人。从着装来看，他是一名雇佣兵——十六、十七世纪导致梅毒在欧洲传播的罪魁祸首之一。人物上方的黄道十二宫表现的是当时被用来解释新疾病的占星术理论。

葡萄牙探险家达伽马第一次航行后，梅毒被带到了印度。疫情蔓延到中国，不久后又蔓延到了日本。

梅毒很可能早在1495年就抵达丹麦。[193] 当时的一位编年史家写道，1495年夏天，一场“前所未有的大瘟疫”降临丹麦，夺走了成千上万丹麦人的生命。人们给它起了各种各样的名字，包括“雇佣军疾病”。它通常也被称为“痘疹”。在所有国家，人们都在拼命推诿，将梅毒归咎于其他国家和民族。法国人称之为“那不勒斯病”，而意大利人、荷兰人、英国人和挪威人则称之为“法国病”。波兰人称梅毒为“德国病”，而俄罗斯人则称梅毒为“波兰病”。在日本和东印度群岛，它的名字是“葡萄牙病”。在葡萄牙，有人用“西班牙病”来指代它。宗教也未能置身事外。在土耳其，梅毒被称为“基督教疾病”。

梅毒初次出现的时期，其病程比我们今天知道的要严重得多，从疫情第一年的一些报道中可以清楚地看出这一点。[194] 一些作家也受到了这种新疾病的攻击，并对致病的画面进行了戏剧性的描述。其中例子是1503年，哈布斯堡皇帝马克西米利安一世受过大学教育的年轻私人秘书约瑟夫·格吕贝克（Joseph Grünpeck）发表的一篇报道。七年前，也就是1496年，格吕贝克撰写了第一篇关于梅毒的报道。据格吕贝克说，他在一场酒池肉林的狂欢宴会上感染了病毒，“到场的不仅有酒神，还有爱神”。他以可怕的细节描述了自己遭受的痛苦，性器和身体其他部位出现了深深的创口。他进一步讲述与医生和骗子打交道过程中令人失望的经历，新疾病的出现吸引了大量试图从中渔利的江湖术士。格吕贝克没有死，而是活到了八十多岁。

许多医生撰写了关于梅毒的学术论文。最著名的是西班牙人加斯帕尔·托雷拉（Gaspar Torella），他是教皇亚历山大六世及其儿子切萨雷·波吉亚（Cesare Borgia）的私人医生。波吉亚家族在文艺复兴时期的意大利可谓臭名昭著，暗杀乱伦，无恶不作。1497年，托雷拉撰写的第一篇关于梅毒的论文便是写给切萨雷·波吉亚的，而这可

阿尔托贝罗·梅隆绘制于1515—1520年的切萨雷·波吉亚画像。此人是教皇亚历山大六世的儿子，一位强大而鲁莽的军事指挥官和政治家，早年感染梅毒，可能引发了严重的皮肤病，因此必须佩戴口罩。

谓恰如其分，这位教皇的私生子患有严重的梅毒，经常需要佩戴口罩来掩盖脸上的毒疮。即便在婚礼上，他也不得不化上浓妆以遮丑态。

在十六世纪的头几十年里，传染变得不那么剧烈，并逐渐形成了当今典型的慢性形式，死亡率降低很多。吉罗拉莫·弗拉卡斯特罗证实了这一点。他在1546年发表了著名论述《传染，传染疾病及其治疗》，其中还提到了梅毒。早在1530年，他就出版过长诗《梅毒，法国疾病》。这首诗在其标题中便直截了当谴责法国人，它不仅饱含诗意（有些人不无夸张地将弗拉卡斯特罗比作维吉尔），还对梅毒进行了全面而精确的描述，尽管没有提出任何与当代知识相关的新东西。这首诗作大获成功，在十六世纪便印刷了大约一百多个版本。

也正是弗拉卡斯特罗在诗中创造了"梅毒"（syphilis）这个词。他写了一个名叫西弗勒斯（Syphilus）的牧羊人的故事，此人因为冒犯太阳神，受到了以自己的名字命名的疾病惩罚。[195] 然而，尽管弗拉卡斯特罗名声大噪，这个词在十八世纪末之前并不流行。

性，星象还是神的惩罚？

很自然，可怕的梅毒流行导致一时之间出现了许多病因理论。[196] 许多人认为新的疾病与历史上早期包括鼠疫在内的大流行一样，是上帝对人类过失和罪恶生活方式的惩罚。我们在弗拉卡斯特罗对牧羊人西弗勒斯的描述中就可以发现这种信念。1495年，皇帝马克西米利安一世发布公告称，这种新疾病是对当时亵渎神明的惩罚。一些人，包括约瑟夫·格吕贝克，在相关著述中提出，行星的特殊排列与梅毒存在因果关系。这些理论也可以与这种疾病是神的报应的观点相结合。

然而，许多人从疫情的早期阶段就相信，梅毒是通过性行为在人际传播的传染病。[197] 没有人知道这种传染病到底是什么，但许多人认为它与某种毒物的传播有关，这种毒物会导致溃疡并在患者体内传播。我们还记得弗拉卡斯特罗对微粒状物质的迷人描述，这是一种可以传播包括梅毒在内的疾病的无形颗粒。

逐渐地，主导梅毒概念的传染病理论也产生了实际后果。在早期，性工作者被视为危险的疾病携带者，需要以各种方式加以控制。容纳卖淫活动的妓院和浴室经常遭关闭，或试图隔离梅毒患者，并设立了类似医院的特殊机构来“治疗”这种恶疾。

从维纳斯到墨丘利

正如格吕贝克很早发现的那样，梅毒还催生出了繁荣一时的医疗市场，从各种骗术到更为严肃的治疗，形式各异，林林总总。[198] 人们普遍认为，尽可能多地排汗和排“痰”（黏液）对患者有益。两种常用的治疗方法是食用生长在西印度群岛的番石榴树皮，或使用汞制剂对患者进行熏蒸。[199]

食用树皮的方法需要结合禁食一个多月，被认为相当残忍。同样残酷的还有各种形式的汞疗法。后者可以通过多种方式实现。患者经常在一种温度非常高的熏蒸箱中吸入汞蒸气，每天进行，通常为期一个月。后来治疗方法进化，出现了含汞软膏，并逐步推出了内服汞丸。许多患者服用后表现出汞中毒的迹象，严重者甚至会死亡。残酷的汞疗法后来经常出现。当时的人们用罗马诸神中的爱神维纳斯和墨丘利，来指代梅毒的成因及其治疗方法：“与维纳斯共度春宵一夜，与墨丘利共度悲惨一生。”

感染梅毒的德国贵族乌尔里希·冯·胡滕（Ulrich von Hutten）也写过一本书，讲述梅毒带来的痛苦，尤其是他多次接受的汞治疗。他死于三十五岁，死因可能是梅毒以及为此接受的治疗。

最终，人们不再使用食用树皮治疗梅毒，很可能是因为没有任何效果。[200] 对于一期和二期梅毒，使用汞治疗可能对缓解症状有一定效果，汞治疗术一直持续到十九世纪末。然而，许多患者经历的副作用甚至可能比疾病本身更严重。有梅毒患者宁愿自杀也不接受汞治疗。

十六世纪的木刻画展示了梅毒的致命后果。对于这种疾病的典型表现是，一名年轻女子望着年轻的爱人离开自己的床笫，而女人的身后则是她此前染病死去的情人尸骨。

但通过治疗梅毒发家致富的医生和骗子不在少数，必须承认，这两个群体之间有时并不那么泾渭分明。据说，一位著名的法国医生在一座大教堂参拜时，突然扑倒在查理八世的雕像前跪拜，被吓了一跳的朋友不解，“国王可不是圣人”。医生回答说：“也许不是，但我永远都感谢他，是他把让我发了横财的这种疾病引入法国。”可能是梅毒导致了治疗疾病药物的真正商业化销售。德国奥格斯堡的富格尔家族是文艺复兴时期欧洲最富有的商业王朝之一，通过进口用作治疗梅毒的番石榴赚取了巨额收入。

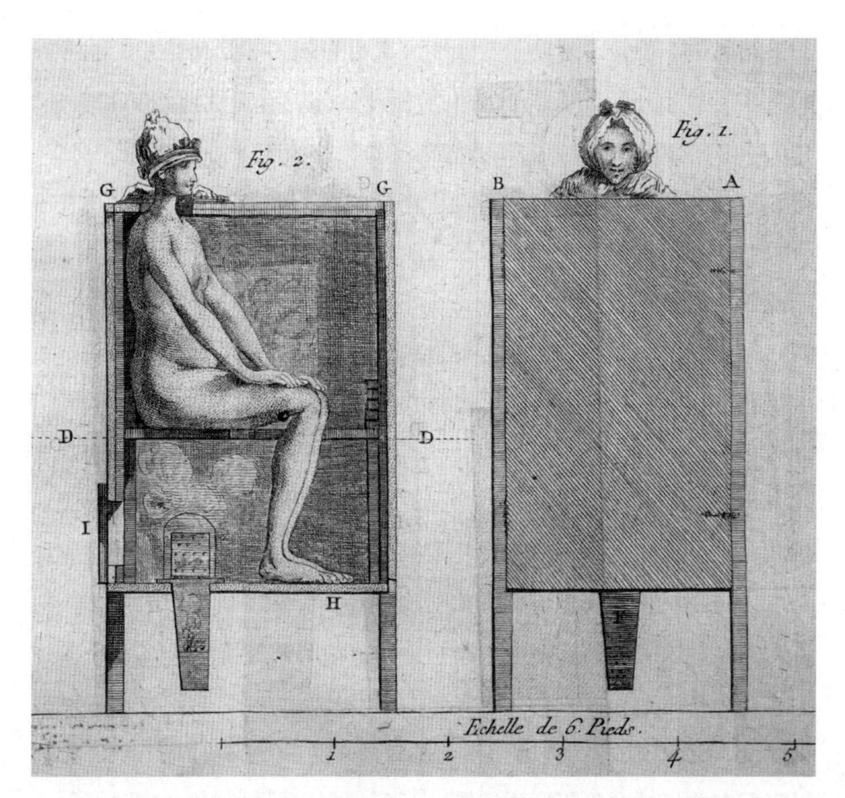

几个世纪以来，汞一直被用来治疗梅毒，并一直持续至十九世纪。通常情况下，患者必须吸入蒸箱中的高温汞蒸气。Pierre Lalouette, *Nouvelle méthode de traiter les maladies vénériennes, par la fumigation*（1776）.

从肆虐的疫情到持续的社会丑恶

十六世纪的特点之一，便是社会规范的土崩瓦解，尤其是涉及性活动的伦理规范，使梅毒像野火一样蔓延。这一点在上层社会体现得尤为明显，权贵群体中的滥交行为极其普遍。甚至对于许多神职人员来说，放荡的性生活并不罕见，位高权重者亦是如此。梅毒很早就在神职人员中广泛传播，这并不奇怪。切萨雷·波吉亚在二十二岁感染梅毒时，就已经贵为红衣主教了。[201] 后来成为教皇朱利叶斯二世的朱利亚诺·德拉·罗弗尔红衣主教是另一例子。[202] 切萨雷·波吉亚的父亲、教皇亚历山大六世的生活极度放荡，有无数情妇和私生子。1500年，他邀请全世界的朝圣者庆祝每二十五年举办一次的“禧年”纪念。在此期间，数千名罗马性工作者为朝圣者提供服务，且没有遭到教会的任何抗议。随之而来的狂野性交震惊了那些没有像教皇那样随波逐流的旁观者。其中一位正是年轻的德国修道士马丁·路德，这一年，他在罗马的经历极有可能导致他对教皇教会的蔑视，进而导致了与罗马教廷的决裂以及随后的宗教改革。

在十六世纪流行的氛围中，梅毒似乎不是受害者必须背负的严重社会负担。但在十七世纪，社会更高阶层对宗教的热忱增加，情况也随之发生了变化。这一时期，梅毒被认为是罪恶生活的可耻后果。这自然无法阻止传染，但人们开始对梅毒讳莫如深。例如有人声称，梅毒患者经常脱发，因此促成了路易十四统治时期齐肩假发的流行。

进入十八世纪，对梅毒的道德化处理得到放松，人们也不再谈梅毒色变，因为经过多年的演变，这种致病微生物变得不那么咄咄逼人。但它仍在所有社会阶层广泛传播。[203] 例如，从威尼斯冒险家贾科莫·卡萨诺瓦（Giacomo Casanova）的自传中可以看出，与无数女性的风流韵事使这位老兄成为性病的潜在受害者。他对此并不避讳，承认至少患过十次这种病，尽管其中一些肯定是淋病，而不是梅毒。卡萨诺瓦并未区分这两种疾病——在十九世纪之前，包括医生在内的任何人也无法区分。十八世纪，庸医和江湖骗子仍然猖獗，这是一个迷信愚昧与启蒙理性并存的时代。

直到十九世纪，围绕梅毒的医学研究才取得了真正的进展。[204] 工业化和城市化带来的问题之一，便是城市卖淫现象有所增加。十九世纪中叶，梅毒史上的重要人物之一、法国医生菲利普·里科德（Philippe Ricord）进行了一项今天几乎绝对无法获得批准的实验，他将性病患者身上取下的组织注射到巴黎一所监狱关押的十七名囚犯身上，从而

图为在许多国家抗击梅毒的过程中都会对性工作者进行的强制妇科检查。当时梅毒被视为主要的社会问题，而性工作者被视为关键因素。克里斯蒂安·克罗格，《艾伯丁来看警察外科医生》，1887 年。

证明梅毒和淋病是两种不同的疾病。他还准确总结了梅毒的三个主要发展阶段。里科德“一战成名”，被任命为拿破仑三世的私人医生，还有一家医院以他的名字命名。

在抗击梅毒的斗争中，发挥更重要作用的是里科德的门徒阿尔弗雷德·富尼耶（Alfred Fournier）。他是一名具有战略眼光的研究员兼医生，不仅精确描述了影响三期梅毒患者的严重脑和脊髓并发症，同时还意识到，当时所有看似严肃认真的治疗方式实际上都是无用的。他认为梅毒是一种社会罪恶，与酗酒不相上下，必须通过包括整治卖淫在内的预防措施来加以打击。他还对丈夫将梅毒传染给妻子，而妻子反过来又感染孩子从而对婚姻构成的威胁很感兴趣。人们开始谈论“无辜的传染者”。在易卜生《群鬼》中欧士华感染的梅毒，就是通过母婴传播的。富尼耶的努力使围绕梅毒的医学研究，即“梅毒学”成为公认的，事实上是第一个医学分支，而他也因此被授予该领域的第一个教授职位。

在十九世纪早期对梅毒进行的许多治疗尝试中，有一种被称为“梅毒接种”的奇怪做法。[205] 主要是用一种被称为“软下疳”（soft chancre）的致病物质为患者“接种”。软下疳是一种由性病引起的疼痛，当时人们错误地认为它是梅毒的一种形式。这种理论认为，大量注射致病物质会对梅毒的治疗产生有利影响。显然这种治疗没有效果，过了一段时间后，在法国被谴责为对患者存在直接危险。尽管如此，前面提到领导梅毒“奥斯陆研究”的凯撒·伯克教授，其伯父卡尔·威廉·伯克（Carl Wilhelm Boeck）教授还是在挪威大规模试用了这种治疗方法。卡尔·威廉·伯克也因梅毒治疗而闻名国际，使用多种语言在国际期刊上撰文，并在顶尖医学大会上发表演讲。[206] 幸运的是，1875 年，这种治疗手法随他一起逝去。卡尔·威廉·伯克的想法基于一个严重的误解，因为软下疳与梅毒无关，而与一种完全不同的细菌有关。

细菌学革命也引发了人们对梅毒病因的狂热探索，以及接二连三的挫败。[207] 然而 1905 年，柏林的弗里茨·绍丁（Fritz Schaudinn）和埃里克·霍夫曼（Erich Hoffmann）成功检测到了螺旋形细菌，他们称之为梅毒螺旋体。第二年，另一位德国细菌学者奥古斯特·保罗·冯·瓦塞尔曼（August Paul von Wassermann）发明了一种血液测试，这种被称为“瓦塞尔曼反应”的测试，可测出梅毒的各个阶段，包括患者无症状时的病毒潜伏情况。这种血液测试方法一直沿用至今，直到最近才被更好的测试所取代。

世界大战、医学突破和医疗丑闻

二十世纪初，梅毒仍然算得上一个重大的社会问题。据称，欧洲百分之十的人口受到感染。在精神科病房的所有住院梅毒患者中，可能有三分之一的患者因脑部感染而出现严重的晚期并发症。

一如既往，梅毒病例数在战争条件下大大增加。第一次世界大战期间，尽管当局积极尝试介入，梅毒仍在士兵中肆虐。二十世纪二十年代中期，仅英格兰和威尔士每年就有六万人死于梅毒。[208] 尽管事实上早在 1910 年，治疗梅毒的新药“砷凡纳明”已经问世。但不幸的是，该药并不总是有效，尤其是对于梅毒后期患者，还可能有严重的副作用。此外这一期间，医生开始给患者注射“铋制剂”（Bismuth），无疑取得一些效果，而且至少比砷凡纳明产生的副作用来得少。

第二次世界大战期间，梅毒再次爆发式流行，而当时的人们一直试图通过引人注目的宣传海报提醒普通民众，其中的永恒主题便是对性工作者的警示。一张海报展示了一名妓女与希特勒和日本天皇裕仁手挽着手走在一起，旁边的文字说明是：“她最危险。”

战后初期青霉素的出现，堪称梅毒五百年流行史上的最大突破。这种特效药于 1947 年开始普及，与砷凡纳明不同的是，青霉素非常有效，且几乎没有副作用。

二十世纪上半叶，梅毒问题的严重程度使美国当局对梅毒病程的临床研究非常感兴趣。这导致了近现代最大的科学研究丑闻之一“塔斯基吉项目”。[209] 1932 年，美国公共卫生署在亚拉巴马州的塔斯基吉小镇对三百三十九名患梅毒但未经治疗的贫困非裔美国人展开了一项研究。美国公共卫生署没有告知患者真实的诊断结果，只是笼统表示其罹患“坏血症”，需要接受医学跟踪。这些病人甚至在 1947 年青霉素问世后依然没有得到治疗。有关方面只是记录了他们的病程，以及最终的并发症。这个实验持续了四十年，直到 1972 年才被媒体曝光。而到了这个时候，许多患者已经死亡，而很多人的妻子已经被传染，一些孩子出生时就患有梅毒。这项研究明显违反了基本的医学伦理，由此直接导致了医学研究伦理规则的日益严格。很自然，这与种族主义态度有关。1997 年，时任美国总统比尔 · 克林顿邀请塔斯基吉实验中的幸存者来到白宫，并代表美国政府道歉。但对许多被实验的黑人来说，一切都为时太晚。

而这，并不是美国公共卫生署犯下的唯一罪行。2010年，据媒体透露，在1946年至1948年间，这一组织与危地马拉当局合作，故意用梅毒病菌感染了一千五百名士兵、妓女、囚犯和精神病人[210]，目的是观察抗生素对梅毒传染的影响。青霉素供应不足时，该项目宣告中断。许多受试者随后死于梅毒。美国政府后来向危地马拉表示了歉意。

天才和王子

自古以来，梅毒就散发着一种滥交、罪恶和死亡的气息。这或许是在谈及梅毒的时候，人们热切地关注据说受其影响的名人的缘故。这与我们这个时代流行的艾滋病有某种相似之处，普通公众也对身为名人的艾滋病受害者特别感兴趣。但除了追求耸人听闻之外，还有其他原因可以解释为什么历史上关于梅毒的报道往往集中在社会名人身上。当被感染者是王子和国家元首时，有许多例子表明，与天花等其他严重传染病一样，当这些人染病时会产生巨大的政治和历史后果。这也适用于梅毒的慢性传染，除其他损伤外，梅毒可引起大脑损伤，尤其是三期梅毒。如果被感染者是国家元首，这当然会产生严重后果。艺术家和作家也激起了对梅毒领域感兴趣的历史学者的好奇心，关于感染梅毒和艺术创造力之间可能存在的联系，学者提出了极富想象力的理论。[211]

前文讨论过在确定以往疫情的原因时经常遇到的问题。如果人们希望对具体历史人物的情况做出诊断，可用信息往往无法确定，因此存在的问题更大。而这一点在涉及梅毒的情况下尤其困难，这种病毒是伟大的模仿者，可以产生一系列类似其他疾病的症状。在本书作者看来，这一方面的大量文献很少考虑到这一点。这不仅适用于历史人物对梅毒的许多或轻描淡写或耸人听闻的描述，也适用于具有医学背景的严肃作家的介绍。

从十六世纪开始，当梅毒流行特别严重时，其中一些人，如约瑟夫·格吕贝克和乌尔里希·冯·胡滕曾有理有据地描述自己作为梅毒患者的痛苦经历。[212] 这在文艺复兴时期尤为常见。

被诊断为患有梅毒的王子乃至国家元首的名单上不乏其人。切萨雷·波吉亚的病情记载明确。教皇朱利叶斯二世肯定患有梅毒，可能死于梅毒。波吉亚的父亲，教皇亚历山大六世，以及洛伦佐·德·美第奇的儿子教皇利奥十世死于梅毒的说法并不确定，尽管他们的生活方式的确在向梅毒螺旋体发出热切的邀请。[213]

人们经常提到十六世纪的三位统治者：俄罗斯沙皇伊凡、法国国王弗朗索瓦一世和英国国王亨利八世是梅毒的携带者。[214] 那么，他们的诊断依据又到底是什么呢？

“恐怖的伊凡”出生于 1530 年，是莫斯科大公的儿子。[215] 他在十四岁时执掌朝政，于 1547 年加冕为俄罗斯第一位沙皇。不久之后，他迎娶了笃信宗教的阿纳斯塔西娅·罗曼诺芙娜。伊凡年轻时生活放荡不羁，也因此感染了梅毒。这对夫妇有三个儿子；大儿子出生几个月后便告死亡。在统治的最初几年里，伊凡还算得上是一位很好的领袖，以他当时年龄来看，称得上宅心仁厚。后来，随着阿纳斯塔西娅于 1560 年去世，伊凡悲痛欲绝，陷入极度放荡，对无辜的朋友痛下杀手。从 1564 年起，这位沙皇的行为呈现出严重精神疾病的所有特征，实施了一系列屠杀，对象包括平民、神父和贵族成员，这种行为一直持续到他于 1584 年中风去世。伊凡还亲手杀死了自己的儿子，王位继承人伊万诺维奇。

伊凡的继任者是他尚存的儿子费奥多尔，此人智力水平低下，外表非常类似于先天梅毒患者。后人强烈怀疑，十五世纪六十年代初，伊凡的性格发生了巨大变化，是因为他年轻时感染的梅毒造成脑损伤所致，但这本身并不能证明梅毒在伊凡治下俄罗斯发生的悲剧中起到何种作用。

1963年,伊凡及其儿子的遗体被挖掘出来接受了检查。事实证明,伊凡体内含有高浓度的汞。这很可能表明他确实患有梅毒，并曾用汞治疗，汞疗法在当时常用于治疗梅毒。但检查伊凡的研究人员将其解释为使用含汞软膏的结果，该软膏曾用于治疗伊凡临终前困扰他的腿部风湿性疼痛。据称没有发现梅毒的迹象。目前的情况仍然是这样，人们对这一诊断有怀疑，但没有确凿证据表明伊凡属于梅毒患者。

弗朗索瓦一世生于1494年，1515年加冕为法国国王。[216]说这是一位典型的文艺复兴时期的统治者，对艺术、科学和建筑非常感兴趣。这位统治者建立了一个大型图书馆，并实际阅读了其中的许多书籍。意大利著名艺术家莱昂纳多·达·芬奇和本韦努托·切利尼曾应邀去他的宫廷。顺便说一句，切利尼也患有梅毒，还在自传中生动地描述了这一点。弗朗索瓦解释了他那令人眼花缭乱的宫廷:“没有女人的宫廷就像没有玫瑰的春天。”这位国王显然太着急摘下玫瑰，因此被花狠狠刺了一下。三十岁时,他感染梅毒。二十三年后,弗朗索瓦去世,死因可能是这种疾病。

患病对这位法国国王的私人生活和治国理政有影响吗？尽管拥有无可置疑的智慧和丰富的知识，但弗朗索瓦一世在重大政治决策方面却几乎运气不佳。他反复不定，很容易被影响。在晚年，他表现出越来越强烈的专制倾向，包括对法国新教等宗教少数派的残酷镇压。这些性格的变化是梅毒导致的必然结果吗？一些历史学者给出了确定的答案，但这显然纯属猜测。[217]

与弗朗索瓦一世同时代的另一位文艺复兴时期统治者，即英格兰亨利八世的身体健康状况也引发了激烈辩论。[218]亨利八世是否患有梅毒，梅毒是否可解释他在性格和国家政策方面的鲜明特征？

亨利生于1491年，受过高等教育，精通数国语言。他对文学、

1547年到1584年在位的俄国沙皇伊凡四世，即“恐怖的伊凡”。有理由相信伊凡患有梅毒，多年来，梅毒可能改变了他的性格，还导致了许多异于常人的行为，让他获得了可怕的绰号。

科学和艺术极感兴趣，也是一位多才多艺的作家、作曲家和音乐家。这位情场浪子历经六次婚姻，拥有许多情妇。年轻时，这位英王风度翩翩、威风凛凛，精通运动。

但随着岁月的流逝，他风流倜傥的外表和性格都发生了巨大的变化。从四十岁左右开始，亨利八世的精神状态变得暴躁，愈发偏执，甚至可能有点精神不正常。与此同时，他发展了一种日益专制的治国形式，下令处决宗教少数群体的支持者和其他让其不满的异见人士。其中包括他的两位王后安妮·博林（Anne Boleyn）和凯瑟琳·霍华德（Catherine Howard）。这是他不惑之年因感染梅毒而导致的脑部疾病的结果吗？让我们看看关于相关诊断的争论吧。[219]

亨利的前两任王后均出现死产，孩子在出生后不久便告夭折的概率也惊人。他的第一任王后，“阿拉贡的凯瑟琳”怀孕七次，除了后来的玛丽一世之外，剩下的均只存活了几个小时或几天。因为感染梅毒会增加流产和死产的风险，因此有人声称亨利将梅毒传染给了凯瑟琳。如果这是正确的，那么梅毒产生的政治后果无疑是重大的。由于没有获得一个寿命超过五十二天的男性继承人，亨利八世希望教皇取消这场婚姻，以便自己能够迎娶新妻子安妮·博林。教皇拒绝后，亨利与罗马教会决裂，成立了独立的英国圣公会，由他自己担任教会领袖。教皇的拒绝，很可能是由于哈布斯堡皇帝查理五世的影响——他正是“阿拉贡的凯瑟琳”的外甥。如前所述，查理五世战胜了遭梅毒荼毒的法国军队，成为主导意大利的一支力量。

认为亨利感染梅毒的支持者进一步声称，他晚年显著的生理和心理变化是三期梅毒的典型表现，并伴随着大脑的器质性病变。除此之外，他的一条大腿还存在一处散发着难闻气味的深深创口，也被认为是梅毒的迹象。据说，他的女儿玛丽一世在妹妹伊丽莎白一世即位之前，就已经展现出很可能与先天性梅毒有关的疾病特征。[220]

在本书作者看来，支持亨利八世患有梅毒的论据是相当薄弱的，而且往往并非基于确凿的事实。亨利八世御医留下的非常详细的医疗记录，没有提到这位国王接受过汞治疗，而这在当时的英国可谓众所周知的梅毒治疗手段。至于他大腿上的伤口，可能是受伤后的慢性细菌感染——骨髓炎。亨利曾多次遭受此类伤害，1537 年他在参与某次骑士比试中从马上摔下来，头部受伤，昏迷了几个小时。受伤后，他再也不能进行任何特别的体力活动。这无疑是他体重不断增加的原因。在人生最后的几年里，亨利八世不得不坐在轿子里才能外出活动。这位国王后期显著的精神变化，可能是早期头部受伤的晚期后果。也有人提出由其他疾病所致，包括糖尿病和激素紊乱。最近，有人声称亨利八世可能是一种罕见的血型，与罹患“麦克劳德综合征”（the McLeod syndrome）这种特殊疾病有关。这会导致大脑受到影响，而特殊的血型也可以解释亨利八世的孩子为什么很难养活。[221]

现在，让我们进入十八世纪，看看另一位经常出现在梅毒王室患者名单上的著名君主，俄罗斯的叶卡捷琳娜大帝。[222] 1745 年这位出生于德国的公主，嫁给了同样出生于德国且患有严重天花的俄罗斯王位继承人。后者于 1762 年 1 月登基，成为沙皇彼得三世，但在六个月后便被谋杀。从那时起，直到 1796 年去世，叶卡捷琳娜一直以绝对君主的身份统治俄罗斯，开创了一代盛世。这位女皇天资聪颖，知识渊博，博览群书，是启蒙运动理想的支持者，在一定程度上推动了启蒙运动。女皇有许多爱好，其中包括男人。从二十出头起，她就有了很多情人，多为军官。

有什么证据表明十八世纪后半叶欧洲的主要君主叶卡捷琳娜患有梅毒？没有证据表明她曾表现出相关症状。但人们非常关注她多次怀孕的问题，显然她的丈夫很难被认为是孩子的生父。叶卡捷琳娜大帝前两次怀孕以流产告终，第三次怀孕生了一个有病的男孩，第四次生了一个有病的女孩，几个月后便告夭折。后来，她怀了两个正常的孩子，孩子明显很健康。叶卡捷琳娜的怀孕史与所谓“卡索维茨定律”

叶卡捷琳娜二世被称为叶卡捷琳娜大帝，1762 年至 1796 年为俄罗斯沙皇。有迹象表明她得了梅毒。

（Kassowitz's law）相符，该定律指出，当患有梅毒的女性连续怀孕时，后代中先天性梅毒的迹象会随着孩子接连出生而逐渐减弱。但是叶卡捷琳娜的妊娠史还不足以作为梅毒诊断的依据。

叶卡捷琳娜各位情人的健康状况呢？他们中的大多数人都是军

官，有些人风流放荡，但没有发现任何关于梅毒的信息。此外，叶卡捷琳娜本人非常担心感染性病的风险，命令私人医生为即将侍寝的军官体检，以避免出现这种情况。此外，还有一位女官专门负责“面试”潜在的情人。顺便说一句，有一次，这位女官在调查面试时情不自禁，被当场抓包，逐出宫廷。

那些声称叶卡捷琳娜患有梅毒的人强调，叶卡捷琳娜本人似乎对这种疾病也有明显的兴趣。[223] 这一点从她在当时性病横行的俄罗斯全力倡导梅毒预防和治疗中可窥一斑。她下令兴建了世界上第一家专门治疗梅毒的医院，坚持认为患者应该受到尊重和审慎对待。在这方面，叶卡捷琳娜大帝的开明远远领先于她的时代。这是支持她自己患梅毒的有力论据吗？本书作者认为不尽然。如前所述，叶卡捷琳娜对启蒙运动的思想非常感兴趣，试图在许多方面使一个相当落后的国家现代化，并取得了不同程度的成功。性病患者的护理可能只是其中示例。

进入现代，尽管诊断通常并不明确，仍有几位国家元首可能患有梅毒。其中最为耸人听闻的例子，莫过于苏联第一任领导人弗拉基米尔 · 列宁。有观点声称其患梅毒，并最终发展为严重的脑部疾病。[224]

作家、哲学家与作曲家

艺术家一直是公众感兴趣的话题。这不仅是因为对他们作品的钦佩，更是对他们特殊生活方式的某种迷恋，这种生活方式往往与资产阶级的规范背道而驰。人们也被艺术家的性生活及其可能的后果，包括感染梅毒的细节所吸引，这并不奇怪。大众感兴趣的另一个原因是，有人声称感染梅毒后的大脑异常，可能会刺激艺术家的创造力和生产力。[225]

历史记录了一大批据说患有梅毒的诗人、作家和视觉艺术家。但我们应该对这种跨越历史时空的远距离诊断持批评态度，因为在更仔细地观察事实的基础上，常常会发现梅毒的诊断并不总是有充分的依据。尽管如此，在很多情况下，判断仍可能是成立的。这些病例大多来自十九世纪，这并非巧合，当时人们获得了有关梅毒及其病程的重要新知识，尽管除了几个世纪以来几乎无效的方法外，当时仍然没有有效的治疗方法。因此，梅毒感染患者往往经历了各个阶段，并可能一直持续到晚期并发症。

阿尔弗雷德·德·缪塞（Alfred de Musset）是浪漫主义时期法国著名诗人，他患有梅毒，1847 年死于这种疾病，享年四十六岁。他患有典型的心血管并发症，主动脉扩张，心脏瓣膜受损。这会导致脉搏沉重，因此头部会律动。在医学上，这被称为“德缪塞征”，以这位不幸的诗人的名字命名。

法国诗人波德莱尔（Charles Boudelaire）因其作品《恶之花》而闻名，在四十六岁时感染梅毒，脑部病变严重，死在母亲怀里。

十九世纪下半叶另一位著名的法国作家阿尔丰斯·都德（Alphonse Daudet）在青年时期就感染了梅毒，几年后患上可怕的晚期并发症——脊髓痨。[226] 这种疾病引起的剧烈疼痛使他在临终前对吗啡产生了强烈的依赖。都德写了一本关于他所受苦难的自传体小说《痛苦之地》，直到 1931 年，也就是他去世三十多年后才出版。在这本被许多人视为他最好的作品中，都德写道，他的痛苦与另一位著名作家、德国诗人海因里希·海涅（Heinrich Heine）遭受的痛苦相似。从四十多岁开始，海涅的腿越来越难使唤，这使他在生命的最后几年一直卧床不起。他称之为“床榻坟墓”，并因感到疼痛难忍使用了吗啡。许多人已经得出结论，海涅患有梅毒，但其诊断尚不确定。[227] 不管怎样，人们都不得不佩服海涅，尽管十分痛苦，但他一直到死仍然笔耕不辍，写下令人难忘的作品。他还保留了自己的幽默。1856 年去世前，他开玩笑地要求妻子保证她会再次结婚，因为正如他所说：“这样，至少我会确定有一个人会为我的死感到后悔。”

世界文学史上著名的小说家福楼拜也没有逃脱与梅毒螺旋体的相遇。事实上，这几乎是他自讨苦吃。一次中东之旅，加上异常开放的性行为，使他患上包括梅毒在内的一系列性病。福楼拜先是因为汞治疗掉了头发，然后又掉了牙齿。尽管如此，他几乎为自己的梅毒感到自豪。[228] 法国另一位著名作家莫泊桑也有同样的自豪感，他在一封信中热情地说，他现在感染了“高贵”和“优雅”的梅毒，也就是“夺走弗朗索瓦一世生命”的疾病。

在因同性恋行为而身败名裂并被判有罪之前，举止优雅的奥斯卡·王尔德（Oscar Wilde）一直是伦敦社会的宠儿。他很可能在年轻时感染了梅毒。据称，梅毒治疗损害了他的牙齿，这就是为什么他拒绝在拍摄任何照片时露出牙齿。1900 年，他死在巴黎一家简陋的酒店房间，死因或许不是梅毒。即使在临终前，王尔德的智慧也没有将他抛弃，当他看着周遭丑陋的墙纸时，这位略显年迈的唯美主义者喊道：“墙纸越来越破，而我越来越老，两者之间总有一个要先消失。”

十九世纪末出现了一种理论，认为梅毒晚期可能会通过一种“梅毒毒素”刺激脑细胞，从而增强艺术家和作家的创造力和生产力。[229] 莫泊桑可以算例子之一。有人还特别提到了德国作家、哲学家弗里德里希·尼采（Friedrich Nietzsche）。凭借十九世纪七十年代和八十年代在哲学研究方面取得的辉煌成就，尼采成为现当代最有影响力的思想家之一。1889 年 1 月的一天，传奇戏剧性地结束了，这位哲学家在都灵街头精神崩溃，抱着一匹马痛哭流涕。此后，他患上了日益严重的痴呆，实际上成了一名长期住院的老年病患者，直到 1900 年去世。[230] 多年来，他的脑部疾病被一致认为是梅毒晚期并发症——全身性麻痹，这一结论几乎无可争辩。在崩溃前的最后几年里，尼采表现出了巨大的创造力，这进一步证明了脑部梅毒至少在一段时间内可

德国哲学家弗里德里希·尼采。多年来，人们一直认为他患有可怕的晚期梅毒并发症。

以激发创造力的观点。近年来，许多人对这种诊断提出了质疑。也许他患有导致痴呆的先天性大脑疾病？[231]

丹麦作家卡伦·布利克森（Karen Blixen）被丈夫感染了梅毒，与阿尔丰斯·都德一样，她也出现了晚期并发症脊髓痨，这个病对她的晚年生活产生了巨大影响，而当时她开始获得国际声誉。[232] 有趣的是，她也相信梅毒对自己的写作发挥了积极的影响：“现在我也经历了这一点，我也抓住了更为宏大的东西。”

我们还没有找到梅毒与著名画家或作曲家的创造力之间存在联系的任何依据。[233] 例如，无法确定法国画家爱德华·马奈（Édouard Manet）是否死于梅毒性的神经性疾病。奥地利作曲家弗朗茨·舒伯特（Franz Schubert）去世时只有三十一岁，他可能患有梅毒，并接受了汞疗法。关于他死于梅毒还是死于细菌性肠道感染，人们存在分歧。除了他最后几年的作品常常带有忧郁的气氛外，很难看出梅毒与他的艺术之间有任何联系。舒伯特的同行罗伯特·舒曼（Robert Schumann）在很年轻的时候就感染了梅毒，并且存在神经功能紊乱和严重精神疾病的症状，至于他被送入精神病院两年后到底是死于三期梅毒，还是死于精神疾病，尚不确定。无论如何，都不能说梅毒对他的艺术活动产生了任何积极影响。

事实上，说梅毒感染本身可以刺激脑细胞，增加艺术活动的创造性，是没有根据的。梅毒的后果对天才和普通人来说都是悲剧性的。当然，苦难和逆境是否能对创造性艺术家产生一定的积极影响，是另外一个完全不同的问题。

梅毒是来自新世界的礼物吗？

哥伦布“发现”美洲后，这片新大陆受到来自旧大陆的一系列传染病蹂躏。欧洲是否可能也感染了源自新大陆的梅毒？几乎从十六世纪梅毒流行开始，许多人就提出这一指控。然而也有许多其他人表示反对，讨论一直持续到今天。

认为梅毒最初来自美国，这姑且可以被称为“哥伦布理论”，它指出了一个事实，即这种疾病以前在旧世界闻所未闻。在希波克拉底和盖伦的医学著作中寻找这种疾病的努力注定是徒劳的。在十六世纪头几十年的欧洲，梅毒暴发之猛烈也被视为证据，认为这一事实可以用来证明——就像我们在麻疹等疫情中看到的那样——梅毒袭击了对其没有任何免疫力的全新人群。

西班牙医生鲁伊·迪亚斯·德·伊斯拉声称，自己曾亲手为哥伦布船上的几名船员治疗过一种全新的疾病。这一说法出现在1539年首次出版的一本书中，相关手稿最早可以追溯到1521年。尽管如此，这种记载距哥伦布航海归来三十年之久，因此许多人怀疑这一指控的可靠性。[234]

直到最近，分析人类考古发现中来自梅毒螺旋体的脱氧核糖核酸才成为可能，但不同于鼠疫分析，梅毒螺旋体的脱氧核糖核酸的发现价值没那么高。另一方面，梅毒感染会在许多患者身上产生典型的骨骼变化，专家们声称，经过多年的治疗，梅毒能够与影响骨骼的其他疾病区分开来。早在欧洲人到来之前，就在美洲的骨骼遗骸中发现了这种变化，而声称在哥伦布时代之前在欧洲的少数相应发现则极具争议。[235]

在关于梅毒起源的讨论中，这种“骨证据”被认为是支持哥伦布理论的重要论据。但不幸的是，情况比这更复杂。在名为“密螺旋体”的细菌家族中，有几个成员与梅毒病菌关系极为密切，但它们只会导致不太严重的疾病。[236]例如在非洲，有一种密螺旋体细菌会导致雅司病，雅司病通常会导致皮肤的深度慢性创口，而在中东存在的非性病性梅毒（bejel）也会导致皮肤病。

这些密螺旋体细菌不是通过性行为，而是通过身体密切接触传播，在哥伦布之前就存在于欧洲，可能来自远古时代。一些对梅毒起源的哥伦布理论持怀疑态度的研究人员认为，梅毒病菌可能起源于旧世界与其存在密切关系的某种细菌，其所产生的致病症状可能与当时欧洲的许多其他疾病，如麻风病，没有太大区别。细菌突变为更危险的梅毒病菌，与哥伦布从美洲返回同时，这可能是一种巧合。随着社会规范的放松和性滥交的增加，十六世纪的这些特殊环境无疑增加了密螺旋体细菌家族性传播的机会。如果这个理论是正确的，我们就增加了一个说明微生物有相当大的能力来适应环境变化的新例子。

关注梅毒起源的全新研究结果层出不穷，目前还没有定论。目前，研究人员倾向于认为梅毒病菌来自美洲大陆，那里的密螺旋体家族已经存在了数千年，可能自第一批携带微生物的人类通过白令海峡从亚洲抵达美洲大陆以来，就一直存在于那里。[237] 然而，最近已经证明，有可能从几百年前的人类遗骸中检测出各种螺旋体变体的脱氧核糖核酸。[238] 或许，这些方法将为关于梅毒起源的长期争论提供新的线索。

梅毒有至少五百年的历史，但绝非已经走进终章。相关传染病在欧洲、北美、中国和澳大利亚呈上升趋势。[239] 2009 年，全世界报告了近一千一百万例新病例。梅毒的流行一浪接一浪，间隔十年至十五年暴发一次。部分原因可能是管制措施放松，也可能是新形式的危险性行为发展的结果。还有一种可能是，人群的免疫力也在波动。但是梅毒不再像十六世纪初那样可怕，现在可以有效治疗。

结核病：白死病

结核病在西方世界已不再是患者甚众的一种疾病。然而在第二次世界大战后的最初几年，情况还大不相同。人们患上结核病，死于结核病，曾经极为常见。绝大多数人身边都有得结核病的亲朋好友。在乡村地区，往往可以找到曾遭结核病肆虐一代又一代的农庄。几千年来，这种疾病成为很多人的宿命。很可能自从智人在非洲大草原上游荡时，造成结核病的细菌就已经和人类相伴相随。结核病的致病菌非常有可能“荣登”有史以来夺走最多人命的微生物之榜首，其对手恐怕只有天花和疟疾。结核病的历史也极好地展示出生态与环境因素是如何卷入人类和微生物永不停歇的决斗之中的。在讲述这一历史之前，让我们再详细看看结核病本身吧。

从迷人的睡眠到猖獗的疾病

结核病的病因是结核分枝杆菌，1882年由罗伯特·科赫最先发现。[240] 结核分枝杆菌属于分枝杆菌这一大家族，在自然界中广泛分布，多存在于土壤和水体中。有些分枝杆菌可以在动物身上引起疾病，还有一些分枝杆菌与结核分枝杆菌关系密切，也可以在人类身上引起结核病，但这种病例非常罕见。绝大多数结核病病例都是由结核分枝杆菌引起的，通常只在人类身上发现，尽管在特殊情况下，结核分枝杆菌也会传染猿类等动物。

结核分枝杆菌主要引发肺部感染。肺病患者在咳嗽、打喷嚏或说话时排出细菌，周围人就会被传染。这些细菌以微小颗粒、气溶胶的形式存在，被其他人吸入后会导致肺部感染。结核杆菌可以在肺外的灰尘颗粒中存活数月。如果吸入的话，不到十个细菌就足以引发新的感染。在大多数情况下，感染者的免疫系统会杀灭这些细菌，要么中和它们，要么用一层由免疫细胞和组织组成的墙将它们“封装”在肺组织中。百分之九十五的病例都是这样。通过这种封装方式，病菌可以匪夷所思地休眠几十年，也许是病人的一生，而不会造成任何伤害。[241]

然而有时候，免疫系统出于某种原因放松了控制，或者无法控制，结核杆菌就会从休眠状态中醒来。然后，细菌会开始损害肺组织，并可能会通过肺部传播到身体的其他部位。如果不治疗，肺部会逐渐受损，通常会导致患者死亡。肺部病变的一个重要特征是，它会形成大大小小的空洞，其中含有大量细菌。这些变化大大增加了传染性。

除结核病外，结核分枝杆菌也可能导致身体其他部位的疾病。骨骼系统经常受到攻击。从前常看到颈部淋巴结结核性感染，这被称为“淋巴结核”。皮肤感染也很常见，被称为“寻常狼疮”。[242]

为什么平常被“封装”的结核杆菌偶尔会变得活跃并致病？除了免疫系统虚弱外，各种其他疾病或削弱免疫系统的治疗形式也能使细菌复活。比如，艾滋病、糖尿病、风湿性疾病患者，以及服用可的松或其他减少有害免疫反应的药物有关。[243]

免疫系统在结核病中扮演着复杂的双重角色。一方面，免疫防御系统对阻止初次感染很重要，但当细菌复活并开始引起疾病时，组织的大部分损伤是由免疫系统的过度反应引起的，免疫系统徒劳地打击细菌，从而导致炎症。[244]

活动性结核病会导致咳嗽、发烧、体重逐渐减轻，在后期还会咳血。虽然结核病通常发展相对缓慢，但有时会出现更为严重的情况，即肺部病变迅速恶化，如急性肺结核，或细菌通过血液迅速传播到大多数组织和器官，如“粟粒性结核”（miliary tuberculosis），“粟粒”来源于拉丁文中谷物种子的意思，因为在这种疾病形式中，许多组织和器官中有许多与谷粒大小相同的小结节。

埃及人、罗马人和海狮

众所周知，结核病非常古老，在描绘这种疾病的惊人历史时，可以使用目前我们所掌握的全部手段来研究历史上出现的结核病疫情：书面记录、检查人类骨骼得到的考古发现和现代分子生物学方法。相关研究领域相当活跃，不时就有新的发现公之于世，但研究人员在解释方面仍存在分歧。关于结核病的起源和历史，至今还有很多问题亟待厘清。然而，我们已经可以看清结核病在历史上的主要传播路线。

可以将相关研究的基础，建立在古往今来描述类似结核病的疾病的书面材料之上。在许多文明的存世文献中，都能发现对这种久治不愈疾病的描述。[245]最早的记载或许来自公元前1500年用梵语写成的印度吠陀，其中也出现了对淋巴结核的最早描述。巴比伦国王汉谟拉比设立的法典大约成于公元前1750年，以楔形文字记录在一块石碑上，其中明确提到了一种导致病人身体严重消瘦的"病癞"。公元前1000年的中国文献中也提到了可能是结核病的疾病。而在《圣经》中几乎没有提到任何可能是结核病的疾病。

结核病在古希腊也为人所知。在古希腊，这种疾病被称为"痨病"（*phthisis*，"消瘦"或"消耗"）。而希腊动词*phthoe*的意思是"消瘦"。[246]"痨病"这个名称一直沿用到最近，在医学和民间文学中都是如此。早在荷马的《奥德赛》中，就有人提到"只坐着叹息呻吟，流泪哭泣，日见皮肉消瘦骨嶙峋"。但我们必须再次求助于希波克拉底，以获得对该疾病的首次全面描述，其症状包括肺部病变和对脊柱的攻击。从他的著作中，我们可以得出结论，结核病在当时相当普遍。与他同时代的柏拉图也提到了这种疾病，他认为这种疾病无人能治，甚至不应该尝试治疗。

当然，古代的描述并不总是明晰的。某些其他疾病有时会导致慢性肺病。那么我们对结核病史的描述还有更可靠的依据吗？

对人类遗骸的考古调查，在很大程度上有助于了解结核病发展史。骨骼的发现尤其重要，毕竟与其他人体器官相比，其保存状态更好。[247]当结核病侵袭脊柱时，通常会发生椎骨畸形，产生典型的驼背。这种情况被称为"波特病"。在许多埃及木乃伊中都发现了这种病变。在许多此类病例中，结核诊断已通过检测结核分枝杆菌的脱氧核糖核酸得到证实。由于只有较少比例的结核病患者（可能在百分之五至百分之十之间）会出现这种骨骼变化，我们可以假设从公元前4000年起，结核病在古埃及就成为一种常见疾病。[248]埃及艺术还描绘了与结核病有关的典型驼背畸形的人。有理由认为早在三千年前，埃及就有专门治疗这种疾病的疗养院。

一位“阿蒙神”神职人员的木乃伊，患有脊柱结核，形成一个驼峰，此称为“波特病”。该木乃伊来自公元前 1000 年左右埃及第二十一王朝时期。

被诊断出患有结核病的古埃及人中，最著名的是于公元前1200年左右去世、权势滔天的法老拉美西斯二世。1976年，他的木乃伊被送往法国进行彻底检查，从中发现了结核病的证据。这一发现催生了人们极大的兴趣。后现代科学哲学家布鲁诺·拉图尔（Bruno Latour）声称拉美西斯不可能患有结核病，因为罗伯特·科赫直到1882年才发现结核杆菌！拉图尔和其他一些极端的后现代知识分子一样，荒谬地认为科学事实没有任何真正的有效性，而仅仅是一种人为建构。[249]

迄今为止，在人类身上发现的最古老的结核分枝杆菌的确凿证据来自叙利亚，大约距今九千年。[250]但结核病可能要比这古老得多。有零星的证据表明，更早些时候，结核杆菌的前身在智人的祖先身上导致了这种疾病。在一具五十万年前的直立人（我们的祖先）遗骸上发现了疑似结核病的疾病特征，但相关骨骼变化尚未得到脱氧核糖核酸分析的证实。一些研究人员声称结核分枝杆菌最初来自东非。[251]这种细菌的前身可能是一种学会了如何传染人类的土壤细菌，并从那时起跟随我们，逐渐适应人类发展和外部生态变化。

结核杆菌的特性使其能够在各种变化的环境下生存。当人类成群结队地进行狩猎和采集时，这种细菌只会导致一种长期的、无症状的疾病，因此它不会在这一小群体中消亡。在人类定居并从事农业和畜牧业的第一次流行病学转型之后，这种细菌有了新的机会，并改变其特性加以利用。由于这种细菌能够通过空气传播而传染生活在一起的大量人群，它很有可能变得更危险、毒力更强，因为现在有更多的潜在受害者，不再需要“谨慎”对待他们。从那时起，结核病成为一种比在人类早期狩猎和采集时更常见的疾病。[252]

其中一种与结核分枝杆菌非常相似的分枝杆菌，是可以在人类和牛以及其他所有动物中引起疾病的牛分枝杆菌。直到不久前，人们还认为就像其他传染病一样，结核杆菌作为一种牛身上的细菌，在畜牧业普及后才转移到人类身上并引发传染。现代分子生物学证明了这一理论是错误的。[253]结核分枝杆菌比牛结核分枝杆菌古老得多，但牛结核分枝杆菌无疑是此前人类饮用受污染的牛奶而患上结核病的病因。今天，对于许多国家的养牛者来说，这仍然是一个相当大的问题，部分原因是携带这种细菌的野生动物，如英格兰地区的獾，可能是牛分枝杆菌的持续传染源。

新发现表明，罗马帝国的诞生，可能在结核病的扩散中起到了重要作用。罗马帝国是当时欧洲疆域最为辽阔的帝国。[254]公元二世纪初，图拉真统治下的帝国横跨整个地中海地区，包括中东、北非的部分地区，以及中欧和西欧的大部分地区，甚至囊括英格兰和巴尔干半岛。在"罗马治世"（Pax Romana）时期，一流的道路系统和顺畅的航运保证了帝国内的交通。但这也意味着结核病比以前更容易传播。结核杆菌的蔓延也可能是因为人数庞大的罗马军团不断在帝国内部调遣，以应对来自周边民族的袭击威胁。

同样重要的是，罗马人的许多生活方式都非常有利于结核病的传播。在不断发展的城市里，越来越多的人住在一起。这一时期，罗马已成为世界上最大的城市，拥有一百多万居民。下层阶级住在人口稠密的公寓里，罗马浴场和市场是很受欢迎的聚会场所，微生物也可以在这里肆意传播。大量考古发现表明，结核病在罗马时代的欧洲变得相当普遍。

1492年哥伦布到达新大陆时，结核病就早已存在吗？是的。这种疾病可能早在智人时期就在美洲出现了。我们的祖先在六万至十万年前从非洲向外移民时，很可能携带有结核杆菌，然后逐渐传播到所有大陆。[255]结核杆菌大概与第一批人类一起通过白令海峡来到美洲。在北美和南美有许多可能是结核病患者遗骸的早期考古发现。

几年前，研究人员最终证明在秘鲁西海岸的一些骨骼中检测到的结核病症状，是由鳍足类分枝杆菌引起的，这引起了轰动。鳍足类分枝杆菌是一种与人类结核杆菌密切相关的细菌，但多见于海豹和海狮。

[256]研究人员认为在过去的两千年中，这种细菌可能借助来自非洲的海豹进行传播。我们知道这种细菌也会导致人类结核病，例如动物园中的海狮有时会传染给人。但这种疾病不能在人际传播。因此大多数研究人员认为，这些秘鲁受害者一定是特例，在哥伦布之前的美洲，结核病是由“经典”结核杆菌引起的，伴随着该大陆的原初移民到来。

在哥伦布到达之前的几个世纪里，结核病似乎在美洲土著人口中已退潮。随着西班牙征服者和欧洲的移民纷至沓来，美洲居民再次遭受结核病“补刀”，而这自然为欧洲入侵后发生的诸多传染病悲剧添了灰暗的一笔。

“国王的邪恶”和工业化的后果

公元五世纪末，西罗马帝国崩溃后，欧洲的社会和政治关系发生了根本性的变化，进入了所谓的“黑暗时代”。尽管我们对这些世纪结核病的严重程度知之甚少，但一般认为在中世纪前半期，结核病传播的条件不再像罗马时代那样得天独厚。然而，从中世纪晚期开始，结核病已经是一种相当常见的疾病。至少我们知道，十二世纪一位著名的结核病患者——圣方济各，他悉心为社会当中的穷苦人士服务，导致自己受到感染。[257]

结核病患者人数在十七世纪有所增加。解开谜团的钥匙在于我们所掌握的有关淋巴结核的历史信息。这种颈部淋巴结核传染病曾经受到相当大的关注，因为法国人和英国人都普遍相信，合法登基的国王只需要把手放在病人的脖子上，就能治愈这种疾病。淋巴结核因此被称为“国王的邪恶”。[258]法兰克王国缔造者克洛维一世，在公元496年加冕典礼上，很可能成了第一位进行这种治疗的国王，而这种做法被后世法国国王效仿了一千多年。据说，路易十四就曾给两千五百多名结核患者做过“触摸”治疗。然而这个看似夸张的记录，却被同时

查理二世为淋巴结核患者提供触摸治疗。王室“治疗”的民间信仰已经有一千多年的历史了，淋巴结核因此被称为“国王的邪恶”。图为R. 怀特绘制于1684年的版画。

代的英国国王查理二世轻松打破，后者在二十年的时间里“治疗”了不少于九千五百名患者。英国教会甚至为这个仪式发展了一种特殊的礼拜仪式。威廉·莎士比亚在《麦克白》中写到了这一点，描述了麦克白同时代的英国国王“忏悔者爱德华”主持的仪式：

> 马尔科姆：他们都把它叫作“瘰疬”；自从我来到英格兰以后，我常常看见这位善良的国王显示他的奇妙无比的本领。除了他自己以外，谁也不知道他是怎样祈求着上天。可是害着怪病的人，浑身肿烂，惨不忍睹，一切外科手术无法医治的，他只要嘴里念着祈祷，用一枚金章亲手挂在他们的颈上，他们便会霍然痊愈，据说他这种治病的天能，是世袭罔替的。

有理由相信，在中世纪晚期和文艺复兴时期，淋巴结核很常见。由于这种特殊类型的结核病只占结核病所有类型的百分之五，可以乘以二十倍来计算结核病病例的大致总数。[260]

在整个十八世纪，欧洲的结核病患者数量逐步增加，在十九世纪上半叶达到顶峰。如前所述，始于十八世纪末的工业化导致越来越多的人涌入新兴城镇，贫民窟中的穷人为数众多，生活条件十分恶劣。[261]不良的营养状况、拥挤的居住空间和恶劣的卫生条件都是传染病，尤其是结核病滋生的肥沃土壤。到十八世纪末，每年都有超过百分之一的英国人口（不分年龄）死于这种疾病。罗伯特·科赫在1882年发表发现结核杆菌的历史性演讲时，曾提出每七个人中就有一个人死于这种疾病，而这个比例在劳动人口中不少于三分之一。事实上，十九世纪整个欧洲地区人口都受到了感染，并非所有人都出现了症状。

图为爱德华·蒙克于 1886 年创作的油画《病中的孩子》。通常的看法是，这个面色苍白、表情呆滞的孩子代表了画家的姐姐，她在十五岁时死于结核病。他本人从未证实过这一点。

遗传、瘴气还是传染？

尽管结核病的特殊症状在许多文明的早期阶段就已被知晓并有书面记载，但直到十九世纪，我们才清楚地认识到，今天所知的各种形式的疾病，例如骨骼、皮肤和淋巴结的病疫，都有同一个原因，是同一种疾病的一部分。[262]

早在希波克拉底时代，人们就在讨论结核病的可能原因。[263] 在古希腊，人们普遍认为这是一种先天性疾病，因为整个家族一代又一代地被结核病摧毁。

几个世纪以来，除了在学者中占主导地位的经典解释，如瘴气概念以及从希波克拉底和盖伦的著作中所知的四种体液理论，传染病理论也存活了下来。结核病也会在人际传播的观点早在古代就存在了，某些学者，如亚里士多德和盖伦都表达了这种观点。穆斯林世界的一些著名学者也是如此，比如活跃于公元 1000 年左右，在欧洲被称为阿维琴纳（Avicenna）的伊本·西纳（Ibn Sina）。吉罗拉莫·弗拉卡斯特罗在十六世纪提出了梅毒和其他传染病的人际传染理论，认为结核病存在人际传播。十七世纪，意大利和西班牙的一些城市对这一理论做出了回应，采取结核病预防措施，但后来这些防疫措施逐渐遭废弃。在北欧，在科赫通过实验证明结核病由结核分枝杆菌引起之前，遗传理论一直占主导地位。

然而，在科赫堪称划时代的发现之前的许多年，对这种疾病的研究在十九世纪已经取得了相当大的进展。在很大程度上，这归功于许多法国医生对死于结核病的患者尸检后提出的新理论。当时在巴黎很容易找到这样的病人。有大量进行尸体解剖的先驱，其中包括法国医学史上的著名人物勒内·拉埃内克（René Laënnec）。[264] 拉埃内克对患者进行了严格仔细的研究，将他在尸检中发现的情况与在检查活着的患者时从疾病症状和体征中收集到的情况进行了比较。他将医疗检查发展成一门艺术，使用了一种新的辅助设备，即后来成为医生标配的听诊器的原型。拉埃内克证明无论受侵袭的是肺部还是身体其他部位，结核病都是一种单一的疾病，他还描述了结核病在个体患者中进展的病程。

拉埃内克一度认为结核病是遗传性的，而非传染性的。造化弄人，二十五岁时，他在对一名结核病患者进行尸检时割伤了手指，感染了结核病，随后病菌扩展到身体其他部位。拉埃内克于1826年死于结核病，年仅四十四岁。

很长一段时间以来人们都知道，通常会在早期结核病患者肺部发现“结节”（tubercles，来自拉丁语）。这就是“结核病”（tuberculosis）一词被使用的原因——1834年，由瑞士医生约翰·卢卡斯·舍恩莱因（Johann Lukas Schönlein）首次提出这一命名。[265] 以前的相关医学术语可以追溯到希波克拉底时代的“痨病”，即过去大多数人说的“肺痨”，这个术语一直沿用到今天。

在科赫和部分被遗忘的先驱如让·维尔曼等人的发现之后，结核病传染理论取得了胜利。今天毋庸置疑，没有人怀疑结核病是一种传染病，但这并不意味着以前认为它是遗传性的坚定信念是毫无根据的。科赫和其同侪可能过度热衷于细菌学发现，在强调微生物在疾病发展中的重要性时倾向于忽略患者的个体因素。路易·巴斯德——可能是科赫最大的竞争对手——在谈到这一点时曾说：“微生物无足挂齿，生长环境才是全部。”时至今日我们知道，很多传染病的最终结果是由微生物的特征和患者体内的因素双重决定的，基因起着重要作用。结核病似乎也不例外。对双胞胎的检查表明，人体对于结核杆菌的先天防御机制中存在相当多的基因成分。但情况很复杂，我们尚未确定许多基因在染色体中的位置。[266]

《茶花女》与结核天才

在拉埃内克生活的那个时代，结核病在社会各个阶层都很普遍。在这个崇尚浪漫主义的时代，人们的思想中充满了情趣与审美，也往往从美学角度来审视结核病的病症。[267] 尽管结核病的最后阶段可能会非常痛苦，如大量咳血等，但在相当长的一段时间内，病人不会出现令人厌恶的疾病发展迹象。结核患者典型的苍白和消瘦甚至被认为相当迷人，并强烈影响了这一时期的审美理念。同时，这种疾病无法逆转的发展趋势与不可避免的致命结局，往往在患者年轻时就引发了浪漫主义的忧郁情绪。年轻女性刻意追求这种面色苍白、身材瘦削、外表空灵的美，一度成为时尚。而具备此种外表特征的女性，也成为那个时期最受欢迎的艺术主题。即便在早期画家中，也可以找出将患有结核病的年轻女性作为描摹主题的例子。其中之一，便是桑德罗·波提切利（Sandro Botticelli）的著名画作《维纳斯的诞生》,一些人声称，从海上出现的维纳斯的原型，正是佛罗伦萨著名的美女，二十二岁时死于结核病的西英内塔·韦斯普奇，尽管这幅画的成画时间已经是该女子去世十多年之后了。

十九世纪的青年男子也开始萌发受结核病启发的审美观。浪漫主义时期杰出的诗人拜伦勋爵曾对一位朋友说“我宁愿死于痨病……因为这样女士们都会说,‘瞧,可怜的拜伦,但他的死是多么有意味！’”[268]

写下《三个火枪手》和《基督山伯爵》等名著的作家大仲马（Alexandre Dumas *père*）精力充沛、颇具英雄气概，他曾略带轻蔑地说:“患肺病在 1823 和 1824 年是一种时髦”，而最时髦的生命终结方式，是“每次感情激动之后咳血，而且死于三十岁之前”。讽刺的是，他的儿子小仲马（Alexandre Dumas *fils*）在小说《茶花女》中对上述态度贡献良多。这部世界名著,基于小仲马本人与真名为阿方西娜·迪普莱西的妓女玛丽·迪普莱西之间热烈而短暂的爱情。[269]这位交际花被认为是当时巴黎最美丽的女人，过着由富有的情人包养的奢侈生活。但其罹患结核病，外表呈现出典型的病态美。迪普莱西完全无视自己的病情，并在二十三岁那年去世。小仲马这部小说非常成功，他于 1852 年将其改编为戏剧。从莎拉·伯恩哈特到埃莉奥诺拉·杜斯，从葛丽塔·嘉宝到伊莎贝尔·于佩尔，不同时期最为优秀的女演员都曾在舞台或银幕上出演过茶花女。这部戏剧首次登台的第二年，朱塞佩·威尔第（Giuseppe Verdi）的歌剧《茶花女》在威尼斯首演。这

人们普遍认为，桑德罗·波提切利创作于1485年的画作《维纳斯的诞生》中维纳斯的原型，是公认为佛罗伦萨最美丽女人的西莫内塔·韦斯普奇。韦斯普奇死于结核病，享年二十二岁。在她身上，充分体现了与结核病有关的病态美的理念，这种疾病在十九世纪浪漫主义时期一度高发。

部歌剧同样根据小仲马的原作改编。[270] 歌剧中，女主人公维奥莉塔·瓦莱里（Violetta Valéry）为了保护情人之妹的名誉，毅然选择与年轻的情人分手，并在贫病中死去，等到情人回来时，昔日的美人已经油尽灯枯，耗尽了最后一丝心血。

另一部十九世纪最受欢迎的歌剧，贾科莫·普契尼（Giacomo Puccini）的《波希米亚人》的女主角也患结核病。这部歌剧是根据三十八岁时死于结核病的亨利·米尔热（Henri Murger）的自传体小说《波希米亚生涯》改编。剧中，可怜的女裁缝咪咪多次咳嗽，当观众的注意力集中在她的朋友身上时，女主角的生命就这样逝去了。在本书作者看来，某些现代歌剧导演选择让咪咪死于癌症而不是结核病，实在是一种莫大的讽刺，显然忽视了十九世纪大部分时间里与结核病有关的浪漫气息。

乔治 · 戈登 · 拜伦，通常被称为拜伦勋爵。理查德 · 韦斯托尔绘于 1813 年。

玛丽·迪普莱西，被认为是巴黎最美丽女人的妓女，患有结核病，她充分说明了当时的审美观：消瘦、苍白、孱弱。

然而，对这种疾病的浪漫主义观点不仅与美学有关。早在古代，就有人声称痨病会刺激智力。在十九世纪，许多人认为结核病与艺术家和作家的天才有关。[271] 这一观点的支持者可以举出大量优秀诗人和音乐家的例子，他们患有结核病，在经历了一段极其辉煌的创作阶段后往往英年早逝。英国最伟大的诗人之一约翰·济慈（John Keats）就是很好的例子，他于 1821 年去世，年仅二十五岁。在生命的最后一年里，他不断地咳血。他知道这意味着什么："我知道这种血液的颜色！这是动脉血。没有人能骗得了我……这滴血就是我的死刑执行令。我必死无疑了。"[272] 不到一年，他就死了。在病入膏肓的最后一年，济慈的艺术创作非常活跃。很长一段时间以来，医生们一直在使用拉丁语"结核病患者痊愈希望"（*spes phtisica*）来描述许多结核病患者典型的乐观心态。有些人甚至认为，这本身就可以刺激艺术活动。

结核病与创造力之间可能存在联系的另一个著名例子是十九世纪上半叶的英国勃朗特家族。勃朗特三姐妹（夏洛特、艾米莉和安妮）成为著名的小说家和诗人，她们的作品最初分别以柯勒、埃利斯和阿克顿·贝尔等男性笔名出版，艾米莉和安妮都死于结核病。[273] 夏洛特在三十九岁生日前不久去世，也被认为死于结核病，尽管近年来有人认为真正的死因应该是初次妊娠导致的并发症。

挪威人尼尔斯·亨里克·阿贝尔（Niels Henrik Abel）是数学史上最伟大的天才之一，1829 年死于结核病，享年二十六岁。[274] 在他生命的最后两年里，也展示了令人印象深刻的创造力。

还有一些知名艺术家多年来一直与这种传染病相伴。例如，多产的苏格兰作家兼诗人罗伯特·路易斯·史蒂文森（Robert Louis Stevenson），他最著名的作品是《金银岛》和《化身博士》。[275]《金银岛》中有一个令人难忘的人物，邪恶的独腿海盗头子约翰·西尔弗，就取材于史蒂文森一位因结核病而截掉了一条腿的朋友。四十四岁那年，史蒂文森因心脏病发作而非结核病，死于太平洋岛国萨摩亚。

英国伟大的诗人济慈于 1821 年死于结核病，享年二十五岁。威廉·希尔顿根据约瑟夫·塞弗恩的作品绘制的油画《约翰·济慈》，1822 年。

剧作家也不能逃脱这种白色瘟疫。法国最伟大的喜剧作家莫里哀（Molière）就患有结核病。[276] 1673 年，当最后一次参演戏剧《无病呻吟》时，莫里哀遭遇了大出血，他坚持继续演戏，但再次咳血，几小时后死亡。

1904 年，俄罗斯剧作家、短篇小说作家、医生安东·契诃夫（Anton Chekhov）死于结核病，这一事件在当时没那么引人注目。临终前，他举起一杯香槟，喝了一口，然后躺下死去。[277] 许多人会说，这是一次美丽的死亡。

著名音乐家死于结核病的例子也可找到。旅居法国的波兰作曲家弗雷德里克·肖邦（Frédéric Chopin）是其中较为著名的一个。[278] 他有着结核病病人的典型外貌——苍白、英俊、苗条——这给女人留下了深刻的印象，包括后来成了他的情妇、本名为奥罗尔·迪德旺特（Aurore Dudevant）的女作家乔治·桑（George Sand）。她称肖邦为"可怜的忧郁天使"，并写他会"优雅地咳嗽"。1838 年在马略卡岛停留期间，这对情侣发现自己成了流行于南欧的传染病理论的受害者，当地人因为害怕被传染，表现得十分冷漠，避之唯恐不及。此外，这里还经常下雨。肖邦继续咳嗽和作曲，写下了著名的《雨滴前奏曲》（Op. 28, no. 15）。虽然肖邦罹患结核病一事受到了一些人的质疑，但这一结论应该是比较确定的。

十九世纪初的另一音乐家例子是意大利的尼科洛·帕格尼尼（Niccolò Paganini），有史以来最著名的小提琴演奏家。[279] 他年轻时感染了结核病，这让他看起来脸色苍白，形似恶魔，人们在背后窃窃私语，认为他的技艺来自将自己的灵魂卖给魔鬼。帕格尼尼最终死于结核病——顺便说一句，他还感染了梅毒。

帕格尼尼的例子表明，以前人们普遍认为结核病患者具有极强的性吸引力。这位音乐大师和多人有染，其中就包括拿破仑的妹妹——可爱的波利娜。前文中，作为命丧海地的勒克莱尔将军的遗孀，这位贵胄千金曾经登场。波利娜同样也是结核病患者，于四十五岁时去世。

波利娜并不是拿破仑家族中唯一被结核病击倒的人。拿破仑唯一合法的儿子出生于 1811 年，父亲授予他"罗马王"的头衔。拿破仑倒台后，他的这个儿子被拿破仑党人称为拿破仑二世，几乎遭到外祖

拿破仑唯一的合法儿子，人称“罗马王”，出生于 1811 年。1815 年父亲去世后，他以赖希施泰特公爵的名义住在维也纳。1832 年，他在维也纳死于结核病。弗朗茨·克萨韦尔·施特贝尔绘制的这张木版画显示了拿破仑二世在葬礼游行上的状态。

父弗朗茨一世皇帝的软禁，住在维也纳的美泉宫，今天的人们仍然可以看到他的房间和陈设，包括他心爱的宠物鹦鹉标本。1832 年，年轻的王子死于结核病。[280] 有感于他的悲惨命运，法国作家埃德蒙·罗斯唐（Edmond Rostand）创作了悲剧《小鹰》。

并非所有结核病引发的创造力都是积极的，也可能是破坏性的。如果从广义上相信结核病与创造力之间的联系，可以在 1914 年 6 月 28 日的波斯尼亚萨拉热窝找到一个重要的例子。[281] 奥匈帝国的王位继承人弗朗茨·斐迪南大公和他的妻子霍恩贝格女公爵苏菲被年轻的学生加夫里洛·普林齐普枪杀。枪击发生前几分钟，普林齐普的同谋内德利科·查布里诺维奇试图引爆炸弹未遂。两名凶手都患有结核病，认为自己大限将至——几年后，他们的确相继死于狱中。萨拉热窝的暗杀事件引发了第一次世界大战。也许结核杆菌应该被列入导致那场灾难的诸多因素之列，历史学者们对这一问题仍僵持不下。

神秘的成功

罗伯特·科赫对结核病的惊人证明并没有解决结核病问题。大约六十年后，第一批有效治疗该疾病的药物链霉素和对氨基水杨酸被发明出来。实际上早在治疗药物推出之前，数百年来一直牢牢扼住世界咽喉的结核病，在欧洲和西方世界其他地区的肆虐程度就已有所减轻。如今，大多数西方国家已经有效地控制了结核疫情。不幸的是，这并不适用于世界其他地区。

神秘的是，自十九世纪六十年代，席卷整个欧洲的结核病浪潮开始消退，比 1882 年科赫的创新发现足足早了二十年。目前尚不清楚哪些因素导致了结核病疫情的消退。之前提到的英国传染病学者托马斯·麦基翁认为，在过去一百五十年间，包括结核病在内的传染病在欧洲的消退，首先要归功于民众营养状况的改善。他断然拒绝医学界于此有功的观点。如今，人们普遍认为麦基翁的解释过于简单化了。我们不能忽视一个事实，即除营养改善外，还有许多其他因素导致结核病发病率下降，如社会医疗水平进步，以及住房和工作环境的改善。强调卫生条件和个人卫生的卫生运动，可能有助于预防传染病。

在诊断结核病和预防传染方面，必须强调一个现在几乎被遗忘的人的工作，他便是奥地利男爵克莱门斯·冯·皮奎特（Clemens von Pirquet）。[282] 二十世纪初，他在维也纳当儿科医生，取得了一系列免疫学发现，为我们了解过敏和免疫系统导致疾病的能力奠定了基础。在结核病方面，他发现可以通过皮肤试验证明结核传染，即将少量结核菌素（来自死亡的结核杆菌中的提取物）滴在皮肤划痕上。如果患者已经感染结核菌，该部位会出现一个小的或稍大的炎症结节，这是由 T 淋巴细胞引起的免疫反应。这种“皮奎特试验”及其后来的变种试验已被广泛使用，在结核病研究中非常有用。通过这项试验，现在可以检测到无症状患者存在的结核感染。

作为一名卓有成就的研究人员和世界顶尖的儿科医生，皮奎特在约翰斯 · 霍普金斯大学短暂担任了一个待遇丰厚的教职，第一次世界大战后，他甚至被提名为奥地利总统候选人。然而，1929 年 2 月的一个早晨，他决定在五十五岁时结束自己辉煌的职业生涯，与妻子一起使用氰化氢自杀。这一行动和他的科学实验一样精心策划。

从二十世纪中期开始采取的其他医疗措施也在抗击结核病方面发挥了作用。[283] 德国修建了总计大约一千八百六十所疗养院，为结核病患者提供长期治疗，包括休息、营养饮食和在新鲜空气中进行有控制的体育锻炼。许多国家后来修建了类似的疗养院，通常位于被认为特别健康的地区，例如群山环绕的乡间。在这里，患者可能会在非常独特的环境中度过数年，其特点是与疾病治疗相关的仪式，而在这里，医生几乎是像神一样的主导人物。[284]

德国作家、诺贝尔奖获得者托马斯 · 曼（Thomas Mann）基于在瑞士达沃斯一家著名疗养院看望患结核病的妻子的经历，在小说《魔山》中描述了这样一家治疗机构。[285] 在小说中，年轻的工程师汉斯·卡斯托尔普来到阿尔卑斯疗养院看望他生病的表兄，但后来发现自己也被感染了。汉斯在疗养院待了几年，通过他的眼睛，托马斯 · 曼精确而详细描述了自己深入了解的结核病医学特征。与此同时，许多人也将这本书视为欧洲政治“病态”的寓言，包括法西斯主义的出现。德里克 · 林赛（Derek Lindsay）以笔名埃利斯撰写过一本不太出名的小说《架子》，对疗养院内特殊的心理氛围同样真实生动地做了描述。[286]

目前尚不清楚在疗养院的疗养对结核病治疗的实际影响。渐渐地，出现了直接治疗结核病的医疗措施。[287] 早在十七世纪末，一位意大利医生就有了一个惊人发现，结核病患者在胸部被刀刺后病情有所好转。刀尖的效果与十九世纪末引入的气胸治疗相同。在这种治疗中，空气被注入肺部感染的胸腔，导致肺部塌陷。这可以封闭由感染形成的结核空洞，从而降低传染性并促进愈合，因为结核杆菌在富含氧气的肺组织中生长得最好。从二十世纪三十年代开始，一种被称为“胸廓成形术”的外科手术被引入，通过切除结核病人的几根肋骨，制造肺塌陷。

1895 年，威廉 · 康拉德 · 伦琴（Wilhelm Conrad Röntgen）发现了现在被称为 X 射线的电磁波，这为一种全新的诊断方法奠定了基础。[288] 它对结核病的诊断和治疗也变得极其重要，人们现在可以直接“看到”感染带来的病变。

二十世纪二十年代，人们推出了一种抗结核的疫苗，即“卡介苗”，在西方世界取得了一定的预防效果。在二十世纪四十年代初出现了第一批药物，对氨基水杨酸和链霉素，彻底改变了这种疾病的治疗。[289] 但早在十九世纪中叶，西方国家的结核病患者就逐渐减少，这背后肯定还有其他原因。关于结核分枝杆菌的长期流行模式，有什么我们还不知道的秘密吗？令人深思的是，日本很早便采取了与欧洲相同的措施抗击结核病，但直到第二次世界大战后，结核病的泛滥程度才开始出现下降。

来自白死病的新威胁

如前所述，在第二次世界大战后的头几十年里，人们普遍认为传染病不再构成重大威胁。这在很大程度上也适用于结核病，毕竟已经发现了新的特效药物。一些人甚至乐观地认为，很有可能彻底根除这种疾病。在西方国家，结核病死亡率也在大幅下降。这导致了重视度的降低，其后果之一便是没有继续开发新药。二十世纪上半叶，西方国家对结核病采取的防控力度有所减弱，似乎已经不再担心这种疾病。

事实证明，这种态度极其危险。自二十世纪八十年代以来，结核病在世界上再次呈上升趋势。这是由多种因素造成的。[290] 世界上受结核病影响最严重的贫穷地区根本负担不起用现有方法有效抗击这种传染病的巨额投资。自二十世纪八十年代以来，由于结核杆菌适应外部世界的能力极强，情况进一步恶化。

首先，结核杆菌在很大程度上对现有药物产生了耐药性。在某些情况下，结核杆菌对常用药物和现有的少数备用药物都产生了完全耐药性。感染这种结核杆菌的患者所面临的情况，实际上与二十世纪四十年代治疗取得突破之前的情况相同，治疗者对这种感染几乎无能为力，最终很可能丧命。某些非洲国家受到这一问题的打击尤其严重。鉴于目前的旅行范围，来自这些地区的患者可以将致命细菌运送到全球各地。当今世界典型的大规模移民也助长了结核病的传播，因为许多移民恰恰来自结核病疫情严重的国家。

自二十世纪八十年代艾滋病大流行暴发以来，另一个重大问题是结核分枝杆菌和艾滋病病毒之间的致命联盟。[291] 未接受系统治疗的艾滋病患者存在严重的免疫缺陷，削弱了对结核杆菌的抵抗力。与免疫系统正常的患者相比，艾滋病患者感染结核病的可能性要高出二十至三十倍。

经过两百多年的研究，我们对结核病的致病机理仍有很多不了解之处。[292] 现在迫切需要新的药物和比已使用了近百年的疫苗更有效的预防接种。即便如此，我们也必须面对这样一个事实：在世界上受影响最严重的地区，结核病不仅仅是一个医学问题。与许多其他传染病一样，结核病也与贫困、恶劣的住房条件、不良的饮食和缺乏医疗援助有关。非洲等地许多大城市的贫民窟人口经历了爆炸性增长，与工业革命期间结核病猖獗的欧洲城市贫困地区极为相似。如果要在未来几年有效地抗击全球结核病流行，这将主要取决于经济状况。毕竟，我们已经掌握了相关的基本医学知识。[293]

麻风病：被遗弃者之疾

麻风病在西方国家已不再是医学现实。但是“麻风病人”（leper）这个词在“避之不及”（treated like a leper）这个表达中仍然存在。也就是说，以各种方式被厌恶和躲避。这句话隐约反映了数千年来麻风病患者日常生活的一部分。许多传染病比麻风病夺去的生命要多得多，而且引发的大流行也更为剧烈。然而，没有什么传染病能像麻风病这样给患者带来如此多的污名、歧视和排斥，进而导致患者精神上的痛苦与煎熬。

如果生活在今天的普通人想到麻风病，很可能将其与中世纪以及当时威胁人类的疾病联系起来。有些人可能知道麻风病仍然存在于热带地区，但没有多少人知道十九世纪的挪威实际上还暴发过麻风病，这也是麻风病在欧洲的最后一次流行。很少有人知道，挪威最后一位麻风病患者死于 2002 年。从年轻时起，他就一直与自己的秘密生活在一起。[294]

从无感到狮面

导致麻风的“典型”微生物是麻风分枝杆菌，由挪威医生阿毛尔·汉森发现于 1873 年。这种细菌与结核分枝杆菌有关，二者有许多相似之处。[295]

2008 年，研究人员公开表示，他们发现了一种新的细菌，同样能够引起麻风病。[296] 这种后来被命名为“弥漫型麻风分枝杆菌”的致病微生物，与麻风分枝杆菌关系极为密切。新细菌主要发现于墨西哥和拉丁美洲国家。但本书的讨论主要集中在典型的麻风杆菌之上。

麻风杆菌的致病过程属于一种慢性感染。如果这种感染是致命的，通常也不是细菌本身，而是各种并发症造成的。麻风病的进展是微生物和免疫系统相互作用的结果，患者对细菌的免疫反应在病程中起着关键作用——无论好坏。[297] 这种相互作用非常复杂，本书仅仅概述其主要特征，以便读者能够理解各种疾病的图景。首先，免疫系统的 T 淋巴细胞对该疾病的进展至关重要。

让我们首先说明，大多数人即使感染了麻风杆菌也不会出现症状。这是由于遗传因素通常会对细菌产生抵抗。在相对较少的病例中，不幸的受害者没有这种抵抗力，感染可能会导致各种不同程度的严重病理表征。有些患者在感染后症状很轻（皮肤上出现一些斑点，经常会消失），并保持健康。其他人则发展成慢性感染，并伴有各种症状。

慢性病谱系的两个极端被称为“结核样型麻风”和“瘤型麻风”。最近的研究表明，基因在很大程度上决定了患者的发病类型。[298]

结核样型麻风病患者的免疫系统相对有效，能够在相当高的程度上对麻风杆菌加以抑制和对抗，因此患者感染组织中的细菌数量很少。[299] 但患者的免疫系统并不能完全预防这种疾病。对于这种类型的麻风病，主要是皮肤和神经受到攻击。患者皮肤上有一个或几个或大或小、或白色或粉色的斑点。这些皮肤区域的神经受到了致病微生物的攻击，因此较不敏感，通常可以在患者感觉不到疼痛的情况下将针扎入这些皮肤区块。在疾病的后期，更多的神经会受到攻击。这是因为麻风杆菌更喜欢感染与神经纤维紧密相连的细胞类型。然后，患者的免疫系统攻击这些含有细菌的细胞，导致炎症和神经损伤。

瘤型麻风病导致了更严重的病理表征。在这些患者中，免疫系统无法有效对抗细菌，受到攻击的器官和组织中含有大量细菌，这些细菌随后会转移到全身。这种类型患者的皮肤病变远比结核样型麻风病更广泛，可以有多种表现。这些皮肤病变中经常会出现伤口，受攻击

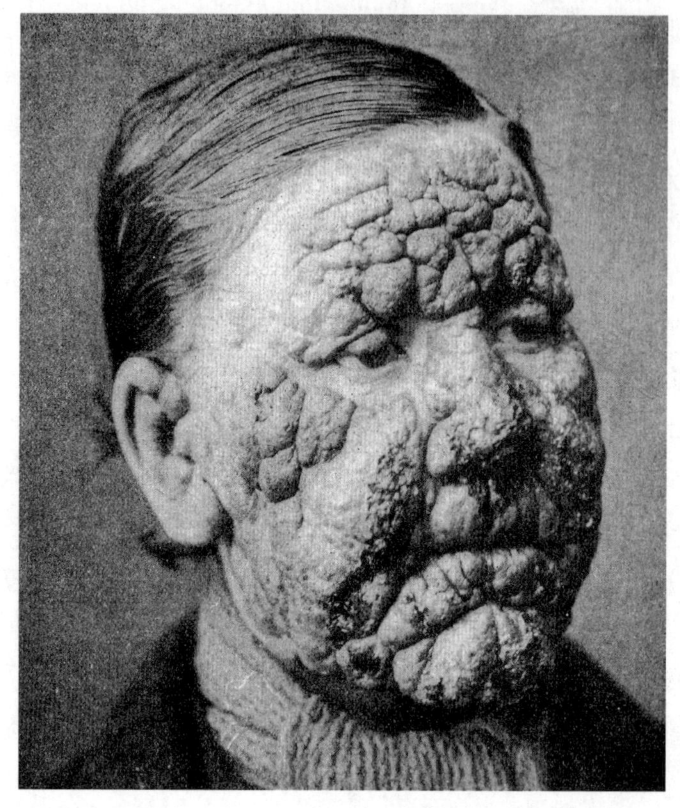

瘤型麻风病患者，摘自诺曼·沃克出版于 1922 年的《皮肤病学概论（第七版）》。

的区域变得相当粗糙。当这种情况发生在脸上时，会产生一种非常难看的外观，这种情况被称为“狮面”。所有的面部毛发都将消失。

由于细菌具有破坏骨组织的能力，面部往往会发生更多的毁容性变化。尤其是鼻子和上颌的软骨和骨骼遭到破坏，导致麻风病患者面部中间部分在鼻子所在的位置塌陷，只留下一个大洞。这种怪诞的外观被称为“麻风脸”。其他骨骼也可能受到攻击。广泛的神经损伤和敏感性丧失可能会导致伤口感染，从而造成严重的畸形，如“爪形手”和类似的足部变化，从而导致行走困难。通常，手指的最外层关节会逐渐消失，手指的某些部分会很容易脱落。

患者喉部软骨可能受到攻击，从而导致典型的声音嘶哑和言语困难。眼睛可能会受到感染，从而导致失明。其他器官也可能被麻风病影响，包括肾脏和睾丸，因此男性患者可能会不育。

在最晚期的形式中，瘤型麻风病会使患者出现非常令人厌恶的邪恶外表，这无疑是受害者多年来经历耻辱的重要原因。

到目前为止，本书已经描述了麻风病谱系的两个极端。然而最常见的是介于两者之间的混合形式，具有两个极端的特征。这些中间形式可以逐渐向一个或另一个极端移动。突然发生的炎症免疫反应导致症状恶化，这会使麻风病患者的情况变得更加复杂。当人们试图通过药物治疗麻风病时，这种情况最常发生。

关于麻风病如何传播，我们仍然没有最终的答案。普遍的观点是，感染通过鼻腔分泌物进行，在其中发现了大量的致病细菌。这些细菌被感染者吸入，然后移动到表皮附近的皮肤和神经，因为它们喜欢比我们通常的体温低一些的温度。感染也可能通过皮肤伤口发生。因为麻风病根本不具有高度传染性，因此感染需要密切和持久的接触。[300]

麻风病的起源：亚历山大大帝还是非洲？

麻风病无疑是一种非常古老的疾病。这种传染病究竟起源于哪里？它是如何传播到全球所有有人居住的地方的？这些问题困扰了人们两千年。我们仍然没有最终的答案，但已经掌握了一定程度的相关信息。

与研究其他流行病的历史一样，我们可以依靠各种方法：历史记录、人类遗骸的考古发现、特殊部位的骨骼和新的分子生物学方法。这些都被用于调查麻风病史，但各自的结论并不总是一致的。

在判断从历史记录中可以发掘到麻风病的何种信息时，我们必须异常谨慎。正如其他传染病那样，相关疾病描述往往十分模糊，缺乏确定性。对于麻风病来说，这是一个特别的问题，因为皮肤病变是病理特征的重要组成部分，但这些症状往往会与许多其他长期困扰人类的皮肤病相混淆。在传统说法中，最容易判断的是最显著的症状，比如瘤型麻风病导致的面部变化。

直到二十世纪七十年代，《旧约·利未记》中描述的所谓“大麻风”还被认为是一个不争的事实。然而许多学者认为，这里描述的皮肤疾病几乎不可能是麻风病。这里提到的被认为是麻风病的疾病，对后来的受害者造成了悲惨的后果，因为《利未记》说，患有这种疾病的人是“不洁净的”，在康复之前必须“独居营外”。但真正的麻风病没有现代药物是无法治愈的，这似乎表明《圣经》中提到的许多病例不是由麻风病细菌引起。

在存世的大量埃及医学著作中，没有发现任何关于麻风病的描述。在希波克拉底关于疾病的详细描述中，也没有什么能让人联想起麻风病。

关于麻风病这种传染病最古老、最确定的描述，见于公元前600年左右印度的《妙闻集》。[301] 给人的印象是，这在印度是一种相当常见的疾病。稍晚的中国著作中的描述似乎也涉及麻风病。

至于欧洲，我们在公元二世纪的罗马作家那里才能找到只言片语提及麻风病，包括罗马自然科学家老普林尼（Pliny the Elder）。[302] 老普林尼于公元79年在维苏威火山喷发中丧生，对自然现象难以自控的兴趣令他选择与死神般的火山相向而行。他在著作中表明，公元前62年庞培率领军队从中东战役归来时，这种疾病随之传入罗马。普林尼认为麻风病源自埃及。卡帕多西亚的阿雷泰乌斯（Aretaeus of Cappadocia），一位被遗忘了一千五百多年的名医，曾详细描述过麻风病的病理特征，包括“狮面”和皮肤变化。当时的普遍看法显然是，这种疾病在罗马帝国前所未见。历史学家普鲁塔克（Plutarch）记载的这种疾病出现在希腊的时间，据我们计算大约是公元前 100 年。

关于麻风病的历史，考古发现向我们透露了什么信息？麻风病会影响受害者的骨骼，特别是瘤型麻风者的骨骼，这一事实在检查考古发掘出的人骨遗骸时非常有用。欧洲和中东对此多有发现。[303] 最近在印度发掘的一座公元前 2000 年的坟墓中，考古人员有了一个有趣的发现，墓中的骨骼变化强烈指向死者生前患有麻风病，不过这一点仍无法百分之百确定。迄今为止，还没有发现在欧洲人随哥伦布抵达美洲之前的美洲土著遗骸表现出麻风病的特征。这种传染病可能是“哥伦布交换”的一部分，而一般来说，这种交换不利于土著居民。

亚历山大大帝，这位马其顿的军事天才征服了波斯帝国，统帅无敌铁骑一路杀到印度,可谓军功至伟,重塑了之后数百年的历史。然而，晚近的学者认为这位伟人也做了一件不那么光荣的事情：把麻风病从印度带到欧洲。[304]

丹麦人约翰内斯 · 安诺生（Johannes Andersen）于 1969 年首次提出这一主张，此后被许多考古学者、历史学者和麻风病研究人员欣然采纳。尽管如此，除了在欧洲发现的第一例麻风病的确可以追溯到公元前 326 年亚历山大东征归来后之外，这一理论仍然缺乏证据。因此也有一些历史学者高度怀疑亚历山大将麻风病引入欧洲的想法，但他们仍然认为麻风病来自亚洲，可能来自印度，然后随着船只前往埃及、阿拉伯和东非。亚历山大时代前后，埃及和印度之间存在广泛的海上贸易。而当时从印度到埃及的一种流行商品，便是奴隶，正是他们可能携带了麻风病细菌。

地中海世界最早发现的麻风病人骨骼大多是埃及的考古发现，可追溯至公元 200 年左右。在接下来的几个世纪里，越来越多的发现表明，这里的麻风病发病率稳步上升。在公元初的几个世纪，麻风病在罗马帝国可能仍然不太常见。我们只能假设，这种疾病以与结核病相同的方式在帝国境内传播，“罗马治世”为微生物敞开了传播的大门。

近年来，分子生物学者争相切入麻风病问题领域，研究了一些遗骸，尤其欧洲和邻近地区坟墓中出土的骨骼。麻风病细菌的脱氧核糖核酸受到包裹在周围的厚厚荚膜保护，非常适合此类考古生物学研究。在一些案例中，基于骨骼变化的麻风病诊断已通过新方法得到证实。所有的发现都来自一千九百年前：脱氧核糖核酸证据证实的最古老发现，来自公元一世纪在耶路撒冷附近安葬的一名男子。

到目前为止，现代分子生物学方法尚未对麻风病的起源提供任何最终答案。[305]一些研究人员认为，麻风病是一种非常古老的人类传染病，可能是从我们的类人猿祖先那里遗传来的。最新的基因研究表明，麻风病菌在漫长的时间内适应了人类。由于人类基因可以在传染过程中替代细菌基因，麻风病菌显然已经放弃了许多曾经对自身十分重要的基因。一些研究人员认为，六万到十二万年前，麻风病细菌与智人一起走出非洲，然后跟随人类一起传播到世界各地。[306]然而，如果是这样的话，我们就应该在哥伦布之前在新大陆发现它，但事实并非如此。

另外一些研究人员质疑麻风病的出现时间，认为第一次流行病学转型之后，随着人口密度的增加，麻风病才获得良好的传播条件。毕竟，麻风病细菌的传染需要非常密切的人际接触。也许当时的麻风病菌毒性更强？希望世界各地的全新考古发现能够更好地回答麻风病的出现时间和起源地点等问题。

最新的分子生物学研究也证实，美洲大陆的麻风病起源于哥伦布之后的欧洲和非洲。来自西非的奴隶和来自欧洲的移民都可能是原因之一。研究人员实际上声称，挪威人向中西部的大量移民可能是美国发生麻风病的原因，理由是挪威在十九世纪中叶曾暴发过严重的麻风病疫情。[307]

犰狳和松鼠

直到最近，麻风病还被认为只会感染人类，这意味着在人们看来，它不像很多人畜共患病那样在动物界中存在疫源地。但现在，我们可能不得不重新考虑这一点，因为在一种非常特殊的动物中也发现了麻风病细菌，这便是在整个拉丁美洲和美国南部各州都有发现的“九带犰狳”。这种奇怪的小动物演化出一种由角质化鳞片构成的盔甲，其外观类似于很多喜欢恐龙的孩子都耳熟能详的甲龙。犰狳的麻风病最初是由人类传染，但最近人们发现犰狳可以反过来传染人类。[308]犰狳对麻风病细菌的易感性使其深受研究人员欢迎。

很明显，不仅犰狳可以被人类传染，在非洲和菲律宾的猿类中也发现了“典型的”麻风病细菌。可以认为它们已经被人类传染，但是就像犰狳一样，被传染的类人猿可能会在密切接触的情况下将细菌“返回”给人类。

也许最令人惊讶的发现是，不列颠群岛的本地物种欧亚红松鼠携带着我们今天所知的两种麻风病细菌：麻风分枝杆菌和弥漫型麻风分枝杆菌。[309]在松鼠中发现的麻风分枝杆菌分子类型与在维京时期和中世纪的英国麻风患者中发现的麻风分枝杆菌分子类型相同。一些研究人员认为，不列颠群岛的松鼠种群过去可能是通过大量买卖松鼠皮——包括来自斯堪的纳维亚半岛的松鼠皮——的维京人传染的。松鼠是否像犰狳那样传染了人类？松鼠将麻风病传染给人类的案例尚未被发现，但有人声称中世纪的英国人不仅喜欢松鼠皮，还曾把这些动物当作宠物饲养。

麻风之王与活死人

公元后的几个世纪，麻风病逐渐在欧洲蔓延，成为一种可怕的疾

在南美洲、中美洲和美国南部大量发现的九带犰狳经常感染麻风病细菌。也许，犰狳最初是被人类传染的，但现在它可以一报还一报了。这种动物在麻风病研究中很重要，因为与大多数其他动物不同，其感染的麻风病细菌与人际传播的麻风病细菌类似。

普通松鼠，即欧亚红松鼠。最近在不列颠群岛发现，这种松鼠同时携带普通型及新型麻风杆菌。

病。疫情在 1100—1350 年间达到顶峰，与十字军东征同时发生。[310] 有些人认为十字军东征是麻风病传播的一个重要因素。毫无疑问，麻风病在巴勒斯坦乃至整个中东地区非常普遍。我们也知道十字军战士感染了麻风病，极有可能作为麻风病携带者回国。然而，在十字军东征之前，麻风病就已经在欧洲站稳了脚跟，因此十字军东征很难在传播麻风病方面发挥任何重要作用。

在争夺圣地的斗争中建立的各骑士团中，有一个“圣拉撒路骑士团”，以麻风病人的守护神“拉撒路”（Lazarus）命名。除了在打击异教徒方面发挥作用外，该骑士团还有照顾麻风病患者的任务。他们在巴勒斯坦和欧洲各国建立的医院被称为“拉撒路之家”，这就是为什么一些语言中使用该词变体（如 lazaret）来表示医院。圣拉撒路骑士团的一些骑士本身就是麻风病患者，也从其他被麻风病传染的骑士团那里招募骑士。

在十字军占据耶路撒冷的近二百年期间，感染麻风病的绝不仅有骑士。鲍德温四世于 1174 年十三岁时加冕为耶路撒冷国王。[311] 一年前，这位年轻的国王被诊断出患有麻风病，当时帝师发现鲍德温开始出现知觉渐失的皮肤斑块。在接下来的一年里，这种疾病发展成了瘤型麻风病，伴随着本书前面提到的可怕的身体变化。[312] 这位不幸的国王四肢渐渐不听使唤，视力慢慢丧失，面目变得丑陋狰狞，据某些说法，他需要终日佩戴面具。人们认为他活不了多久，尽管饱受病痛折磨，这位君主无论在宫廷斗争还是军事征伐中，均表现得可圈可点。1177 年，在右臂无法活动的情况下，这位年轻国王御驾亲征，在蒙吉萨战役（The Battle of Montgisard）中战胜阿尤布王朝苏丹萨拉丁。在后来的几年里，他不得不被人用担架抬着才能活动。他于 1185 年去世，年仅二十四岁。

中世纪及后世基督教国家对麻风病患者的态度在很多方面延续了《旧约》中的观点。毫无疑问，对传染病的恐惧情绪在欧洲人中相当

因为麻风病毁容而佩戴面具的耶路撒冷国王鲍德温四世，剧照来自 2005 年美国电影《天国王朝》（里德利 · 斯科特导演）。没有历史证据表明鲍德温真的戴过面具。

普遍，而这可能是将麻风病患者排除在社会之外的强烈愿望的关键。麻风病患者在道德上被认为是可鄙的，因为许多人认为麻风病是上帝对不道德生活的惩罚。例如，刘易斯 · 华莱士（Lewis Wallace）的小说《宾虚》描述了麻风病人的悲惨命运，这本书成为十九世纪美国最畅销的小说之一，每次改编成电影都会引发轰动，常映常新。

宣布某人为麻风病人的通常是神父，有时是在医生的协助下，对于被宣布者而言，这个结果极为严重。1179 年，第三次拉特兰公会议，作为天主教会的最高会议，对宣布某人为麻风病人制定了特殊的程序要求。麻风病人会被宣布社会性死亡，并为其举办葬礼，参与者将墓地的泥土撒到病人身上，或者让病人站立在墓前。麻风病患者还被禁止触摸儿童或年轻人，或赠与其任何个人物品。仪式后，麻风病人的配偶可以自由再婚。[313]

这一时期的麻风病人被排除在社会之外，实际上有如活死人，被带到名为麻风病院或“拉撒路之家”的特殊机构。首批这样的机构早在公元三世纪就已出现了。[314] 麻风病院通常由教会管理，后来转交地方当局，高度依赖当地社群的支持。在绝大多数情况下，麻风病患者不得不在这样的机构中度过余生。中世纪末期，欧洲至少存在一万九千例麻风病例。

并非所有麻风病人都生活在麻风病院。在没有此类机构的地方，麻风病人独自生活，靠乞讨维持生计。由于担心传染，他们仍然受到种种限制，不得不在衣服外面佩戴一个黄色十字架。走在路上，麻风病人必须摇动铃铛或拨浪鼓警告其他人，不管遇到何人必须站在一边。麻风病人被禁止进入市场、客栈或其他人员聚集的地方。许多城镇拒绝接纳麻风病患者前往。

我们很容易想象，在被宣布为活死人后，麻风病人被迫背井离乡、离妻（夫）别子，时刻需要面对让自己面目全非的可怕疾病带来的痛苦。麻风病人在极端情况下还会因为被认为品德低下受到残酷迫害，这无疑是悲惨的。麻风病人在黑死病期间的处境就是明证。

尽管基督教欧洲对麻风病的态度基于《旧约》的教义，但有意思的是，大多数其他文明也存在类似的态度，例如印度和中国。一个重要又耐人寻味的例外是，在伊斯兰社会，麻风病患者既不是社会的弃儿，也不被认为道德低下。[315]

神秘的衰退

麻风病流行的高潮出现在公元 1100 年至 1350 年之间，之后便在欧洲大部分地区逐渐消退。这种消退大约开始于十四世纪中叶第二次鼠疫大流行——黑死病暴发的同时。在接下来的一百到两百年中，除巴尔干半岛和苏格兰的少数地区外，麻风病几乎从欧洲大陆和不列颠群岛消失。[316]然而在斯堪的纳维亚半岛，尤其在挪威，麻风病菌仍然大量存在。原因尚不清楚。

没有人知道麻风病发病率下降的真正原因，但出现了许多相关理论。[317]麻风病流行的消退与黑死病的暴发同时发生，这当然可能意味着鼠疫尤其会侵袭已经因疾病而虚弱的麻风病人，但这并不是全部原因。有意思的是，在麻风病开始减少的同时，欧洲的结核病开始无情地增加。结核分枝杆菌和麻风分枝杆菌的关系相当密切，有一种理论认为，由于交叉免疫，毒性较弱的麻风细菌无法在已感染结核杆菌的患者中站稳脚跟。另一种可能性是，睾丸受感染的麻风病患者生育能力降低，导致有麻风病易感性基因的人减少。也有人认为麻风病细菌的毒性可能会降低（也就是说，变得更“良性”），但到目前为止还没有发现这方面的证据。

挪威：麻风病细菌的最后堡垒

在中世纪，欧洲各地的麻风病相当普遍。挪威也不例外，主要城镇都报告发现了麻风病例。在斯堪的纳维亚半岛，相关救助机构通常被称为“圣乔治麻风医院”，因为挪威和英格兰一样，敬奉的守护神都是“屠龙者圣乔治”。十六世纪，麻风病的传染率下降，但在十七世纪，情况发生了逆转，高增长率一直保持到十九世纪，成为困扰挪威的一个严重健康问题。[318]而在同一时期，麻风病在包括斯堪的纳维亚其他国家在内的大多数欧洲国家已相对罕见。

政客和医生对麻风病非常感兴趣。十九世纪中期，挪威对麻风病院的需求大增，不得不新建麻风病院。在该国城市卑尔根的两间最重要的麻风病院开展的研究逐渐获得国际认可。丹尼尔·科尔内留斯·丹尼尔森（Daniel Cornelius Danielssen）和后来在奥斯陆担任教授，当时因倡导梅毒接种而名噪一时的卡尔 · 威廉 · 伯克，合作撰写了一部关于麻风病的综合著作《论麻风病》，引起国际关注，并获得了法国科学院颁发的一项著名奖项。

与当时的大多数医生一样，他们也认为麻风病是一种遗传疾病。自古以来，对麻风病是传染病的确信一直影响着人们的看法，这种流行观念在当时的科学界看来已经过时。然而，同样在卑尔根麻风病院工作的阿毛尔·汉森并不这么认为。1874 年，他发表了麻风病细菌存在的证据，结束了长达数世纪的争论。

无论人们相信遗传说还是传染说，十九世纪的挪威都热衷于将麻风病患者隔离在不同的机构中，以确保他们得到良好的护理，并与疾病作斗争。许多遗传理论的支持者希望禁止麻风病患者结婚，以免他们将不幸遗传给后代，一些人甚至考虑对患有麻风病的年轻男性实施绝育措施。传染说的支持者自然从汉森的发现中获得了新论据，同样希望将患者隔离在特殊医院以防止传染。麻风病院一时人满为患。[319] 无论原因为何，十九世纪下半叶挪威的麻风病病例都在持续下降。一些麻风病院的关闭最终成为可能。

麻风病人流放地、药物和现代圣人

在过去的一个世纪里，麻风病名义上已在西方国家消失。偶尔报告的罕见病例总是来自世界上仍然存在较为严重麻风病问题的其他地区。全球每年报告的新增麻风病例超过二十万：大多数患者集中于印度、巴西和印度尼西亚。

麻风病仍然是一种给受害者带来污名烙印并导致社会排斥的疾病。[320] 这意味着仍有许多受害者会竭尽所能避免寻求医疗帮助，尽管自二十世纪中期以来，针对这种过去束手无策的疾病，我们已经开发出疗治之法。

晚近的人们还试图延续过去几个世纪的做法，将麻风病患者聚

麻风病人之岛——史宾纳隆加岛，位于克里特岛东北海岸

集在特殊区域。欧洲最著名的麻风病人流放地位于克里特岛东北海岸附近的史宾纳隆加岛。1904 年至 1957 年间，那里隔离了数千名患者。[321] 最初几年情况很糟糕，不允许外人接近，岛上飘扬着一面黄色的旗帜，提醒此地有传染病患。在第二次世界大战期间，参与战争的大国因为害怕传染而不敢上岸，麻风病患者成为抵抗纳粹占领克里特岛的运动的一部分。如今，史宾纳隆加岛及其小麻风村已成为受欢迎的旅游景点。

另一个著名的麻风病人流放地位于地球另一端，位于风景如画的夏威夷莫洛卡伊岛。从 1865 年到 1969 年，数千名麻风病患者被强行隔离在那里。2009 年，出生于夏威夷的时任美国总统巴拉克 · 奥巴马宣布，将竖立一座刻着所有在莫洛卡伊岛上度过一生的不幸者名字的纪念碑。天主教会最近认可了达米安 · 德维斯特神父和修女玛丽安 · 科普为莫洛卡伊岛的麻风病患者做的奉献。他们分别于 2009 年和 2012

年被教皇本笃十六世封为圣人。

不幸的是，麻风病患者的护理很少由圣徒来完成。在世界其他麻风病仍然较为常见的地区，患者的生活绝非仅仅是遭遇偏见和被排除在社会之外的机制。直到最近，日本对麻风病患者的治疗仍然可以用来说明，官方对麻风病问题的态度有时也会基于无知并缺乏人性。多年来，日本的严格立法都在强调强制隔离，最终日本政府被迫于 2001 年向遭受不公正待遇的麻风病人支付赔偿。

疟疾：发烧和死亡

如今提到疟疾，往往会让绝大多数西方人联想起热带地区。很少有人知道，就在几代人之前，例如斯堪的纳维亚半岛地区就存在疟疾。随着当今国际旅行范围的扩大，斯堪的纳维亚人又开始遇到疟疾问题，在前往热带地区之前必须服用预防疟疾的药物。在世界许多地方，这种传染病并不是日常疾病。

然而对世界上近一半的人口来说，疟疾数千年来一直如此，仍然堪称重大威胁。在与结核病和天花的激烈竞争中，多年来，疟疾可能是致死人数最多的传染病。同时，这种传染病展示了微生物的适应性是多么惊人，以及生态因素在人类与微生物世界永无休止的斗争中多么重要。出于上述原因，疟疾的发展史值得仔细讨论。

疟疾的本质是什么？

想要了解疟疾的历史中涉及的诸多关键因素，就有必要了解疟疾寄生虫相当复杂的存在阶段。[323] 疟疾是一种由诸多被称为原生动物的微生物引起的传染病。原生动物是单细胞有机体，本书之前将其称为

“第一批动物”。相较于结构简单得多的细菌，原生动物细胞更像动物和人类的细胞。引起疟疾的原生动物属于一个被称为疟原虫的寄生虫大家族。其中的四名成员多年来一直被认为是疟疾的病因：间日疟原虫、恶性疟原虫、三日疟原虫和卵形疟原虫。最近，第五名成员——诺氏疟原虫被发现是东南亚疟疾的病因，而其也会导致猿类罹患疟疾，前四种则专门针对人类。间日疟原虫和恶性疟原虫是当今世界疟疾的主要病因。不同种类的疟疾在不同方面存在差异，这对病理特征和治疗非常重要。首先，我们来讨论它们的相似性，从而总结出疟疾的病理特征。

疟原虫过着相当复杂的双重生活。它们生活在不同的宿主中，不幸的是，其中之一就是人类。另一个宿主是按蚊大家族中的雌蚊。这个按蚊家族有几百种成员，但只有三四十种对疟疾的传播是重要的。这些蚊子中的大多数都会从动物和人类身上吸血，但也有一些种类专门针对人类，从而成为最有效的感染传播者。

疟原虫在蚊子和人类之间交替存在的整个过程中，会以多种形式出现，具有不同的特征和名称。我们不需要在这里讨论各种术语。即使是医学生也会绝望地发现，很难死记硬背这些拗口的概念，考完试之后就会忘得一干二净。

正是雌性按蚊在人际传播疟疾。在雌性蚊子的胃中发育的疟原虫会转移到蚊子的唾液腺中。当蚊子为了吸血而叮咬人类时，疟原虫发现自己有机会进入受害者的血液。疟原虫这样做的目的非常明确，就是进军人类的肝细胞，在几周的时间里，它在肝细胞中成熟为新的形态，然后开始在血液中游动。现在疟原虫只有一个目标：进入红细胞以获取细胞里的营养。在红细胞内的这场盛宴中，疟原虫再次发生变化，数量增加，一到三天后，疟原虫导致红细胞破裂，它们再次进入血液，以寻找新的红细胞。

在典型的疟疾病例中，所有的疟原虫都会同步攻击红细胞，因此

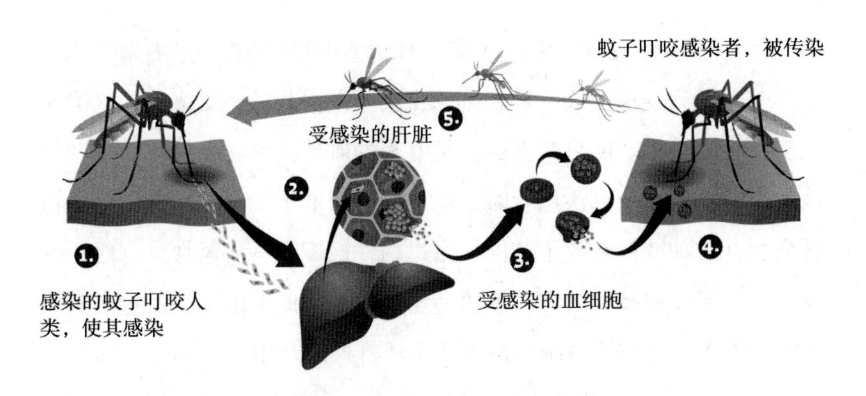

疟疾的传染循环。疟原虫在雌性按蚊和人类之间交替存在。

红细胞的破裂会同时发生。这会引起发烧。在间日疟原虫和卵形疟原虫引起的疟疾中，这些攻击通常间隔两天发生一次，这就是为什么这种类型的疟疾被称为“间日疟”。在三日疟原虫引起的“三日疟”病例中，间隔时间延长了一天。在发作期间，患者会出现颤抖、寒战和高烧 41℃的极端情况。症状会持续五到六个小时，以便炎症物质的排出。在一系列规律的发烧后，尽管严重消耗体力，患者却得以恢复，但如果不进行治疗，以后随时可能再次疟疾发作。携带恶性疟原虫的疟疾是最危险的类型，与其他类型的疟疾不同之处在于，在最初几天内，对红细胞的攻击往往不同步，导致寒战、发烧的持续时间更长，并且可能会非常不规律地发生。

恶性疟原虫的严重程度和致死水平也不同于其他疟疾形式。由这种微生物引起的疟疾通常被称为“恶性疟疾”，而其他形式的疟疾则被称为“良性疟疾”。在恶性疟疾中，患者因为大量红细胞遭到攻击，通常会出现严重贫血。此外，受感染的血细胞往往会阻塞身体许多组织和器官中的微小血管，可能会导致极其严重的功能紊乱。一旦这种情况发生在大脑之中，我们就会患上脑型疟疾，而这是恶性疟疾一种可怕的、危及生命的并发症。总而言之，全世界百分之九十九以上的疟疾死亡病例均源于这种疟疾。间日疟原虫感染很少会导致重症和死亡。

与其他致病微生物一样，疟原虫会不断寻找新的受害者，以确保自身物种的生存。助纣为虐的又是叮人的雌性按蚊。当这种蚊子叮咬血液中有疟原虫的疟疾患者时，蚊子会从血液中摄取这种寄生虫的特殊变种，这种变种在蚊子体内，通过两性交配进一步繁育。在蚊子的胃中进行了几周高度活跃的繁殖活动后，成熟的寄生虫准备攻击新的人类受害者，当蚊子再次吸血时，循环将再次开始。

如上所述，不同类型的疟疾之间存在一定的差异。除了名称之外，另一个重要的区别是，与恶性疟原虫不同，间日疟原虫和卵形疟原虫可以在患者的肝细胞中转化至休眠状态。在这种状态下，疟原虫可以在患者完全没有症状的情况下保持数年不活动。然后，疟原虫会醒来，再次引发典型的疟疾发作。疟原虫在无症状患者体内的存活可长达三十年，直到再次活跃并导致新的疟疾发作，对此致病机理，至今尚无法解释。众所周知，年轻时在热带地区航行的水手进入暮年，很可能会突发疟疾。恶性疟原虫则无法在患者体内长期存在。如果患者挨过了恶性疟原虫的急性发作期，症状将在几个月后消失，患者得以康复。然而，该患者日后可能会重新感染恶性疟疾。

患者的免疫系统对疟原虫没有反应吗？幸运的是，答案是“有反应”。[324] 免疫反应可以大大降低症状的严重性，尤其是死亡率。然而，六个月到五岁的儿童和孕妇的免疫反应较其他人更弱。因此，这些人群的病程最严重，死亡率最高。

然而，进化出一种真正有效的免疫反应来保护人体免受疟疾侵袭，并不是一蹴而就的事，也不是在第一轮感染时发生的。这就需要在一定时间内反复感染疟原虫，以使免疫系统不断受到刺激。因此现实生活当中，这种情况只发生在疟疾始终存在的地区——也就是说，疟疾流行区域——并且除非新的感染持续下去，否则产生的免疫力只是短暂的。离开疟疾流行地区大约一年后，免疫力就将消失，再次回到疫区时将无法得到免疫系统的保护。

正是免疫系统解释了为什么最严重的疟疾病例最常发生在从未长期在疟疾疫区逗留的个人身上。[325] 新抵达非洲的欧洲人因此一直很容易成为疟原虫的猎物。过去人们认为，到非洲某些地区工作的欧洲人患疟疾的病死率（确诊感染者死亡的比例）接近百分之五十。来自疟疾发病率极低地区的非洲当地人如果前往疟疾地区，例如成为难民或季节性工人，也会面临同样的情况。

免疫系统一旦有时间做出反应，就会发挥免疫机能，防止最严重形式的疾病和死亡，但慢性疟疾和反复的新感染仍然会造成健康问题，包括儿童生长发育障碍、体重减轻、工作能力下降以及因病缺席工作或学校。慢性疟疾还会削弱免疫系统，增加感染其他传染病的风险，如细菌性肺炎。因此在受灾最严重的地区，疟疾会造成重大的社会和经济问题。

疟原虫、蚊子和人类之间复杂的相互作用，意味着许多生态因素对疟疾在不同地理区域的存在起着至关重要的作用。例如，气候条件对按蚊成为疾病的有效传播者至关重要。蚊子需要一定的温度和湿度才能存活和繁殖，蚊子体内的疟原虫也需要一定的温度和湿度才能成熟。在疟疾地区，雨季过后，蚊子的繁殖机会骤增，病例数量会大幅增加。

历史上的疟疾

作为一种人类传染疾病，疟疾究竟有多久的历史？攻击人类的疟原虫源自何方？近年来，研究人员以不同的方式回答了这些问题。现代分子生物学方法在疟疾研究中也得到了越来越多的应用，但结论各有不同。

首先看看历史文献中可以发现关于疟疾的何种信息，几乎可以肯定，这种传染病在有书面资料之前便已出现。一如既往，必须批判地看待传统学说。文献中的说法往往不太精确，我们很难将提到的病情确定为疟疾。关于疟疾，经常会发现诸如季节性复发的发烧，具有特征性的节律，以及脾脏肿大等其他典型症状。在这些情况下，可以肯定的是，文献记载的病例正是疟疾。

最早提到疟疾的文献是成书于四千七百年前的《黄帝内经》*。[326] 在这部公元前的中国著作中，含有青蒿素的青蒿被认为对治疗发烧有效。这种植物现在被用作一种重要的抗疟药物。

公元前2000年左右，疟疾在古埃及就已经很普遍。这种疾病在公元前1570年的埃伯斯纸草书中有描述。2008年，研究人员设法在四千年前的一些木乃伊中检测到恶性疟原虫的脱氧核糖核酸。[327] 在三千年前的印度吠陀文献中，我们发现了对疟疾的精确描述，包括对恶性疟原虫疟疾的描述，吠陀中称之为“万病之王”。[328]

希波克拉底的著作表明疟疾在古希腊很常见。希波克拉底清楚地描述了疟疾的一些常见症状，尽管不是最厉害的恶性疟疾形式。恶性疟疾可能直到希波克拉底去世后的几个世纪才在古希腊站稳脚跟，但随后它产生了相当大的后果，导致整个地区人口减少，农业和商业衰落。一些历史学者曾经认为，疟疾在很大程度上导致了古希腊文明的衰落，然而我对这一点存疑。[329]

罗马也没有逃过疟疾。最近的研究表明，疟原虫在公元前几个世纪传入罗马，很可能是通过运送奴隶的海上贸易从非洲输入。疟疾也可能来自希腊，但在古希腊，“更良性”的疟疾可能先于恶性疟疾产生。分子生物学方法已经在早期罗马皇帝时代（公元一世纪）的人类遗骸中检测到恶性疟原虫的脱氧核糖核酸。到公元二世纪盖伦生活的时代，疟疾对罗马人来说已然成为严重的健康威胁。

---

* 其时间尚有分歧，多认为成书于战国至汉代。

雌性按蚊叮咬人类

盖伦详细描述了各种形式的疟疾。[330] 他清楚地意识到疟疾在低洼沼泽地区最为流行，并将其归因于那里聚集的瘴气。今天，我们知道沼泽是疟蚊的繁殖地。彼时，罗马上层阶级早已知道，在更高的区域建造别墅是明智的选择。盖伦强调，罗马及周边地区深受这种“恶性发热”的影响，尤其是在秋季。这并不奇怪，因为罗马城外臭名昭著的庞廷沼地已经成为蚊子和疟疾的理想滋生地。罗马城内也是如此，在那里，七座小山和许多花园内的积水向按蚊发出了盛情邀请。[331]

罗马在整个意大利进行的全面建设项目也为疟疾提供了理想条件：新建的道路破坏了排水条件，广泛的森林砍伐为各种蚊子创造了新的充满水的繁殖地。在被称为“罗马治世”的全盛期，疟疾很可能随着罗马军团、贸易和航运，遍及这个幅员辽阔的帝国。

公元五世纪末西罗马帝国崩溃时，疟疾已经成为意大利的一个重大问题。帝国崩溃后的人口迁徙不断入侵意大利，进一步为疟疾肆虐铺平道路。环绕着罗马这座城市的罗马平原——包括庞廷沼地——直到现代，仍然一直饱受疟疾的蹂躏。

我们对中世纪的疟疾知之甚少。令人沮丧的是，这一时期的书面描述对这种疾病的描述并不准确。然而，作家但丁·阿利吉耶里（Dante Alighieri）对疟疾很有了解：在《神曲》中，可以找到不少于三处对这种疾病的描述，而这对于描述地狱来说已经足够。遗憾的是，但丁本人于1321年死于疟疾。[332]

从文艺复兴时期开始，存世文献较为完整，能够揭示这一时期的罗马城仍然受到疟疾的困扰，因此它也被称为“罗马热”（Roman fever），尤其是在秋季，死亡率相当高。毫无疑问，正是恶性疟原虫夺走了朝圣者、红衣主教和几位教皇的生命，其中就包括切萨雷·波吉亚的父亲教皇亚历山大六世——1503年8月死于疟疾。或许是命中注定，在父亲去世时，前文提到患有梅毒的切萨雷·波吉亚也染上了严重的疟疾。[333]正因如此，切萨雷·波吉亚无法在这个关键时刻确保自己的权力地位。他不仅失去了父亲的支持，更要面对教皇的继任者朱利亚诺·德拉·罗韦雷这位毕生死敌。这很可能产生了历史性的影响，据说切萨雷·波吉亚有将意大利中部和北部各州联合起来的宏图。设想一下，如果在权力交接的关键时刻，他没有被疟疾所击倒，会有何作为：毕竟，波吉亚可是马基雅维利（Machiavelli）研究权力的典范之作《君主论》的人物原型。

十七世纪和十八世纪欧洲地区的疟疾问题逐渐恶化——不仅在南部，北欧也是如此，也包括斯堪的纳维亚半岛南部。[334]罪魁祸首很可能是间日疟原虫，因为这种形式的病原体特别适应温带气候。十九世纪，疟疾在斯堪的纳维亚半岛尤为严重，当时丹麦和瑞典的疟疾大流行的死亡率很高。十九世纪的大部分时间里，挪威南部沿海地区，特别是奥斯陆峡湾沿岸，尤其哈瓦勒群岛和弗雷德里克斯塔德周围地区，都出现了一定数量的疟疾。这种所谓的“沼泽热”主要出现在夏季。

进入二十世纪，斯堪的纳维亚半岛一直没有暴发疟疾，但第二次世界大战期间除外，当时疟疾向北转移，苏军和德军在卡累利阿地区战斗时，疟疾让交战双方苦不堪言。这场疟疾由从中亚调来的俄罗斯士兵传入战区。

二十世纪上半叶，欧洲其他地区的一些国家出现了相当严重的疟疾问题，当时疟疾不仅侵袭南欧，还影响到波兰、荷兰、德国和苏联。自 1975 年以来，经过积极的公共卫生运动，疟疾被认为已从欧洲根除，偶尔出现的新病例都来自疟疾依旧肆虐的世界其他地区。

战争与疟疾

数千年来，疟原虫极大地干扰了军队领袖的计划，常常对军事行动的结果产生决定性影响。公元前 323 年，亚历山大大帝从印度撤军，在波斯帝国首都波斯波利斯病发，旋即去世。他的死对随后几个世纪地中海地区的发展产生了重大的历史影响。尽管对于死因还存在其他解释，但某些著名的历史学者声称，疟疾导致了他的死亡。[335]

虽然疟疾牢牢把控罗马帝国，但矛盾的是，这对于蛮族入侵意大利有一定的抵御作用。西哥特国王阿拉里克一世在公元 410 年占领罗马后不久，便很可能因为感染疟疾去世，他的军队随后撤出意大利。接下来几个世纪的许多例子也表明，疟疾是入侵意大利的军队的一个重要对手。由于军队中暴发了疟疾，神圣罗马帝国的皇帝们不得不停止征伐。[336]

在现代，也可以找到许多证明疟疾对战争发动乃至进程产生重要影响的例子。十八世纪七十年代末美国独立战争期间，英国军队受到疟疾的严重阻碍，士兵对疟疾的免疫力低于美国对手。在美国内战时期，双方士兵也遭受了这种传染病的重创：1861 年至 1865 年间，据记录，双方共有一百三十多万士兵感染疟疾，病重身亡者更是过万。[337]

第一次世界大战期间，巴尔干马其顿前线，交战双方几乎都因疟疾肆虐而陷入瘫痪。一位法国将军在接到司令部的进攻命令时回答说："很遗憾，我的士兵正因疟疾住院。"

第二次世界大战期间，对于那些驻扎在欧洲以外，特别是太平洋地区的军人来说，疟疾仍然称得上一个巨大的问题。领导美国对日作战的道格拉斯·麦克阿瑟（Douglas MacArthur）将军说："如果面对敌人的我方部队，不是正生疟疾休养，就是还在康复中，那将是一场非常漫长的战争。"

第二次世界大战期间的疟疾问题对开发替代奎宁的新药发挥了至关重要作用。战争爆发前，奎宁的主要来源是爪哇岛上荷兰的大型金鸡纳树种植园。日本人占领爪哇岛时，奎宁的供应被切断。随后，交战国做出巨大努力，开发新的合成抗疟疾药物，并逐步引入临床。

疟原虫是如何产生的？

在遥远的过去，疟原虫的"祖先"可能是一种自生微生物，一种原生动物。它后来在某些水生昆虫幼虫的肠道中以寄生虫的形式开始了新生活。其中一些宿主昆虫通过吸食各种动物的血液获得营养。渐渐地，"疟疾祖先"在宿主昆虫的叮吸帮助下也成功地感染了这些动物。通过进化，这种寄生虫建立了一种双重存在，就像今天在人类疟疾中的那样：一部分生活在吸血昆虫身上，另一部分生活在被昆虫吸血的动物身上。今天，大多数脊椎动物都存在特有的疟疾类型。[338]

疟原虫是何时以及如何进化为专门针对人类的微生物？纵观历史，所有有人居住的大陆都曾遭受疟疾的蹂躏，但哪里是疟疾发源地？疟疾什么时候开始对人类构成威胁？

我们的祖先类人猿很可能也存在疟疾。也许今天的疟疾类型是我们祖先感染的疟原虫的进一步演化，是人类背负的“遗产”的一部分。如此一来，正如某些研究人员声称的那样，感染我们的疟原虫的历史可能要以百万年计。如今大多数研究者则认为，间日疟原虫、恶性疟原虫、三日疟原虫和卵形疟原虫成为人类罹患疟疾的致病原因要晚得多。有多种因素证明了这一点。

在第一次流行病学转型，即开始定居并从事农业和畜牧业之前，人类祖先主要以狩猎者和采集者的身份在小规模聚落生活。这种条件不太有利于疟原虫的生存进化。[339]疟原虫可以在患者体内存活数年，因此在这种条件下或许能够存活，但几乎不可能发挥重要作用。间日疟原虫和卵形疟原虫在这些小群体中存活的概率更大。在狩猎和采集群体中，恶性疟原虫基本上没机会传播，因而严重受限。因此，许多研究人员认为，在人类传染史上的第一次转型之前，恶性疟原虫几乎不可能存活，而且无论如何，也不可能在人类疟疾的病因中发挥主要作用。那么，为什么现在，尤其在撒哈拉以南的非洲，这种恶性疟疾会如此致命呢？

个中关键无疑是第一次流行病学转型带来的根本改变，这不仅改变了人类的生活状况，而且改变了新永久定居点周围的生态环境。首先，规模更大的人口导致出现更多的按蚊受害者，从而使传染更为容易。其次，由于森林砍伐，蚊子的繁殖地开始集中于人类住所附近。第三，比起其他动物，更喜欢人类的按蚊在与其他蚊虫物种竞争时获得了生存优势，并进一步适应了这一角色。有了这种蚊子，恶性疟原虫终于获得了机会，它急切地抓住了这个机会，并开创了一个时代，成为人类传染史上主要的杀戮机器。这一过程很可能发生在非洲，部分原因是那里的气候条件特别有利，但主要原因是在那里演化出了专门针对人类的按蚊种类。与非洲以外的类似农业社区相比，在非洲出现的新的永久居民农业社区中，与人类同为按蚊“猎物”的家畜数量要少得多。

全新的分子生物学发现也指向恶性疟原虫起源于非洲的观点。[340]据了解，在非洲猿类体内发现了大量疟原虫。最近在西非大猩猩体内发现的一种疟原虫与人类的恶性疟原虫非常相似。人类的恶性疟原虫很可能是大猩猩传染的。也许这种情况只发生过一次，一种有点特殊的疟原虫变种成功地在人类身上站稳了脚跟。一些研究人员认为，从大猩猩到人类的这种传染可能发生得比较晚，不早于一万年前。

那么今天在世界上如此普遍的另一种疟疾病因，间日疟原虫呢？直到最近，人们还认为它起源于东南亚，因为那里有一种非常相似的疟原虫，可能源自猕猴。这一理论现已被抛弃。间日疟的起源地可能也是非洲。一组研究人员最近发现了一些感染了极为类似间日疟原虫的非洲猿类，包括黑猩猩和大猩猩。因此，假设我们也从猿类那里感染了这种类型的疟疾，似乎是合理的。然而，很难确切厘清具体的发生时间。

还可以从完全不同的研究发现推断间日疟原虫起源于非洲。人类中特殊基因的出现，实际上可以告诉我们很多关于疟疾的历史。[341]间日疟原虫在世界各地都有发现，但在西非和中非的大片地区非常罕见，而在那里其他形式的疟疾则很常见。然而，人们认为这种间日疟原虫起源于非洲。相关解释，我们之前有所提及，那就是在几千年的时间里，这些地区的人口对最初存在于那里的间日疟原虫的遗传抗性逐渐增加。这是因为较为罕见的“达菲血型”能够阻止间日疟原虫进入红细胞，而疟原虫完全依赖红细胞来传染。因此，携带这种特殊血型基因的人具有生存优势，与缺乏这种特定基因的人相比，他们对间日疟原虫具有抵抗力。随着人口中携带这种抗体的群体逐渐增加，间日疟疾失去了潜在的受害者，故在有关地区变得罕见。在这个解释中，我们再一次见证了进化对人与微生物决斗的影响。而这一过程可能需要数千年的时间。通常在非洲以外的地方找不到这种抵御间日疟原虫的特殊血型，因此非常符合这种理论，即这种类型的疟疾起源于非洲，影响在那里生活的人类基因的时间最长。

对于恶性疟原虫，可以找到类似的基因与疟疾相互作用的例子。在我们的红细胞中有一种重要的蛋白质，即血红蛋白，它与氧气结合，以便血细胞通过血管将它运输到身体的组织和器官。血红蛋白分子有多种遗传变异。其中一些变种对恶性疟原虫具有一定免疫力，尽管无法达到百分之百免疫。相关例子便是先天性疾病“地中海贫血”。顾名思义，这种疾病会导致不同程度的贫血，但对恶性疟原虫疟疾有一定的防护作用。这种疾病在地中海地区很常见，但在非洲和亚洲的某些地区也有发现。[342]

另一个重要的例子是遗传性的“镰状细胞贫血病”，因红细胞形似镰刀，故此得名。在双重作用下，也就是说，当后代从父亲和母亲身上同时遗传相关基因时会导致重症，寿命缩短，但单向遗传可以提供相当大的保护，预防恶性疟疾。这导致非洲疟疾地区携带镰状细胞基因的个体大幅增加，而这种贫血病现在也经常在非洲奴隶的非裔美国人后代中发现。

疟疾的历史提供了数千年来人类与微生物决斗的许多例子，也影响了人类基因。科学发现永远不是最终结论，因为新的发现总能改变我们的观念。不过在今天看来，相当肯定的是，攻击智人的疟原虫（包括卵形疟原虫和三日疟原虫）俱起源于非洲，可能最初来自猿类。

跟随智人走出非洲

六万至十二万年前，当智人走出非洲时，疟疾也是其携带的“行李”的一部分。[343]疟原虫经常在当地发现传播病原体的新的按蚊宿主。但蚊子也会四处游荡，并能适应新的地理和气候条件。随着人类向各大洲扩散，疟疾也在扩散。正如我们从文献中看到的那样，疟疾在亚洲和欧洲都有数千年的历史，但新世界除外。

与疟疾研究的其他领域一样，对于疟疾在美洲大陆的传播也存在分歧。一些研究人员声称，早在1492年哥伦布到达之前，疟疾就已经存在。他们的论点之一是，南美洲的猿类中存在着与间日疟原虫和三日疟原虫非常相似的疟原虫。因此有人声称，这些疟原虫变种是由来自东南亚的间日疟原虫和来自西非的三日疟原虫从人类传染给猿类引起的，这种传染发生在哥伦布发现新大陆之前很久。这一理论的前提是，有人驾驶相当原始的船舶横渡风险莫测的浩瀚大洋，但没有任何证据表明这一点。我们知道，维京人在一千多年前到过北美东海岸，但他们携带疟疾的可能性极低，因为这种传染病在他们的母国并不存在。疟疾也不太可能是在两三万年前，第一批从西伯利亚经白令海峡穿越的人类携带而来的。气候条件使疟疾在西伯利亚地区几乎不可能出现。[344]

另一个反驳疟疾早已存在于美洲的论点是，至今仍没有任何迹象表明疟原虫影响了当地土著人口的基因，而如前所述，非洲则存在好几个例证。

如今，大多数研究者都相信，疟疾——病原体为间日疟原虫、恶性疟原虫和三日疟原虫——是哥伦布之后传入美洲大陆的。欧洲人和来自西非的奴隶在随后近三百年的时间里经常被输入美洲大陆。美国有几种适合传染疟疾的本土按蚊，因而疟原虫可向当地猿类和居民传播。[345]疟疾首先在西印度群岛和中南美洲站稳脚跟。从十八世纪中期开始，随着美国南部各州以奴隶制为基础的经济增长，这种疾病在北美大部分地区传播极为迅猛，农垦区域大量扩张带来的丰富水源成为疟原虫的理想栖息场所。

疟疾是哥伦布之后旧世界“馈赠”新世界的致病微生物名单中的一员。造化弄人，新世界的回礼则是第一种对抗疟疾的有效药物——金鸡纳树的树皮。[346]我们现在知道，这种树皮的粉末或提取物中含有活性物质奎宁，十七世纪耶稣会士将其从秘鲁带到欧洲，直到二十世纪，它都是唯一有效的抗疟疾药物。然而，奎宁只能抑制症状，既不能预防也不能治愈。此外，以次充好或者以假充真的情况相当普遍，市场上销售的树皮质量良莠不齐。最终，法国研究人员在1820年发现了从金鸡纳树的树皮中提纯奎宁的技术，向前迈出了一大步。

十九世纪中叶，世界疟疾大流行达到顶峰：此前或之后，疟原虫从未造成如此多的疾病和死亡。全世界一半以上的人口生活在相当高的传染风险中，至少十分之一的感染者死亡。

攻克疟疾的军医们

军医在和平时期的日常生活中几乎乏善可陈，但传染病学的历史中，面临重大且扣人心弦挑战的军医研发出了影响深远的重大成果。疟疾病因的发现就是一个很好的例子。

从希波克拉底时代起，人们就认为疟疾与来自不卫生沼泽地区的瘴气有关，这会影响四种体液的平衡。瘴气理论一直延续到科赫和巴斯德时代。随着细菌学革命，人们开始寻找导致疟疾的微生物。1884年，两名研究人员认为他们在罗马城外的疟疾多发区庞廷沼地的水中检测到了一种细菌。这种细菌，他们称之为“疟疾杆菌”，注射入兔子体内后会引其出现发热症状。然而，罗伯特·科赫对此持怀疑态度，并前往意大利研究疟疾，与该领域的意大利研究人员展开直接竞争。但这次，他没有成功，意大利人认为这种傲慢行为实属冒犯。[347]

早在1880年，驻扎在阿尔及利亚的法国外籍军团的军医夏尔·路易·阿方斯·拉韦朗就在患有疟疾的士兵的红细胞中发现了一些奇怪微生物。[348]拉韦朗发现这些微生物在用奎宁治疗后消失了，于是认为他发现了一种引起疟疾的原生动物。几年来，他一直试图说服科赫和其他著名的细菌学者，但都没有成功，但1884年，一个当时活跃在意大利的研究小组接受了拉韦朗的发现，并对其进一步加以发展。1890年前后，人们已经清楚，疟疾的发作是感染疟原虫的红细胞破裂并释放寄生虫所致。当时，以乔瓦尼·巴蒂斯塔·格拉西为核心的意大利研究人员已经发现了三种最重要的疟原虫：间日疟原虫、恶性疟原虫和三日疟原虫。

然而，到目前为止，还没有疟疾研究人员了解感染通过疟原虫发生的原理。这下轮到英国人出场了。被誉为“热带医学之父”的英国传教医生万巴德爵士（Patrick Manson）在东方生活工作多年，有了一项重要发现：一种棘手的肠道蠕虫丝虫传染是由蚊子传播的，这种丝虫会引发所谓的“象皮病”，导致腿部和生殖器极度肿胀。万巴德爵士认为疟疾也有可能以类似的方式传播。然后，他说服了在印度工作的军医罗纳德·罗斯（Ronald Ross）来验证关于疟疾的蚊子理论。[349]

罗纳德·罗斯并不是解决疟疾之谜的最佳人选。他的医学成绩不好，也没有特殊的科学背景。实际上，这位医生最感兴趣的是写诗和小说，但几乎无一例外都遭出版商拒绝。他对蚊子的种类也一无所知：据说他撰写的唯一与昆虫研究有关的学术著作，主要讨论的是如何使用苍蝇钓鱼。起初，罗斯对拉韦朗的发现将信将疑，但在军医的职责范围内，他接受了万巴德爵士的挑战，开始解剖蚊子，看看是否能找到拉韦朗所谓的原生动物，但经过数千次实验，还是一无所获。我们现在知道，这位罗斯医生搞错了蚊子的种类，被他解剖的蚊子不能传播疟疾。然而，1897年8月的一天，印度的天气酷热难当，处于半梦半醒状态下的罗斯在显微镜下观察一只蚊子，此时出现令人惊讶的一幕，蚊子的消化道里的确存在与拉韦朗的描述相似的生物。造化弄人，他碰巧遇到了一只咬伤疟疾患者的按蚊。罗斯医生立即赋诗一首，描述了这一发现，在诗中他对这一发现带来的全新可能性充满热情。[350]

关键问题依然存在：疟疾病原体如何从蚊子传染给人类？毫无疑问，罗斯知道意大利疟疾研究人员也在鸟类中检测到了疟疾，他决定在实验中利用各种鸟类，以描述疟疾的传染机制。他随后发现，疟原虫在蚊子体内成熟期间，逐渐转移到唾液腺，并在蚊子吸血时随唾液传播给下一个受害者。他猜想这也是发生在人类身上的事情。

与此同时，格拉西领导下的意大利研究人员并非无所事事。他们可能获悉了罗斯的新发现。通过系统的检视，意大利人很快发现按蚊是人类传染的媒介，并证明疟疾是由这种蚊子传播的。他们立即公布了研究结果，可惜对于罗纳德·罗斯只字不提。无论如何，这位爱好文学的英国医生还是促成了蚊子在传染人类时作用的突破性研究。罗斯对此一直耿耿于怀，称竞争对手为"意大利海盗"。双方激烈对峙，纠缠不清。不幸的是，经常可以看到在科学突破中，人们对于究竟是谁拔得头筹总是存在分歧。罗斯成为1902年诺贝尔医学奖的唯一获得者，使意大利人遭受的痛苦有增无减。罗斯之所以没有和格拉西分享奖金，可能是因为罗伯特·科赫的陈述——这位当年遭意大利人排挤的科学家被任命为中立仲裁员。1907年，拉韦朗同样因为与疟疾有关的研究获得诺贝尔奖。尽管意大利研究人员多年来一直在对人类疟疾进行系统研究，但从未获得相关奖项。从那以后，对于此事是否有失公正，人们众说纷纭。

抗击疟疾的斗争：初战告捷和功亏一篑

十九世纪末，罗斯、格拉西及其同僚对疟疾致病机理有了划时代的发现，而同一时期，疟疾从北欧和西欧消退。这种现象出现的原因不一。也许有人会认为，较低的温度对按蚊的繁衍不利，但事实并非如此。相反，在十九世纪后半叶，欧洲的气温有上升的趋势。[352]

疟疾疫情减缓的重要原因之一，实际上是北欧农业的日益现代化，更好的排水系统导致蚊子的繁殖地减少。[353] 另一个重要原因是农村地区住房布局的改变，这导致牲畜和人类之间的物理距离更大，因此按蚊开始更多叮咬牲畜，这实际上是它更喜欢的宿主。当地生活水平的普遍提高，包括营养和住房条件的改善，也可能是疟疾发病率下降的原因。

然而，在南欧和东欧，直到二十世纪中叶，疟疾仍在肆虐。科学发现揭示了复杂的传染机制，最初让人们产生了一种强烈的希望，即最终有可能战胜这种自古以来就肆虐人间的疾病。

最初，研究人员努力用一切可能的手段抗击按蚊，以打破传染链。[354] 首先，通过使用各种化学杀虫剂，以及通过综合排水工程，在按蚊的繁殖地清除蚊子幼虫。在一部分地区，拜资源供应充足且持之以恒的防疫运动所赐，人们取得了成功。本书之前提到过，首先是在古巴，然后是在巴拿马运河建设期间，美国军医署长威廉·戈加斯在抗击黄热病方面取得成功。灭蚊正是成功的关键。这一举措不仅对黄热病有效，还大大减少了同一地区的疟疾问题。两次世界大战期间，意大利当局使用类似的方法从臭名昭著的庞廷沼地根除疟疾，自罗马时代以来，这种疾病的幽灵就威胁着人们。这被认为是墨索里尼治下法西斯国家的胜利。在第二次世界大战之前的几年里，世界其他地区也有许多成功抗击疟疾的例子，但采用的策略需要大量资源，而且成本高昂，一旦不能持续，疟疾疫情往往卷土重来。

例如，苏联的情况就是如此。第一次世界大战和俄国革命后，流离失所、营养不良和气候条件导致现代最大规模的间日疟原虫和恶性疟原虫疫情暴发。据说至少有一千万人被传染，六十万人死亡。疟疾在白海的阿尔汉格尔斯克以北十分常见。当局在接下来的几年里对疟疾取得了一定程度的控制，但第二次世界大战造成的破坏又导致了新的严重疟疾流行，至少有四百万人受传染。[355]

在这场人类消灭疟疾的战争中，最开始使用的武器是被寄予厚望的杀虫剂滴滴涕（DDT）。在蚊子滋生地使用滴滴涕防治蚊子幼虫，起初非常有效，人们开始期待根除疟疾的可能性。在此期间，研究者还发现了治疗疟疾的有效新药。这些进步导致当时刚成立的世界卫生组织于 1955 年启动了雄心勃勃的消灭疟疾战略，史称“根除疟疾计划”（MEP）。[356]

战后的乐观信念认为传染病的时代已经结束，而根除疟疾的希望正与之契合。不幸的是，事实再次证明这是在希腊人看来必将导致诸神复仇的人类傲慢。在疟疾领域，这一切在“根除疟疾计划”启动后的第一个十年中变得明显。诚然，有成功的个案，但总体而言，世卫组织的方案显然失败了。与此同时，许多种类的蚊子已经对神药滴滴涕产生了明显的抗药性，这种化学物质还产生了许多意想不到的有害生态影响。对新型抗疟疾药物的耐药性也以惊人的速度出现。[357]

尽管抗击疟疾的新战略逐渐实现，但疟疾仍然是世界主要健康问题之一。全世界约有一半人口仍然暴露在疟疾的威胁之下。2017 年，九十个国家新增两亿一千九百万疟疾病例，其中四十一万五千名患者死亡。九成以上的新发和死亡病例都在非洲。换句话说，疟原虫带来的挑战在未来几年可谓异常艰巨。在很长一段时间内，疟疾不会放松对人类的侵袭。

流感：来自东方的定时炸弹

流感，仍然是我们日常生活的一部分，显然与在西方社会通常被视为历史现象的天花、鼠疫和疟疾等传染病不同。然而，大多数人并不认为流感对个体构成严重威胁。这主要是因为“流感”一词被不加鉴别地使用在许多形式的轻微急性呼吸道传染中。而对于从事人类应对疫情能力研究的一小部分传染病学者来说，流感却算得上一个相当令人不安的风险来源。流感病毒导致了晚近几次相当严重的大流行，有很多迹象表明这种情况可能再次发生。这就是早期涉及流感病毒的疫情研究受到反复检视的原因之一，时至今日，相关研究的热度依然不减。毫无疑问，如果要有效地为流感病毒的新一轮疫情做好准备，人类可以而且必须从历史中吸取教训。

一种拥有无数宿主和众多受害者的病毒

流感病毒分为甲型、乙型和丙型。[358] 甲型流感病毒特别令人感兴趣的地方在于，它可以引发重大疫情，即流感大流行，本书也打算集中关注这一类流感病毒。乙型流感病毒会引起流感，但不会引起大流行，丙型只会引起相当轻微的上呼吸道传染。与甲型流感不同，其他两种流感病毒只影响人类。甲型流感则不仅在人类，而且在大量其他温体动物，包括许多鸟类、猪、马和狗中也广泛传播。下文中的“流感病毒”指代的是“甲型流感病毒”。

在所有易受甲型流感传染的动物中，野生海鸟和涉禽是病毒真正的家园。这些物种是病毒在自然界中的宿主。在这些鸟类中，病毒会在其肠道中引起轻微感染，然后被排出体外，传染新的鸟类。通常，作为宿主的鸟类本身不会生病。野生鸟类这个天然宿主可以将病毒传染给其他动物，并产生不同的结果，这取决于病毒是否能够适应新物种并引起传染，并将其传染给同一物种的其他动物。一旦发生这种情况，就会在新宿主中出现重大流行，通常会导致疾病。例如，这种情况可能发生在鸡鸭等家禽身上。

人类的流感

典型的流感症状是急性呼吸道感染，伴有突然高烧、头痛、肌肉和四肢无力、流鼻涕和咳嗽。患者经常感到极度疲劳，并有强烈的不适感。高温持续七到十天，但疲倦感可以持续相当长的一段时间。所有年龄群体都可能受影响。最严重的病例往往是低龄幼儿、老年人和患有其他疾病，如慢性心脏病和支气管肺炎、糖尿病、肥胖和免疫系统受损的人群。孕妇也被视为高危人群。

最常见的流感并发症是肺炎，致病原因可能是流感病毒本身，但最常见的是细菌感染。在特别严重的流感病例中，肺功能衰竭可导致患者在几天内即告死亡。[360]

人际传染可能以多种方式发生：飞沫传染，即鼻腔分泌的含有病毒的涎沫，通过咳嗽、喷嚏或说话等方式传播到周围环境，或通过人与人的接触，病毒经物体直接或间接传播。气溶胶也可能导致空气传染。

导致人类患病的甲型流感病毒在五百年前从野生鸟类传染而来，并在随后的几个世纪反复适应人类。最大的问题是，这种适应是如何发生的，将来还会怎样。从野生鸟类到人类的转变机制是什么？这种转变如何不断引发疫情，并多次导致灾难性的大流行？

本书不打算详细研究流感病毒的复杂结构和特征，但有必要研究该病毒构成部分的某些特征，以了解疫情发生的原因。与其他微生物一样，流感病毒的基因控制某些类型的分子、抗原的产生，而感染者的免疫系统认为这些分子和抗原是外来的。这可以触发有效的免疫反应，终止传染。流感病毒有两种特别重要的抗原，分别是 H（有时是 HA）和 N（有时是 NA）。这些像刺突一样的抗原分子位于病毒表面，对病毒入侵细胞的能力可谓至关重要。一般认为，存在十八种 H 抗原变体，称为 H1、H2 等，还有十一种 N 抗原，称为 N1、N2 等。所有可能的H和N抗原组合都可以在自然界中找到，例如，一些流感病毒的个体变种被命名为H1N1或H3N5。[361]在宣布新的流感疫情时，通常会根据致病病毒的成分命名。

除了控制H和N抗原产生的两个基因外，流感病毒还具有对其他致病特征至关重要的基因，包括感染他人的能力。这种能力一般适用于单个物种，因此即使病毒能够感染新物种，感染也不一定会传递下去。但传染后，病毒可能会适应在新宿主中的传播，这将引发疫情。关于这种适应的机制，尤其是鸟类流感病毒如何适应人类，仍有很多不为人知之处。相关领域的研究异常活跃，而这具有非常重要的理论和实践意义，对于生产有效的流感疫苗也是如此。

猪：缺失的环节？

在流感病毒的自然宿主野生鸟类中,H和N组合病毒的数量最多。病毒极度“神经质”且不稳定。对此，可以通过下列事实得到证明：单个病毒变体明显具有相互交换基因的趋势，从而产生新的组合，而不仅仅是针对编码H和N抗原的基因。如果几种病毒变种感染宿主动物的同一细胞，就会发生这种情况。这种基因交叉被称为“基因重组”。具有全新特征的病毒变种可以通过这种方式出现。[362]

到目前为止,经验表明来自鸟类的流感病毒偶尔会导致人类感染，但一般来说，无法进一步传播并导致重大疫情。鸟类病毒最初并不适应人类，因此人类传染是该病毒的死胡同。但我们知道，甲型流感的几个变种一定在某个时候已经适应了人类，因为传染性流感病毒仍然可以在人际传播，有时还会引起大流行。

在进一步讨论鸟类病毒如何适应人类之前，先看看已经适应人类的甲型流感是如何表现的，以及它们如何造成日常的流感。这种病毒会引发地方流行病，也就是说，永远不会消失但几乎每年都会导致新的疫情，即所谓的季节性流感，主要发生在冬季。面对人类免疫系统对于现有病毒的免疫反应的压力，随着时间的推移，流感病毒会发生一定程度的变化，这导致病毒抗原，尤其H抗原发生某种改变。结果是我们的免疫系统对“新”变异病毒的抵抗力降低，并导致更多的人在下一个流感季节到来时对这种病毒变得易感。这就是我们为什么需要为新一轮流感量身定制流感疫苗，而这种博弈再次成为微生物在与人类决斗中灵活适应的典型范例。[363]

这种循环里，病毒的突变通常很小，不会导致大流行。然而，二十世纪的百年间，就出现了几次大流行，很可能在二十一世纪还会出现新一轮大流行。大流行的先决条件是，出现了一种新的甲型流感病毒变种，其H和/或N抗原的差异足以使世界人口无法对其产生有效的免疫力。为何会出现这种情况呢？

通常情况下，野鸟体内的病毒不会对人类产生适应性。这意味着即使流感病毒最初能够感染人类个体，也不会发生进一步的传染。但另一方面，如前所述，鸟类病毒可以通过基因重组适应人类。如果一类病毒与鸟类病毒感染了同一细胞，这种基因交叉就可能发生。然而，很少有哪种动物的细胞对人类和鸟类病毒都易感。猪是一个例外，这就是为什么它能够成为流感研究的焦点。

许多流感研究人员认为，猪可以充当人类和鸟类病毒变种的混合皿，从而产生新的病毒，含有人类缺乏有效免疫力的抗原，而这种病毒保留了有效的人传人能力。这可能是历史上一些重大流感大流行的原因。换言之，通过基因重组在各种甲型流感之间交换基因的条件尤其有利。

即便如此，仍有很多证据表明，在特殊情况下，病毒对人类的适应性可以通过鸟对人的直接传染而不是以猪作为媒介来实现，尽管目前还没有任何确凿的证据。一些禽流感流行很有可能是以这种方式发生的。[364] 在这种情况下，必须假设鸟类病毒在感染人类后，通过如此多的快速突变，成功适应了人类，从而使进一步感染成为可能。也许人类病毒和危险的鸟类病毒之间的基因重组偶尔会在人类细胞中发生？某些研究结果似乎证明了这一点。[365]

距今不太遥远的一次传染

人类祖先依靠采集狩猎为生、过着茹毛饮血的生活时，流感病毒几乎构不成威胁。它无法在如此小的群体中维持生存，在这些群体中，感染的个体要么死亡，要么获得免疫。因此，流感可能是距今几千年人类第一次流行病学转型之后，当人口规模变得足够大之时，才开始粉墨登场。[366]

生活在当下的我们，几乎没有关于可能的早期疫情和大流行的信息，因为书面记录往往不准确，难以将流感与许多其他会导致发热的流行病区分开来。目前尚不清楚希波克拉底在他的著作中是否提到流感。历史学者对人类历史上第一次重大流感疫情的判断标准意见不统一。公元 1173 年的一份历史文献很可能记载了流感疫情，但几乎没有在欧洲以外传播，所以称不上大流行。第一次相当确定的流感大流行出现在 1510 年。

“流感”（influenza）一词可能最早起源于意大利文艺复兴时期，在那里，这种传染病被称为“风寒所感”（*ex influenza di freddo*）。人们还使用了“星宿所感”（*influenza di stelle*）这个词，理由是这种疾病的原因在于某种星象的影响。后来，人们开始使用上述表述的简化形式，即 influenza。

十六世纪，欧洲暴发了一系列大规模流感。1580 年暴发的流感，毫无疑问是一次大流行，影响范围波及亚洲、非洲以及欧洲。在十八世纪和十九世纪，除了其他一些重大传染病流行之外，至少发生了三次大流感。十九世纪最后一次大流行发生在 1889—1890 年间，被认为来自东方，并被称为“俄国病”。这次大流行期间，仅欧洲一地就有二十五万人死亡，是世界其他地区的至少三倍。[367]

综上所述，十九世纪在欧洲，流感病毒夺走的生命远远超过了看起来更可怕的霍乱。但由于大多数受害者都是老年人，因此流感不像霍乱那样充斥恐惧和死亡的气氛。

流感病毒是旧世界送给新世界的又一份“礼物”，因为在哥伦布探险之前，还没有任何关于美洲存在流感的证据。流感大流行很可能对美洲原住民与欧洲人接触后出现的传染病问题起到了推波助澜的负面作用。[368]

1918 年西班牙流感：大流行之母

1889—1890 年大流感暴发近三十年后，新一轮流感疫情再次来袭，并导致了一场在短短几个月内死亡人数冠绝古今的大流行。[369] 全球范围内至少有五亿人被感染，占当时世界人口的三分之一。这次流感也不同寻常地严重。一些研究人员声称，疫情导致一亿多人死亡，尽管晚近一些研究报告质疑这个数字过高。[370]

1918 年，第一次世界大战进入最后阶段。数以百万计的年轻人捐躯沙场。其中一些战士死于战火，另一些战士则死于欧洲大陆各地无休无止的堑壕战。就在这个当口，交战国及其平民遭受了新的灭顶之灾：史无前例的大流感，在不到一年的时间里，世界上大多数有人居住的地方都留下不可磨灭的印记。这场大流行被称为“西班牙流感”，许多特征明显区别于人们有一定经验的正常流感。至于为什么被称为西班牙流感，完全是因为交战国出于战术目的封锁了有关这一爆炸性新疾病的消息，而保持中立的西班牙则对有关这一流行病的新闻报道没有任何限制，西班牙国王阿方索十三世和好几位大臣也得了流感。[371]

这场大流感在欧洲共分为三波，彼此间隔相当短暂——这本身就有点令人惊讶。[372] 第一波疫情始于 1918 年 3 月。关于零号病人被发现的地点，仍存在相当大的分歧。一种普遍的看法是，疫情始于堪萨斯州的美军芬斯顿训练营，然后病毒通过运到法国港口的美国军队传播。[373] 其他人认为病毒可能起源于欧洲，源自法国北部的一个大型英国军营。[374] 这个营地位于东亚候鸟迁徙的重要路线上，而病毒可能由此感染了当地的鸡鹅等家禽。中国也被怀疑是病源地，部分原因是当时有大量中国劳工前往北美，但这一推测缺乏证据支持。也许，西班牙流感的起源地将永远湮灭在历史之中。

第一波流感在接下来的几个月里迅速蔓延到交战双方和平民，然后火速席卷亚洲。许多人被传染，但最初症状与普通季节性流感无异。然而，后果很快变得非常明显，在最严重的病例中，有相当大的比例是二十至四十岁之间，而这个年龄段通常只会感染轻症流感。

第二次浪潮于 1918 年 8 月暴发，几乎同时发生在欧洲、北美和非洲。这一波疫情明显比第一波危险得多，病死率更高。二十至四十岁的人受到了最严重的打击。通常情况下，年幼及年长人群的流感死亡率相对更高；而大流感期间，死亡率最高的是在这两个极端之间的青壮年群体。无论哪个年龄组，死亡率都高于普通流感，但奇怪的是，老年人的死亡率反而低于年轻人。[375]

疫情随后一度减轻，但这种平静被1919年2月的第三波疫情打断。这波流感显然比前一波温和，波及范围要小。1919 年西班牙流感暴发后，在一年左右的时间里，造成的死亡人数超过了人类历史上已知的任何其他大流行。

人们担心类似的灾难会随着新的流感病毒重新上演，这可能部分解释了为什么在过去几十年里，人们对西班牙流感的特征、传播方式以及大流行的社会、经济和政治后果进行了大量研究。迄今为止，研究者有了很多有意思的发现，但许多关键问题尚未得到回答。

现在，我们对导致这场灾难的流感病毒了解多少呢？由于大流行发生于百余年前，人们认为可能是罪魁祸首的病毒早已不复存在，无法进行分析。幸运的是，情况并非如此，美国病毒学者杰弗里·陶本伯格（Jeffrey K. Taubenberger）及其同事不懈努力，研究了尘封于军事医学档案馆里的大流行期间死亡患者的组织标本，以及埋在阿拉斯加的患者遗骸，当地在大流行期间受到严重打击。为了挖掘在冻土中掩埋的尸体残骸，只能求助于专门在永久冻土中进行挖掘的职业矿工。借助冻土，病毒保存在被掩埋的尸体中，因此仍有可能对其进行详细分析。[376]

调查显示，导致大流行的流感病毒为 H1N1 型流感病毒。这种病毒也被证明可以在实验室重建，并已用于动物实验，以研究其效果。结果显示这种病毒与鸟类病毒密切相关，但与当今的鸟类病毒和大流行时的鸟类病毒都不同。这种病毒是如何产生的，至今仍是个谜。[377]

对病毒基因和最终突变的研究也没有提供任何明确的答案，以解释为什么这种病毒具有如此强的毒性，并导致比其他类型更严重的感染。这种流感患者的死亡原因通常是后续细菌感染引起的肺炎。[378]陶本伯格和他的同事在大流行时患者的组织样本中发现，病毒导致呼吸道遭到破坏，而这为肺炎球菌和链球菌等细菌以及我们现在称为流感嗜血杆菌等常见致病菌的入侵铺平了道路。流感嗜血杆菌具有特别的历史意义，因为西班牙流感肆虐期间，罗伯特·科赫的弟子，德国著名细菌学者理查德·法伊弗（Richard Pfeiffer）就认为这种微生物正是流感的真正原因。当时很多人都同意这一观点，但由于这种细菌通常不存在于患肺炎的流感患者中，因此逐渐被放弃。[379]

然而，西班牙流感患者惊人的死亡率并不仅仅是由于流感并发症引起的细菌感染。许多特别易感的年轻患者在几天内就去世了，其病理特征非常引人注目，包括致命的肺部衰竭，患者的皮肤呈现出蓝色，让人想起天芥菜花。人们称其为“淡紫色发绀”，因为发绀是一种常

1917 年在第一次世界大战期间使用的福特 T 型美国陆军救护车。这些救护车运送伤员和流感患者，也为传染提供了良好的条件。

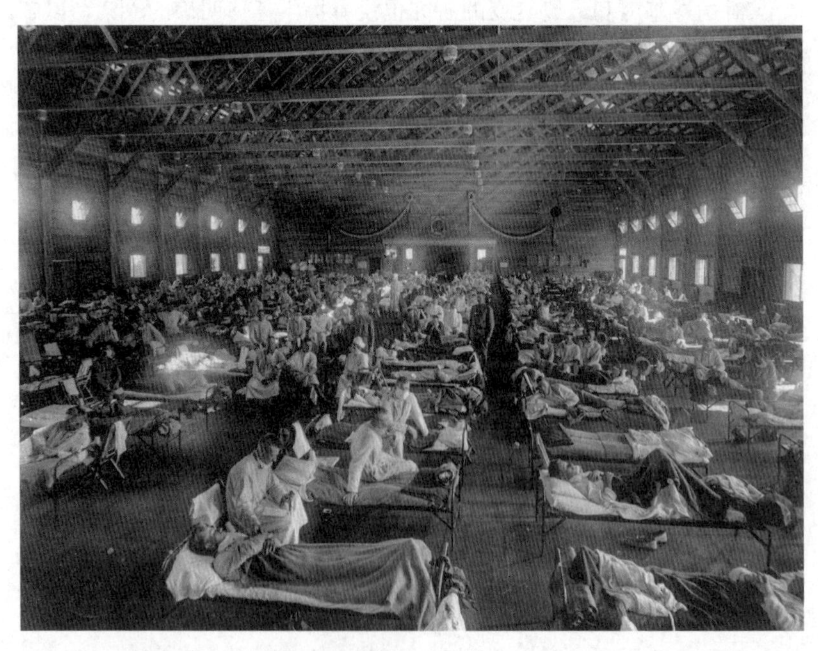

1918 年，堪萨斯州，西班牙流感肆虐期间，美国军队临时医院收治了流感患者。

用的医学术语，指的是病态的蓝色皮肤。[380] 种种迹象表明，这种明显的病理特征是由细胞因子风暴造成的。这是一种免疫系统激烈的过度反应，免疫系统大量释放细胞因子，可导致危及生命的炎症反应。用重建的西班牙流感病毒进行的动物实验可以精确地引起这种反应。无论如何，这可以部分解释该病毒对年轻人的致命影响，年轻人通常具有特别强健的免疫系统。事实上，老年人受病毒影响相对更轻，可能是由于免疫系统随着时间的推移而减弱，引发细胞因子风暴的可能性较小。但也有人认为大流行期间，六十岁以上的人可能因为已经经历过 1889—1890 年暴发的流感，从而获得了一定程度的免疫力。[381]

从 1918 年 8 月开始的第二波流感显然比第一波更具破坏性，因此流感病毒本身一定发生了某些变异，可能是在几个月的时间里发生的突变生成了一种更危险的病毒。进化生物学者保罗 · 埃瓦尔德（Paul Ewald）强调，1918 年前线的情况可解释病毒毒力的增加。[382] 在战壕里，士兵们并肩作战，而这里恶劣的条件非常适合病毒传播。同样的情况也适用于伤员和流感患者被救护车送往的拥挤不堪的野战医院。与此同时，前线撤离的士兵不断被没有免疫力的新兵取代，而这些新兵又被传染。根据埃瓦尔德的说法，在这种情况下，进化规律表明流感病毒与其他微生物一样，只优先考虑自身的生存和传播，对引起轻微疾病没有任何兴趣。相反，它将优先考虑确保更快速繁殖和传播的突变，以及更致命的病毒。军营和军舰中的类似环境也会导致这种情况。

尽管军事人员所处的特殊环境可能导致了致命病毒的传播和突变，但平民人口也受到了沉重打击。事实上，女性的死亡率和男性不相上下。孕妇尤其脆弱，死亡率极高。

仅在美国就有六十七万五千人死亡，超过了在二十世纪世界任何地方的战争（包括两次世界大战）中该国所有死亡军人的总和。[383] 日本也有四十万人死于流感。

尽管流感病毒影响到所有群体和社会阶层，但事实上，受到最严重打击的是在经济上处于弱势的群体，因为他们生活空间逼窄、营养不良且缺乏照顾。这种趋势在我们现在所说的发展中国家尤其明显，那里的死亡率比西方世界高得多。仅在印度，就有近两千万人死亡，印度教较低种姓的死亡率明显高于较高种姓。通常，印度教教徒在河边火化，并将骨灰撒在水上。但当时因为火化的柴火不敷使用，只好将尸体投入水中，充塞河道。[384] 在位于太平洋深处的西萨摩亚，估计有四分之一的土著人口死亡。尽管在发展中国家，西班牙流感的死亡率令人震惊，但也许还是比实际死亡率低太多。

充斥着死亡的时代

西班牙流感给所有受其影响的社会打下了深深的烙印。[385] 世界各地的人们都遭遇了与亲朋好友的生离死别。西格蒙德·弗洛伊德在给朋友写信时说："你还记得任何一个像今天这样充斥着死亡的时代吗？"他刚刚因西班牙流感失去了即将临盆的女儿苏菲。大流行期间二十至四十岁的青壮年死亡相对集中，孤儿数量大幅攀升。

在许多地方，社会基础设施受到严重影响。医生和护士数量严重不足，负担过重。殡仪馆和丧葬服务疲于奔命，最终只能为流感死者挖掘乱葬坑。即便是诸如电话接线员或垃圾清洁工的缺乏，都可能会导致日常公共服务的崩溃。[386]

西班牙流感以各种方式让医学界蒙受奇耻大辱。此前，每每谈到控制传染病的前景，细菌学革命都让当时的人们普遍感到乐观。一系列传染病的细菌元凶已被找到。而大流行期间，医学界面临着一场病因不明的重大疫情，尽管许多人一度坚持认为理查德·法伊弗发现的嗜血细菌就是病因。事实是，医生在治疗这种疾病的受害者时无能为力。当时对病毒知之甚少：1933 年，美英研究人员才首次检测到流感病毒。历史学者艾尔弗雷德·克罗斯比（Alfred Crosby）对这场大流行进行了彻底的研究，他说："1918 年的医生参与了二十世纪医学史上最大的失败，如果以绝对死亡人数为衡量标准的话，堪称有史以来最大的失败。"*[387] 在本书作者看来，这个强烈谴责多少有点不公正。事实是，当时走在科学技术前列的国家都在打仗。医务人员忙于救治大量受伤的年轻士兵，科研活动总体上向军工业和其他与战争有关的目标倾斜。我们也不应忘记，某些医学研究人员在一片混乱中，试图开发一种针对世界上未知微生物的疫苗。但事实上，医生在流感患者的治疗中所起的作用可能还不及护士，而护士也供不应求。良好的日常护理是流感患者能得到的最重要帮助。[388]

除此之外，大多数国家的政府机构纷纷采取多种预防措施，获得了不同程度的成功。许多地区的学校、教堂和剧院遭关闭。在旧金山，出入公共场所必须佩戴口罩。早期的隔离措施再次启动，但效果并非立竿见影，毕竟流感病毒不容易控制。1918 年秋，澳大利亚采取了有效的隔离措施，成功遏制了第二波致命流感。在大多数亚洲和非洲国家，其中一些当时还是殖民地，因为缺乏资源，当局为抗击流感而采取的措施远不如西方国家。在欧洲以及一些非欧洲国家，由于应对措施缺乏或不受欢迎，当局对疫情的反应引发了公众骚乱。例如，印度因为民众不满英国殖民当局的隔离措施，发生了暴动。

西班牙流感与第一次世界大战的结局

毫无疑问，在许多方面，1918—1919 年流感大流行的进程与第一次世界大战的重要节点交织在一起。当然，这并不意味着大流行不

---

* 译文引自艾尔弗雷德·克罗斯比著，李玮璐译《被遗忘的大流行》，广西师范大学出版社，2023 年。

可能在和平时期发生，但是否因此呈现不同的方式？我们当然永远不会知道答案，但可以肯定的是，1918 年时各方面条件对流感病毒的大流行几乎再理想不过。早在战前，世界大部分地区就已经建立起国内和国际的航运和铁路运输网络。这在很大程度上促进了病毒在全球大部分地区的传播。

第一次世界大战本身就是大流行的良好温床。[389] 前线的恶劣条件特别有利于病毒的传播，可能也有助于第二波大流行中病毒毒力的增强。各大洲之间不断的军队运输无疑在病毒传播中发挥了重要作用。如前所述，医学和研究领域的大量资源都集中在战争上。战争对于资源的虹吸效应还可能导致平民人口的健康和营养状况恶化，从而增加对流感的易感性。德国的数据似乎表明了这一点。

另一个富有意味但更复杂的问题是，西班牙流感是否对战争进程，尤其是战争结果产生了重大影响。对此，历史学者的观点各不相同。[390] 本书作者的感想是，大多数历史学者认为这事件无关紧要，因此避免在这一问题上采取立场：历史上许多关于这场战争的陈述都很少提到西班牙流感。

研究西班牙流感的历史学者中，对于流感横行如何影响战争结果有不同的看法。没有人质疑这种流行病曾在双方军事人员中肆虐，毕竟统计数字明明白白摆在那里。根据美国陆军军医署长的说法，1918 年在欧洲作战的美国远征军中，大约有一百万士兵住院治疗，其中七十七万五千人罹患流感，二十二万五千人因战争受伤。这对各个作战单位的效率和力量、军心士气乃至战斗意愿都产生了显著影响。1918 年，英国军队报告了三十多万例流感病例，死亡率与平民相似，而法国在大流行期间则为此损失了三万名士兵。

流感病毒也在德国、澳大利亚、匈牙利、保加利亚和土耳其等同盟国肆虐。1918 年春夏季，德国军队遭受重创，报告了一百五十多万例流感病例。有些作战单位高达百分之八十的人员受到流感的影响。

1919 年初，蒙克患西班牙流感，并以此为主题创作了若干画作。在这张画中，画家瘫坐在椅子上，苍白的脸色清楚地显示出疲惫的病态。爱德华 · 蒙克，《患西班牙流感后的自画像》，1919 年。

毫无疑问，这削弱了德国的战争实力，大量病例也在一定程度上破坏了军事运输和补给线。当时德国的实权派之一，总参谋长埃里希·冯·鲁登道夫，趁着俄罗斯退出战争的机会，希望在 1918 年春天取得最后胜利。他指挥德军于 3 月在法国北部发起了一次大规模进攻，起初势如破竹，但渐趋强弩之末，同时流感病毒袭击了德军。7月，在第一波流感病毒传播期间，德军的另一轮大规模攻势也失败了。鲁登道夫本人也饱受流感困扰，以致对军事胜利失去了信心，并将大部分责任归咎于流感大流行。一些历史学者认为他只是在夸大其词，借此摆脱军事失败的责任，但其他人倾向于支持这位德国将领的判断。

奥匈帝国也受到流感的重创，1918年秋季的第二波疫情尤为严重。就在疫情暴发几周后，历史悠久的哈布斯堡帝国开始土崩瓦解。

认为大流感对第一次世界大战的结果产生了决定性影响的历史学者强调，同盟国，尤其是德国最先受到冲击，因此1918年本可能使德国取胜的总攻未能奏效。[391] 同样可以想象的是，如果同盟国军队没有被流感削弱，本可能会继续战斗更长时间。当然，同盟国最终失败的原因多种多样，深刻复杂。即便如此，在本书作者看来，对1918—1919年西班牙流感的评估，都必须纳入比大多数历史研究更大的范围内加以考察。

即使在1918年11月11日媾和后，流感病毒也可能发挥了最后的历史作用。普遍认为，1919年夏天签订的《凡尔赛条约》对德国过于严苛，给德国民众造成了巨大痛苦，催生了强烈的复仇欲望，这在许多历史学者看来，很可能是第二次世界大战爆发的原因。美国总统伍德罗·威尔逊最初的想法本来是尽可能公正地达成和解，而其他人，尤其是被法国人尊称为“猛虎”的法国总理乔治·克列孟梭，首要出发点显然是复仇和对德国施加无情苛刻的制裁。在谈判过程中，威尔逊总统罹患西班牙流感，中风使病情恶化。病体沉疴的美国总统改变了自己对和平进程的态度，允许克列孟梭和那些观点相似的政治人物为所欲为。从这个意义上说，西班牙流感是否为第二次世界大战的爆发播下了种子？[392]

西班牙流感必定不是绝响

1918 年的 H1N1 流感病毒逐渐失去了可怕的致病毒力，变得稀松平常，仅会导致普通的季节性流感。然而 1957 年，新一轮大流感暴发，这次的罪魁祸首是 H2N2 流感病毒。H1N1 病毒看起来已经销声匿迹，因为一般来说，新的流感病毒似乎会取代既有的流感病毒。[393] 然而，1977 年，导致西班牙流感大流行的 H1N1 病毒再现江湖，而且引发的并非普通的季节性流感，对此，没有人能够完全解释。

1957 年大流行通常被称为“亚洲流感”，被认为首次发现于中国云南省。H2N2 病毒很可能是病毒在猪体内基因重组的结果。通过鸟类病毒和人类病毒之间的基因交换产生的病毒含有来自鸟类的 H 和 N 抗原，以及来自人类的其他抗原，使其具有高度传染性。

在不到六个月的时间里，亚洲流感就已经蔓延到世界大部分地区。这次的传播主要是通过海运，在流感进一步向内陆进军之前，港口首当其冲。然而，病毒经由俄罗斯从陆路传播到斯堪的纳维亚半岛。来自不同国家的与会者参加了在美国艾奥瓦州举行的国际会议，引发了一种特殊形式的传播。两百名参会者被传染，并在会议结束后将病毒带回国，导致流感病毒的进一步传播。

亚洲流感病毒的毒性不如西班牙流感病毒，但仍导致约一百万人死亡，死者尤以非常年轻和非常年老者以及孕妇为主。第二波疫情出现在 1958 年。然后大流行便戛然而止。随后，H2N2 病毒只会引起普通季节性流感。[394]

1968 年暴发了新一波大流感。至于其为什么被称为“香港流感”，是因为疫情也首发于中国，香港仅 7 月份就报告了五十万例病例。致病的新病毒属于 H3N2。也有人认为这是基因重组的结果，病毒突变很有可能发生在猪身上。大流行迅速蔓延到世界其他地区。疫情共分两轮：1968 年的第一波流感在欧洲造成的死亡率平平，但 1969 年第二波疫情对欧洲的打击非常大。据估计，全球死亡人数在一百万至三百万之间。曾经主导亚洲流感的 H2N2 病毒被 H3N2 病毒取代，而后者毒性也逐渐弱化，最终仅会导致季节性流感。[395]

因此，这两次最近的大流行都比西班牙流感温和得多，没有与之相同的“异常”特征，即年轻人反而成为最脆弱的受害者，也没有细胞因子风暴的剧烈病理特征。这两次大流行中的病毒变种都含有西班牙流感的基因成分，而这或许可以解释为什么老年人中的流感病例数比预期的要少，因为这一群体在年轻时可能接触过西班牙流感，有一定免疫力。

最近的一次通常称为“猪流感”的大流行，发生在 2009 年。这次是来自猪的 H1N1 病毒，而且是经几轮重组，包括人类病毒在内的多个病毒变种之间的基因交换的结果。事实证明它能在人际传染。这种流感病毒最早出现在墨西哥，并在那里导致了严重的疫情。随着流感在全球大部分地区的传播，患者开始表现出与普通季节性流感大致相同的症状。[396]

嘀嗒作响的定时炸弹

据说重量级拳击世界冠军一旦失去金腰带，就永远不会东山再起。不幸的是，这不适用于流感大流行病毒。多年来，人类一次又一次面临卷土重来的流感病毒，而这往往意味着灾难性的后果。以前人们认为其中隐藏着一定的规律，但这似乎并没有得到证明。不过可以肯定的是，世界将面临由流感病毒引起的新一轮大流行。很难预测这将在何时发生，这主要是因为我们对潜在机制的了解仍然不足。

随时做好准备发觉流感病毒大流行的最初迹象殊为必要，唯如此，才能及时实施重要措施阻击疫情扩散。艾尔弗雷德·克罗斯比将他研究西班牙流感的著作命名为《被遗忘的大流行》，理由是我们在很大程度上已经忘记了这场灾难。[397] 我们这个世界绝不能允许出现这样的记忆缺失，因为未来新的流感大流行的后果可能与过去一样严重。

脊髓灰质炎：令人恐惧的瘫痪病因

脊髓灰质炎，或“小儿麻痹症”，源自一种以最恶性的形式攻击控制我们肌肉的脊髓神经细胞的病毒。一旦人类的脊髓细胞受到破坏，就会瘫痪。作为一种重大流行病的病因，脊髓灰质炎病毒是许多长期困扰人类的致病微生物中晚近出现的一种。有史可查的小儿麻痹症流行只有一个多世纪。而这与这种传染病的传播方式密切相关。

从肠到神经细胞

脊髓灰质炎病毒通常通过口腔侵入人体，最初感染肠道黏膜中的大量淋巴组织细胞。然后，病毒通过血液扩散到身体其他部位的淋巴组织。在绝大多数情况下，免疫系统对抗感染时，患者没有任何患病迹象。但在一些患者（不到百分之十）中，病毒通过血液传播，患者会出现连续几天的高烧，可能还伴随有头痛、恶心和胃痛等轻微症状，然后一切都结束了。然而，百分之一至百分之二的患者会并发脑脊髓膜炎症状，包括高烧、头痛、颈部僵硬和背部疼痛。上述症状通常会自动消失，绝大多数感染脊髓灰质炎病毒的病例都不会引发任何严重的问题。[398]

一小部分感染脊髓灰质炎病毒的患者（可能为百分之零点一至百分之一），会发烧并表现出疾病症状，同时身体的不同肌肉群发生瘫痪。在出现初期症状后，通常会有短暂的间歇期，在此期间，患者的体温开始下降，然后随着瘫痪的开始体温再次上升，因此体温曲线是

公元前 1500 年左右的埃及祭司鲁玛跛足拄杖，这被视为罹患脊髓灰质炎的迹象。（哥本哈根新嘉士伯艺术博物馆馆藏石板）

双相的，有两个高点，即所谓“双峰热”。这是因为脊髓灰质炎病毒已经渗透到中枢神经系统，通常是脊髓，并感染了控制肌肉的神经细胞，导致瘫痪。神经细胞位于脊髓的灰质中，因此这种病被称为“脊髓灰质炎”（poliomyelitis），在希腊语中 polios 的意思是“灰色”，而 myelitis 的意思是“骨髓”。

可以观察到受累肌肉的所有组合和各种程度的瘫痪。如果患者在发病的最初几天里进行了剧烈的体力活动，瘫痪通常会更严重。如果呼吸肌受到影响，感染将危及生命。在脊髓灰质炎流行的初期，当时可用的重症医疗监护远不如今天先进，相关病例的死亡率至少为百分之十。大多数幸存下来的患者患上了永久性肌无力。即使在瘫痪症状完全消退的情况下，患者最初受到影响的肌肉，甚至是从未受到攻击的肌肉组织也可能出现新的肌无力症状，而这被称为脊髓灰质炎后综合征。[399]

如前所述，脊髓灰质炎病毒会感染肠道黏膜，然后被排出体外。粪便中的病毒是新的传染源，通过个人直接接触或间接接触物体传播。这属于粪口传染的例子。卫生条件和个人卫生自然在相关疫情的传播中发挥着重要作用，而相关变化可能解释了过去一百年来脊髓灰质炎病毒引发的猛烈疫情。[400]

法老是小儿麻痹症患者吗?

让我们回到智人还是狩猎采集者的远古时代。由于脊髓灰质炎这类急性传染病几乎不可能影响到病毒无法自我维持的小型聚落，因此可以肯定，其必然出现于第一次流行病学转型之后，即人口规模已经足够维持病毒存活的程度。[401]

古代的编年史中并没有关于脊髓灰质炎的描述。尽管如此，有观点经常声称古埃及人受到了这种病的影响，依据是埃及壁画上据称患有脊髓灰质炎的人的形象，以及某些木乃伊中的发现。其中特别值得一提的是保存在哥本哈根新嘉士伯艺术博物馆、大约雕刻于公元前1500年的一块石板，上面描绘的祭司鲁玛的一条腿比另一条腿短，需要借助拐杖行走。大约公元前1200年前后统治埃及的法老西普塔（Siptah），其木乃伊也有一只脚明显变形，被解释为小儿麻痹症的结果；为了参与2021年在开罗街头进行的“法老的黄金巡游”，埃及政府对这具木乃伊做了处理，之后将其安置在埃及文明国家博物馆。客观地看，这两个例子都不能作为古埃及存在脊髓灰质炎的最终证据。纵观历史，可能造成这种畸形的其他原因不胜枚举。[402]

1789年，英国医生迈克尔·安德伍德（Michael Underwood）极为精确地描述了可能是小儿麻痹症的首批病例。然而，德国医生雅各布·海涅（Jacob Heine）细致描述了大量脊髓灰质炎患者的病征，并于1840年率先发表了自己的研究结果。苏格兰医生查尔斯·贝尔（Charles Bell）则描述了第一次真正的脊髓灰质炎流行，这场传染病袭击了拿破仑最后的流亡地——圣赫勒拿岛。贝尔以敏锐的观察力而闻名，据说他就是阿瑟·柯南·道尔笔下著名的虚构侦探夏洛克·福尔摩斯的原型。[403]

然而，在国际范围内享有盛誉的，是将小儿麻痹症描述为一种能够引发疫情的急性传染病的瑞典医生奥斯卡·梅丁（Oskar Medin）和他的学生伊瓦尔·维克曼（Ivar Wickman）。两人还描述了早秋流行的脊髓灰质炎具有明显季节变化。特别是维克曼意识到，没有造成瘫痪的较轻病例也是该传染病患者，因此认为这是一种可通过直接接触传播的微生物造成的传染病。脊髓灰质炎有时又被称为海涅–梅丁病，以表彰开创这一领域的两位先驱。维克曼确定脊髓灰质炎具有传染性这一重要特征，从而做出了相当大的贡献，但相较于实验室研究人员的贡献还略显逊色。[404]

1908年，奥地利医生卡尔·兰德施泰纳（Karl Landsteiner）和埃尔温·波佩尔（Erwin Popper）向猿类注射脊髓灰质炎患者的脊髓组织，在实验动物体内引发脊髓灰质炎，之后二人将脊髓灰质炎病毒的发现公布于众。[405] 兰德施泰纳在很多方面均有专长，曾因在血型系统方面的研究而获得1930年诺贝尔奖。

脊髓灰质炎病毒的发现堪称一项重要突破，其他研究人员迅速加以利用，其中就包括卡尔·克林（Carl Kling）领导的一个瑞典研究团队。他带领的研究团队证明了脊髓灰质炎病毒肠道传染的重要性，借此，脊髓灰质炎病毒被排出后可能实现进一步传染。[406]

这些划时代的发现都为脊髓灰质炎的救治带来了新的曙光，再加上天花疫苗和狂犬病疫苗的激励，这一切对脊髓灰质炎疫苗的开发都大有助益。然而，在1955年第一种有效的脊髓灰质炎疫苗问世之前的几十年，以及在此期间的几年里，脊髓灰质炎依旧在西方国家肆虐。是什么耽搁了开发进程，导致数万名患者死亡或残疾？重要的原因之一可能是，实验室里用动物做实验的研究人员和治疗病人的临床人员之间几乎互不往来。在洛克菲勒医学研究所的负责人西蒙·弗莱克斯纳（Simon Flexner）的带领下，美国研究人员尤其关注猿类，脊髓灰质炎病毒主要攻击这种动物的呼吸道黏膜，而不是肠道黏膜，而后者却是这种病毒在人类患者身上传染的核心特征。弗莱克斯纳认为，来自鼻黏膜的病毒直接感染了神经系统。[407]

弗莱克斯纳和他的美国同事忽略了瑞典研究人员的发现，而后者早已通过对患者的研究清楚地证明了肠道传染的重要性。无视的原因是大国对小国的研究贡献抱有某种傲慢态度吗？或者是科学界一个众所周知的现象，即顶尖的研究人员对他人的理论并不总是持开放态度？除此之外，脊髓灰质炎研究中这一不幸的插曲还无比清楚地表明，如果科研界有权势的成员长期只关注自己的特定研究领域，将会有何种结果。

脊髓灰质炎疫苗研发延宕的痛苦经验表明，在医学领域，临床和实验室密切合作的跨界研究是何等重要。在实验室研究和以患者为导向的临床研究之间架起桥梁至关重要。

脊髓灰质炎流行：卫生条件改善的结果?

与此前讨论的许多致病微生物不同的是，脊髓灰质炎病毒在十九世纪末才成为疫情的起因，直到二十世纪中叶，才造成越来越多的问题。这种显著的发展模式背后的原因是什么？脊髓灰质炎病毒作为人类传染病并不新鲜，而且很可能已经存在了数千年，那为什么第一次重大疫情发生在十九世纪的斯堪的纳维亚半岛（挪威和瑞典），之后不久又蔓延至美国?

了解脊髓灰质炎疫情蔓延的关键，可能在于病毒如何传染以及免疫系统如何对病毒做出反应。[408] 病毒通过粪口感染传播，从感染者体内排出，通过直接或间接的个人接触传播，感染肠道黏膜，并可能在血液中进一步通过神经系统传播。在卫生条件较差的社会中，每个人在很小的时候几乎都会受到这种病毒的感染。一旦从脊髓灰质炎病毒感染中痊愈，个体将获得终身免疫，这个过程主要是由作为抗体的免疫球蛋白分子主导。在怀孕的最后阶段，这些抗体会从母亲传给孩子，因此孩子出生后，会有保护性抗体的“储备”，可以在婴儿出生后六个月给予持续保护。婴儿接触脊髓灰质炎病毒时,通常不会生病,进而获得终身免疫。第一个意识到这一点的人正是瑞典的伊瓦尔·维克曼。[409]

从十九世纪末开始，西方国家的个人卫生状况与公共卫生条件都有相当大的改善，并对抗击传染病发挥了重要作用。然而，这也推迟了儿童首次接触脊髓灰质炎病毒的时间，也就是说，感染时已失去遗传自母亲的保护性抗体。这导致脊髓灰质炎的发病率增加，因而被称为“小儿麻痹”。在二十世纪，随着卫生条件的不断改善，脊髓灰质炎病例多见于更高年龄组，尽管儿童和年轻人仍然占主导地位。这为脊髓灰质炎的流行奠定了基础，因为相当一部分人口在童年时期没有接触该病毒并获得免疫，这使脊髓灰质炎的疫情传播成为可能。[410]

在一些发展中国家，卫生条件对脊髓灰质炎流行的发展至关重要，这一点很明显，晚近之前，这些国家的脊髓灰质炎传染一直遵循着西方国家曾有的非大流行模式。1950 年左右，一项关于摩洛哥卡萨布兰卡脊髓灰质炎发生率的调查将土著人口与欧洲移民人口进行了比较。研究人员随后发现，正如预期的那样，欧洲移民患脊髓灰质炎的人数要高得多，而且发病年龄更高，因为欧洲人在童年时期没有感染过脊髓灰质炎。然而在发展中国家，特别是在更偏远的地区也会出现脊髓灰质炎疫情，毕竟这些地区人口与脊髓灰质炎病毒的接触不像其他地方那样普遍。

在北半球，脊髓灰质炎流行的季节性极强，主要集中于 8 月和 9 月，冬季几乎没有病例报告。关键的气候因素不是温度，而是空气湿度。相对湿度低于百分之四十后，仅需几分钟，脊髓灰质炎病毒就停止活动。

定期反复的脊髓灰质炎疫情自然会在西方国家的民众中引起相当大的恐慌。每年秋天都有很多孩子因为感染脊髓灰质炎而无法上学。尽管已检测到病毒，但传染方式仍存在争议，这自然导致了民众的不安。在医学界，受疟疾和黄热病经验的启发，病原体通过昆虫传播的可能性是关注的焦点。1911 年，卡尔 · 克林和他的同事在美国的一次会议上介绍了他们关于脊髓灰质炎病毒肠道传染的重要发现，这一发现几乎没有引起什么兴趣，而两位哈佛教授关于传染是由昆虫传播的说法赢得了热烈掌声。包括美国在内的一些地方，人们怀疑移民等特殊的底层群体因其不良的卫生状况而对脊髓灰质炎疫情负有特别责任。[411]

1955 年，乔纳斯 · 索尔克（Jonas Salk）研发的疫苗横空出世，这一突破使所有使用该疫苗的国家脊髓灰质炎病例数量大幅下降。同年4月12日，美国各地的教堂钟声响起，庆祝疫苗的问世。历史上最著名的脊髓灰质炎患者非美国总统富兰克林·罗斯福莫属，他于1921年病发瘫痪，只能坐着轮椅带领美国投身第二次世界大战。这位深受病痛折磨的领导人大力支持疫苗的研发工作。

现如今，比较现实的希望是，疫苗接种等针对性预防措施将有可能彻底根除脊髓灰质炎病毒，从而使其步天花病毒后尘，成为微生物界的“恐龙化石”。[412] 也许有一天，我们能够再次敲响教堂的钟声，作为脊髓灰质炎病毒的临终告别。

《圣经·新约》中的末日四骑士，维克托·瓦斯涅佐夫于1887年绘制。在这里，四位可怕的骑士被赋予了“用刀剑、饥荒和瘟疫杀人”的权力。在这张画作中，我们看到随后而来代表死亡的“灰马骑士”。

图为拿破仑视察雅法的黑死病人，安东尼·让·格罗绘于1804年。1798—1801年埃及战役期间，军队中暴发了鼠疫，人们害怕传染，士气低落。拿破仑试图通过参观医院来扭转这一局面，他还帮忙搬运了一名鼠疫患者。

公元 541 年，查士丁尼皇帝统治期间，拜占庭帝国暴发了史称“查士丁尼瘟疫”的大流行。这无疑给帝国带来了沉重的负担，但历史学家对它的范围存在一定程度的分歧。上图是对早期瘟疫罕见的描绘，可能是有关查士丁尼瘟疫的唯一壁画。这幅画位于法国拉旺迪耶的圣安德烈修道院，绘于 1315 年。

来自荷兰的鞭笞者队伍。参见 Gilles Li Muisis, *Antiquitates Flandriae*, *c*. 1350。他们相信黑死病是上帝对人类罪恶的惩罚，为了忏悔，他们将自己鞭打到皮开肉绽。

很少有哪个时代像黑死病肆虐时期那样对死亡如此着迷。这也成为艺术中一个非常流行的主题的基础：死神与人类共舞——所谓“死亡之舞”。画中，死神被描绘成一个微笑的舞者，向每个人发出共舞一曲的邀请。图为《死亡之舞》局部，弗朗齐歇克·莱克西茨基或其所属的画家团体绘于十七世纪晚期。

英格玛·伯格曼执导的电影《第七封印》的最后一幕，以中世纪的黑死病为主题，展现了经典的死亡之舞主题，死神引领着电影中的主要人物沿着山脊起舞。

宣告瘟疫胜利的警示板。十七世纪。这种装饰板被放置在房屋的墙上，以警告人们预防瘟疫。1607 年至 1636 年间，一场鼠疫在奥格斯堡肆虐。

今天居住在尼日利亚和西非贝宁的约鲁巴人依旧崇拜天花神“沙波纳”。沙波纳是大地之主，可以用天花来惩罚人类，非常令人生畏。当地专门为沙波纳建有寺庙，配备祭司。而二十世纪七十年代之前，沙波纳崇拜者还在强烈抵制天花疫苗。

拿破仑的大军团从莫斯科撤退，是军事史上的重大灾难之一。正如伊莱昂·普莱尼什尼科夫1874年的这幅画作所示，法国士兵忍受着刺骨的寒冷前行，还经常面临俄罗斯军队的袭击，以及肆虐的伤寒。

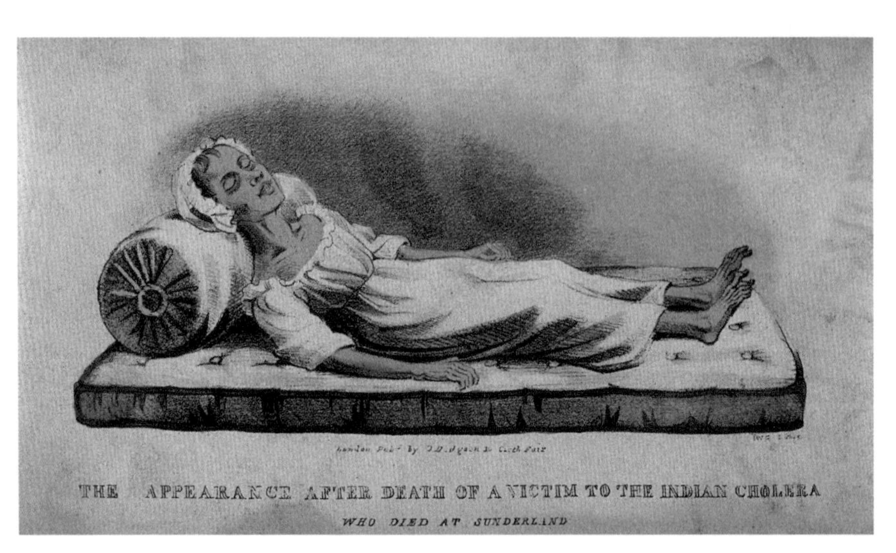

一名死于霍乱的患者，因其特有的蓝紫色皮肤，该病被称为“蓝死病”。

一位哭泣的母亲抱着病重的孩子，孩子患有先天梅毒，身体畸形，遍布皮疹。蒙克在巴黎的一家医院里得到了这幅画的灵感。爱德华·蒙克，《遗产》，1897—1899年。

《梅毒病人》，德国艺术家阿尔布雷希特·丢勒（1471—1528）创作的首批木版画作品之一，表现了一个因为感染梅毒病情恶化导致皮肤溃烂的男人。从着装来看，他是一名雇佣兵——十六、十七世纪导致梅毒在欧洲传播的罪魁祸首之一。人物上方的黄道十二宫表现的是当时被用来解释新疾病的占星术理论。

图为在许多国家抗击梅毒的过程中都会对性工作者进行的强制妇科检查。当时梅毒被视为主要的社会问题，而性工作者被视为关键因素。克里斯蒂安·克罗格，《艾伯丁来看警察外科医生》，1887 年。

图为爱德华·蒙克于1886年创作的油画《病中的孩子》。通常的看法是，这个面色苍白、表情呆滞的孩子代表了画家的姐姐，她在十五岁时死于结核病。他本人从未证实过这一点。

玛丽·迪普莱西，被认为是巴黎最美丽女人的妓女，患有结核病，她充分说明了当时的审美观：消瘦、苍白、孱弱。

1919年初，蒙克患西班牙流感，并以此为主题创作了若干画作。在这张画中，画家瘫坐在椅子上，苍白的脸色清楚地显示出疲惫的病态。爱德华·蒙克，《患西班牙流感后的自画像》，1919年。

第五章

历史谜团

研究历史上发生的流行病需要直面的一大挑战，便是我们掌握的相关信息往往支离破碎。而我们对于某种流行病的定义亦可能不够充分，有失精准，疫情过程及其表现并非总是得到很好的描述。这自然会使我们在相关致病微生物的辨识方面只能原地踏步，或者艰难前进。[1]

除此之外，其他一些原因也会使我们无法很好地解释早期发生的流行病。不能排除这些流行病是由后来消失的某种未知微生物引起的。另一种可能性是，历史上发生的疫情的确与目前仍存在的微生物相关，但这些微生物已通过突变改变了致病性或传染性特征。因此，早期由这种微生物引发的疫情可能不同于我们今天看到的情况。

在这一历史侦探工作中，现代分子生物学的作用显著。新方法使我们能够检测到早期人类遗骸中结核病和鼠疫等传染病的致病微生物。

然而令人沮丧的是，我们现在知道，许多瘟疫都在当时造成重大问题，并产生了相当重要的历史后果，但无法确定到底是什么微生物导致的疫情。下面，就看看其中的一些事例。

雅典瘟疫

古雅典在欧洲文化史上占有重要地位。这无疑使“雅典瘟疫”成为过去最著名的神秘瘟疫。许多历史学者都写过关于这一瘟疫的文章，但很少就其原因达成一致，相关问题还有待澄清。

公元前431年，雅典处于全盛时期。公元前490年在马拉松，以及公元前480年在萨拉米斯两次战胜入侵的波斯军队后，雅典一时风光无两，成为“提洛同盟”（Delian League）的盟主，其成员多是些希腊城邦。希腊的另一个大国斯巴达认为雅典是一个必须面对的威胁。这导致了公元前431年伯罗奔尼撒战争的爆发。雅典领导下的提洛同盟和拥有多个盟友的斯巴达之间的战争一直持续到公元前404年。

雅典城与其在比雷埃夫斯设立的港口都壁垒森严，借由两道“长城”连接在一起，绵延九公里。雅典领导人伯里克利决定把他的军队和阿提卡地区的大部分农村人口悉数迁入城内，这导致雅典人口严重过剩，住房条件恶劣。战争期间，雅典多次遭围困。伯里克利不愿意在陆地上作战，任由斯巴达人蹂躏雅典周围的乡村。他决定对斯巴达发动消耗战，因为雅典人拥有强大的舰队，可以不断攻击斯巴达的乡村，并确保通过比雷埃夫斯港向雅典供应物资。[2]

然而，随后发生了意想不到的事情。公元前430年，雅典受到一场瘟疫袭击，这给当地居民带来了可怕的后果。我们从历史学者、前将领修昔底德那里得到了一份关于瘟疫的详细记录，他关于伯罗奔尼撒战争的著作也非常详细地论述了这场瘟疫。修昔底德对瘟疫有第一手了解，因为他自己也染疫，侥幸活了下来。修昔底德不是医生，但显然在当代医学中占据了一席之地。在过去的两千五百年里，关于这场瘟疫的持续讨论几乎完全基于他的描述。[3]

修昔底德写道，疫情起源于埃塞俄比亚，在抵达比雷埃夫斯港并迅速转移到雅典之前已传播到埃及、利比亚和中东。疫情暴发于公元前430年5月，持续了四年，但出现了几个不同阶段。

病症会突然发作，其症状包括剧烈头痛，眼睛、舌头和喉咙发炎。病人声音嘶哑，同时打喷嚏，接着是干咳。然后是剧烈的呕吐和抽筋。病人极度口渴，身体发热，许多人脱掉衣服跳进冷水中。许多受害者出现了皮疹，后来一些历史学者将其解释为疱疹和毒疮。然而，这种皮疹的实际外观是不确定的，因为修昔底德对这些“疱疹”（phlyctaini）所用术语的真正含义目前尚不清楚。而这种不确定性也成为瘟疫原因讨论的重要组成，毕竟好几种微生物可以引起类似特征的皮肤病变。[4]

许多患者在七到九天后死亡。熬过七到九天的病人经常遭受剧烈腹泻的折磨，更多的人死于腹泻。垂死者的手指、脚趾和生殖器经常出现坏疽，而一些人失明并失去记忆。

瘟疫景象无疑极其惊人，疫情传播也极其迅速。所有阶层都遭遇了疾病冲击，尤其是生活在人满为患的城区的居民，那里的住房条件最差。修昔底德和一般人都清楚地认识到，这是一种传染性疾病。医生和照看病患的护理者受到的打击尤其严重。满门尽灭的情况比比皆是，尸体太多，无法正常埋葬，只能听之任之放在原地，或者将亲人的尸体与陌生人一道火化。

据估计，当时在雅典城内生活的三四十万人中，约有四分之一死于瘟疫。[5]伯里克利失去了两个儿子，他自己于公元前429年秋天溘然辞世，死因很可能也是这种传染病，尽管他的病程比一般人更长。

修昔底德除了巨细靡遗地描述这种传染病之外，还有一项重要的观察，即在瘟疫期间，那些在病魔袭击中幸存下来的人获得了持久的免疫力，至少在瘟疫持续的四年内是如此。[6]

所有人都认为这种疾病在希腊前所未见。医生缺乏救治经验，面对患者束手无策。据说雅典当局曾向希波克拉底寻求帮助，但这位神医显然信息不足，逃离了这座城市。

这就是我们所知的古希腊遭遇的致命瘟疫，个中原因到底为何？

在过去的一个世纪里，至少有三十种不同的致病微生物被解释为雅典瘟疫的成因。[7]研究者们反复检讨修昔底德描述中的几乎每一个单词，对每种可能性进行彻底讨论。本书作者的印象是，人们倾向于断章取义，对于任何不合心意的解释吹毛求疵。研究者使用的方法与希腊神话中凶残的客栈老板普罗克汝斯忒斯（Procrustes）相同：他只有一张床给客人，如果客人的腿太长，就砍掉一部分；如果他们的腿太短，就把双腿拉长。让我们来看看一些关于致病原因的说法。

雅典瘟疫系鼠疫杆菌引起的经典鼠疫，此观点不乏支持者，但可能性不大。已知的第一次鼠疫大流行是公元六世纪中期的查士丁尼瘟疫。鼠疫杆菌肯定比这更古老，但修昔底德描述的病理特征并不真正符合鼠疫。例如，如果这场瘟疫是真正的鼠疫，修昔底德不太可能不描述鼠疫典型的肿胀特征。有人提出，当时雅典几乎不存在黑鼠这一论点也值得怀疑，因为最近的研究表明，鼠疫的传染机制可能超出了老鼠和跳蚤的“经典”机制。但认为导致雅典元气大伤的瘟疫是一场鼠疫显然可信度不高。

至于认为罪魁祸首是天花的观点，曾经乃至现在仍然有一些支持者。当天花病毒在患者群体没有丝毫免疫力的情况下攻击时，死亡率极高。病毒通过飞沫、人际接触和空气传播迅速扩散，这与最初的症状是剧烈头痛、眼睛和喉咙发炎的雅典瘟疫相符。许多人认为，修昔底德描述的患者皮肤以及其他部位出现“疱疹”的特征，也与天花相符，但其他人完全不同意。另一个论点是，尽管天花病毒在世界其他地区肆虐一时，但没有理由主张古希腊存在天花。同样令人震惊的是，修昔底德没有提到天花痊愈后形成的疤痕，而这在罹患这种传染病的患者中极为常见。

普氏立克次体细菌引起伤寒的说法，也说服了一些支持者。这种传染病通常发生在人满为患、卫生条件恶劣的战争时期。雅典城内的情况就是这样，虱子在希腊十分常见。

伯里克利是公元前五世纪雅典全盛时期的主要政治家。他死于公元前429年，死因可能就是伯罗奔尼撒战争期间雅典暴发的瘟疫

雅典瘟疫的许多症状，包括最初的发热、眼睛发炎和呼吸困难，与伤寒一致。患者经常陷入精神失常的状态，偶尔还会呕吐和腹泻。坏疽综合征也与受害者手指和脚趾的缺失症状吻合。然而问题是，伤寒在古希腊几乎不可能存在，只有到了十六世纪伤寒才在欧洲出现，其传播的速度也不像在雅典那样迅猛，毕竟其依赖被细菌感染的虱子传播。

麻疹也是讨论最多的致病原因之一。历史上的许多例子表明，未经免疫的群体感染麻疹病毒后死亡率极高。而其通过空气传播的特点，与雅典瘟疫的迅速传播非常一致，但雅典瘟疫的许多症状很难说与麻疹一致。

多年来，人们提出了大量假说，包括葡萄球菌、链球菌和导致炭疽的细菌，试图解释雅典悲剧的起因。然而，据我们所知，其中一些细菌直到我们生活的这个时代才出现，本书作者认为，用其来解释雅典瘟疫的论证极为薄弱。一位历史学者甚至认为，这场瘟疫与传染病完全无关，而是由一种在玉米上生长的真菌产生的某种有毒物质引发的食物中毒。

最近，希腊研究人员利用新的分子生物学方法，对雅典城外一座集体墓地的尸体遗骸进行了检测，从而推动了关于雅典瘟疫为伤寒引发的讨论。有人提出，最终的病因是伤寒沙门氏菌，其可导致严重的肠道传染性伤寒。在三具尸体中，研究人员发现了伤寒沙门氏菌的脱氧核糖核酸，于是在此基础上宣布他们找到了正确的答案。但这一点尚未被普遍接受，部分原因是对其所用方法的技术性质疑，部分原因是尸检数量太少。[9] 这当然并不意味着被围困的雅典人不可能感染伤寒菌，但几乎无法证明其是这场瘟疫的主因。

尽管研究人员可能使用分子生物学方法做新调查，但尚不确定是否可以对雅典瘟疫做出最终诊断。我们不能排除这样一种可能性，即这场瘟疫是由几种不同的微生物造成的，这些微生物在雅典被围困期间的恶劣环境下繁衍生息。也有可能是这种微生物消失了，或者在伯罗奔尼撒战争以来的几千年里，完全改变了自己的病理特征。

安东尼瘟疫：阿波罗的复仇

一些历史记载表明，罗马与雅典同时受到瘟疫的侵袭。我们不知道是否涉及同一种微生物。罗马帝国在其存续的世纪里遭受了大规模瘟疫的蹂躏，其中两次在原因不明的神秘瘟疫名单上当占有一席之地。

第一次便是所谓的“安东尼瘟疫”，从公元 165 年罗马帝国达到其权力顶峰时开始，这次瘟疫肆虐了好几年。当时的罗马帝国疆域，从今天伊拉克的幼发拉底河和底格里斯河延伸到苏格兰，从撒哈拉延伸到北海。帝国由哲学家兼皇帝马可 · 奥勒留和前任皇帝安东尼 · 庇护的养子卢修斯 · 维鲁斯共同统治。维鲁斯于 169 年去世，马可 · 奥勒留成为唯一的统治者。

英国历史学家爱德华·吉本（Edward Gibbon）称这一时期为人类最幸福的时代。罗马帝国境内一派歌舞升平的祥和气氛，但其疆界地带却气氛紧张，强敌环伺，其中包括统治今天伊朗地区的安息帝国。[10]

公元165年，罗马军队成功击败安息人，并带回了大量战利品。随同罗马军团一道凯旋的还有一种微生物，其将导致古代流行程度最广的传染病。这场瘟疫以皇帝的名讳命名为“安东尼瘟疫”。如后所述，严格意义上来讲，这不是一场由鼠疫杆菌引的瘟疫。在讨论罗马历史时，安东尼瘟疫经常被忽视，尽管其在相当长的时间里深刻地影响了罗马帝国，并可能产生了持久的后果。

罗马人普遍认为，疫情始于公元165年，当时靠近今天巴格达的塞琉西亚被罗马人攻克，并被洗劫一空。据说士兵们还抢劫了那里的阿波罗神殿。然而，当他们打开一座古墓时，据称能引起瘟疫的蒸气从里面散发出来。在另一个版本中，故事发生在罗马士兵试图打开一个金制棺材的时候。由于阿波罗神与瘟疫有关，考虑到他的性格，笃信宗教的罗马人认为，可怕瘟疫的暴发是天神对罗马军队玷污其神庙的报复。虽然塞琉西亚最初被认为是瘟疫起源地，但这并不一定正确：有人认为它来自红海周围地区，可能是阿拉伯半岛。[12]

无论起源在哪里，这场瘟疫都迅速蔓延到罗马帝国的大部分地区，包括中东、北非和英国在内的帝国领土。在井然有序的罗马帝国，致病微生物很容易通过笔直宽阔的道路以及四通八达的海上航线传播。我们观察到的很可能是目前已知的第一次全球大流行，即使是遥远的中国，也在同一时间受到很可能是同一瘟疫的袭击。丝绸之路早就成为亚欧之间的重要贸易通道，也很可能在这场瘟疫的传播过程中发挥了作用。

安东尼瘟疫是如何发展的？不幸的是，与雅典瘟疫相比，我们对此知之甚少，至少缺乏像修昔底德的经典描述那样精确的高质量文献。

然而，罗马帝国最著名的医生盖伦处于疫情之中，治疗了许多患者，并做了一些零散的笔记。正因如此，这场疫情偶尔也被称为“盖伦瘟疫”。[13]

根据盖伦的说法，这种病始于急性发热，随后患者开始咳嗽并变得声音嘶哑。最典型的病征是大面积皮疹和充满脓液的水泡，通常还会充血，几天后开始变干并形成鳞状。患者经常排出黑色粪便，这可能是肠道出血的迹象。有时病人会咳血。病发九至十天后，患者死亡，但也有一部分患者恢复了健康。

历史学者们热切地研究盖伦对这种病的模糊描述。大多数人认为这一定是天花，更确切地说是以广泛出血为特征的出血型天花，这也会影响皮肤。这种病的死亡率极高。盖伦本人则认为，这一定是与雅典瘟疫相同的疾病。[14]

尽管许多人将安东尼瘟疫解释为天花流行，但本书作者发现这个理论存在问题，原因如下。像前文所说，天花病毒何时在欧洲出现尚不确定，可能发生在中世纪早期，但在七八世纪伊斯兰军队将病毒带到欧洲之前，似乎没有造成任何重大疫情。如果安东尼瘟疫真的是天花，那么这种病毒应当早在七世纪之前就在欧洲站稳了脚跟，并会引起定期流行。

一般认为，安东尼瘟疫从公元 165 年持续到 180 年。还有一些人认为 189 年的新疫情是大瘟疫的延续，但这一点尚无法确定。[15]

历史学者得出的关于这一瘟疫的死亡率数字大相径庭：估计从百分之二到百分之五十不等。[16] 这个数字在罗马帝国的不同地区差异很大。主要城市，特别是罗马，遭受了重创，罗马军队也未能幸免。综上所述，总死亡率可能在百分之十左右，这表明在拥有七千五百万人口的罗马帝国中，有七百万到八百万人死亡。这一定对社会产生了相当大的冲击。

由于人们普遍认为这场瘟疫是阿波罗的报复行为，整个帝国都试图通过祭祀和其他宗教仪式来安抚众神。人们特别求诸阿波罗的神谕，但收到的关于应对瘟疫的答复显然于事无补，不过雕塑家例外，因为神谕中经常建议再为阿波罗神竖立一尊雕像。[17]

时人不一定认为这种疾病具有传染性：就连盖伦在检查病人时也没有采取预防措施。然而有迹象表明，当时人们已经意识到存在人际传染的风险。在伦敦发现的一个瘟疫护身符上刻有铭文，警告人们不要接吻，而接吻在当时是一种常见的问候方式。[18] 特别有意味的是马可·奥勒留在公元 180 年临终前的故事。他在文多博纳（Vindobona，即现在的维也纳）死于瘟疫。皇帝在这座城市走完了最后岁月。其亲征的目的是保卫帝国，抵御日耳曼部落入侵。[19] 马可·奥勒留担心疾病可能会传染，禁止儿子、继任者康茂德进入自己的病房。但事与愿违，这位高贵的哲学家皇帝的这一善意举动反倒伤害了他的臣民：康茂德统治十一年，残忍专断，其标志便是大开杀戒，将一系列实际或

坐上皇帝宝座的哲学家马可·奥勒留·安东尼·奥古斯都，在位时间从公元 161 年到 180 年。他死于以他的名字命名的疫情：安东尼瘟疫。

被认为意图谋逆的反贼处决。这位继任的罗马皇帝越来越偏执和妄自尊大。他坚持将罗马城改名为康茂德亚纳，在竞技场上以角斗士的身份战斗，并将自己视为半人半神的赫拉克勒斯。康茂德在公元 192 年被谋杀，殁年三十一岁。

总之，毫无疑问，安东尼瘟疫给罗马帝国带来了巨大压力，但其程度仍有很大的不确定性。这也适用于瘟疫对罗马社会可能产生的后果，历史学者对此仍持不同意见。[20]

西普里安瘟疫：被遗忘的流行病

出于种种原因，历史学家似乎不愿意在他们对历史事件的分析中纳入大流行病。二十世纪七十年代，美国历史学家威廉 · 麦克尼尔的著作《瘟疫与人》改变了这种状况，但阻碍毫无疑问仍然存在。一个令人信服的例子是公元 249—270 年蹂躏罗马帝国，被称为“西普里安瘟疫”（Plague of Cyprian）的大流行。由于某种原因，在罗马帝国的历史记载中，这场瘟疫几乎从未被人提及。

西普里安瘟疫伴随着战争，降临在风雨飘摇的罗马帝国。边境四面楚歌，国内动荡此起彼伏。公元 259 年，发生了一件闻所未闻的天大丑闻：堂堂罗马皇帝被敌人生擒活捉。253 年登基的罗马皇帝瓦莱里安（Valerian）被安息人击败，不得不在囚禁中度过余生。早期的基督教作家拉坦提乌斯（Lactantius）十分痛恨迫害基督徒的瓦莱里安，极尽羞辱之能事，声称罗马皇帝的尸体被安息国做成标本，被陈列于寺院。皇帝的命运对罗马帝国上下堪称奇耻大辱。就在这一危急时刻，西普里安瘟疫又给了罗马帝国致命一击。[21]

这场疫情是以北非迦太基主教西普里安的名字命名的，他是早期教会最杰出的教父之一。他在《论死亡》一书中对这场瘟疫做了最完整的描述。普遍的看法是，瘟疫始于埃塞俄比亚、埃及南部，从那里向北和向西传播。地中海沿岸的所有国家在几年内都受到了影响，瘟疫可能也在帝国的其他地方传播。城镇和乡村，年轻人和老人——都受到了攻击。[22]

尽管西普里安缺乏修昔底德或盖伦那般广博的医学知识以做出精确判断，但他为我们描述的病理特征格外触目惊心。患者开始时出现急性发热和严重的上吐下泻，有时伴有出血。正如西普里安所写，患者的双腿经常发炎并瘫痪或“不听使唤”。有些病人失明或失聪。

这场瘟疫的死亡率极高，根据一位当时的历史学家的说法，仅雅典一地每天就有五千人死亡。我们缺乏整个帝国的可靠死亡率数据，但一定相当可观。西普里安认为，瘟疫的流行可以被解释为世界末日的标志。霍斯蒂利安和克劳狄二世两位皇帝可能都死于这种病。

在非基督徒中，这场灾难和以前的瘟疫一样，被视为有超自然的神意。然而，也有迹象表明，许多人认为疾病与某种形式的人际传播有关。一位当时的历史学者写道，这种病可以通过衣服，甚至通过眼神交流传播。[23] 2014 年，意大利考古学者在埃及卢克索发现了一座集体墓穴，其中的尸骸部分被石灰浸泡并焚烧，可能是为了防止传染。[24]

这场瘟疫或可被称为大流行，其成因目前尚不清楚。有人提出了许多微生物，包括天花病毒作为备选对象。定谳似乎不太可能，因为令人惊讶的是，西普里安和我们掌握的少数其他文献都没有提到皮疹和痊愈后留下的疤痕，这些都是天花的明显迹象。也有人提出，这是一种类似于二十世纪西班牙流感的流行病。这也不可能成立，因为迄今为止还没有发现关于危及生命的肺衰竭的历史记载，而这是西班牙流感的典型特征。

一位美国历史学家最近提出，造成瘟疫的可能是埃博拉病毒。[25] 西普里安描述的许多症状可能与这种病毒引起的大量出血和极为致命的发热有关。即便如此，本书作者认为，在公元三世纪，埃博拉病毒

公元 249—270 年，西普里安瘟疫肆虐罗马帝国，当时西普里安是北非迦太基的主教。

几乎不可能以如此广泛的方式袭击欧洲，因为到目前为止，我们只在二十世纪下半叶的赤道非洲看到了埃博拉病毒暴发，那里可能才是动物宿主的栖息地。除了通过航空旅行的个别病例，埃博拉病毒从未传播到世界其他地区。不得不承认，西普里安瘟疫的成因尚不清楚，而且很可能继续成为历史谜团。不幸的是，埃及卢克索的万人坑不能用于分子生物学探测工作，因为微生物的遗传物质不太可能保存在这些

2014 年，意大利考古学者在卢克索郊外发现了大量西普里安瘟疫受害者的遗骸。尸体显然是匆忙火化的，没有举行宗教仪式，之后用石灰覆盖。

尸骸当中。

西普里安瘟疫期间，基督教在罗马帝国的地位已基本巩固。[26] 由于相信永生，基督徒比其他人更害怕死于瘟疫。许多基督徒努力照顾病人，这一定给他们留下了深刻的印象。尽管如此，基督徒有时会成为可怕瘟疫的替罪羊，西普里安自己也在公元 258 年殉道，被斩首。

汗热病

从西普里安瘟疫开始，我们跨越一千多年，进入瘟疫历史学者面临的下一个重大挑战：汗热病。截至目前，相关的致病微生物仍然成谜。

这场瘟疫发生在英国历史上极度动荡的时期。[27] 两个王室家族之间的内战“玫瑰战争”，蹂躏了英格兰足足三十年。1485 年 8 月 29 日，博斯沃思战役标志着内战的落幕，理查三世因为坐骑丢掉了自己的王国并惨死疆场。根据莎士比亚关于这位驼背国王的经典描述，故事的梗概如上所述。胜利者亨利·都铎被加冕为亨利七世，几天后正式进入伦敦。他的随从中可能夹带了一位无形的护卫，这种微生物导致了一种被称为“汗热病”的瘟疫，在拉丁语中被称为“流行性粟粒疹热”（*Sudor anglicus*）。瘟疫于9月19日在伦敦暴发，导致数千人死亡，其中包括两名市长。然而，它不仅袭击了伦敦：农村受到的打击甚至比城镇更严重——但作为首都的伦敦除外。[28]

瘟疫在1485年奇迹般销声匿迹，但此后四次卷土重来：1508年、1517年、1528年和1551年。爱尔兰和苏格兰幸免于难。这些瘟疫流行范围仅限于英格兰，唯一的例外发生在1528年，汗热病传播到德国，然后向东传播到波兰和俄罗斯（法国和意大利幸免于难）。瘟疫还蔓延到了斯堪的纳维亚半岛，据称挪威南部的死亡人数太多，以至于农民不得不从法罗群岛进口劳动力。那次瘟疫于1530年突然销声匿迹。

汗热病的病情非常严重。发病开始于急性头痛、寒战、高热和肌肉疼痛，很快发展为胃痛、呕吐、头痛加剧和精神错乱。在最初的几个小时里，患者开始分泌大量有异味的汗液，因此得名。不可能准确判定病死率，但可能在百分之三十至五十之间。死亡往往发生在发病二十四小时内。幸存者在之后很长一段时间里仍然四肢羸弱，筋疲力尽。[29]

病程的迅速自然给人留下了深刻的印象。当时有人写道：“人们午餐时还活蹦乱跳，晚餐时就溘然长逝。”医生托马斯·福雷斯蒂尔这样描述疫情，“我们看到两名牧师站在那里聊天，然后两人突然死亡。”他还说，“另一名年轻人走在街上，突然倒地。”另一个故事讲述了七名伦敦人“晚上一起进餐，到黎明时，其中五人已亡故”。

汗热病具有许多显著的特点。[30]被传染者集中于二十至四十岁之

安妮·博林，后来成了亨利八世的第二任妻子，在1528年感染汗热病，但侥幸存活。然而，1536年，她没有逃脱刽子手的利斧。图为绘制于十六世纪晚期（1533—1536）的木板油画。

间的壮年男性，在很大程度上不会传染儿童、老人和女性。同样令人震惊的是，汗热病的患者不乏社会和经济上层阶级的成员，而贫穷的下层阶级要少得多。修道院的僧侣乃至牛津大学和剑桥大学的所有学生几乎全部病亡，遭受重创。1528年的那波瘟疫期间，宫廷也遭到袭击，亨利八世仓皇出逃。而他的情妇安妮·博林不幸染病，侥幸生还，

1533年与亨利结婚，三年后被刽子手斩首。[31]

汗热病一般肆虐几周，然后就谜一般地消失。英格兰地区的疫情都始于8月，9月消失，但这种季节性模式在欧洲大陆并不明显。

这种传染病的死亡率很高，引发了极大的恐惧。半个世纪后，威廉·莎士比亚在他的戏剧《一报还一报》中提到了这一点（尽管剧中将发病地点改为维也纳）。尽管如此，死亡总人数远低于当时肆虐欧洲的其他重大疫情，如鼠疫和伤寒。

汗热病的致病微生物到底为何？这一问题仍有待解决，但自细菌学革命以来的几年里，出现了一些资历各异的候选“凶手”。有人提出被忽视的炭疽杆菌，此外还存在各种可能的其他选项。汗热病的病理特征和季节模式表明，致病微生物可能有动物宿主；换句话说，这是一种人畜共患病。如果是这种情况，最有可能的宿主是各种啮齿动物，它们的数量往往在夏末和秋季，尤其是在多雨的春夏之后达到高峰。

有些人更倾向于认为汗热病通过蚊子或蜱虫等昆虫叮咬传播。[32]问题是，这些病毒几乎都存在于地球上的其他地区。典型代表如“克里米亚–刚果出血热”（Crimean-Congo haemorrhagic fever，CCHF），该病毒由蜱传播，公认在东欧发现，有人提出是汗热病的病因。[33]本书作者对此表示怀疑。首先，关于汗热病病程的报道不能为出血热提供任何证据。其次，在英国还没有发现这种病毒。此外，关于汗热病的现有报道强烈暗示存在人际传染：整门整户常常都受到重创。[34]这显然不是典型的克里米亚–刚果出血热的症状。

我们还了解到其他几种通过小型啮齿类动物传播的病毒具有疫源地，可在不依赖昆虫的情况下在人类中传染。这种病毒属就是所谓的“汉坦病毒属，在世界各地都有发现。欧洲已知的这一毒株的代表并没有产生汗热病这样引人注目的病理特征，但1993年在美国南部发现了一种新的汉坦病毒，即辛诺柏病毒，其病理特征非常严重，病死率很高。这种疾病被称为“汉坦病毒肺综合征”（HPS）。最近，在一

在 1485 年爆发的博斯沃思战役中，理查三世阵亡，标志着玫瑰战争的结束。汗热病在这场战役后不久暴发。亚伯拉罕·库珀绘于 1790 年。

次关于汗热病的讨论中，有人提出汉坦病毒（或者说其前身）可能是中世纪汗热病的致病微生物，但有一些重要的论点反对这种说法。该传染病的相关描述没有提到严重肺衰竭，而这是汉坦病毒肺综合征的一个特征。[35] 汉坦病毒感染的发展速度也没有汗热病快。即便是其变种辛诺柏病毒，每年也只在美国引起几十例感染，也不会在人际传播，尽管阿根廷也有一些个案报告。[36] 最后一点是，欧洲尚未检测到汉坦病毒的存在。

汗热病到底从何而来？是源自英国吗？人们普遍认为，病毒由亨利·都铎于 1485 年从法国带至英国与理查三世作战的佣兵携带。当时，战争双方都大量使用佣兵，这些声名狼藉的亡命之徒来自不同国家，经常携带各种奇怪的致病微生物（之前已提到，梅毒的传播在很

萨福克公爵二世亨利·布兰登因汗热病去世，享年十五岁。几个小时后，他的弟弟查尔斯去世。在这种情况下，疫情对社会和经济上层阶级的打击比对下层阶级的打击更大，而这显然与大多数早期传染病的情况截然相反。小汉斯·霍尔拜因绘于 1541 年。

大程度上是由这些穿越欧洲的雇佣军造成）。然而，说到汗热病，雇佣军可能是无辜的，毕竟有理由认为，在博斯沃思战役之前，英格兰北部就已经存在这种传染病。[37] 在玫瑰战争的最后决战开始前的几周里，国王重要的诸侯斯坦利勋爵以盗汗体虚为借口，与国王所率主力分兵驻扎在博斯沃思，准备坐山观虎斗。[38] 我们是否可以认为，汗热病以这种方式促成了理查三世的倒台和都铎王朝的建立？

好几位历史学者认为，汗热病可能来自斯堪的纳维亚半岛，特别是挪威，通过交易含有受感染啮齿动物或昆虫身上病毒的毛皮传播。[39]

但这些理论也是高度推测性的。本书作者认为我们必须接受这样一种观点，即或许永远不会发现是哪种致病微生物导致了汗热病，更不会弄清楚病毒源自何方。

“拉达西克”：促使挪威建构公共卫生服务的悲剧

三百多年前，挪威暴发了一种瘟疫：“拉达西克”（radesyke）。1709 年，一艘俄罗斯船只在斯塔万格下锚过冬。正如卡尔·威廉·伯克教授在 1860 年写的那样，到访的船员在当地寻花问柳，这并不奇怪：“在这艘船上，有许多放荡的船员曾在港口地区和周围的农场寻求一切机会与挪威女性发生性关系。”

而这是一场瘟疫悲剧的开始，在接下来的一百五十年里，此次接触引发的传染病在挪威西南部造成了大量死亡。俄国船员们似乎给他们的挪威女伴带来了一种性传播疾病，这在当时的挪威堪称新生事物，正如伯克教授描述的：“俄罗斯人曾与挪威女性分享过他们的性病果实。”传染病在随后的几年里迅速传播，并被命名为“拉达西克”，最初只是口口相传，后来被正式纳入医学领域。“拉达”（rada）是一个古老的方言，意思是“肮脏、冷酷”。[40] 而“西克”（syke）这个词的意思是“疾病、痛苦”。

这种“拉达西克”的性质到底是什么？是什么原因导致的？这些问题引发了一场旷日持久的辩论，但尚未得出明确结论。[41] 然而，本书将尝试研究这种疾病，并追踪该流行病的社会传播途径。

这场流行病从一开始就十分清楚，患“拉达西克”的病人几乎都是卫生条件与营养状况十分恶劣的穷人。所有年龄组都受到影响（常见于儿童）。这种传染病的发病通常始于皮肤和黏膜的无痛溃疡。溃疡逐渐加深，产生传染性并散发出难闻的气味。通常情况下，鼻梁的

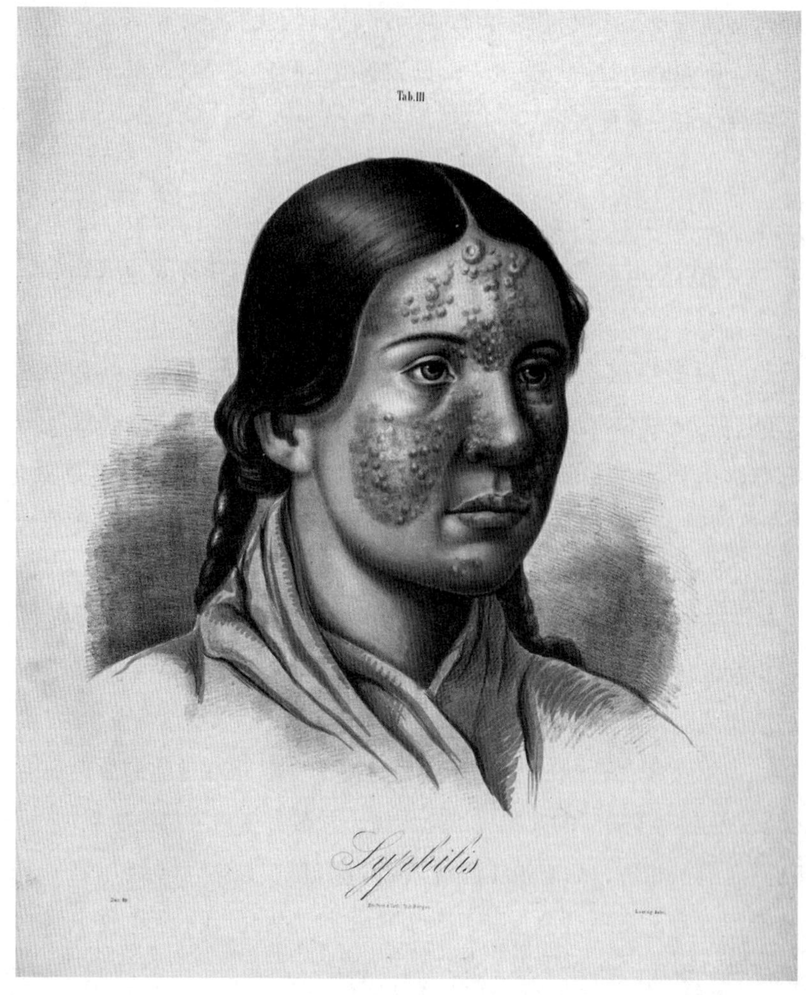

拉达西克病患者。伯克在插图上写了“梅毒”，因为他认为拉达西克是梅毒的一种。他可能是对的。参见卡尔·威廉·伯克和丹尼尔·科尔内留斯·丹尼尔森合著的论文，约翰·卢德维格·洛斯廷所绘插图。

软骨和外部受累，导致鼻梁塌陷，留下被称为“鞍鼻”的特征。许多受害者报告鼻子感觉异样，“感觉像蚂蚁在里面爬行”。患者喉部软骨也受到了攻击，声音开始变得特别嘶哑。喉部疼感强烈，导致患者无法进食，加重营养不良的状况。在晚期阶段，病人的骨骼也可能受到影响，正如一位丹麦医生在 1801 年写的那样，“这种病会慢慢地消耗病患，让他们看起来如同行尸走肉，他们偷偷摸摸地四下徘徊，看着像是非人的可怕生物”。令人厌恶的外表往往导致患者感到自卑与耻辱。[42]

十八世纪，“拉达西克”在挪威南部引发了流行病，在挪威西部的病例数量也逐渐增多。挪威其他地区也报告了相关病例。很难评估到底有多少人受到影响，但在前利斯特和曼达尔等地，就有约三万名患者。神职人员有义务报告“拉达西克”的患病情况。然而，很可能有相当多漏报，原因是多方面的，部分患者担心自己被污名化，也有很多人害怕接受与疾病一样可怕而残酷的汞治疗。如此种种，许多患者想尽办法避免被当局登记在案。

医生对“拉达西克”的病因存在很大分歧。有人认为其属于败血症和麻风病，而其他人则认为这是一种单独的传染病。讨论这种传染病的相关医学文献数量激增。它也成为 1817 年被授予挪威历史上首个医学博士学位的弗雷德里克 · 霍尔斯特医生的研究课题。若干在场聆听博士答辩的观众对于论文所讨论的主题感到强烈不适。一位在场的牧师后来写道：“所有关于脓疮、肿块、鳞片和结痂的言论，都让我觉得很恶心。”[43]

“拉达西克”的标签，极有可能也适用于其他皮肤有恙的患者，如麻风病、结核病和某些皮肤病。即便如此，“拉达西克”绝对是一种单独的传染病，是造成相关瘟疫的元凶。伯克教授投入这场辩论中，在长期研究该疾病的过程中坚持认为它是某种形式的梅毒，而这也是后来的主流观点。[44]

在我看来，伯克的观点是绝对正确的。“拉达西克”很可能是梅毒螺旋体引发的慢性传染病。但仍有一些问题没有答案。首先，这种疾病是如何传播的？如果我们承认这一瘟疫是俄罗斯人在 1709 年输入的，那么一开始可能是性传播。但瘟疫的进一步发展表明，非性传播极为常见，因为包括儿童在内的所有年龄组都可能感染该病。家庭内病例的聚集暴发是一种重要的传播模式。在狭小的住房和恶劣的卫生条件下，极为密切的接触对该病的传播可能很重要。同时，这种病经常通过性行为传播，二者并行不悖。这也是当时医生的看法。

正如在讨论梅毒时所看到的那样，有一些密螺旋体细菌与典型的梅毒病菌十分类似，也会导致慢性疾病，可以通过密切的身体接触或共用餐具、水杯等方式进行非性传播。这适用于地方性梅毒，也被称为非性病性梅毒，多见于中东和撒哈拉西南部气候极其干燥和炎热的地区。梅毒病菌可能在某个时候与其他密螺旋体细菌发生了突变，这在一定程度上改变了它的特征。可以想象，1709 年输入挪威的梅毒病菌，在特殊环境因素的影响下，可能会发生轻微变化，改变其传播方式。这种情况只是微生物适应外部条件能力的一个例证。

其次，导致十八世纪挪威疫情迅速蔓延的原因是什么？这让人想起十六世纪梅毒在欧洲的迅速传播，其中部分原因可能是人群中缺乏对这种细菌的免疫力。十八世纪的挪威人也会这样吗？诚然，梅毒早在十六世纪就出现在挪威，但在接下来的几个世纪里，梅毒疫情屈指可数，以至于整体人群的免疫力很低。[45] 至于这种疾病在十九世纪中叶的消失，则很可能是社会底层的穷人在卫生、住房和营养方面生活条件改善的结果。[46]

必须承认，上述考虑都是推测性的。我们可能永远也不能得知“拉达西克”的本质。尽管如此，进一步的研究应该可以取得进展，因为我们可以对现存的许多“拉达西克”患者坟墓中的遗物做实验。现代分子生物学方法或许可以揭示这种传染病的重重谜团，最近已经证明，可以在相关考古材料中检测到密螺旋体细菌。此外，检查死者骨骸的方法也能进一步证明，而我们很可能获得合适的材料。

尽管挪威遭受了特别严重的打击，但认为“拉达西克”完全是一种挪威病显然是错误的。在类似的社会和环境条件下，类似的病理特征在欧洲其他外围地区也很常见，比如波斯尼亚，当地用“斯凯尔耶沃”（skerljevo）命名该病，在苏格兰这种病被称为“西本司”（sibbens）。[47]

“拉达西克”对挪威公共卫生机构的出现产生了积极影响。丹麦和挪威当局为抗击疫情做出了巨大努力，组织了专业的医生团队，并成立了大约十五家医院，专门负责治疗和隔离患者，而不是像早期医院那样任由其自生自灭。其中一些医院后来改为常规用途。尽管在其活跃的一百五十多年里，“拉达西克”造成了许多悲剧，但也留下了一些积极的影响。

第六章

亡国之疫

世界历史周而复始，反映出一个颠扑不破的真理，即所有帝国和文明诞生、发展、繁荣，最后不可避免地走向衰落。历史学家一直对寻找兴衰沉浮背后的原因，以及这一历史规律的形成机理非常感兴趣。历史哲学家提出了支配一个国家发展道路的规律性假设，尽管在当今的历史研究中，各家之言未尽相同。德国的奥斯瓦尔德·斯宾格勒（Oswald Spengler）声称，文明可以比作经历生长、衰老和死亡循环的生物体。英国历史学家阿诺德·汤因比（Arnold Toynbee）则非常重视文明从发展到衰落过程中的非物质因素。

尤为值得一提的是，帝国衰亡的原因一直是学者深入研究的主题。相关分析要求极高，毕竟原因的性质极其复杂，我们对其理解也不够完整。没有任何单一的历史因素能够充分解释文明的兴衰。如果有，也只发生在神话世界里。相关经典范例如传说之岛亚特兰蒂斯，柏拉图在《克里底亚篇》和《蒂迈欧篇》两篇对话录中提及，强大的亚特兰蒂斯之所以消失，一夜之间就沉入大海，与一场可怕的自然灾害有关。这个传说的基础尚不清楚。在现实世界中，历史学者在对帝国衰

位于伯罗奔尼撒半岛迈锡尼的狮子门，这座城市得名于公元前1600年至1200年繁荣的迈锡尼文明，目前尚不清楚是什么导致了这一文明的衰落。

落的推测性解释中，必须考虑许多可能的个别因素。与亚特兰蒂斯的沉没不同，帝国衰落不可能在一夜之间发生。

历史学家在研究中特别强调经济状况、外部敌人、内部动荡、内战冲突以及宗教心理等因素的重要性。相较而言，研究者对大规模流行病以及气候和生态变化的可能影响兴趣缺缺。威廉·麦克尼尔在其名著《瘟疫与人》中有所突破，但似乎只有少数历史学家充分重视与国家和文明的不稳定和衰落有关的流行病。本书作者相信这种情况会改变，因为流行病重要性的间接证据正在增加，部分原因是新的科学研究发现在很大程度上补充了历史知识和考古学。

此前，在鼠疫大流行的研究中，研究者已经开始使用分子生物学方法，并取得了一系列新发现。本书作者认为，以下几个例子表明流行病往往在强大帝国和文明的衰落覆灭过程中发挥了相当大的作用。

特洛伊的征服者被瘟疫击倒？

大约公元前1600年到前1200年的青铜时代晚期，希腊伯罗奔尼撒半岛以迈锡尼命名的文明兴盛一时，时至今日，在那里仍然可以看到著名的狮子门遗迹。迈锡尼文明建立在由君主和上层武士种姓统治的一些设防城邦的基础上。今天普遍接受的观点是，荷马的《伊利亚特》和《奥德赛》反映的就是迈锡尼时代的情况，阿伽门农、阿喀琉斯和奥德修斯等英雄的原型均是迈锡尼城邦的勇士首领。大约在公元前1450年，迈锡尼征服了克里特岛上的米诺斯文明，从而把持东地中海的贸易。虽然迈锡尼文明看似欣欣向荣，但发生了相对突然的戏剧性事件，导致其在一百五十年后崩溃。考古发现表明，迈锡尼的一些城镇中心遭到掠夺和焚烧，某些还不止一次。[2]

早期的历史学者认为，来自北方的移民，即所谓的多利安人入侵，是迈锡尼文化衰落的原因，但如今认为这种观点并不成立。其他解释包括各个城邦之间的大规模内战，以及海上民族对地中海文明的侵扰。

大规模的致命瘟疫是否也起到了重要作用？一个假设是，由鼠疫杆菌引起的淋巴腺鼠疫可能席卷了迈锡尼社会，并导致其覆灭。[3] 最近的研究发现表明，在青铜时代，欧亚大陆已经存在鼠疫杆菌。[4] 迈锡尼广泛的海上贸易无疑会促进新流行病的传入。问题是，使瘟疫理论可信的具体事实完全阙如。

存世的迈锡尼时期泥板上没有提到任何瘟疫，这些泥板上所刻的符号被称为“线性文字B”，这是已被破译的最古老的希腊语形式。也没有任何考古发现暗示鼠疫杆菌或其他微生物的存在。即使鼠疫杆菌在当时已经存在，但在公元六世纪中叶查士丁尼瘟疫之前，还没有任何明显的证据表明发生过鼠疫大流行。鼠疫病菌在摧毁迈锡尼社会后消失，并足足蛰伏了一千五百多年，这显然是极不可能的。毫无疑问，在这段漫长的时间里，新的流行病会以不同的间隔出现。因此，阿伽门农的后代究竟发生了什么仍是未解之谜。

印度河流域文明的崩溃

学校教育一般都会提及埃及和美索不达米亚等第一批伟大文明，但我们几乎没有听说另一个同时期繁荣的文明——一个在包括巴基斯坦和今天的印度、阿富汗和伊朗邻近地区在内的广阔领土上发展起来的文明。这个文明通常被称为“印度河流域文明”，出现在公元前3000年左右，在公元前2600年至前1900年达到顶峰，以流经其核心的河流命名，亦被称为“哈拉帕文明”，得名自其最大的城市哈拉帕。

在这个文明社会当中，相当一部分人口居住在城镇，城镇布局整齐划一，房屋多为砖砌。而该文明的显著特点便是高度发达的污水和废物排放系统，其复杂程度冠绝世界。哈拉帕文明建立在先进的手工业和农业基础之上，还与中东和东南亚等地进行涵摄范围颇为广泛的航运和贸易。哈拉帕文明有着发达的书面文化，但到目前为止，其文字尚未被破译。[5]

进入公元前2000年早期，哈拉帕文明加速衰落，尽管在不同地区，这种肉眼可见的衰落速度略有不同。在大多数地区，城镇破败，人口减少。

印度河流域文明终结的原因是什么？大多数学者都强调，公元前3000年前后发生了全面的气候和生态变化。[6]一些地区遭受严重洪灾，另一些地区持续干旱。这导致了大规模的经济和社会变革，最终导致其在公元前1900年左右崩溃。这可能是气候变化对文明延续产生致命影响的一个很好的例子。影响可以通过几种方式体现。就印度河流域文明而言，有理由认为气候变化以及其他因素导致了严重的农业问

哈拉帕城遗址，印度河流域文明中最大的两座城市之一，约公元前3000年兴起，约公元前2600—前1900年达到顶峰。该文明也根据这座伟大的城市命名。

研究印度河文明的考古学家特别赞赏当时最先进的污水和废物排放系统。然而，该排水和废水管道系统及其多口井的建造方式导致，如果超过排水管道的容量，井水很容易被污水污染。这可能会导致水传播微生物引起瘟疫的巨大风险。

题，削弱了整个社会的根基。

新的研究表明，气候变化可能也对哈拉帕文明的民众产生了不幸的生物学后果。对该文明存续期间墓葬遗骨的全面检查表明，在文明衰落的最后阶段，患传染病的人口显著增加。[7]除了意味着有细菌感染的骨骼病变外，结核病和麻风病的比例高得惊人。哈拉帕文明还可能受到更严重、更致命流行病的影响。美国进化生物学者保罗·埃瓦尔德提出了一个颇有意味的假设：正是哈拉帕文化先进的废物处理系统使其极易受到霍乱等水传播传染病的影响。[8]哈拉帕的众多水井很容易被污水系统和附近排水管道的内容物污染，导致其经常受到水传播传染病的影响。我们不知道霍乱弧菌最早出现的时间点，但早在公元前500年的梵文著作中就提到了一种类似霍乱的疾病。其他水传播微生物也可能起到了作用。

有朝一日，哈拉帕文明的文字如被破译，我们或许将读到关于大规模瘟疫的一手记录。对哈拉帕和其他城镇的出土骨骼进行分子生物学检查，是否能为微生物对印度河流域文明衰落的影响提供答案？相关发现不仅对这一文明感兴趣的研究人员具有重要意义，还可能揭示微生物在人类历史中扮演的角色。

雅典帝国的衰亡

公元前479年，希波战争结束，雅典在爱琴海沿岸和岛屿上建立了二百五十多个希腊城邦联盟。这个联盟以“提洛”闻名于世。提洛岛是希腊的宝库，也是城邦会盟之所。提洛联盟拥有一支庞大的舰队，而雅典正是联盟无可争议的领导者。雅典在希腊政治生活的盟主地位被对手斯巴达觊觎，后者领导着自己的城邦联盟，这导致了公元前431年伯罗奔尼撒战争的爆发。本书第五章讨论了战争爆发后不久，以可怕力量袭击雅典的瘟疫。

历史学者普遍认为,瘟疫对雅典人造成了巨大的直接影响。然而,关于这一瘟疫的长期后果却甚少共识。斯巴达及其盟友在很大程度上幸免于难。雅典在遭遇第一波疫情后是否彻底恢复了元气?这场瘟疫在雅典战败中是否起到了重要作用?无论如何,瘟疫肆虐成为雅典失去提洛同盟主导地位的重要因素之一,该联盟在伯罗奔尼撒战争结束后解体。

支持瘟疫导致了重大的长期后果的观点相当有力。[9]毫无疑问,雅典的军事力量在瘟疫暴发后迅速削弱。修昔底德说,到公元前427年冬,大约四千四百名全副武装,被称为“希腊重装步兵”的甲兵和三百名骑兵死于瘟疫,约占雅典精锐部队的四分之一。

即便如此,雅典的军事实力得到成功恢复,并能够继续战斗,直到公元前404年才最终失败。从长远来看,雅典瘟疫背后的神秘微生物没有直接削弱雅典的军事力量,但它可能在另一方面起到了关键作用。在公元前429年,雅典最伟大的政治家伯里克利去世,死因很可能正是瘟疫。这一打击很可能对雅典后来的失败起到决定性作用。伯里克利享有很高权威,受到公民的高度尊敬,而之后把持雅典的尽是一些政客,长于口若悬河与江湖骗术。他们完全缺乏伯里克利那般让敌人刮目相看的政治家风度和高尚品质。接二连三的昏庸决策与仓促草率的军事行动,浪费了可能在雅典实现和平的机会,导致了惨烈的失败和屈辱的媾和。雅典在经济上捉襟见肘,不得不拆除城墙,放弃舰队,向斯巴达俯首称臣,而后者成为希腊的主导城邦。

有人声称,没有人是不可或缺的,但现在来看似乎有充分的理由相信,如果伯里克利没有被瘟疫击倒并继续领导雅典,伯罗奔尼撒战争将以不同的方式结束。[10]如此一来,雅典可能会继续在希腊保持领先地位,而希腊的政治发展将与最终沦为马其顿腓力二世及其儿子亚历山大大帝的牺牲品不同。当然,这种与历史相反的假设是不确定且十分危险的。

某些历史学者还指出，雅典瘟疫是雅典社会和政治气候持续恶化的原因。修昔底德在对这种瘟疫的早期描述中指出，它导致了雅典人对社会规范和端正行为的态度野蛮化。公共精神的削弱、玩世不恭以及个人利益而非社会利益优先，可能是瘟疫后的几年里以及后期雅典的典型特征。很难确定其中有多少可以归因于瘟疫，又有多少是长期全面战争带来的不可避免的心理后果。[11]

罗马帝国的衰亡：历史学者的永恒之问

罗马帝国是历史上最惊人的帝国之一。罗马人声称，与帝国同名的这座城市由罗慕路斯（Romulus）在公元前 753 年建立，某种形式的罗马政权持续了两千二百多年，直到 1453 年奥斯曼帝国征服君士坦丁堡为止。几个世纪以来，历史学者一直在讨论罗马帝国衰落的原因。用十九世纪法国历史学者和哲学者埃内斯特 · 勒南（Ernest Renan）的话来说："如何说明罗马帝国的兴起与衰落，是历史上两个最重要的问题。"一位德国历史学者列举了不少于两百种不同的原因，是多年来为解释罗马帝国的衰落而提出的。[12] 其中包括军事、经济、社会和文化原因，甚至包括水管铅中毒的有害影响。对此没有现成的答案，有许多不同的因素促成了罗马巨人的轰然倒地。

然而对于身为医生的本书作者来说，令人惊讶的是，在能力超群、高度专业化的历史学家提出的许多理论中，偏偏缺少医学角度的解释。我深感遗憾，因为近年来的医学历史研究为我们提供了罗马帝国不同时期重要瘟疫的新信息。

为了解罗马帝国的发展，特别是它的衰落，有必要研究罗马人面临的严重传染病。罗马社会的某些特征给其公民造成了持续的重大传

罗马行省奥斯蒂亚的公共厕所。罗马城镇的公共厕所一次可容纳二十人出恭。

染风险，导致其平均预期寿命不到三十岁，而最常见的死亡原因是传染病。

尤其是城镇，堪比微生物的天堂。尽管罗马以其一系列输水管道井然有序提供的自来水和众多公共浴室闻名于世，但实际卫生条件仍然非常糟糕，居民体内充斥由粪便污染的食物和水传播的致病微生物，包括细菌和肠道蠕虫。人类粪便经常被用作农业肥料，而这便有微生物传染的风险。考古学的一个新近分支便是研究古代的厕所，而罗马并不缺乏这类设施。对罗马帕拉廷山下一座公共厕所的粪便化石的调查显示，厕所使用者感染了各种肠道蠕虫。[13] 这些公厕有一定的传染病风险，因为罗马版的“厕筹”是如厕者共用的带有海绵的棍子。作为一种保护，人们经常在厕所的墙上发现命运女神福尔图娜的画像，这并非没有理由。

如前所述，疟疾逐渐成为罗马帝国，包括罗马城需要直面的问题。

慢性疟疾可能构成严重的健康风险，这一问题在非洲仍然存在。每年都有大量的罗马公民死于疟疾。罗马治世的成功，为整个帝国大力开展海上贸易奠定了基础，但也为微生物的传播提供了理想的条件，无论在帝国内部还是从其外部贸易伙伴传播。结核病和麻风病是困扰罗马人的两大慢性传染病。

因为持续面临致病微生物的感染，平均而言罗马人身材矮小——这可能并不令人奇怪，毕竟在儿童时期罹患传染病将导致发育不良。[14]身材矮小的罗马军团面对高大强健的日耳曼战士作战丝毫不落下风，甚至常常获胜，令人印象深刻。当然，这首先是由于罗马军团的铁腕纪律和严格训练，以及高人一头的战术战略。军团战士也会受到感染，但只要生病和死亡的战士能够轻易替换，并不会给帝国的军事打击能力带来太大问题。

从短期和长期来看，从公元二世纪中叶袭击罗马帝国且死亡率极高的大瘟疫可能对整个罗马社会造成严重后果。[15]如前所述，第一波疫情，即安东尼瘟疫，在二十年里的总死亡率达到了惊人的百分之十，在罗马帝国掀起了越来越大的连锁反应。从招募奴隶、角斗士甚至死刑犯加入军团这一事实可以看出，瘟疫造成了巨大生命损失。罗马军队越来越多地开始招募日耳曼佣兵。安东尼瘟疫还导致公共行政职位的空缺无人填补。疫情过后，农工短缺导致土地价格飙升，农田荒芜。农业产量下降，人口税基缩小，国家财政开始出现重大危机。马可·奥勒留曾被迫出售宫中的贵重物品以筹集资金。根据若干和平协议，日耳曼部族获准在罗马帝国因种族隔离和连年战乱而荒芜的边境行省定居，最终导致越来越多的日耳曼人进入罗马帝国。

安东尼瘟疫之后，罗马帝国看似东山再起，但实则风光不再。早在十九世纪二十年代，丹麦裔德国历史学者巴托尔德·格奥尔·尼布尔（Barthold Georg Niebuhr）就说过："在与马可·奥勒留统治时期肆虐的瘟疫斗争后，这个古代帝国就再也没有恢复过来。"尽管后来的一些历史学者认为尼布尔夸大了安东尼瘟疫的长期后果，但打击肯定是实实在在的。帝国人口大大减少。从那时起，没有人谈论开疆扩土，重点变成了坚壁清野，防止蛮族的不断袭扰。

厄运接踵而至，公元250年前后，西普里安瘟疫暴发，再次肆虐了二十年。[16]这波瘟疫的死亡率也相当之高。农业首当其冲，部分原因是瘟疫导致劳动力减少，部分原因是农村人口向城镇转移。在其他方面也危机四伏，种种迹象表明，帝国面临内部动荡乃至内战爆发的迹象。政治和军事领导层的削弱，再加上疫情导致的军团死亡人数增加，使保卫帝国边境抵御外部的持续袭击变得极其困难。

尽管饱受迫害，但基督教徒笃信死后会升入天堂，面对死亡表现得无所畏惧，因此其信仰的基督教在西普里安瘟疫期间仍得到蓬勃发展。基督教徒的无畏，在他们对感染者的悉心照料中可见一斑。因此，或许可以将西普里安瘟疫视为基督教发扬光大的原因。如果如爱德华·吉本所言，基督教的出现是罗马帝国衰落乃至灭亡的重要原因，那么西普里安瘟疫肯定居功甚伟，即使只是间接的原因。

在这场历时二十年的瘟疫终于结束后，仅用四年时间，罗马帝国便再次繁荣，但今非昔比，此时的罗马帝国已非马可·奥勒留统治时期的帝国。军事力量羸弱疲弊，罗马帝国的上层统治者腐败无能。兵员不济，意味着越来越多的“蛮族”，尤其是来自日耳曼部落的“野蛮人”被征召入伍，甚至获得了高级军官的职位。此时，罗马人仍然必须击退各种外来民族，包括日耳曼部落、帕提亚人，以及后来从中亚大草原涌入的匈人的袭击，拒敌于国门之外。[17]

无独有偶，罗马从公元前300年左右一直持续到公元400年的稳定、温暖和潮湿的所谓“气候适宜期”（climate optimum），亦逐渐发生了变化。适宜的气候很可能是帝国早期发展的条件之一。但变化莫测的气候给农业带来了不良后果，也许还引发了与生态相关的传染问题。在此期间，罗马人面临的疫情可能比以前更重。罗马的传染病死亡率似乎在公元400年左右有所上升。如前所述，意大利的疟疾问题已经恶化，很可能导致了帝国实力的削弱。[18]

公元四世纪初，罗马帝国在行政上分为东西罗马两部，前者定都君士坦丁堡。西罗马覆灭通常被认为发生在公元476年，当时东日耳曼裔蛮王奥多亚克废黜了罗慕路斯·奥古斯都（Romulus Augustus）并正式掌权，向君士坦丁堡称臣。当时，整个西罗马帝国解体，取而代之的是以日耳曼部落为基础的多个国家。根据我们目前对罗马帝国传染病史的了解，在讨论西罗马帝国的逐渐衰落和最终灭亡时，很难忽视微生物的影响。

公元476年后，东罗马帝国，即通常所谓"拜占庭帝国"继续存在，但也面临瘟疫以及外敌持续袭击。在六世纪期间，尤其是在查士丁尼的领导下，东罗马帝国迎来中兴，国力变得更加强大。尽管被同时代人贬为缺乏个人魅力且算不上勇猛善战，但查士丁尼无疑是古代最伟大的政治家之一。查士丁尼的伟大计划是重建旧日的罗马帝国，成功一度近在咫尺。查士丁尼麾下的将军们重新征服了北非、西班牙和意大利的大部分地区，命运似乎再次向罗马人微笑。随后，查士丁尼瘟疫来袭，极大地改变了历史进程。[19]

两百年间，瘟疫反复肆虐造成的死亡率很难确定，但东罗马帝国可能有四分之一至一半的人口因此丧命。人口数量的减少，极大地影响了帝国的经济，尤其是军事实力。第一波瘟疫过后，东罗马的军队规模就缩小到原来的三分之一。与此同时，漫长的边界仍需防御外敌。查士丁尼重建罗马帝国的计划不得不暂时搁置。这位皇帝染疫后死里逃生的经历，似乎使他失去了所有的活力和野心。公元565年，查士丁尼去世，而他的继任者想尽办法在资源减少和财政缩水的情况下，维持这个衰弱的帝国。

随后，一个新面孔健步登上地中海的政治舞台。公元630年前后，笃信伊斯兰教的军队带着对先知不可动摇的信仰从阿拉伯席卷而来，坚定的信仰往往意味着最后的胜利。在很短的时间内，他们便征服了波斯帝国，征服了中东大部分拜占庭省份。[20] 许多历史学者认为，如果上述两大帝国没有因查士丁尼瘟疫的削弱变得外强中干，或许就不会以这样的速度土崩瓦解。在瘟疫暴发后的几个世纪里，拜占庭帝国不断受到外敌新袭击，其势力范围持续缩小。1453 年 5 月 29 日，君士坦丁堡最终落入奥斯曼土耳其人手中。被称为“法提赫”（即“征服者”）的年轻苏丹穆罕默德二世进城，历经两千多年的统治后，罗马帝国终于变成了历史。吉本在书中写道，“我们应该感到奇怪的不是罗马帝国怎么会灭亡，倒应该是它怎么会存活得如此长久”。这话无疑是正确的。

几个世纪以来，历史学家讨论了解释罗马帝国衰落的诸多因素，其中日耳曼部落、匈人、波斯人和斯拉夫人等外敌的因素似乎不可撼动。但在本书作者看来，不能忽视罗马帝国的无形敌人：致病微生物。无形敌人的攻击，部分来自外部，以新的流行病乃至瘟疫的形式存在；部分来自内部，由罗马帝国的特殊社会环境引发的持续传染病。

阿兹特克帝国与印加帝国的覆灭

在新大陆，大瘟疫也决定了帝国命运。在欧洲人到来之前的几个世纪里，中美洲和南美洲的帝国曾历经兴衰，但我们对这个过程中瘟疫的起因和可能发挥的作用依旧知之甚少。

1492 年哥伦布抵达美洲后，出现了人类传染史上的第二次流行病学转型，即新旧世界之间的微生物交换，这是历史学家艾尔弗雷德 · 克罗斯比所说的“哥伦布交换”的一部分。[21] 如前所述，交换对原住民而言没什么好处。欧洲人带来了许多美洲土著从未接触过，更没有任何抵抗力的微生物。这种致命微生物的输入持续了几个世纪，但其后果在欧洲人到来后不久就变得显而易见。

阿兹特克帝国与无形之敌

此前，我们在研讨天花病毒的历史时，曾提及埃尔南·科尔特斯是如何凭借区区四百人，一举征服拥有大约两千万居民的强大的阿兹特克帝国。尽管征服者有勇气、盔甲和武器，但如果不是一位无形盟友——天花病毒，西班牙人面对成千上万训练有素的阿兹特克战士几乎毫无胜算可言。如果拱卫首都特诺奇蒂特兰的阿兹特克武士没有遭遇病毒袭击，当科尔特斯和他的手下被迫从该城退却时，阿兹特克士兵毫无疑问会乘胜追击，将西班牙人全歼。但这并没有发生。

研究十六世纪墨西哥历史的学者，都不怀疑天花病毒对科尔特斯的成功具有决定性作用。如果没有来自微生物世界的盟友，这位西班牙人，以及他的部下的生命，毫无疑问将在供奉战争之神维齐洛波奇特利的金字塔神庙的祭板上结束。在那里，他们仍在跳动的心脏将被满手鲜血的祭司活生生撕扯下来。[22]

殖民者征服特诺奇蒂特兰和战胜阿兹特克人之后的几年里，天花继续蹂躏着土著居民。[23]据估计，欧洲人到来后，美洲原住民人数从二千五百至三千万之间减少到十年后的六百五十万。在此期间，天花病毒得到了来自旧大陆的其他微生物，包括麻疹、流感、伤寒和猩红热等病原体的“加持”。[24]

除了天花病毒和其他新引进的致病微生物对阿兹特克人的直接和间接影响外，瘟疫带来的心理影响也非常重要。西班牙人在瘟疫期间毫发无损，使阿兹特克人相信他们必然得到超自然力量的支持。矛盾的是，正是因为阿兹特克帝国在中央政府的管理下井然有序，反而使得西班牙人不费吹灰之力便掌握大权。同样重要的是，许多被阿兹特克人征服的原住民族群对于自己的命运耿耿于怀，并在斗争中积极带路，摇身一变成为欧洲人的盟友。

印加帝国的衰落：天花病毒与内战

西班牙人来到新大陆时，美洲大陆上的第二大文明正处于其权力的巅峰，控制着由现在的厄瓜多尔、秘鲁、玻利维亚以及智利和阿根廷部分地区组成的帝国，人口超过三千万。印加帝国拥有高效的行政机构和庞大的军队，由被视为太阳之子的专制君主领导。[25]但就是这样的一个强大帝国，面对西班牙人弗朗西斯科·皮萨罗以一百八十人之力的攻击，也像纸老虎一样迅速崩溃。这怎么可能？

首先，印加人对袭击毫无准备。阿兹特克人和印加人似乎没有任何联系，因此印加人对袭击阿兹特克帝国的悲剧一无所知。诚然，有传言称在沿海看到了外国船只，但没人知道这意味着什么。因此，当1525年天花病毒以可怕的力量全面来袭时，受害人就包括印加的强大统治者瓦伊纳·卡帕克，而这引发了好几位觊觎大位的王子之间破坏性内战，惨烈的内战与天花病毒的肆虐一起，为1532年皮萨罗的到来铺平了道路。[26]

伟大的印加帝国被西班牙征服者和天花病毒共同攻克。与墨西哥一样，组织良好的帝国管理使西班牙人更容易掌握权力。

微生物与帝国：某些反思

在前文中，本书作者举了一些例子来说明下列事实：微生物有时会在历史事件中扮演重要角色，并导致帝国的衰落甚至灭亡。有些人可能会怀疑，作为传染病专家，本书作者是否夸大了流行病在历史进程中的重要性。对此，本人表示坚决反对。必须承认，导致文明衰落的机制极其复杂，不能由任何单一因素，包括微生物或流行病独自决定。同时，人类对过往的了解往往相当匮乏，根本无法得出万无一失的答案。尽管程度有所不同，这也适用于本书选择的例子。我们对此前提到的一些帝国，尤其是迈锡尼文明和印度河流域文明知之甚少。虽然，我们对罗马帝国和阿兹特克帝国了解相对更多，却缺乏完整的答案。

在本书作者看来，重要的是，不能像早些时候一些历史学者那样，忽视微生物和流行病在整个历史发展进程中的可能意义，而这种倾向到现在为止依然有其市场，多见于教科书或者主流历史叙事中。其中一个原因可能是，我们对早期流行病以及哪些微生物该当责难知之甚少。自从分子生物学方法出现以来，在过去几十年中，情况发生了一些变化，全新的科技手段可以为考古发现提供有关微生物的宝贵信息。考古学和历史学在未来必须更多以科学方法和专业知识为基础，这无疑将为我们了解过去提供新的机会。

但是，更深入地了解微生物和瘟疫对社会、经济和政治关系的影响也同样重要，因为它们对应对未来的传染病问题至关重要。纵观历史，影响微生物、人类和生态因素之间相互作用的机制仍然非常活跃，并肯定会在未来影响我们。在下一章中，我们将看一看来自微生物世界的全新挑战，其足以说明人类传染史上的游戏规则是如何难以撼动。

第七章

新病大患

在第二次世界大战结束后的头几十年里，人们普遍认为，传染病作为人类巨大威胁的日子屈指可数。人们满怀信心，认为大瘟疫肆虐的时代已经过去。在那段岁月中，源源不断的新型抗生素被生产出来，拯救了无数人的生命。一系列疫苗接种也被证明对许多传染病提供了良好的预防保护。在二十世纪，尤其是在西方世界，卫生和卫生条件的巨大改善，在很大程度上促进了传染性疾病的成功防治。

因此，说到微生物的威胁，前景似乎一片光明。抱持乐观观点的不仅是一般人，还有著名的政治家、卫生专家、传染病专家和科学家。[1] 据报道，时任美国卫生部长威廉 · 斯图尔特（William H. Stewart）在 1967 年曾说："现在是时候将传染病类书籍束之高阁，宣布人类最终赢得对抗瘟疫的斗争了。"当然该记载很可能有误。1962 年，澳大利亚病毒学家、诺贝尔奖获得者弗兰克 · 麦克法兰 · 伯内特（Frank McFarlane Burnet）也写道："人们可以把二十世纪中叶看作历史上重要社会革命的终结，我们实际上消灭了作为社会生活重要因素的传染病。"[2]

微生物杀了个回马枪

诸神一定会对这种傲慢自大嗤之以鼻，而睿智的古希腊人很早就对此提出过警告。无论如何，都不能认为微生物打算偃旗息鼓。无可否认，在细菌学革命后的半个多世纪，人类不断改进方法，掌握了大多数仍然具备危害性的知名传染病的病因。但后来人们逐渐发现，全新的传染病层出不穷。仅 1940 年至 2004 年，就发现了至少三百三十五种新的致病微生物，其中一些的危害性极强。[3] 即便如此，传染病时代已经结束的乐观信念，也足足过了几十年的光景才真正出现动摇。医学界为数不多的警告根本无人倾听。

最大的分水岭是艾滋病，疫情在二十世纪八十年代初暴发，给公众和医学界蒙头一棍。这种传染病使人们的心态发生了根本变化，在面对新出现的传染病时，美国引入了一个全新的概念："新发传染病"（emerging infectious diseases，EIDs）。这一概念适用于早期未知或近年来变得更广泛的微生物传染病。在某些情况下，致病微生物可能是世界上的新微生物，例如具有进化优势的突变的结果，但情况并非如此。在大多数情况下，微生物本身并不新鲜，只是以前人类不知道而已，就像 1976 年发现的埃博拉病毒一样。除了微生物本身的变异之外，其他因素也可能是微生物出现并变得越来越重要的原因，最常见的通常是生态条件的变化。

新发传染病的存在令人信服地表明，促使其出现的大多数关键因素与人类活动有关，包括环境和生态的人为变化以及新的行为模式。在过去一百五十年中，这种变化以更快的速度和更大的规模发生，并在二十世纪得到迅速发展。正是这种认识奠定了"人类世"这一新概念的基础。人类世是指我们现在生活的时代，作为一个物种，我们正在以惊人的程度改变地球的环境和性质。

这种关于新发传染病及其根本原因的认识代表了对人与微生物之

间对决的全新理解，相较于以往更强调生态和环境因素。但这种看待事物的创新角度，不应该只适用于二十世纪的新发传染病。回顾人类历史可以发现，数千年来，生态和环境在人与微生物的斗争中发挥了重要作用。只是以前人们不知道这一点。对主要的全球大流行和地方性流行病的研究非常清楚地说明了这一主题。从二十世纪九十年代开始，人们对新发传染病的兴趣显著增强，也代表着一种全新的思维模式突破。

美国卫生当局编制了内容详尽、篇幅冗长的报告，并通过媒体大力报道以及召开国内国际会议，使这些新的理念成为大众焦点。为此还创立了专门的学术期刊《新发传染病》，顺次出版至今。劳里·加勒特（Laurie Garrett）的《逼近的瘟疫》和理查德·普雷斯顿（Richard Preston）的《血疫》等畅销著作向广大公众传达了这一信息，书中使用通俗易懂的语言，对新出现的传染病进行了生动描述。[5]

导致新发传染病的微生物无所不包——细菌、病毒、原生动物、肠道蠕虫、真菌和朊病毒——但最常见的是细菌和病毒。这些传染病中超过七成是人畜共患病，致病微生物主要存在于各种动物中，但也可以攻击人类。大多数人畜共患病的首选宿主是野生动物。这些致病微生物通常不会在实际宿主物种中引起严重的疾病。

新发传染病的种类庞大而多样。有些病毒尤其出现在让人感觉颇有异域情调的国家，如非洲的埃博拉病毒和亚洲的尼帕病毒等可引发严重传染病。这是那些“标题党”报道的大众媒体最喜欢的新闻。西方世界也发现了大量的新发传染病，但我们对此知之甚少，其中一些的病理学特征与埃博拉病毒一样引人注目，病死率甚至更高。曲霉菌感染就是其中一例。

下面，就稍微介绍一下部分新发传染病，来说明其代表的挑战，及其出现背后的环境相关和生态因素。

免疫缺陷：进步的代价

“尘世间每一小时的欢乐，都必须付出同等的悲伤。”一首古老的挪威赞美诗略显悲观地如是说。而这实际上是用一种诗意的方式描述了在西方国家发展的现代高科技医学使人类面临的某些严重问题。

医疗：一把双刃剑

有理由为二十世纪后半叶到今天在西方医学领域取得的惊人进步感到自豪。迄今为止，器官移植和癌症治疗已经取得了重大进展。然而，令人不安的事实是，我们成功使用的许多治疗方式导致患者的免疫系统显著减弱。医务人员可能会导致免疫系统无法做出充分反应，这通常会引发严重的、有时甚至危及生命的传染病。正是在这些患者身上，我们看到了免疫系统在正常生活中发挥的重要作用。在许多情况下，治疗对患者免疫系统的不幸影响限制了可能的治疗效果。

移植医学在过去几十年里取得了巨大的成功。如今，肾、肝、心、肺和骨髓的移植已成为常规手术。移植成功的一个重要前提是，移植器官不会因为免疫系统对含有外源性抗原的外来组织的自然反应而被排斥。因此，患者需要服用免疫抑制药物，以抑制免疫反应。通过这种方式，我们还可以抑制“有用”的反应，削弱患者的免疫系统，增加对常见和不常见微生物严重传染的易感性。[6]

癌症治疗也是现代医学的潮头风口之一。许多癌症现在可以使用大量药物，包括细胞毒素或杀死癌细胞的细胞抑制药物加以治愈。不幸的是，大多数此类药物不仅会影响癌细胞，还会影响免疫系统。同样，这可能会导致在治疗期间和治疗后的一段时间内，患者的免疫系统严重削弱，极易受到感染。[7]

我们现在还使用免疫抑制药物来控制患者免疫系统攻击自身组织

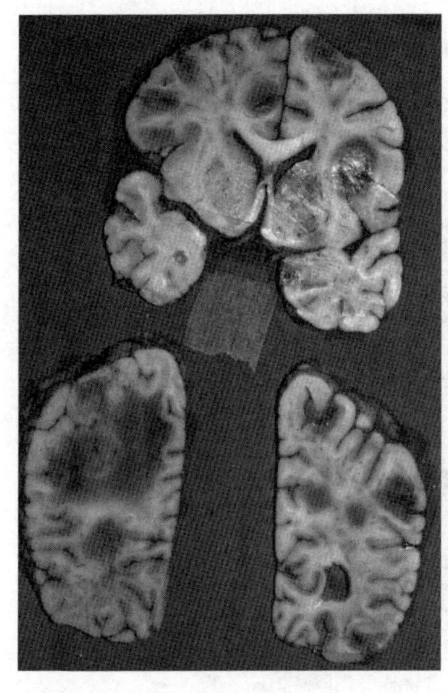
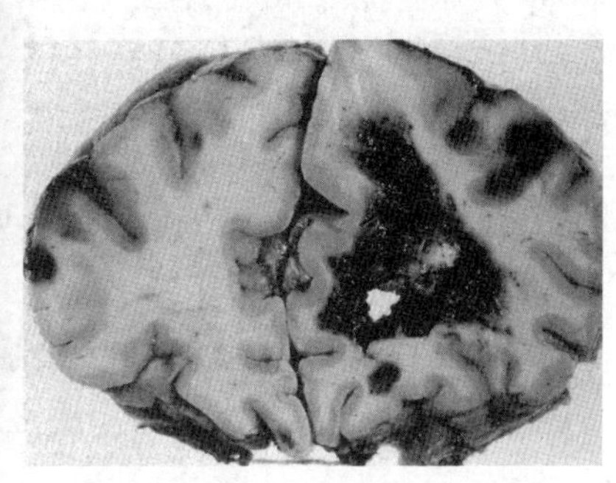

曲霉菌可以引发威胁生命的感染，包括脑脓肿（左）和脑出血（右）。

和器官的免疫反应引发的疾病，包括自身免疫性疾病。许多风湿病都属于这一类，比如类风湿性关节炎。但这种治疗通常也会对免疫系统的有用部分产生有害影响，从而导致系统功能减弱和感染性并发症。[8]

目前，医院重症监护室内的高度专业化病床，收治了病情最严重、需要强化治疗的患者。由于需要接受治疗和常规监测，这些患者也会经历免疫系统减弱和感染等问题。

大部分造成患者免疫缺陷的传染病在其他群体中相当罕见。[9]在这种情况下，特殊的微生物可以被视为机会主义者。机会主义微生物缺乏在免疫系统正常的人类中引起严重传染病的必要特征。但那些身体免疫系统虚弱的人可能会受到攻击，结果往往会引发危及生命的感染。

在过去半个多世纪中，在西方国家，这些机会主义传染越来越常见，并构成新发传染病的重要组成部分。传染源包括多种微生物：真菌、病毒、细菌、原生动物，甚至肠道蠕虫。病理特征也极端不同。这些

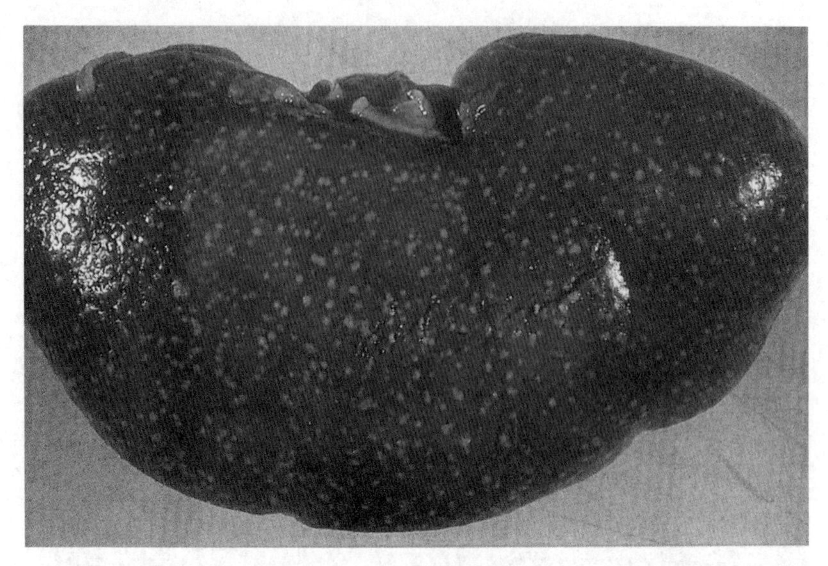

如图所示，酵母真菌念珠菌可以在所有器官上长满微小的脓肿，包括肾脏。

传染病的诊断可能很困难，治疗可能需要特殊药物。因此，这已成为现代传染病学中一个重要的新专业领域。

免疫缺陷时的感染图景

涉及多种真菌的感染说明了患者有免疫系统缺陷的问题。其中有两种真菌对患者构成特殊威胁：曲霉菌和念珠菌。

由于无处不在的真菌孢子，曲霉菌每时每刻都能通过呼吸道感染暴露其中的我们。对于免疫系统存在缺陷的患者来说，曲霉菌最常攻击肺部，从而导致重症。这种真菌也可以通过血液扩散到身体的其他部位。人们非常担心大脑中的曲霉菌感染。它可能导致脓肿或类似脑瘤或普通中风的疾病，这会让医生感到困惑，延误正确的诊断。曲霉菌感染的病死率很高，尤其是脑部感染的病死率超过百分之九十。部分原因在于确诊太迟，部分原因则是患者的免疫系统经常被严重削弱。除此之外，尽管已经取得了相当大的进展，但抗真菌药物并不像我们希望的那样有效。

“念珠菌”（*Candida*）一词的本意为“闪亮的，白色的”。这可能会给人一种天真无害的印象，但这种真菌一旦突破患者的免疫系统并通过血液传播到人体器官和组织，就像我们在念珠菌感染中看到的那样，马上会摘下天真无害的面具。这种真菌在我们周围的环境中也很普遍。念珠菌感染的险恶之处在于，在很长一段时间里，除了发烧和重病的通常症状外，患者没有其他明显体征。尽管医生们使用了最先进的诊断方法，但这些方法并不总是能显示发生了什么：在所有组织和器官中，都布满念珠菌未被发现的微小脓肿。通常情况下，念珠菌的诊断要等到尸检才能确定，因为如果不尽快进行适当的治疗，感染这种真菌之后，几乎等于送命。

免疫缺陷患者的第三种主要真菌感染是由耶氏肺孢子菌引起的特殊肺炎。这种致病微生物也存在于我们的环境中。发病可以非常猛烈，也可以在一段时间内悄无声息。如果没有经由特殊诊断方式及时确诊，患者死亡几乎在所难免。事实上，正是由于这种罕见的肺炎病例显著增加，医学界才在 1981 年发现了新出现的艾滋病疫情。

弓形虫是一种在猫身上发现的特殊原生动物，可以在免疫系统功能正常的人身上引起感染，但通常没有症状或症状轻微。然而，对于免疫系统严重缺陷的患者来说，这是一个严重的威胁。它可以引起多种形式的严重感染，包括类似脑瘤的脑炎。如果不治疗，这种脑部感染是致命的。由于存在弓形虫感染的风险，免疫系统功能不良的患者不应该养猫。

如果免疫系统工作状态不佳，许多通常不会对免疫系统正常者构成威胁的病毒会产生严重的病理特征。例如水痘病毒通常会导致一种相当无害的儿童疾病，并伴有瘙痒性皮疹，但如果免疫系统有缺陷，

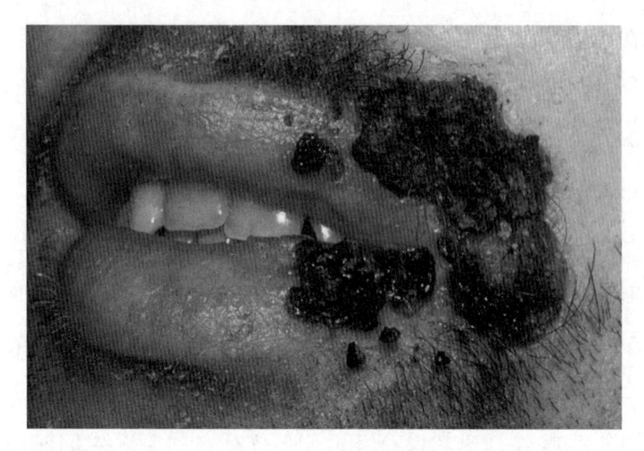

在免疫系统严重减弱的情况下，通常仅会在健康个体中引起微小溃疡的单纯疱疹病毒，可能会引发嘴唇和口腔周围的严重炎症，患者肛周也可见类似的疼痛性溃疡。

可能会影响所有器官并有生命危险。相关的单纯疱疹病毒通常会在嘴唇附近，或在生殖器区域造成无害的溃疡。但如果免疫系统出现故障，水痘病毒就可能会产生类似癌症的深疮。这种溃疡通常出现在肛门周围以及口腔和喉咙。大多数人在成年之前就感染了与其相关的巨细胞病毒，基本没有症状。但如果患者免疫系统功能不正常，我们会看到严重的病征，包括肠道溃疡和出血、肺炎和可能导致失明的视网膜炎症。

上面这些，也仅仅是新发传染病的若干案例而已，对于越来越多的免疫缺陷患者和负责他们的医生来说，新发传染病已从几十年前难得一见的医学奇观转变为不得不面对的共同挑战。再没有必要深入非洲和其他发展中地区寻找罕见的致命传染病。我们对这些新发传染病的了解也大大增加，因此能够在更大程度上加以预防、诊断和治疗。然而，从医学角度来看，新发传染病在某种程度上仍然是一个相当大的问题，不仅因为很难诊断和治疗，还因为许多必需的药物治疗形式代价不菲，这造成了严重的经济问题。

致命的丝状病毒：马尔堡和埃博拉

在现代研究实验室，猴子经常被用作实验动物。1967 年，发生在当时西德的马尔堡和南斯拉夫的贝尔格莱德的实验室事故，生动说明了这种做法并非没有隐患。[10] 这些实验室从乌干达进口了一些猴子，用于包括疫苗在内的生化实验。其中几只猴子死于当时未知的病毒引起的感染。该病毒还感染了二十五名曾与猴子接触的人，这些人通过直接接触感染了另外六人。其中七人死亡。这种新病毒被命名为“马尔堡病毒”。在接下来的几年里，撒哈拉以南非洲发生了几起轻微的疫情，以及几起这种传染病的孤例。受害者包括非洲人和欧美游客，他们受到严重感染，病死率在百分之二十三至百分之九十之间。对于马尔堡病毒没有任何特效药。

许多感染者曾进入蝙蝠生活的洞穴，或在金矿工作过。对这些洞穴和矿井中的蝙蝠深入调查后发现，很可能有一种食果蝠是病毒携带者，人类和猴子通过直接接触这些蝙蝠或其粪便而感染病毒。人际传染可以通过血液和其他体液，但实际上密切的身体接触便可感染。

马尔堡病毒属于一个特殊的病毒家族，其形状是线状的，因此被称为“丝状病毒”（filovirus），词源来自于拉丁语“丝线”（filum）。在这个病毒科中，我们发现有马尔堡病毒的近亲——埃博拉病毒。二者有许多相似之处，以及同样高的致死率。后者近年来频繁见诸报端。

尽管相较于马尔堡病毒，埃博拉病毒的发现足足晚了九年，但它造成的问题显然比它的近亲要大得多。[11] 1976 年，现为刚果民主共和国的扎伊尔北部和八百五十公里外的南苏丹暴发了两次与该病毒有关的流行病。在第一次疫情中，三百一十八例确诊病例中有百分之八十八死亡，在第二次疫情中，二百八十四例患者中有百分之五十四的死亡率。患者的血液被匆忙送往西方实验室，检验证明，罪魁祸首是一种前所未见的丝状病毒，与马尔堡病毒非常相似。

埃博拉病毒出现了好几个变种，自发现以来的四十多年里，在撒哈拉以南非洲地区，特别是在苏丹、乌干达、刚果和加蓬，已经报告了二十多起类似疫情的暴发。2014 年，西非国家几内亚、塞拉利昂和利比里亚暴发了一场真正重大的疫情。虽然早期疫情主要侵袭农村，但后来这种致命病毒也开始将魔爪伸向了主要城镇。在 2016 年疫情平息之前，共报告了二万八千多例病例，一万一千多人死亡。塞内加尔、尼日利亚和马里等邻国也有零星病例。2018 年，刚果暴发了一场新的疫情，直到最近才得以遏制。埃博拉疫情还蔓延到邻国乌干达。[12]

2014—2016 年的埃博拉疫情对包括农业在内的许多产业造成严重后果，经济发展几乎停滞不前。由于大部分资源用于抗击埃博拉，加上暴发疫情的国家总体卫生服务水平不高，医疗服务因此陷入瘫痪。这意味着死于糖尿病、结核病和艾滋病等病的患者几乎与死于埃博拉病毒的患者同样多。

感染埃博拉与马尔堡病毒造成的病理特征非常相似。发病之初，感染者出现高烧、恶心、肌肉痛和胃痛、呕吐和腹泻。几天后，皮疹发作。大约一周后，许多患者进入休克状态，血压下降，而且往往有出血倾向。从这个阶段开始，患者或逐渐恢复，或所有重要器官出现致命性衰竭。埃博拉感染者的病情无疑颇为剧烈，但也让人想起许多其他严重的传染病，如疟疾。目前，尽管若干针对性药物投入临床试验，但还没有有效的药物。

埃博拉也是一种人畜共患病，这一点非常确定，但目前我们还不确定哪种动物是宿主。在嫌疑犯名单上排名靠前的是蝙蝠，尽管自然界中没有任何蝙蝠物种的直接证据来证实这一点。[14]

事实表明，在中非和西非大多数疫情发生前的两年里，发生了大规模的森林砍伐。[15] 人、猴子和某些类型的羚羊可能会受到病毒的攻击。在疫情暴发前不久，发现了大量死亡的猴子和大猩猩，偶尔也发现了羚羊。这可能是对即将暴发疫情的有用警告。当人类接触到死亡

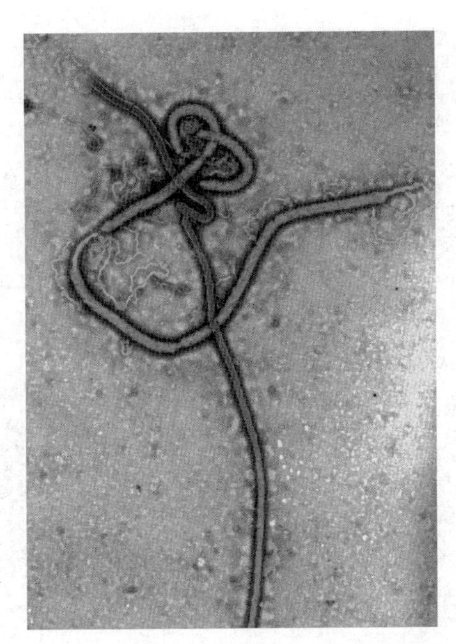

通过电子显微镜观察埃博拉病毒。该病毒呈丝状，属于丝状病毒，其近亲马尔堡病毒也属于该病毒科。

或患病的动物，尤其是中非“丛林肉”菜单上的猴子，或接触病毒的宿主动物（可能是蝙蝠）时，疫情由此暴发。患者的血液和其他体液与其他人的黏膜和皮肤溃疡接触，病毒便会通过直接接触在人际传播。埃博拉病毒传播需要密切的身体接触。

埃博拉疫情发生时，首先是通常未采取常规防感染措施的家庭成员和卫生人员被传染。许多非洲村庄都有特殊的埋葬仪式，要求家庭成员与死者密切接触，造成了相当大的传染风险。埃博拉病毒也会在感染后康复的男性精液中存活相当长的一段时间，然后通过性接触传播。最近的研究表明，这种病毒在幸存者的眼中也能存活很长时间。[16]

迄今为止，埃博拉病毒引起的疫情只在非洲出现。然而，惊人的疾病状况和高病死率已经引起了相当大的担忧，即病毒可能通过国际航班传播到世界其他地区。在某些西方国家，包括美国、西班牙和挪威，出现了少数孤立病例。在西班牙，一名患者在得到诊断前感染了一名

狐蝠科的果蝠被认为是埃博拉病毒的宿主。

在中非和西非埃博拉疫情暴发之前，大量树木和森林遭砍伐。

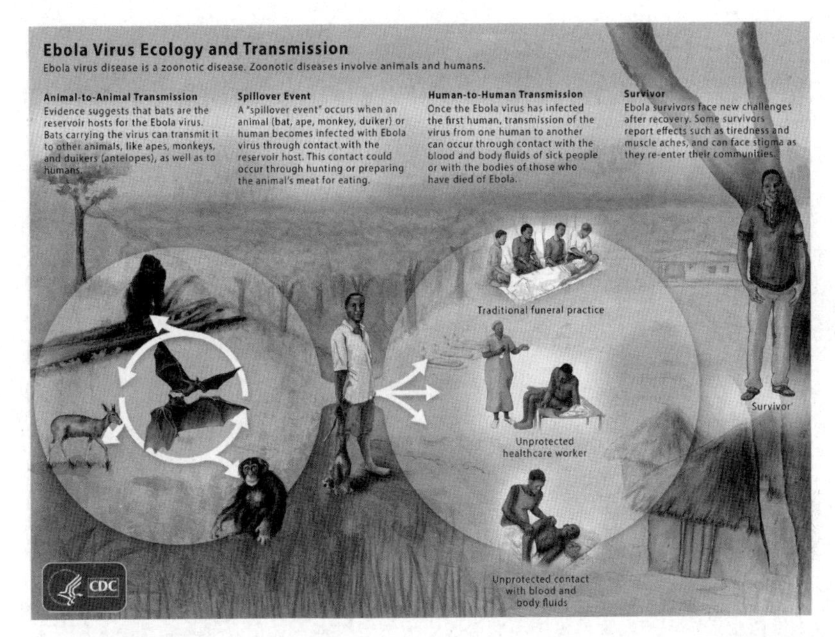

埃博拉病毒的传染途径。这种病毒在非洲的一种食果蝙蝠中发现，也可以传染其他动物，特别是猴子和大猩猩，以及不太常见的羚羊。人类可以通过与这些动物的密切接触而被传染，例如，在狩猎、准备和食用肉类（丛林肉）时。通过密切接触，人际传染是可能的。使用被污染的注射器时也会发生这种情况。

护士，当局紧急采取措施阻止埃博拉进一步传播。

幸运的是，埃博拉患者无法在发病前传染他人，因此无症状患者没有传染力，例如在飞机上的其他乘客不会被传染。有传染力的埃博拉患者已经身患重病，从而使卫生保健人员迅速采取行动应对。同样明显的是，经常使用的避免传染的措施，如隔离患者、使用手套和防护服，对病毒非常有效，因此不会在现代医院造成重大传染问题。

埃博拉传染的可怕发病画面，在疫情肆虐的非洲心脏地带，以及在媒体热切关注疫情发展的西方国家，都营造了恐惧气氛，催生了种种阴谋论。在涉疫地区，上述反应导致了对痊愈者的污名化和严重歧视，矛盾的是，甚至参与抗击该传染病的卫生人员也遭身体攻击。

2014 年，当地人在利比里亚埋葬一名埃博拉受害者，可以看到这里采取了必要的预防传染对策。涉疫地区的传统葬礼有相当大的传染风险，因为与死者直接身体接触是仪式的一部分。

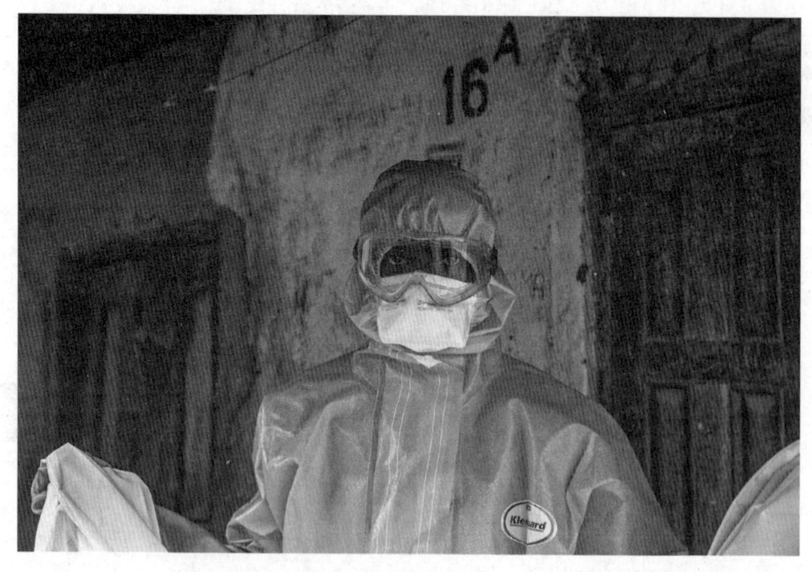

2014 年，工作人员在塞拉利昂埃博拉病毒受害者家外喷洒消毒剂时穿的衣服。

这在最近的疫情防控中造成了严重问题。2014—2016年疫情暴发后，美国也出现了“埃博拉恐惧”，即对一切与西非有联系的人的非理性反应。人们由此看到了完全没有根据却害怕被传染的怪诞实例。[17]

让老兵俯首认输的水生细菌

医学界刚从埃博拉病毒的发现中缓过神来，一种与未知微生物有关的新疫情就登上了西方媒体的头版头条。这一次，疫情并非发生在遥远异国他乡的丛林深处，而是发生在美国的大都市——费城。

1976年7月，恰逢《独立宣言》发表两百周年。美国退伍军人协会的退伍军人自称“军团兵”，他们租用费城的四家酒店举行年会。一场引发严重肺炎的疫情随后在退伍军人及身处同一环境中的其他人中暴发。共有二百二十一人受到影响，其中三十四人死亡。很快就弄清楚，这种疫情不是由任何已知的肺炎病因引起的。[18]

费城的疫情引起了轩然大波，包括政界人士在内的社会公众一片哗然，迫使美国国会成立了专门委员会对此问题加以处理。美国国家疾病控制中心的研究人员匆忙着手寻找病因。阴谋论一时甚嚣尘上。是否和某种中毒有关？还是恐怖袭击？经过六个月的密集侦查工作，研究人员终于找到了原因。它是一种以前未知的细菌，以美国军团的名字命名为嗜肺军团菌。这种细菌的发现还揭示了一些以前无法解释的肺炎流行——这些流行病可以追溯到二十世纪五十年代。对这些流行病中保存的血液和组织样本进行检查时，发现了军团菌。[19]

嗜肺军团菌与许多其他军团菌同属于一个大家族，其中至少三十种也可引起肺炎，而嗜肺军团菌是最常见的原因。这些细菌偶尔也会引起疫情，导致相当无害的持续几天的高温，称为“庞蒂亚克热”（Pontiac fever）。[20]

军团菌病是一种人类技术的进步所引发的传染病，具体而言，现代水力技术已经成为问题制造者。这种细菌生活于水中，广泛存在于湖泊和河流的淡水中，在25℃到40℃之间的温度下生长得最好。毫不奇怪，它们侵入了现代技术下多种形式的水系统：作为空调系统一部分的冷却塔、热水水箱、加湿器和许多其他设备。当空气中受污染的水形成气溶胶时，人类就会感染军团菌。这可以通过冷却塔和按摩浴缸来实现，比如淋浴、自来水和室内喷泉。感染是由于吸入携带气溶胶颗粒的军团菌，这些颗粒会沉降在肺部。慢性肺病患者、吸烟者和老年人尤其易感，还有免疫系统因免疫抑制药物治疗而减弱的患者。

军团菌感染的风险导致人们对现代社会不可或缺的供水系统的预防措施和维护有了明确的规定，并对水质进行了净化和控制。尽管如此，军团菌感染在西方国家似乎仍然有增无减。[21]

晚近最可怕之大流行：艾滋病

1980年12月，洛杉矶的加州大学洛杉矶分校医疗中心收治了一名患有奇怪疾病的年轻男子。他的食道几乎完全被念珠菌引起的炎症堵塞，在接下来的几天里，病情发展为由耶氏肺孢子菌引起的严重的双肺肺炎，随后是波及其他脏器的严重并发症。这位病人于次年3月去世。令人震惊的是，让他倒下的感染是所谓的机会主义感染，通常只在免疫系统严重减弱的患者中出现。但这名患者完全健康，没有任何基础疾病或可能导致免疫缺陷的相关治疗。

在接下来的几个月里，美国西海岸和东部出现了越来越多的类似患者。[22]这些患者在出现免疫缺陷症状之前身体健康。然而，他们确实有一个共同点：要么是同性恋者，要么是双性恋者，生活在性行为较为活跃的圈子当中，通常在相对较短的时间内与诸多性伴侣发生亲

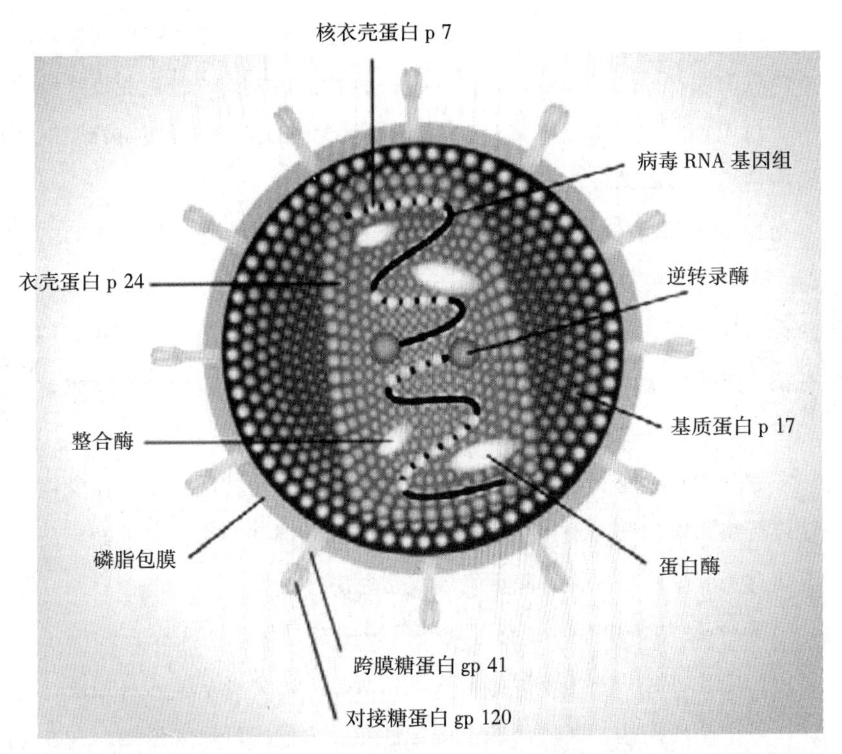

人体免疫缺损病毒，即通常所说的艾滋病病毒的结构（高度简化）。该病毒有一层带有对接糖蛋白（gp 120）"刺突"的膜糖蛋白，这是病毒能够穿透 CD_4^+T 细胞所必需的。该病毒还有一种细胞核——衣壳，其中含有两条核糖核酸链形式的遗传物质。衣壳中还有一些酶，它们对病毒传染 CD_4^+T 细胞的能力至关重要。

密行为。

这种奇怪而可怕的流行病自然引起了相当大的轰动。媒体以其耸人听闻的头条新闻宣布，一场"同性恋瘟疫"正在美国各地蔓延。而这成为一场即将发展为现代最严重、最广泛的疫情的开端。

很快，"同性恋瘟疫"这个词就变得涵摄度不足。很明显在很短的时间内，该疾病不仅影响同性恋和双性恋男性，还影响严重先天性出血性疾病（血友病）患者、从海地移民到美国的人、吸毒者和患有这种新疾病的男性的女性伴侣。甚至年幼的儿童也未能幸免。

美国研究人员很快证实，这种新疾病的患者免疫系统确实遭到了严重削弱，而这种免疫力下降存在一种特殊的模式。患者免疫系统中T淋巴细胞数量显著下降，主要是因为大量CD_4^+T淋巴细胞被破坏，而这是抵御传染的核心细胞类型。[23]

这种疾病并非天生，患者发病前身体健康，故被命名为AIDS，即“获得性免疫缺陷综合征”（acquired immuno-deficiency syndrome）的首字母缩写。事实上，艾滋病是最严重的新疾病的总称。这些病例有某些严重的免疫缺陷并发症——既包括一些主要影响免疫缺陷患者的传染病，也包括这些患者中常见的特殊癌症。

很快就很明显，被称为艾滋病的病理特征只是冰山一角。在受该新流行病影响的同一群体中，存在着一些较为温和的病征，可能与艾滋病有关。这些情况往往随后发展成艾滋病。

为什么这类患者会出现这种免疫缺陷？是什么实实在在影响了CD_4^+T淋巴细胞——有如管弦乐队般和谐统一的免疫系统的总指挥？这一可怕的新疾病，其病因的不确定性导致人们出现巨大恐惧，并在同性恋这一特殊风险群体中达到了极端程度。人们提出了许多关于艾滋病病因的理论，从相当理性的医学假设到最为荒谬的阴谋论。

这种病毒是否如美国作家迈克尔·克莱顿（Michael Crichton）的惊悚小说改编的灾难电影《天外来菌》刻画的那样，是来自外星的“仙女座毒株”？[24]病毒是从一家从事生物武器研究的军事医学实验室“泄漏”出来的微生物吗？这一理论的支持者相信病毒源自美国或苏联，这取决于他们的政治观点。耸人听闻的报道聚焦于海地移民中发生的艾滋病，这意味着疾病与秘密的“巫毒”仪式有某种联系。

一些人认为，致病原因在于同性恋者不受约束的生活方式，因为过着罪恶的生活而受到神的惩罚，或是因为频繁而异常的性活动，加上容易感染性病，最终让免疫系统不堪重负。一些研究人员认为，在同性恋者中流行的性刺激物质，即所谓的“嗨药”，是艾滋病患者免疫缺陷的原因。[25]

然而，严肃的讨论基本上都相信艾滋病必然是一种传染病。一些人认为，病因可能是一种已知的病毒发生了变异，变得更加“恶性”。然而，越来越多的研究人员逐渐认定，艾滋病的病因应该是一种以前未知的微生物，可能是一种病毒。

在此期间，美国卫生当局与一个由传染溯源专家组成的调查小组进行密集研究，总结了患者和特别易受影响群体中可能具有重要意义的所有因素。早在1982年底,这些研究就引发了一种强烈的医学直觉，即艾滋病是一种通过性接触或血液传播的传染病。

但致病微生物可能是什么样的呢？美国和法国的实验室进行了大量工作，最终于1983—1984年实现突破。事实证明，艾滋病的病因是一种以前未知的病毒，属于一种特殊的病毒组，即所谓的逆转录病毒，主要见于动物当中。[26]这种病毒的传染途径很快被描述出来：

- 通过性交或其他形式的性接触传播
- 通过血液或血液制品，包括使用注射器传播
- 出生前或通过母乳从母亲传染给儿童

病毒只能在活细胞内生存和繁殖。为了能够穿透细胞，病毒必须首先附着在细胞表面的分子上，该分子可以作为病毒的“开门器”。[27]这些分子“开门器”因病毒而异。艾滋病病毒带来的悲剧在于,“开门器”恰好是免疫系统中最重要的细胞分子：CD_4^+T淋巴细胞。当艾滋病病毒侵入该细胞并繁殖时，细胞就会死亡。当越来越多的CD_4^+T细胞被逐渐破坏，免疫系统无法加以取代。这会导致威胁生命的免疫系统崩溃——通常需要几年时间，在这期间患者没有症状或只有非常轻微的疾病体征，如各种形式的皮疹和淋巴结肿大，但其从一开始就具有传染性。

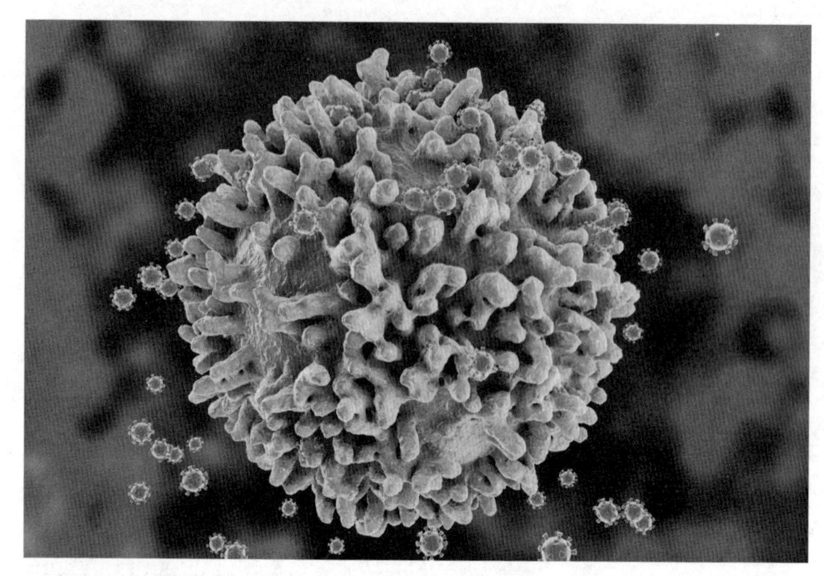

艾滋病病毒（图中较小）攻击免疫系统的中心协调细胞，即 $CD4^{+}T$ 细胞。而这正是艾滋病病毒传染的起点，以及随后可能发展成全面的艾滋病。

1981 年艾滋病病毒戏剧性地出现并随后传播到全世界，背后的故事说明了许多与生态和环境有关的因素，这些因素在人与微生物的决斗中非常重要。艾滋病病毒最初是人畜共患病，起源于中非各种猿类：猴子、大猩猩和不太常见的白枕白眉猴。这些猿类是与艾滋病病毒密切相关的逆转录病毒携带者。我们估计，人类和猿类之间的接触导致原始病毒转移到人类身上。这种情况尤其发生在捕杀猴子作为野味时，人类与这些动物的血液有了密切接触。在经过了许多次失败的尝试之后，一种猿类病毒成功地适应了它的新宿主——人类，转变成艾滋病病毒。对各种病毒的分子生物学检查表明，这一过程可能在 1900 年至 1910 年间以及随后的几十年间发生过多次。艾滋病实际上是一种全新的病毒。[28]

事实上，我们需要面对的不仅仅是一种病毒，因为有两种主要形式完全不同的病毒：作为艾滋病大流行主要原因的“人类免疫缺陷病

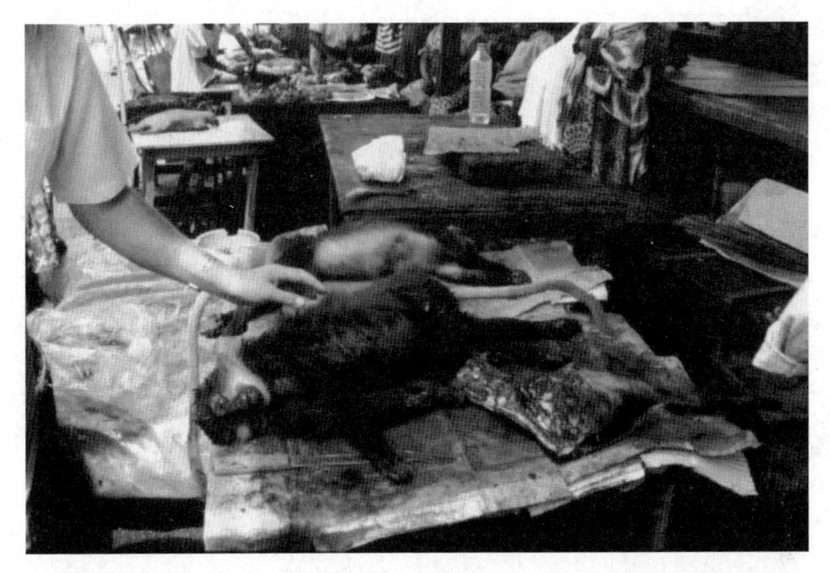

来自野生动物的"丛林肉"在许多非洲国家很受欢迎。这些动物可能携带危险微生物，导致人畜共患病。这些来自猴子和蝙蝠等动物的肉可能会对捕猎者和食用者造成传染风险。

毒 1 型"（HIV-1）；以及几乎完全局限于西非、现在似乎正在消失的"人类免疫缺陷病毒 2 型"（HIV-2）。后者导致的病程比人类免疫缺陷病毒 1 型慢，也不那么严重。人类免疫缺陷病毒 1 型来自黑猩猩或大猩猩，而人类免疫缺陷病毒 2 型则来自体型较小的猴子，即白枕白眉猴。下文中，"人类免疫缺陷病毒"一词指的是人类免疫缺陷病毒 1 型。[29]

艾滋病出现在中非西部、喀麦隆及其邻国。二十世纪七十年代，这种传染病通过异性接触开始传播，首先传播到东非国家，然后传播到南部非洲和西非。殖民国家撤离后，非洲发生了重大的社会文化和政治动荡，对这种致命病毒的迅速传播至关重要。这导致大量移民进入快速增长的城市，卖淫现象显著增加，许多妇女感染艾滋病。病毒传播大部分发生在流动人员、在城市社会和农村家庭之间通勤的季节性工人、新铺设的公路上的长途司机，以及这一时期在非洲盛行的战争中流动的军人群体中。其他文化条件也促成了该病毒的传播：男性之间广泛的滥交，女性在性关系中的从属地位，避孕套的使用相当有限，以及我们所知的性病大量发生，提高了艾滋病病毒的传染性和易感性。[30]

艾滋病病毒什么时候传播到非洲以外？这可能是通过个别病毒携带者（以及一些在非洲感染的西方国家的病毒携带者）在没有进一步传播的情况下发生的。本书作者在执业过程中接触到的第一个有充分记录的艾滋病病例是一名年轻的挪威水手，他于二十世纪六十年代上半叶在喀麦隆通过性行为感染了这一病毒。他把病毒带回了挪威，并传染给妻子，妻子又传染了一个女儿。三人 1976 年都死于艾滋病。[31] 据我们所知，病毒没有在家庭之外传播。这些病例感染的是人类免疫缺陷病毒 1 型的变种，但相当罕见，主要发现于喀麦隆。[32]

然而，二十世纪六十年代从非洲输出艾滋病病毒的另一个案例确实产生了严重后果，可能引发了全球疫情。全面的流行病学调查工作有力地表明，一名曾访问过非洲的海地人将艾滋病病毒带回海地，首先通过性传播,然后可能通过其他方式,在那里迅速传播。有学者指称，在弗朗索瓦 · 杜瓦利埃（François Duvalier）的统治下，在海地传播的病毒还通过作为商品生产的血浆出口海外。不管怎样，到了二十世纪七十年代，艾滋病在海地全面蔓延。[33]

由于其热带气候和田园诗般的自然环境，海地是男同性恋，尤其是来自美国的男同性恋最喜欢的度假目的地。同性恋卖淫现象在这个贫穷的岛屿上激增。性旅游将病毒带到了美国的同性恋中，在此引爆艾滋病，并于 1981 年被卫生当局“发现”。 从非洲到美国的中间站位于海地，这很自然地解释了从该岛前往美国的移民中病毒的出现——这些移民中艾滋病频发并不是因为邪恶的巫毒仪式。

病毒迅速从美国传播到欧洲和世界其他有人居住的地区，自然也包括斯堪的纳维亚半岛。1983 年 1 月，本书作者在供职的国立医院被要求对挪威发现的第一名艾滋病患者进行诊断。这是一个年轻的同性恋男子，在哥本哈根被传染，并在那里生活了很多年。患者因免疫系统崩溃而出现严重并发症，于同年 11 月去世。[34] 该病毒也由前殖民地国家的非洲人直接从非洲输入法国和比利时等欧洲国家。

除了性传播（包括同性恋和异性恋），吸毒者共用注射器的血液传染在西方国家也起到了重要作用。在最初几年中，病毒还通过输血和血浆以及先天性血友病患者的血液制品治疗在卫生服务中传播。从二十世纪八十年代中期开始，所有西方国家通过各种措施，主要是彻底检测所有献血者的艾滋病病毒，几乎完全根除了这种形式的病毒传播。

在发现艾滋病病毒并相当迅速地检测到传播机制之后，人们可能会认为，对艾滋病流行的巨大不确定性和恐惧感将会减弱。然而，现出现了一种普遍的、往往是对传染的极端恐惧，这种恐惧在卫生服务部门内外都大有人在。在某些情况下，卫生人员拒绝与艾滋病患者握手，并在需要与患者接触时穿着几乎像宇航员一样的服装。这种对被传染的恐惧，加上媒体渲染的歇斯底里情绪，在整个西方世界掀起了一场激烈的辩论，讨论应采取什么措施来抗击这一已经成为全球大流行的传染病。世界末日的预言家们宣布，艾滋病大流行将导致人类文明走向终结。

大多数西方国家早就阻止了艾滋病大流行头几年出现的典型的爆炸性传播。不幸的是，这并不适用于世界各地。这种病毒仍在撒哈拉以南非洲肆虐。东欧和亚洲的某些国家也存在相当大的问题。迄今为止，三千五百万人因艾滋病而丧生，每年仍有近一百万人死亡。据估计，全世界有三千七百万人感染了这种病毒。

艾滋病病毒大流行对社会生活、医学研究和伦理思想产生了相当大的影响。毫无疑问，正是艾滋病的流行终结了人类一厢情愿地认为传染病和大流行不再有威胁的盲目自信。

蝙蝠：夜行的病毒携带者

大多数新发传染病都是人畜共患病，比如艾滋病病毒，猴子是传染源。然而，更多的新发传染病则最初来自其他动物，其中就有蝙蝠。[35]

蝙蝠在大众迷信和文学作品中一直享有某种邪恶的名声。这些无声无息、昼伏夜出的生物经常出现在巫师、魔术师和恶魔的近侧。世界上某些地方存在的吸血蝙蝠，也让人对吸血鬼和相关传说产生了不安的联想。

但是，世界上的一千两百多种蝙蝠总体无害吗？是否受到了过于负面的报道？好吧，应该无视这种动物和超自然力量之间存在联系的指控。然而最近的研究表明，蝙蝠的确作为一系列病毒的宿主发挥着重要作用。如果存在传染条件，其中许多病毒会攻击人类并导致危及生命的疾病。许多新发传染病，可以非常令人信服地说明蝙蝠作为病毒携带者发挥的重要作用。

多年来，人们早已知道吸血蝙蝠可以携带病毒，导致可怕的狂犬病，而且它们可以通过吸血传染人类。吸血蝙蝠在欧洲境内尚未发现。我们对这种传染没有有效的治疗方法。众所周知的狂犬病病毒，属于“狂犬病毒属”，在美洲以外的蝙蝠中没有检测到这种病毒，但还有其他类型的狂犬病毒可以传染人类。[36]这也适用于欧洲。到目前为止，我们知道欧洲只有两例人类感染这类狂犬病毒的案例，均已不治身亡。

如前所述，蝙蝠是马尔堡病毒的宿主，埃博拉病毒可能也是如此。尽管到目前为止，埃博拉病毒的流行只发生在非洲，但有理由感到担忧，因为最近在欧洲的蝙蝠中发现了类似埃博拉病毒的病毒。蝙蝠也是最近发现的几种病毒的宿主，这些病毒——亨德拉病毒、尼帕病毒、SARS冠状病毒和中东呼吸综合征冠状病毒——导致了严重的传染病，甚至是疫情。下面，就将对其进行研究。[37]

我们还不知道为什么蝙蝠如此适合作为病毒宿主，因为它们很难

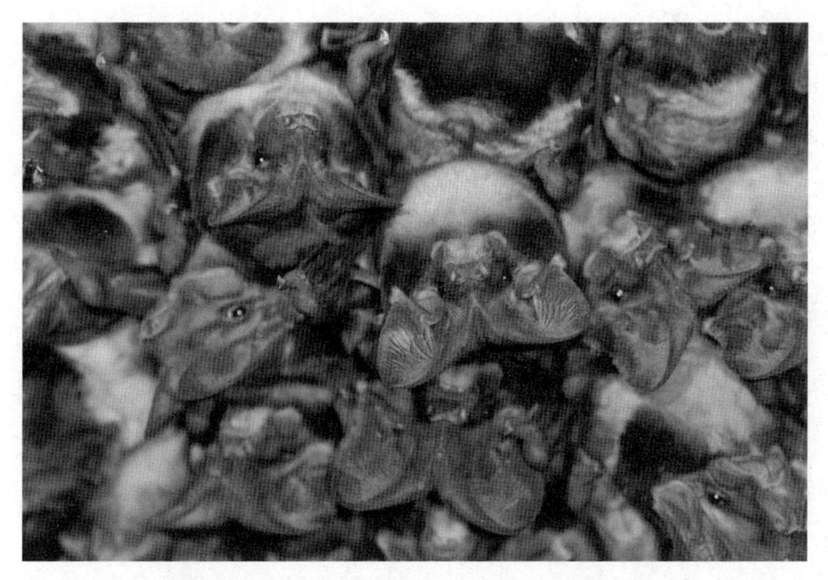

蝙蝠生活在数以百万计的群体中，条件非常有利于病毒传播到该群体中所有个体。

在实验室被研究。在大多数情况下，如果蝙蝠是病毒携带者，它们自己也不会生病。这可能是“和平共处”的示例，这是数百万年进化适应的结果，不会让蝙蝠的免疫系统攻击和摧毁病毒。[38] 蝙蝠相对较长的寿命（长达三十年），加上它们特殊的社会生活方式，也使这种动物成为高效的宿主。蝙蝠是非常善于交际的动物，大规模群居，在洞穴和矿坑等栖息地中可能包含数百万个体。因此，这样的群体非常有利于病毒在个体中传播。蝙蝠也可以携带病毒远距离移动，并以这种方式传播病毒。那么，病毒是如何从蝙蝠传播到人类的？除其他疾病外，从新发传染病中获得的经验，或许可以作为对此的说明。

亨德拉病毒、马和狐蝠

1994 年秋天，位于澳大利亚昆士兰布里斯班郊区的亨德拉赛马场暴发了一场疫情。在很短时间内，二十一匹马在染病数日后便告死亡。两名看护马匹的马夫也被传染：其中一人死亡，另一人幸存。在对马的尸检中，发现了一种以前未知的病毒。由于它与众所周知的麻疹病毒有某些相似之处，最初被称为“马科麻疹病毒”。这个名字很快根据其起源地被改为“亨德拉病毒”。这两人可能是被马传染的，但是马是如何被传染的，病毒来自哪里？[39]

在对当地一些可疑动物进行彻底检查后，发现病毒可能来自狐蝠，即翼展约一米的大型果蝠。这些马可能是在狐蝠所栖树木下寻求烈日里的荫凉时被传染的。含有病毒的狐蝠排泄物滴到草地上后，被马吃掉。患者随后被病马的唾液和其他体液传染。

自那时以来，亨德拉病毒在马群中暴发了五十多次，致死率为百分之七十五。迄今为止，只有七例人类感染病例，全部由马传染，其中约一半死亡。这确实是一种非常罕见的传染病，但很好说明了蝙蝠如何通过中间宿主（在本例中是马）传染人类的过程。

尼帕病毒、猪和狐蝠

1998 年，一种经科学证明与亨德拉病毒有关的新病毒来袭。这种被称为尼帕病毒的病毒，比其澳大利亚近亲的问题要严重得多。[40]

尼帕病毒最早出现在马来西亚西部的养猪场。在二百五十七名出现高烧、脑炎症状以及得肺炎的患者中，有一百零五人死亡。与此同时，同一病毒在猪群中肆虐，猪患上了呼吸道感染，死亡率很高。

显然，人类已经被猪传染了某种流行病。马来人和华人是马来西亚最重要的两大民族。令人震惊的是，邻近的马来村庄没有报告这种疾病的病例。有人对此的解释是，身为穆斯林的马来人与猪或猪制品没有任何接触。不久之后，新加坡的屠宰场工人中出现了几例与从马来西亚进口的猪接触的病例。这些猪显然携带了病毒。第一次疫情导致马来西亚受影响的养猪场突击宰杀了一百万头猪，这对养猪业是一个严重的打击。

1999年3月，该病毒被正式发现，得名尼帕病毒，以实际患者检测样本的来源地命名。后来，由该病毒引起的新疫情在马来西亚、孟加拉国、印度和菲律宾暴发。病死率一直保持在二分之一左右。死亡主要由脑炎引起，而脑炎也是该疾病最严重的形式。

很快证明，这种新发现的病毒和近亲亨德拉病毒一样，其宿主都是狐蝠。这种果蝠堪称顽强的飞行者，可以飞行数百公里。针对马来西亚暴发的第一波疫情，人们认为是印度尼西亚的气候出现变化，可能与厄尔尼诺扰动有关，使得这些动物无法留在它们习惯的栖息地。蝙蝠搬到了马来西亚，在靠近养猪场的树丛中栖息。这些猪随后吃下了遭携带病毒的蝙蝠尿液、粪便和唾液污染的食物。但尼帕病毒也可以通过其他方式从蝙蝠传染给人类。孟加拉国最受欢迎的饮料是一种由椰枣树皮制成的果汁，蝙蝠也喜欢这种椰枣树皮。当被蝙蝠污染的树皮用于生产果汁时，尼帕病毒就会传染给人类。[41]

尼帕病毒一个令人不安的特征是，它可以感染除猪和人以外的其他动物，包括狗、猫和马。在菲律宾暴发的疫情中，人们认为病毒通过马传染人类，要么通过直接接触，要么通过食用马肉。因此还必须假设，除了蝙蝠之外，各种动物都可以在传染人类方面发挥作用。然而最令人不安的是，这种病毒也可能通过呼吸道中的飞沫在人际传播。在一些疫情中，多达一半的病例通过飞沫传染。因此，尼帕病毒很可能在卫生服务不发达、适宜病毒传播的国家引发大规模流行。[42]

到目前为止，还没有发现尼帕病毒即将大流行的任何迹象。但是，我们经历了另一种以前未知的病毒——SARS冠状病毒的突袭。

尼帕病毒在亚洲某些种类的大型果蝠中被发现。蝙蝠也会传染其他几种动物。人类可能被这些动物传染，也可能通过被污染的果汁直接被蝙蝠传染。人际间也可能通过飞沫传染。

“非典”：二十一世纪第一次传染病大流行

2002 年秋天，这种后来席卷全球的流行病首先在中国广东暴发。第一个意识到一种新的流行病正在发生的人，是供职于世界卫生组织越南河内分部的意大利微生物学者卡洛 · 乌尔巴尼（Carlo Urbani）。他曾为无国界医生组织工作，是 1999 年在奥斯陆代表该组织获颁诺贝尔和平奖的成员之一。2003 年初，乌尔巴尼被请到当地一家医院，对一名似乎患有“严重流感”的患者进行评估。眼前的特殊症状，让这位意大利医生怀疑自己正在面对一种全新的传染病。在采取一系列应对措施的同时，他向世卫组织提出了预警。然而传染病已经扩散，医生和护士纷纷感染。零号病人不治身亡，乌尔巴尼本人也不幸被传染，不久便撒手人寰。[43]

乌尔巴尼的病人是一位华裔美国商人，此前曾入住香港的一家酒店，在那里被入住同一楼层的一位医生传染。而这位医生最近在中国广东治疗过肺炎患者。不到二十四小时，这名医生便感染了另外十六名患者，随后病倒并被送进医院。被传染者对此一无所知，登上各路飞机，将新的致病微生物传播到加拿大、越南、新加坡和中国台湾地区。除广东以及上述四个重灾区之外，共有二十六个国家报告发现了这种新的传染病例，从而证明了传染病通过现代空中交通扩散是何等容易。[44] 患者大多数是在医院工作，负责治疗感染者。这部分是因为患者在发病入院接受医疗服务之前没有传染性，部分是因为没有及时采取预防飞沫和气溶胶传染的必要措施。而医院工作人员随后将病毒进一步传播给其他人。肺炎是非典的主要并发症。

非典疫情实际上可被视为国际社会协调一致采取预防措施和研究工作遏制大流行威胁的成功案例。在格罗·哈莱姆·布伦特兰的领导下，世界卫生组织发挥了重要作用。早在 2003 年 3 月，世界卫生组织就针对这一威胁发出了国际警告，随后不久又为国际旅行者提供了具体的旅行建议。值得一提的是，世界卫生组织很少在发生疫情时提供此类建议。[45]

到 2003 年 3 月底，世界卫生组织宣布已找到该流行病的病因，这是一种新病毒，可导致致命的肺炎，后将其正式命名为“严重急性呼吸综合征”（SARS）。致病病毒属于冠状病毒，其中一些可导致人类感染。“非典”病毒现在被正确地称为“严重急性呼吸综合征冠状病毒 1 型”（SARS-CoV-1）。

随后的国际努力，包括采用迅速查明新病例和隔离患者的方法，使 2003 年 7 月之后不再出现新病例：这一本可能演变为严重疫情的大流行已经停止。到那时，已发现八千零六十九例非典病例，其中七百七十四例（近百分之十）死亡。[46]

病毒来自哪里？与欧洲人相比，中国人在摄入动物蛋白方面的选择显然更多。菜单上有很多飞禽走兽，在市场上也能买到各种各样的野味，所有这些最终会变着花样出现在饭馆和私人家庭的餐桌之上。广东报告的早期非典病例多集中于禽肉市场和餐馆的员工，这让人们怀疑病毒可能来自某种动物。事实上，市场上售卖的许多物种中都检测到这种病毒。

但很快，关注焦点就集中在果子狸身上，这是种长得像长鼻猫的小型食肉动物。这些动物作为肉食来源非常受欢迎，在市场和餐厅中十分常见。起初，人们认为市场上售卖的野味是病毒的宿主，于是实施大面积扑杀。随后，人们产生怀疑，转而将注意力转向蝙蝠——许多新的病毒感染都可在蝙蝠体内探测到。事实证明，蝙蝠也是病毒的宿主。果子狸和其他物种可能是通过蝙蝠的尿液和排泄物感染了这种病毒。此外，市场上售卖的动物之间亦能够相互传染。[47]

人类主要通过飞沫相互传染这种病毒，但也可能通过空气中的气溶胶感染，尤其在医院。[48]中国后来还报告了一些“非典”病例，但据我们所知尚未出现流行疫情。然而，蝙蝠作为病毒宿主仍继续存在，新的疫情绝对有可能暴发。

中东呼吸综合征，骆驼与蝙蝠

2012 年，沙特阿拉伯一名男子死于当时未知微生物引起的呼吸道感染。事后这被证明是一场新疫情的开始，而该传染病的元凶被命名为“中东呼吸综合征”（MERS）。这种疾病通常足以致命，并被证明由一种未知的冠状病毒引起，非典病毒也属于冠状病毒。这两种病毒造成相似的病理特征，都会引起严重的肺部疾病，也都是人畜共患病。[49]

到目前为止，已确诊二千四百九十四例中东呼吸系统综合征，其中八百五十八例（百分之三十五）死亡。病死率可能较低，因为可能存在着毫无呼吸道疾病症状或症状很轻微的病例。大多数中东呼吸综合征病例发生在沙特阿拉伯，一些病例发生在阿拉伯半岛的邻国。世界上有几个国家出现个别病例，主要来自到访这些国家的旅行者。[50]

中东呼吸综合征冠状病毒的传播需要非常密切的接触。一些病例发生在家庭内部，但传染主要发生在医院，那里没有采取适当措施防止患者感染。医护人员和医院其他患者也被传染。其他国家的输入型病例没有引发流行病，只有 2015 年在韩国暴发过相关疫情——总计报告一百八十六例病例，三十六例死亡。病毒由从中东输入。此次疫情几乎完全限于住院病人。[51]

现已证明单峰骆驼是中东呼吸综合征冠状病毒的动物宿主。感染这种病毒的情况在阿拉伯半岛和非洲的单峰骆驼中都很常见。这些动物没有或只有轻微的呼吸道感染症状。与这些动物密切接触的人会被传染，并进一步传播病毒。单峰骆驼是怎么被传染的？又一次，蝙蝠似乎在被告席上。在不同种类的蝙蝠身上检测到了与中东呼吸综合征冠状病毒极为相似的冠状病毒。尽管仍然缺乏确凿证据，但我们可以假设病毒在某个时候已经从蝙蝠跳到单峰骆驼身上，单峰骆驼成为这种病毒的主要宿主。[52]

在这个意义上，中东呼吸综合征冠状病毒并不是特别具有传染性。因此，除了最好避免与单峰骆驼过于密切接触外，不一定需要对前往阿拉伯半岛的游客做出特别旅行限制。即便如此，我们也不能完全排除这一可能性：病毒发生变异，从而使人际传染更有效。在这种情况下，可能会出现类似“非典”的大流行。

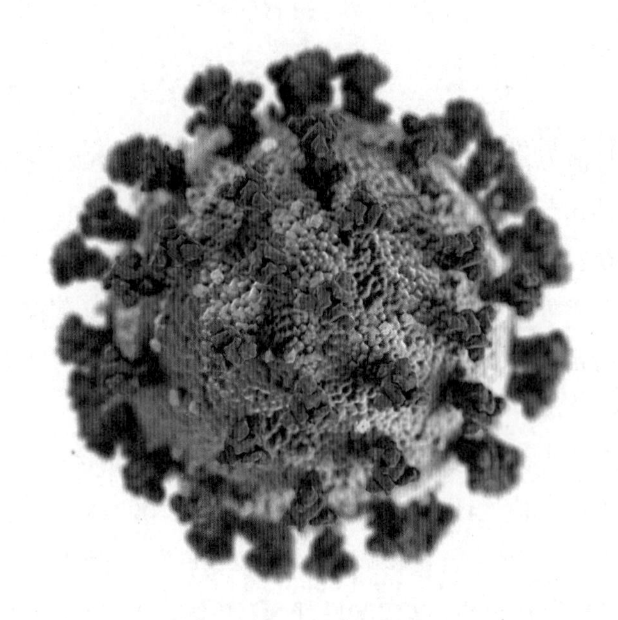

冠状病毒，包括中东呼吸综合征冠状病毒和SARS冠状病毒，以及最近发现的“新冠病毒”（严重急性呼吸综合征冠状病毒2型），之所以使用“冠状病毒”一词，是因为电子显微镜下的病毒颗粒周围似乎存在一种边缘凸起，让人想起天文学者所说的日冕（冠）。

新发现的中东呼吸综合征冠状病毒的传播途径可能来自蝙蝠，蝙蝠是最初的宿主。单峰骆驼被蝙蝠传染后，成为病毒的新宿主。人类又被单峰骆驼传染。人际传染在一定程度上也是可能的。

人鼠之间

如果说蝙蝠直到最近才成为威胁人类的病毒宿主，那么多年来，很多种啮齿类动物都一直被认为是微生物，包括相当多具有颇为邪恶特征的病毒的携带者。其中一些病毒在人类中引起了新的或最近发现的传染病，在某些情况下还造成了重大流行病。

1969 年，尼日利亚亚当教会医院的三名女护士相继患上重病。第三名患者被送往美国，在那里被确诊感染了一种当时未知的病毒。该病毒以第一批患者患病的地方被命名为“拉沙病毒”。[53]

拉沙病毒在被发现之前可能已在西非活跃了很多年。感染该病毒在尼日利亚、利比里亚、塞拉利昂和几内亚十分常见，在邻国也有发生。我们没有任何可靠的统计数据，但某些调查表明，每年可能有数十万例病例，造成了五千多例死亡。[54]近年来，感染率稳步上升。2018 年，在尼日利亚出现大规模的拉沙病毒疫情，卫生当局宣布采取各种隔离措施，进入紧急状态。[55]

拉沙病毒可引起广泛的疾病症状，从相当轻微的发烧到危及生命的重疾，侵袭许多器官并导致明显的出血，可以将其统称为出血热。对于那些病情严重的住院患者，病死率至少为百分之二十，在流行期间甚至可以达到百分之五十。估计感染该病毒的所有类型患者的病死率仅为百分之一。一些幸存下来的人患上了慢性耳聋。

拉沙热也是一种人畜共患病。这种病毒的动物宿主是一种特殊的老鼠，即多乳鼠，在西非很常见，喜欢靠近人类和室内。人类通过接触被老鼠粪便或尿液污染的食物或物体而感染。随着气候变化，老鼠的数量起伏很大，对拉沙病毒感染的发病率起着重要影响。通过直接接触也可能发生人际传染。这种情况经常发生在没有及时采取应对措施的医疗卫生人员之间。[56]

自从拉沙病毒被发现以来，人们一直担心它会因为当今联通世界的航班而传播到非洲以外。到目前为止，情况还没有达到令人担忧的程度，但这种可能性始终存在。

拉沙病毒属于被称为“沙粒病毒”的这一大类病毒。在这个病毒科中，我们还发现了其他可能导致人类严重感染的代表。这包括引起南美出血热的病毒。其中最著名的是分别于 1955 年、1959 年和 1989 年发现的阿根廷胡宁病毒、玻利维亚马丘波病毒和委内瑞拉瓜纳里托病毒。所有这些都以老鼠作为动物宿主，人类通过接触它们的尿液或排泄物或直接接触而感染。这些形式的出血热是人类因砍伐森林和农业扩张而改变自然、导致与动物接触增加和新的人畜共患病风险的例子。

这些病毒主要在局部造成问题，没有表现出任何在核心地区以外广泛传播的趋势。[57]

病毒与蚊子：威胁渐增

人类首次发现蚊虫叮咬会将病毒从动物传染给人，是在对黄热病的研究中。后来证明，这种传染方式是病毒世界中相当普遍的。当今世界范围内，许多对健康构成威胁的病毒都是通过蚊虫叮咬的方式传播的，其中包括与黄热病病毒有关的两种病毒：西尼罗热病毒和寨卡病毒。近年来，针对这两类病毒的研究在很大程度上取得了进步，同时也说明了新发传染病背后的许多因素。

西尼罗热：通过蚊子和鸟类传播

这种病毒于 1937 年在乌干达首次被发现。在接下来的几十年里，非洲、西亚和南欧部分地区都报告出现了个别传染病例和小规模的流行。患者会持续几天发烧，但程度相当轻微。从二十世纪九十年代中期开始，西尼罗热病毒引发了疫情，其中一些患者也患上了脑炎，并有一定的死亡率。[58]

1999 年，纽约暴发了一场流行性脑炎，引发了相当大的轰动。始作俑者便是传入美洲的西尼罗热病毒。自那以后，该病毒在北美站稳了脚跟，引发过几次重大疫情。

西尼罗热也是一种人畜共患病。该病毒在非洲的宿主是大量鸟类，病毒通过某些类型的蚊子有效传播，这些蚊子对从何处获取血液并不那么挑剔。它们从感染病毒的鸟类那里获取血液，又从人类那里吸血，进而传播病毒。对于这种病毒来说，传染人类后就走入了一条死胡同，无法实现人际传播。原因非常简单，人类血液中的病毒数量太少，蚊子无法在吸血后进一步传播。

八成左右的人感染西尼罗热病毒后完全没有症状，剩下两成左右的人会出现持续数天的轻度发热。但不到百分之一的病例的大脑和脊髓会受到病毒的攻击，进而导致脑脊髓膜炎、脑炎或类似麻痹型脊髓灰质炎等并发症。在这种情况下，死亡率约为百分之十五，半数幸存者将出现瘫痪等慢性神经系统症状。[59]

西尼罗热病毒是如何传播的，甚至是如何穿越大洋的？在这里，鸟类作为病毒携带者发挥着重要作用。西尼罗热病毒现在是南欧的一种常见病，近年来我们在那里看到了一些重大疫情。来自非洲的候鸟可能会继续将病毒输入欧洲，在那里，当地的蚊子会像在非洲一样被鸟类感染，在携带病毒的鸟类和人类之间架起一座桥梁。[60]

这种病毒适应性强，不仅可依赖蚊子，也可以通过输血和器官移植，甚至通过母乳传播。[61]

西尼罗热可能是 1999 年通过一只来自旧大陆、被风暴吹过大洋的禽鸟来到纽约，也可能是经由携带病毒的蚊子搭乘飞机进入美国。我们现在很清楚，其他通过蚊子传播的传染病，如疟疾，就曾借由这种方式进行扩散。数百种美国蚊子在染病禽鸟抵达北美后感染了这种病毒，一系列鸟类随后也被传染。这些鸟类后来成为病毒的永久宿主，某些鸟类会发病后死亡。比如乌鸦，通常在疫情暴发前大量死亡，这可以为我们提供重要的预警。在这种情况下，染病死去的鸟儿偶尔会直接从天而降。[62]

地理景观和气候条件对西尼罗病毒的传播起着重要作用。在欧洲内部，大片湿地区域，如罗讷河、多瑙河下游和伏尔加三角洲地区滋养了大量鸟类和蚊子，成为这一病毒流行的常见栖息地和疫源地。然而，蚊子滋生的人口密集城市也可能成为西尼罗热的疫源地。这一点在美国非常明显，不仅纽约，像芝加哥等其他大城市也受到过这种疫情的摧残。[63]

温度、湿度和降水等气候因素也会影响西尼罗热病毒的活动。情况极其复杂，但很明显，气温越高越会增加病毒传染人类的可能性。这可能就是北欧迄今未受影响的原因。这也可能意味着，随着气温升高，气候变化或许将加速这种病毒向欧洲北部的传播。

寨卡病毒：从默默无闻到全球威胁

1947 年，首次在乌干达一只猴子身上检测到的寨卡病毒，当时没有引起太大的轰动。五十多年来，人们一直认为这种病毒是完全无害的。大多数人感染该病毒后没有任何症状，而少数人有轻度症状，包括高烧、头痛、皮疹以及肌肉和四肢疼痛。和其他许多新发传染病一样，寨卡病也是一种人畜共患病。寨卡病毒的病征与黄热病相似。在非洲，猴子是病毒宿主，猴子之间的传染通过蚊子完成。偶尔蚊子也会将病毒传播给人类。[64]

在很长一段时间里，这种病毒在非洲和亚洲传播得极其缓慢。早在二十世纪中叶就在亚洲发现了相关病例。2007 年，西太平洋密克罗尼西亚的雅浦小岛暴发了第一次重大疫情。岛上七千名居民中有一半以上感染。随后，该病毒向东传播，横跨太平洋到达波利尼西亚，并通过复活节岛传播到南美洲。2015 年，巴西暴发寨卡疫情，随即传播到南美洲和中美洲的其他国家。正是在这个时间节点，寨卡病毒在全世界范围内引起了广泛关注。

诚然，绝大多数寨卡病毒的感染者（约百分之八十）没有表现出任何症状。但巴西的疫情表明，寨卡病毒可能导致的后果要比预想中严重得多，孕妇经常传染给胎儿，进而导致胎儿先天畸形，例如小头症，即头部比正常情况下小得多，严重影响大脑发育，也可能导致婴儿失明。尽管受影响母亲的胎儿中只有不到百分之十会出现相关畸形，但截至目前已经报告了至少三千例此类病例，其中绝大多数发生在巴西。[65] 在成年人中，寨卡病毒还可导致严重的神经系统疾病，即格林–巴雷综合征（Guillain-Barré syndrome），可能导致瘫痪，甚至死亡。

新大陆最常见的传染形式是通过各种蚊子传播。这尤其发生在这些物种已经扎下根的城市。到目前为止，还没有证据表明寨卡病毒能够像它的亲属黄热病病毒一样，在美洲以野生猴子为永久宿主。如果真的发生了这种情况，最近有令人不安的报道似乎表明，寨卡病毒就像黄热病病毒一样，将不可能从非洲大陆根除。[66]

近年来与寨卡病毒有关的遭遇还透露了其他令人不快的消息。这种病毒也可以通过男女或男男的性行为传播。因此，必须将其理解为一种性传播传染病。该病毒也可能通过输血传播。[67]

2016 年，世卫组织宣布长期遭人忽视的寨卡病毒为公共卫生突发事件，并非没有充分的理由。同样，预计举办夏季奥运会的里约热内卢，差点因为寨卡疫情放弃赛事的主办。来自肯尼亚等个别国家的代表团一度考虑退赛。最终，奥运会如期举行，但毫无疑问参赛队员与普通观众都采取了额外的预防措施，防止被蚊子叮咬。

寨卡病毒突然成为全球健康威胁的背后到底隐藏了什么？与环境

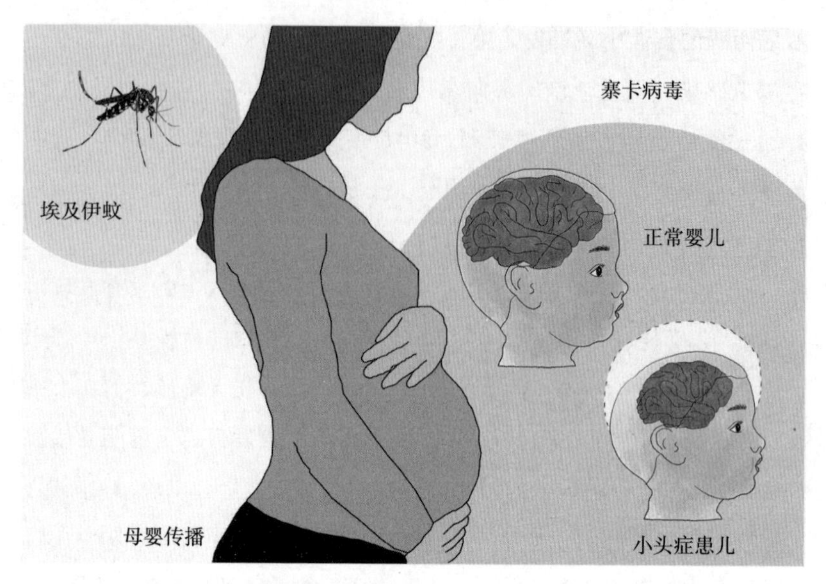

孕妇被蚊子叮咬，感染寨卡病毒时，孩子出生时可能会出现脑畸形，尤其是罹患小头症，即头比正常情况小得多。

和生态相关的因素肯定起了作用。国际旅行和不同种类的蚊子对城市环境的适应显然是导致病毒传播的原因。但 2015 年后，该领域的深入研究也为假设病毒在从亚洲到美洲的过程中发生过好几次突变的观点提供了坚实基础。其中一些突变使病毒通过蚊子的传播更加有效，而另一些突变可能增强了病毒破坏人类胚胎脑细胞的能力，从而导致大脑畸形。[68]

肉食主义与当代肉品生产

朊病毒是自然界中能引起传染病的最小成分。然而严格地说，认为朊病毒具有生命且属于微生物的观点，是高度存疑的。朊病毒由单个蛋白质分子组成，缺乏与核糖核酸或脱氧核糖核酸相关的遗传物质。

朊病毒引起的疾病会影响大脑，无法治愈，最终会致命。[69]

我们现在知道，羊瘙痒病是一种羊易患的传染病，由朊病毒引起，数百年前的牧羊人就对这种疾病十分清楚。然而，朊病毒也会影响人类，其特殊性可以通过在相距遥远、外部条件不同的地区出现的两种疾病来说明。其中一种可能已经绝迹。

库鲁病：新几内亚丛林中的智力挑战

1930 年左右，在巴布亚新几内亚东南部奥卡帕高原的福尔部落（Fore Tribe）中，越来越多人开始遭受某种可怕疾病的袭击。[70] 发病之初，几乎是不知不觉间，患者感觉头部和肌肉疼痛，但几个月后，神经系统疾病的迹象越来越多，行走变得困难，身体颤抖，伴随无意识的肢体摆动。随着认知障碍的加重，相关症状将不可避免地发展起来。最多两年后，由于营养不良以及并发肺炎，患者终究丧命。受影响者通常是妇女和儿童，女性人口的下降也在当地一些部族聚落引发了相关问题。

福尔部落称这种疾病为“库鲁”（kuru），在他们的语言中意为“颤抖”——出于恐惧或是寒冷。当地人认为，库鲁病是恶人下蛊所致。

第二次世界大战结束后的最初几年，巴布亚新几内亚尚处于澳大利亚的管控之下，澳大利亚卫生人员注意到这种以前未知的特殊疾病。他们开始与墨尔本的一家研究机构合作进行研究。该机构的领导者，充满活力的年轻美国儿科医生卡尔顿 · 盖杜谢克（Carleton Gajdusek）偶然来到巴布亚，一心想要应对这种罕见病带来的挑战。盖杜谢克和另外一位医生文森特 · 齐加斯（Vincent Zigas）单独建立了一家小型医院，在那里设立了一个实验室，对库鲁病患者进行研究。

两位医生进行了密集而全面的工作，检查过他们认为可能是病因的所有东西：早期已知的传染源、食物和周围环境中的有毒物质、食物中缺乏的维生素和微量元素。全部徒劳无功。起初，盖杜谢克研究了一种理论，即库鲁病一定是某种特殊的遗传病，很早之前便已经侵袭了这个部落。随后，医学杂志《柳叶刀》(*The Lancet*)上发表了一封关于该疾病的读者来信——来自兽医研究员威廉·哈洛，这使库鲁病研究走上了一条新的道路。[71] 哈洛指出，库鲁病引起的大脑变化与患上羊瘙痒病的羊的大脑变化有很大相似性，而牧羊人老早之前就知道这种疾病。羊瘙痒病也会导致脑部疾病。这种新疾病可能与羊瘙痒病有相同的病原吗？

当然，在人类身上进行实验是不可能的，所以盖杜谢克选择黑猩猩作为实验动物。将库鲁病患者的脑组织注射给实验动物，以观察该病是否由微生物引起。很长一段时间，黑猩猩什么也没发生。但两年半后，黑猩猩开始患上一种与库鲁非常相似的病。那么，这是一种传染病，但致病微生物是什么呢？也许它是一种特殊类型的病毒，潜伏期（从感染到发病的时间）特别长？

传染是如何发生的？人类学家找到了一个非常令人惊讶且奇怪的结论。库鲁病患者是通过宗教埋葬仪式感染的，在此期间，亲属吃掉了死者的部分身体，包括大脑。在放置几天任由腐败后，尸体被煮沸食用。几乎总是妇女和儿童参加这些同类相食的仪式，而男人通常不参加。* 如果死者感染了库鲁病毒，那么这种疾病就是通过这种方式传播的。[72]

二十世纪五十年代末，澳大利亚当局下令禁止一切形式的食人行为，据估计，自 1960 年以来，没有人受到感染。库鲁病的潜伏时间通常为十到十五年，但最长可达五十年。因此，在整个二十世纪后半叶，这种疾病经常出现新病例；最后一例已知病例发生在 2005 年。

---

* 通常由女性负责处理尸体，而男性在仪式上可以优先选择所食部位，被疾病破坏最严重的人脑也由女性和儿童食用。

故事的另一部分是，盖杜谢克还研究了另一种影响人类的罕见疾病，即克雅氏病（Creutzfeldt-Jakob disease, CJD）。这也是一种导致痴呆症的致命脑部疾病，其脑部变化类似于库鲁病和羊瘙痒病。盖杜谢克在黑猩猩身上注射了克雅氏病患者的脑组织后，成功地引发了克雅氏病。他得出结论，库鲁病、羊瘙痒病和克雅氏病一定是由发展得特别缓慢的病毒引起的。由于对这些疾病的研究，盖杜谢克于 1976 年获得诺贝尔奖。晚年，他曾在挪威的特罗姆斯工作过一段时间，2008 年在那里去世，而这里，离当年赢得人生第一巅峰的新几内亚丛林，又岂是天南地北之隔？

事实证明，盖杜谢克对这种特殊疾病的病因研究并不完全正确。这不是一种特殊形式的病毒，而是一种以前未知的传染源。另一位研究人员斯坦利·普鲁西纳（Stanley Prusiner）做出了划时代的发现，一种非常特殊的蛋白质分子既能导致脑部重症，又具有传染性。普鲁西纳称之为朊病毒，它正是引发库鲁病、克雅氏病和羊瘙痒病，以及许多动物中类似疾病的元凶。斯坦利·普鲁西纳的朊病毒理论受到了广泛的批评，但在 1997 年，他凭借这一发现获得了诺贝尔奖。[73] 库鲁病是人类发现的第一种朊病毒疾病，人们已经证明通过摄入食物可以被朊病毒传染。但这绝对不是最后一次。

疯牛病与恐惧

二十世纪八十年代中期，英国农场饲养的牛只开始罹患一种严重的脑病。疫情迅速蔓延，因为患病的牛出现行走困难的异常行为，故被媒体称为“疯牛病”，它的正式名称是“牛海绵状脑病”。

动物尸检显示，该病与众所周知的羊瘙痒病非常相似，当时已知羊瘙痒病具有传染性，由朊病毒引起。事实证明，疯牛病也是由朊病毒引起的。由于牛身上出现这种疾病显然是全新的现象，人们

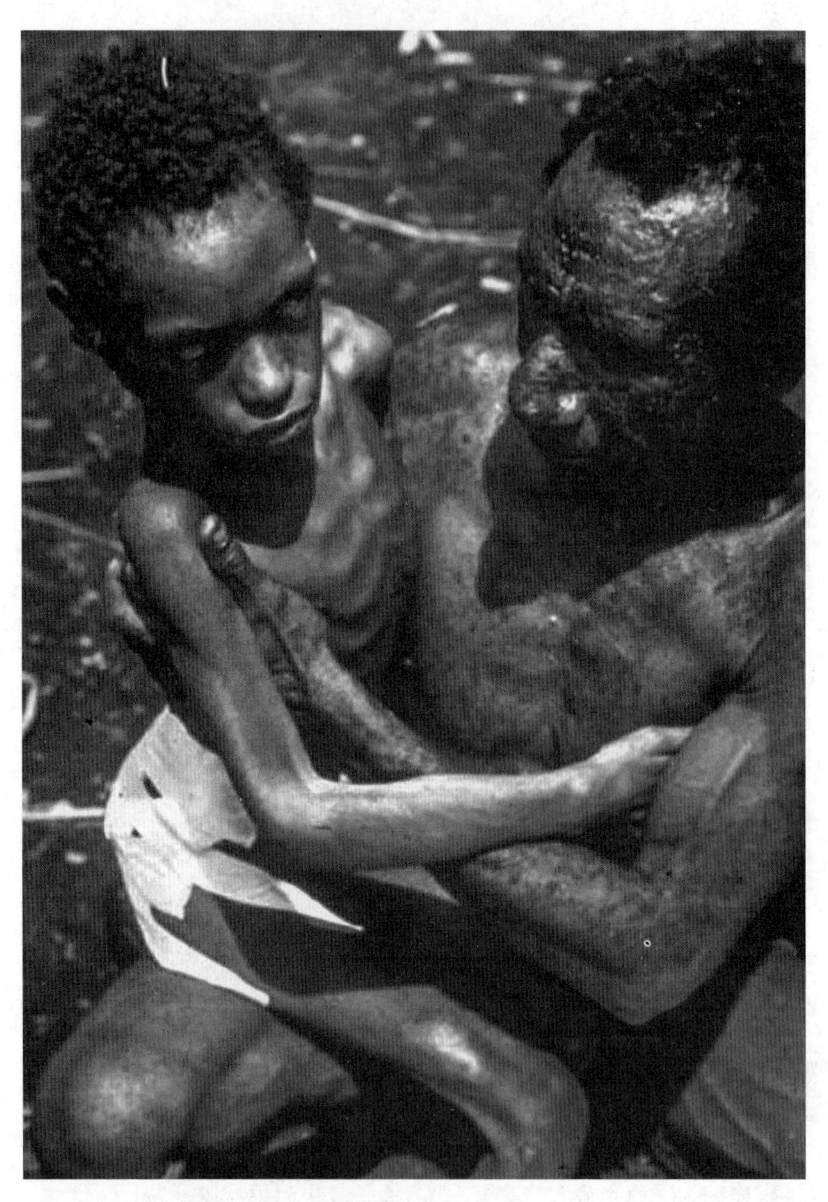

1959年，新几内亚福尔部落的年轻女孩，患有库鲁病。

认为是现代喂养方法导致牛感染朊病毒，在定量膳食中可能包含患有羊瘙痒病的羊的脑组织。因此，现在已经明确禁止使用这种饲喂方法。[74]

直到 1990 年，疯牛病的流行几乎没有引起任何波澜。研究人员和卫生当局不相信人类在食用受感染的牛肉后也会被感染。羊瘙痒病已经存在了数百年，但这并没有导致人类染病。可现在，动物园里与奶牛食用相同食物的各种动物开始出现朊病毒病。这反过来证明了朊病毒能够从一种动物传播给另一种动物。人们的恐慌开始增加。但英国政府在媒体的支持下立场坚定，声称吃牛肉对人类没有风险。农业、渔业和食品部长让自己年仅四岁的女儿对着电视镜头大啖汉堡包来证明这种乐观。

然而到了 1995 年，越来越多患者开始呈现出如今广为人知的克雅氏病的病理特征，窗户纸被瞬间捅破。患者几乎都很年轻，而之前已知克雅氏病传染的一般都是年过半百的中老年人。这显然是由朊病毒引起的，越来越多这种新型“克雅氏病”的患者很可能是食用感染了疯牛病的牛肉而被传染的。英国政府在多年矢口否认后，不得不承认这一点。这导致了一场政治危机，人们对政客的信任度急剧下降，转而产生了近乎歇斯底里的恐惧。许多人预计这种可怕的疾病会大规模流行。幸运的是，情况并没有我们想象的那么糟糕，近年来，由于在工业肉类生产中采取了预防措施，类似克雅氏病的疾病病例越来越少。目前已知的病例总数接近二百五十例，其中大部分发生在英国，上一次记录的病例发生在 2016 年。

朊病毒的流行再次证明了人类如何通过行为的改变——在本例中是通过采用新的工业肉类生产形式——带来全新的流行病。然而我们现在知道，克雅氏病也可以通过各种医疗方法，如使用死者的人体组织制成的生长激素，角膜移植，甚至可能是普通输血传播。[75]

不能排除未来发现新的朊病毒疾病的可能性。这种疾病发生在许

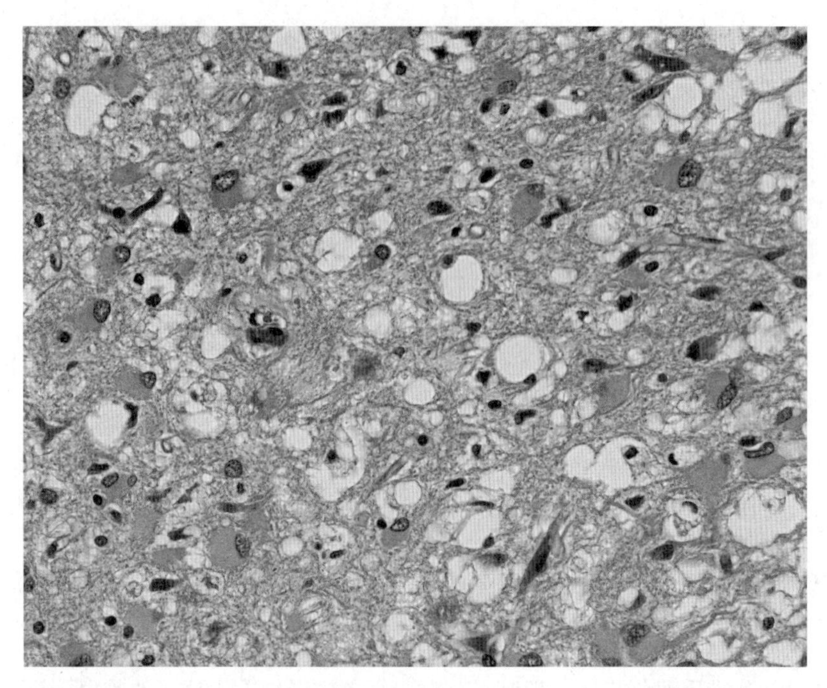

克雅氏病是由朊病毒引起的。在这种无法治愈的脑部疾病中，脑组织变成海绵状，如图所示。朊病毒可以通过受感染的牛肉传播，但这种病也可以遗传。

多动物物种中，从疯牛病中获得的经验表明，朊病毒偶尔会转移到新的动物身上，包括人类。北美和斯堪的纳维亚半岛目前面临的棘手问题是另外一种朊病毒病，即主要影响鹿科动物，包括鹿和麋鹿的慢性消耗病。新的研究数据可能意味着这些朊病毒有一种随时间改变其特征的趋势，这很可能会增加人类的风险。[76]

新冠大流行：蝙蝠再次向人类打了个招呼

2019 年 12 月 31 日，湖北省省会、常住人口一千一百万的特大城市武汉，市政府宣布出现了不明肺炎病例，而且病例数正在增加。

许多患者曾接触过该市批发零售水产和野味的大型海鲜批发市场。人们怀疑，此前的“非典”疫情中患病动物传染疫病的一幕再次上演。起初，尚无法确定这种疾病是否可以在人际传播，但武汉发生的情况最终迅速发展为一场大流行。[77]

没过多久，中国的研究人员便通过分析锁定疾病的起因为一种新型冠状病毒，并明确了病毒的结构。世界卫生组织决定将该病毒称为“2019冠状病毒病”（COVID-19），这是一个中性术语，既不表示该病毒的起源，也不表示与“非典”病毒的联系，以避免与中国产生缺乏根据的不幸关联。新冠病毒的正确病毒学术语是“严重急性呼吸综合征冠状病毒2型”（SARS-CoV-2），而此前的“非典”病毒被称为“严重急性呼吸综合征冠状病毒1型”。严格来说，“2019冠状病毒病”一词只用于由该病毒引起的疾病。2020年1月，世界范围内各大实验室分别开发聚合酶链式反应测试，以检测患者体内的病毒。

武汉的疫情迅速蔓延，为数众多的严重肺炎病例使得公共卫生服务，特别是医院急救不堪重负，死亡人数逐渐增加。2020年1月21日，世卫组织正式确认该病毒正在蔓延。

2002—2003年，中国曾不幸经历过“非典”，而现在，新的疫情再次袭来，新冠病毒在武汉以外的地方快速传播。世界其他国家自然希望中国竭尽所能延缓病毒的扩散，最好将传染范围控制在中国境内。但早在2020年1月中旬，许多国家就已经报告发现相关病例。而这标志着一场全球大流行的开始，新冠疫情已经蔓延到了地球上的每一片大陆。[78]

在新冠疫情暴发后的几个月里，许多国家的科学家开展了深入研究，对新型冠状病毒，尤其是传播方式及其致病特征有了相当深入的了解。重要的研究成果接连推出，速度远超以往任何一次疫情。然而，还有很多重要信息不为人们所知。

关于传染途径的争议一直存在，而且仍然相当大。现在大多数人认为，在大多数情况下，最重要的传播途径是飞沫传染。感染者咳嗽、打喷嚏或说话时会排出携带病毒的飞沫。这些飞沫如果被吸入或落在鼻、口或眼睛的黏膜上，会导致传染。飞沫传染需要密切接触（不到一两米），因为携带病毒的飞沫会迅速落到地面。此外，如果接触携带这种飞沫的物体，也可能发生传染，尽管这种形式的传染可能不如直接的飞沫传播那般重要。[79]

一个极具争议的问题是空气传播所起的作用（与飞沫传染相比，气溶胶可以在空气中停留一段时间并覆盖更长的距离）。除了在医疗过程中可能出现的气溶胶传染外，大量证据表明，在通风不良的封闭空间中待上一段时间，也可能发生这种类型的传染。[80]

传染和发病之间的间隔（潜伏期）为两到十天。与大流行作斗争非常重要的一点是，被传染者在出现疾病症状之前会有两三天的“窗口期”。大部分传染可能发生在这一时期。发病五到六天后，新冠患者的传染性显著降低。[81]

新冠病毒的致病能力也存在不确定性。在某些情况下，可能高达百分之三十至四十的感染者完全没有症状。武汉暴发疫情几周后，人们就已经清楚，新冠病毒主要引起呼吸道感染，从具有普通感冒特征的轻微感染到最严重的致命性肺炎。而最轻微的无症状病例往往不易被发现。

我们现在也知道了为什么新冠病毒首先在患者上呼吸道中扎根。与其他病毒一样，这种冠状病毒必须与细胞表面的受体结合，利用“开门器”使自身能够穿透细胞。这种病毒的受体是一种名为“血管紧张素转换酶 2”（ACE2）的分子。冠状病毒的表面有许多便于与受体有效结合的蛋白质棘状刺突。[82]而血管紧张素转换酶 2 分子多存在于人类鼻子和嘴巴的黏膜细胞上，在肺部亦有大量这样的细胞。人体中的血管紧张素转换酶 2 发挥许多重要功能，有助于调节血压，对抗炎症。感染冠状病毒会导致血管紧张素转换酶 2 功能下降，从而引发呼吸道炎症。感染的一个重要迹象是嗅觉和味觉的丧失，这是由于鼻黏膜细胞感染所致。

血管紧张素转换酶 2 分子不仅存在于上呼吸道，还存在于许多其他器官的细胞中，包括心脏、肾脏、小肠、肝脏和血管。这可以部分解释为什么新型冠状病毒病患者也会有这些器官的并发症。危重病人尤其如此。除了形成血栓和出血障碍外，危重患者的心脏和肾脏也经常受损。大脑和神经系统也经常出现症状——偶尔还会出现严重的脑炎。[83] 急性感染后的健康影响，即“长新冠”，似乎也是一个问题。[84]

感染新冠病毒后患重病和死亡的风险，在不同人群中差异很大。在大流行初期，两个主要群体最易受侵害：老年患者和有一种或多种可能削弱免疫系统的其他疾病患者。[85]

六十岁以上的新冠患者死于并发症的风险显著增加，八十岁以上患者的病死率最高。这不仅仅是因为年龄：这一患者群体经常有其他复杂的基础病，这本身就增加了新型冠状病毒病感染的风险。

除年龄外，重要的风险因素还包括许多慢性病，如心脏病和肺病、癌症、器官移植、糖尿病、肥胖症以及削弱免疫系统的治疗形式。[86] 易感清单很长，但新的观察结果经常发生变化。例如，治疗首批新冠患者的经验表明，高血压是一个危险因素，但现在认为这一点尚不确定。尽管吸烟使人们容易患多种肺部疾病，但吸烟的重要性目前尚不清楚。由于未知的原因，男性比女性更容易严重感染。大多数被传染的儿童要么没有症状，要么只是表现出轻微的症状。只有在极为罕见的情况下，幼儿才会出现严重的并发症，其特征是高烧和包括心脏在内的各器官炎症。这种情况通常发生在患者感染新型冠状病毒数周乃至数月后。最近，成年感染者身上也出现了类似的情况。[87]

前面提到的风险因素并不能完全解释，为什么一些人在感染新冠病毒时没有什么症状，而显然具有相同风险特征的其他人却发展为重症。最近发现，四万至六万年前智人从尼安德特人那里遗传的某些基因会增加患重症的风险。这些尼安德特人基因是集体遗传的，但在全球分布不均。孟加拉国不少于百分之六十三的人口中有这种基因，而欧洲人中只有百分之八。[88] 其他基因也可能具有一定的重要性。

很自然，和面对其他感染时一样，人体免疫系统对感染冠状病毒后的最终结果起着重要作用。医学专家对新冠患者的免疫系统进行了大量研究。尽管目前观点相当混乱，但似乎正在形成一种共识：患者对冠状病毒出现了免疫反应失调。[89] 病毒影响免疫系统的自然或先天防御，从而削弱其作为抵御病毒第一道防线的效力。同时，T 细胞过度分泌炎症因子。T 细胞和产生抗体的 B 细胞的抗病毒功能同时受损。这里所描述的模式在最严重的感染中尤其明显，免疫触发的炎症在很大程度上导致肺部疾病和其他器官并发症。

新冠疫情已经夺走了很多人的生命。但这种传染到底有多致命？不同国家的病死率差别很大。这并不奇怪，因为许多因素对大流行的进展有着重要的影响，在世界各地差异很大。这适用于患者的年龄和存在的风险因素。此外，医疗服务的质量差异很大，检测的强度也存在很大差异：无症状的患者越多，统计的病死率越低。检测的增加可能是许多国家死亡率呈下降趋势的一个重要原因，但在疫情期间，治疗手段不断改善。死亡登记的方式也因国家而异。

公布的统计数字显示，个别国家的总病死率从不到百分之一到超过百分之十不等。缺乏其他风险因素的年轻人死亡率极低，而高年龄组和有风险因素的患者死亡率可能远远超过百分之十。即便如此，2020 年 10 月的一份报告显示，新冠病毒感染仍然是美国几个州十九岁至四十四岁人群中最常见的死亡原因。[90]

新冠病毒感染的病死率高于普通季节性流感，后者约为千分之一至千分之二，也就是说，新冠大流行的致死率至少达到了普通季节性流感的三到四倍，甚至可能是十倍。[91] 然而，新冠病毒的危险性低于其他冠状病毒，如“非典”病毒和中东呼吸综合征冠状病毒，二者的病死率分别为百分之十和百分之三十四。然而，这些高致死率病毒的传染性较低。

新冠病毒的起源为何？疫情暴发一年多之后，仍然无法为这个问题提供确切的答案。[92] 一般认为，零号病例出现在武汉，但新冠病毒来自哪里？绝大多数研究人员认为这种病毒最初来自蝙蝠。我们已经发现其他涉及冠状病毒的严重疫情——“非典”病毒和中东呼吸综合征冠状病毒——均源自蝙蝠。有证据表明，中国境内的蝙蝠体内的冠状病毒明显与新冠病毒有关。虽然有理由认为目前流行的新冠病毒可以追溯到蝙蝠，问题在于这种病毒后来是如何发展变异的？对此，已经产生诸多理论，其中一些未免太天马行空。

与包括艾滋病大流行在内的许多早期流行病一样，阴谋论很快甚嚣尘上。社交媒体谣言四起，指控新冠病毒是中国的一个实验室开发的生物武器，由于发生了实验室泄漏事故，从而引发了大流行。然而，西方国家的实验室对病毒结构的早期调查得出结论，认为这一说法实在天马行空，病毒更有可能是自然产生的。学界认为，如果病毒在实验室被“改造”，将在其结构中留下痕迹。尽管如此，新冠病毒的确显示出某些基因重组的特征，即来自多个病毒变体的基因片段交换，这可能发生在自然界。[93]

多年来，武汉病毒研究所对蝙蝠和冠状病毒进行了深入研究。这个实验室有最高级别的安全措施。“实验室泄漏说”经美国特朗普总统执政期间行政团队的大力鼓吹，获得媒体的大肆报道。这给日益紧张的中美关系制造了新的麻烦。中国政府和武汉实验室的研究人员对此表示愤慨，坚决否认实验室泄漏。中国政府拒绝若干西方国家组织所谓“国际专家委员会”前往武汉检查实验室泄漏的提议，同时在2020年5月接受了世卫组织的调查。2021年1月，世卫组织派代表团访问武汉。在后来的报告中，世卫组织得出结论，关于实验室病毒泄漏的说法是极为不可能的，未来将不会对此展开研究。

新冠病毒很可能起源于蝙蝠，但可以肯定，病毒绝非直接传播到人类身上。实验室泄漏理论的另一种替代解释是，病毒在攻击人类之前，有另一种动物作为中间宿主。毕竟，和该病毒密切相关的非典和中东呼吸综合征冠状病毒就是如此。目前的病毒传播也可能也存在这样一个中间阶段，它经历了一些变化，使其能够在人类中引起传染病，并出现我们今天看到的特征性状。另一种可能性是，该病毒在首次感染人类时并没有完全发威，而是在人体内完成了进化最后的阶段。

种种迹象表明，备受讨论的武汉海鲜市场虽然可能在后来促成了病毒的传播，但其本身绝非病毒的起点。[94] 尽管进行了大量调查，但目前尚未确定任何动物物种是新冠病毒的中间宿主。可能的选项之一是穿山甲。这种动物形似有鳞的食蚁兽，在中国因其肉质美味且被中医认为某些部位具有医疗价值而备受推崇。在穿山甲中发现了与新冠病毒密切相关的冠状病毒。但必然还有其他候选动物，因为冠状病毒的传染范围颇为广泛。[95]

尽管面临许多未解之谜，人们仍然希望弄清楚造成全球疫情的新冠病毒从蝙蝠传播到人类的路线图，因为这些认知对预防未来的人畜共患病十分重要。如果能够厘清导致疫情的病毒的中间宿主，就更有可能防止这种病毒在未来卷土重来。

人类传染史上的第五次转型与早期的转型尤其不同的是，现代交通工具实现全球化，导致致病微生物在全世界迅猛传播的可能性显著增加。这种趋势在艾滋病大流行中就有所体现，在 2002—2003 年的非典疫情中更为明显。新冠大流行以一种可怕的方式说明了这一点，疫情的扩散速度前所未有，在几个月内便蔓延至世界各地。

2020 年的新冠大流行对整个世界都产生了深远的影响。同年 1 月 30 日，世卫组织宣布新暴发的流行病为“公共卫生紧急情况”，释放出重大警告信号。3 月 11 日，世卫组织表示，世界正面临全球大流行。而此时，一百一十四个国家总共报告了超过十一万八千例病例，其中四千二百三十一例死亡。随后不久，大流行在全世界范围内逐渐恶化。瞬间，人们的日常生活发生了彻底改变，世界经济经历了严重挫折，造成了广泛的社会后果。

面对新冠疫情，各国采取的应对策略有极大差异。在大多数国家，防疫措施基本相同，但各有侧重。而这也适用于对疫情进程产生了深远影响的最有力措施。本文无意讨论细节，仅就宏观层面反思抗疫措施的重要特点以及新冠疫情的发展过程。[96]

根据本书作者掌握的不完整信息，最初，越来越多的武汉市民患上了类似“非典”的不知名新型传染病，城市一度陷入瘫痪。所有人显然希望不会发生人际传染。同时，被认为是疫源地的武汉水产批发市场遭关闭并实施彻底消毒作业。在新浪微博上，年轻的眼科医生李文亮发布了微博，报告了第一例疑似非典症状的住院病例。而他本人在二月初也不幸死于新冠病毒。[97]

应该说，新冠病毒在最不巧的时候袭击了中国。政府在 1 月 20 日宣布这种新病毒具有传染性，而此时中国已经进入了春节前的春运期，人员流动异常频繁。每年这个时候，总计有约二十亿人次出行。武汉几乎有一半的居民已经离开城市，其中一些人前往其他国家，现在可以肯定，其中一些人感染了冠状病毒。在这个意义上，新冠病毒向全世界的传播有着“快速的开始阶段”。[98]

1 月 23 日，中国开始采取非常严格的防疫措施，其力度让世界其他国家大为震惊。武汉和湖北省的其他城市几乎同时采取严格的封控措施，对超过五千万人实施居家隔离。所有的公共交通都停运。除了保障食品、药品供应的商店外，其他营业场所一律关闭。对于旅居者同样实施了严格的隔离措施。类似的情况也出现在报告疫情的其他一些省份。

放眼世界，人类历史上还从未出现过如此严格的抗疫措施。所有人都怀着惊惧又钦佩的心情，关注着武汉的情况。从感染病例数字可以判断，严格的隔离措施已经产生了预期的效果，而这一点越来越显而易见。两个月后的 2020 年 3 月，武汉解除封城措施。尽管此后出现了零星的新感染病例，但毫无疑问在经历了最初的挫折之后，中国的抗疫措施取得了成功。

另一方面，世界其他国家抗击新冠的结果却大相径庭。[99] 大多数国家采取的策略包括病毒检测、隔离感染者、隔离密接者、保持社交距离（至少一米）以及限制群聚规模。此外，各国还在不同程度上实施了一系列更具限制性的措施：关闭边境、餐馆、商店、学校，对公民自由行动的各种限制，以及后来要求戴口罩。尽管这些措施单独来看的防疫效果可能有限，但总体效果可能相当可观。采取严格限制的措施肯定是受到中国抗疫成功的启发，尽管这些措施最初遭到了质疑，且至今仍存争议。

尽管新冠疫情的主要进程在世界各地有所不同，但仍然可以总结对成功抗击冠状病毒而言至关重要的若干基本因素。

抗疫成功的先决条件在于应尽快出台相关措施，并按计划落实，持续足够长的时间。这对社会提出了很高的要求，尤其是最严格的管控措施，需要民众的高度配合遵守。

较为成功的例子如因系统地抗击新冠疫情而受到国际舆论赞赏的新西兰：该国的病毒传播得到了有效遏制，后续发生的一些孤立病例也得到了及时处理。

韩国的反应速度也较为迅速，在初期取得了一定成效。2020 年 2 月，韩国全境暴发新冠疫情，并迅速蔓延。然而在几个月的时间里，情况就得到了控制。韩国并未彻底实施全面的社会限制，而是通过智能手机和信用卡等科技追踪个体的行动轨迹，对传染进行复杂的电子监控和追踪。之所以如此，是因为该国在 2015 年中东呼吸综合征冠状病毒暴发后出台了新的立法。尽管取得了初步成功，但韩国的经验同样表明，一旦中止监控，疫情就将出现大幅反弹。同年 8 月，韩国新冠病例再次大幅增加。

越南是另一个抗击疫情卓有成效的亚洲国家。在疫情暴发的第一年，这个拥有近一亿人口的贫穷国家仅报告约一千一百例感染病例，其中三十五例死亡。重要原因之一可能是执政的越南共产党意志坚定，在军队的帮助下实施了严厉的隔离等措施。越南政府还鼓励民众抗击新冠病毒，积极弘扬爱国主义等。

不幸的是，在欧洲，很少有国家能够取得类似的抗疫成果。[100] 2020 年 2 月下旬，意大利遭受新冠疫情的空前打击，在短短几周时间里，大流行在伦巴第和北部的其他几个大区暴发。等意大利当局于 3 月 8 日开始在意大利各地采取严格管控措施时，疫情已经在北部肆虐。死亡人数迅速飙升，医院的重症监护病房人满为患。相较之下，意大利中部和南部地区，包括罗马，受疫情的影响要轻一些。

步意大利后尘的欧洲国家便是西班牙，该国从 3 月 12 日开始实行全面封控，包括关闭港口，并在接下来的几周内采取新措施，但为时已晚，大量人员，尤其老年人和医务人员死亡。在马德里，太平间里堆满了尸体，以至于有些尸体不得不暂时存放在溜冰场上。

西班牙政府不得不面对各界对其反应迟缓的批判。随后，政府在军警协助下采取了严厉的措施。违反传染法规意味着巨额罚款，在某些情况下甚至是监禁。无人机亦被用于执行抗疫措施。

2020 年 1 月 24 日，法国报告了欧洲最早发现的三例新冠病例。同年 2 月 15 日，法国也首次报告了欧洲范围内最早的新冠死亡病例。从 2 月下旬起，感染者数量不断增加。法国当局从 3 月 12 日开始采取措施，封控全境。即便如此，仍然出现了大量新病例，死亡人数在 4 月份达到峰值。直到 5 月底 6 月初，法国的管控措施才有所松动。

上面提到的欧洲国家执行了相当系统的抗疫措施，尽管回头来看，可以说有些亡羊补牢的意思。英国的情况则有所不同。与意大利和法国相比，英国在实施强有力的抗疫措施时尤为瞻前顾后，直到 3 月底才有所动作。英国的抗疫策略受到了各方面的强烈批评。许多人声称，政府低估了局势的严重性，拖延数周才采取有效措施。另一些人则认为封控造成了不成比例的巨大损失。毋庸置疑，隔离对病毒的传播起到了遏制作用，但即便如此，英国的新冠死亡率仍然高居欧洲之首。

在欧洲国家中，瑞典独辟蹊径，采取了与受中国启发并逐渐被一些国家效仿的封控措施不同的抗疫办法。除了部分关闭学校和向民众提供关于社交距离的一般建议外，社会活动没有受到限制，边界仍然开放。

瑞典奉行的防疫策略核心即群体免疫：根据这种理论，如果特定人群中相当比例被感染并因此获得免疫，没有免疫的人群中的急性流行病就将停止。[101] 根据微生物的传染特性，群体免疫需要百分之五十至百分之九十的人口获得免疫力。如前所述，人类第二次流行病学转型后首次出现的麻疹疫情，就出现了所谓群体免疫模式。对于类似传染病，我们现在可以接种疫苗获得群体免疫。然而直到 2020 年底，还没有开发出针对新冠的特效疫苗。瑞典的经验也证明，无法实现所谓群体免疫。相反，感染率和死亡率不降反增，远远高于斯堪的纳维亚邻国的相应数字。其邻国早在 2020 年 3 月就采取了严格的封控措施。瑞典死亡人数居高不下的部分原因是养老机构对老年人的防护失败。如今普遍认为，在抗击疫情时不能采取类似于瑞典的防疫策略。

大多数欧洲国家在 2020 年春季阻止病毒传播方面表现尚佳，欧洲社会于夏季之前和期间再次开放。然而，所有对抗击流行病有所认知的人都认为，新冠病毒有可能卷土重来。从 8 月起，这种恐惧被证实了。[102] 第二波新冠疫情袭击了欧洲大部分地区。在包括法国、英国和德国在内的几个国家，感染人数急剧增加，死亡人数随之攀升。在某些国家，例如比利时，人们担心医院容量不足，必须向邻国寻求帮助。卫生人员高度暴露于病毒感染中，使问题更加严重。这导致许多国家被迫重新采取与春季一样严格的封控措施。欧洲这个冬天变得十分难熬。导致这种情况的因素之一是，冠状病毒和其他呼吸道传染病的传播在一年中干燥和寒冷时期增加，此时人们倾向于待在室内，彼此接触更密切。2021 年初，欧洲遭受了第三波疫情的袭击。这次流行在很大程度上是由传染力更强的新冠病毒变种引发。

欧洲以外的情况也很糟糕。[103] 美国是美洲新冠疫情的重灾区。自 2020 年 3 月以来，因该病毒感染或死亡的人数不断上升。纽约成为疫情中心。截至 2021 年 6 月，美国有三千四百多万人被感染，超过六十万人死亡，高居全球之首。

令人惊讶的是，自第二次世界大战以来，在生物医学研究方面一直处于世界领先地位的美国，竟然没有实施有效的手段来抗击新冠疫情。其潜在原因是复杂的。疫情之初，时任美国总统唐纳德 · 特朗普显然低估了新型病毒的威胁，他担心防疫措施会拖累经济，没有主动采取有力措施。将大部分任务留给了各州，各州以不同方式采取了不同力度的防疫措施。美国许多州在本地疫情得到控制之前，就放弃了防疫措施。主动检测病毒对于追踪传染至关重要，但显然美国在此方面的努力欠缺。特朗普政府在抗击大流行方面缺乏中央协调，这一点引起了医学界的强烈批评。无疑拖累了特朗普的连任选情。

与世界其他地区相比，新冠疫情在拉丁美洲出现得稍晚，但迅速传播，死亡率随即上升。[104] 2020 年 10 月，拉美地区的新冠死亡人数占世界新冠总死亡人数的百分之三十五。人口最多的拉美国家巴西于 2 月 25 日报告了第一例病例。自那时以来，病例数字不断攀升，2021 年，巴西报告的新冠感染者数量近一千八百万，世界排名第三（仅次于美国和印度），死亡人数近五十万，排名第二（仅次于美国）。

巴西抗击疫情措施存在的主要问题是，总统雅伊尔·博索纳罗（Jair Bolsonaro）和美国前任总统特朗普一样，一贯轻视疫情的威胁，在本书撰写完成时，他仍然对预防感染的保护措施漠不关心。他和特朗普一样也感染了新冠。巴西对抗传染的大部分行动都留给地方自主决策，而各州的抗疫措施基本上都以失败告终。关于防护措施重要性的矛盾信息无疑在人群中造成了混乱，导致疫情蔓延。另一个问题是，巴西有一千三百万人生活在贫民窟，那里人口密度惊人。

在其他几个拉丁美洲国家，如秘鲁和厄瓜多尔，即使是早期封控也无法阻止病毒的传播。这在一定程度上是因为，较贫穷国家的经济实力无法承担欧洲采用的那种强有力的封控措施。

虽然一些亚洲国家在疫情防控方面卓有成效，但在人口数量与中国一样位居前茅的印度却存在重大防疫问题。2020 年 3 月，这个人口十三亿的国家采取了封控措施，但这并没有导致感染率下降。病毒在印度大城市的贫民区肆意传播，经济后果也很严重。数百万失去工作的工人带着病毒返回家乡。2020 年 5 月，印度许多邦就取消了封控，尽管在部分地区此类措施仍有不同程度的存续。感染和死亡人数继续增加，在 9 月份达到顶峰。然后，新发病例数似乎出现了下降。2021 年 3 月，印度的新冠病例呈爆炸性增长。原因尚不清楚，但大型政治集会和宗教节日，以及新的病毒突变，可能都是催化印度疫情的原因。这个国家的卫生服务面临空前压力。2021 年 6 月，超过三千万人被感染，近四十万人死亡。

世界各大媒体对当时新冠疫情的报道和民众的诸多反应偶尔会给人一种印象，即今天的情况在人类传染病发展过程中堪称史无前例。事实并非如此。自 2020 年初以来，到成书为止，新冠疫情的发展方式呈现出的许多特征，在之前严重的地方流行病和全球大流行中都可发现，尽管在目前的情况下，相关特征可能体现得更加明显。这在一定程度上是因为广泛的全球化为病毒提供了特别有利的条件。

与以往疫情相比，人们更强调一个永恒的困境：如何在防疫措施的积极好处和可能的负面影响之间取得平衡。这需要深入了解相关微生物的医学特性——其致病特征和传染性——以及所采取措施可能产生的负面经济、社会和心理影响。

2021 年 5 月 8 日，印度新德里的旧塞马普里火葬场，死于新冠的病人等待火化。当时，印度每天新增三十五万新冠病例，死亡四千余例。死于新冠的患者总数超过二十五万。

在世界各国，我们看到了涉及不同程度社会封控的防疫措施引发的广泛负面影响。经济增长放缓，失业率上升，对各行各业的工作生活造成了冲击。国际贸易和旅游也受到了沉重打击。学校关闭，大学教育和研究受到重大影响。限制社会交往造成的负面心理影响可能相当大。除了感染新冠病毒的医疗后果外，其他重症的治疗也可能因卫生服务负担的增加而受到影响。[105] 这也影响到其他医疗活动，如疫苗接种，以及在世界许多地区抗击艾滋病、疟疾和结核病等严重传染病。

只有未来才能揭示新冠大流行负面影响的全貌。但毫无疑问，影响是巨大而持久的。

2020 年 12 月之前，依然无法依靠效果令人信服的疫苗或抗病毒药物阻击新冠疫情。此前各国已经推出了一些疫苗，有望改变这种情况。稍后，本书将继续讨论疫苗和药物的推进状态。

与此同时在许多国家，一部分人认为，为抗击大流行而采取的许多措施代价过高。有人质疑对公民造成如此多不幸后果的防疫措施的必要性。许多人对新冠病毒是否像卫生当局声称的那样危险表示怀疑。在一些国家，这种不满甚至导致了示威和动乱。更常见的可能是，许多人忽视和破坏现行的传染限制令。这些问题可能会引发持续时间更长的封控措施。

除了民众抗议之外，一部分传染病研究者最近也对当前新冠疫情的防疫策略提出不同意见。[106]在这些观点背后，再次出现了群体免疫的影子。有人提出了另一种策略，简单地说，即建议在没有任何限制措施的情况下，让病毒在整个社会中放开传播，使大多数人口受到感染并获得免疫力，从而产生群体免疫。然后，疫情将逐渐停止。当然，采取这种措施的前提是成功地保护面临严重感染和死亡风险的群体。这样，就可以避免封控措施的所有负面影响。

乍看起来，这样的策略可能相当具有吸引力。但问题在于，这种观点建立在不太坚实的科学基础上。[107]现在还不清楚感染新冠病毒后是否会持久免疫，从而使群体免疫成为可能。如果没有这一前提，大流行必然继续肆虐。在实践中，也不可能保护特殊风险群体中的所有人。总而言之，这种策略可能波及全社会约三成到四成人口，而易感人群部分收治于各种医疗机构，部分生活在自己的家中。因此，全面放开策略可能会导致死亡人数高得令人无法接受。

目前尚不清楚病毒在未来几年的发展进程。有多种场景可能出现，主要取决于正在推出的许多疫苗的效果。如果疫苗不仅可以预防重症，而且可以防止传染，接种后的免疫持续时间相对较长，那么就有可能实现群体免疫。届时，我们将面临类似自二十世纪六十年代末麻疹疫苗问世以来的情况——有效控制病毒感染并恢复正常生活。

如果使用疫苗无法获得持久的免疫力，情况就会比较困难。可能需要频繁地重新接种，也许是每年一次，就像流感一样。对疫苗耐药性增强的新病毒突变也可能导致有必要重新接种改良型疫苗。今天，许多研究人员怀疑，针对新冠病毒的经典群体免疫是一个现实的目标。新冠病毒可能会成为我们未来日常生活的一部分。病毒不会消失。然而，我们希望能够有效地控制它的周而复始，使正常生活成为可能。在这种情况下，预防和治疗新冠的药物对于保护未接种疫苗或没有得到疫苗充分保护的人来说非常重要。我们未来与病毒共存将在很大程度上取决于生物医学研究，而相关研究已经在传染病学领域取得了许多令人印象深刻的成果。

再发传染病

在引入“新发传染病”一词之后，也有必要提出“再发传染病”（re-emerging infection）的概念。后一个术语指的是以前肆虐的重要传染病，由于各种原因，其传染急剧下降，但作为四处蔓延的重要疾病再次复发。

这些再发传染病重出江湖的原因可以在新发传染病出现的机制中找到。人为条件再次发挥了重要作用。引发再发传染病的许多微生物，是被人认为已成为历史的早期大流行的元凶。

再发传染病的典型例子，是以前令人谈之色变，最近在马达加斯加和中非引起疫情的鼠疫杆菌。[108] 另一种是霍乱，在也门和海地连年战乱后，伴随地震，霍乱已经在当地演变成严重的疫情。[109]

虽然结核病在西方世界已经逐渐得到控制，但这种传染病仍在世界较贫穷地区肆虐。即便如此，近年来结核病的发展也导致了该问题的急剧恶化。这有两个原因。艾滋病的爆炸性流行导致大量患者的免疫系统对结核杆菌的抵抗力严重减弱，很容易成为结核病的受害者，导致新病例数量急剧增加。此外，它还为耐药结核杆菌的出现创造了温床，这些细菌对所有治疗结核病的常规药物都产生了耐药性。药物滥用也对此有所影响。这一切都导致结核病死亡率显著增加。在西方国家，我们现在也看到了多重耐药结核杆菌的感染病例，几乎均来自世界上相关疫情最严重的地区。

耐药结核杆菌的问题与今天被称为“灾难预兆”的情况相符，即一系列常见和不太常见的细菌倾向于对目前尚有效的抗生素产生耐药性。

黄热病和疟疾等其他重要传染病目前在世界部分地区也显示出严重增长的迹象，因此必须将其纳入再发传染病一类。[110]

再发传染病的进一步例证，是那些本已被发达国家通过接种疫苗而实际根除的传染病，现在由于疫苗接种出现问题而重新出现。如果医疗服务在战争期间出现中断，就会发生像叙利亚那样脊髓灰质炎死灰复燃的悲剧，如果医疗服务因其他原因，比如在苏联解体后的东欧国家出现中断，可能会再次暴发白喉等传染病。疫苗接种失败的另一个原因是，拒绝接种的现象越来越多。这导致麻疹在一些已根除这种传染病的西方国家急剧增加。

再发传染病这一问题非常清楚地表明，在与微生物的永恒对决过程中，人类片刻不得松懈。

反思

传染病，尤其是一种又一种新传染病的发现对于人类具持久意义——这一新的现实认知产生了重大后果。后果之一是，媒体用头条大字标题上配以可怕的病理图片报道致命疫情，再加上相同主题的电影和小说，造成了极大的恐惧。然而更重要的是，这使得人们对人类与微生物决斗中重要的潜在因素和机制有了更深入的了解。

最初，人们的兴趣主要集中在新传染病的致病机制之上。很快人们就发现，费尽心力发现的机制实际上并不新鲜。同样的因素一直在左右着微生物世界对人类健康的影响。因此，对这些传染病的研究代表了新的时代和新的方法。事实证明，可以将其作为传统历史研究方法的有益补充，这些旧方法往往会忽视传染病的作用。

一些新发传染病也对医学以外的领域产生了深远的影响。这一点尤其适用于艾滋病病毒感染。这并不令人惊讶，因为艾滋病病毒已经造成了现代社会最大的传染病大流行，在世界部分地区仍然肆虐，几乎失控。

艾滋病大流行增加了人们对暴露于病毒下的少数群体——男同性恋和吸毒者——在总体人口和卫生服务中遇到的特殊问题的理解。此外，艾滋病病毒问题使人们更加认识到，需要确保输血和血液制品的安全。

在与艾滋病大流行作斗争时，关于防治策略的辩论往往十分激烈，这对医学伦理产生了影响，并让人们在面对疫情时重新讨论人权的重要性。迫切需要开发有效的抗艾药物，最终导致了新药检测法规的变化。这在很大程度上是由于患者团体积极努力，创造了一种针对其他疾病的类似活动模式。

不幸的是，知识的增长并不总是一件好事。在特殊情况下，微生物可以用作武器，甚至用于恐怖行动。我们必须清楚，过去几十年中发现的一些真正危险的微生物，以及某些已知的微生物，可能与准备将其作为武器的人密切有关。

第八章

生物武器

人类行为和对自然界的干涉，其重要性贯穿了人类和微生物决斗的大部分历史。绝大多数情况下，人类行为或者无意或无知地导致传染病问题的加剧。尽管如此，纵观历史，人类也曾想尽办法使用微生物作为武器——可以将此称为“生物战”。

生物战

在细菌学革命和发现微生物是病因的数千年前，人类肯定已经发现腐烂的身体和人畜的排泄物可能具有致病性。古希腊人在战争中非常善于使用脏水和其他物质来使敌军患病。这种有点原始的策略一直沿用至今。例如，据“历史之父”希罗多德记载，黑海周边地区的斯基泰人曾将箭插入毒蛇腐烂的身体，用毒蛇体内危险的细菌和毒液制作的毒箭可能促成了军事成功。[1]

也许，最经常被拿来作为早期生物战事例的，是第二次瘟疫大流行——黑死病。在本书第四章中，曾提及蒙古札尼别汗的故事。1346年，蒙古铁骑围攻克里米亚的卡法城，迟迟无法取得成功。意识到鼠疫在围城的军队中暴发后，札尼别汗下令用巨大的投石机将死于鼠疫的士兵尸体扔到城里，以削弱防御方的力量。卡法随后暴发鼠疫，进而通过船只传播到欧洲其他地区。这个故事无疑十分精彩，但必须承认，鼠疫可能是借由通常的传染途径而非投掷尸体的方式传染给守城者的。被感染的跳蚤往往会跳离冰冷的尸体，以便找到新的活的宿主，因此鼠疫杆菌不太可能通过尸体加传播。[2]

让我们把时间向后推几百年，看一下在北美大陆英法之间爆发的七年战争。1763 年，英国总司令杰弗里 · 阿默斯特爵士（Sir Jeffrey Amherst）安排向敌视英国的土著部落提供天花患者使用过的毛毯，正如他手下的一名军官所写，希望这“能达到预期的效果”。接受馈赠的印第安人中确实暴发了天花。美国境内，这位“果敢”的杰弗里爵士至少拥有一尊雕像，希望不是因为他试图进行生物战之故。[3]

诸如此类的古代生物战到底多大程度上发挥了作用显然很难估计。战争之后经常暴发的疫情，很可能是由通常的传染路径所引发。

细菌学革命自然完全改变了生物战的真正潜力，因为大家都清楚了微生物的巨大能力。德国在细菌学革命中发挥了重要作用，很快就意识到将微生物用作战争武器的潜力。早在第一次世界大战时，德国就制定了一项开发生物武器的计划，最初主要针对对敌人具有军事重要性的各种动物。德国选择了两种细菌：罗伯特 · 科赫成功发现的炭疽菌和鼻疽伯克霍尔德氏菌，后者可在马、驴和骡子身上引起被称为鼻疽的严重疾病。这些细菌被用来感染即将出口俄罗斯的罗马尼亚绵羊和出口敌国的阿根廷牛。在法国的德国破坏者试图传染法国军队的骑兵，而在美国的德国特工试图感染即将被送往欧洲战场的马，因为马在第一次世界大战期间发挥了重要作用。

德国细菌战的目标群体只在很小程度上与人类有关。而第一次世界大战期间，使用有毒气体的化学战产生的可怕后果让德国细菌战黯然失色。迫于压力，各方于 1925 年签署了《日内瓦议定书》，明确禁止使用化学武器和生物武器作战，但并没有禁止研发或生产此类武器。

1925 年后，许多国家（其中相当一部分国家签署了《日内瓦议定书》）开始研发生物武器，目的是开发可能在战争中有用的致病微生物。其中最热衷者非日本莫属，该国在 1932 年至 1945 年期间制定了有史以来最全面的生物武器发展计划。日本军方成立了一系列专门的研究机构，在中国东北还成立了臭名昭著的“731 部队”，以及很多规模较小的研究中心。“731 部队”共有三千余名研究人员，建有七十栋研究设施，包括实验室、火葬场和专用机场。在这里，日军对手无寸铁的战俘和平民进行了大规模残酷的人体实验，人为让其感染各种致病微生物，包括鼠疫、霍乱和炭疽细菌。超过一万名实验者死亡，其中一些人死于传染病，另一些人死于完成实验后的处决。[4]

日本的生物战项目由石井四郎牵头，这位陆军中将曾是一名微生物学博士和免疫学教授。野心勃勃的石井主导的人体实验得到了日本最高领导阶层，甚至可能是裕仁天皇本人的支持。

日本人显然不满足于单纯的纸上谈兵，早在二十世纪三十年代末，他们就在侵华战争中残忍地使用了细菌武器。至少有十一个中国城镇遭到了此类武器的袭击，日本人试图通过污染饮用水和食物来引发疫情。日本空军也参与其中，利用空投方式，将“731 部队”在实验室中培育的携带鼠疫杆菌的跳蚤在中国城镇上方投放，每次投放的跳蚤数量多达一千五百万。尽管日本方面非常重视对华生物战，但这种形式的战争到底取得了多大战果很难确定。在此期间，日方还发生了许多事故，多达一万名日本军事人员因对研发的细菌武器管理不善而被感染，其中一千七百人死亡。[5]

另一方面，日本的盟友德国在第二次世界大战期间几乎没有发展生物武器。阿道夫 · 希特勒实际上禁止发展这种武器，原因不明。在第一次世界大战期间成为毒气受害者的经历，可能促使他成为化学武器和生物武器的坚定反对者。

德国集中营的囚犯接受的各种大规模传染病实验并不是为了研制细菌武器。然而，盟军并不知道这一点，各国担心德国会使用这种武器，于是纷纷开始自行研发生物战武器。

战争开始时，英国尝试开发炭疽武器。用这类细菌感染绵羊的综合实验，在苏格兰西海岸无人居住的格林亚德岛上进行。英国宣布实验取得了成功，但后来证明病菌残留根本无法彻底清除。格林亚德岛被炭疽菌污染，直到 1990 年才被宣布适合居住。温斯顿·丘吉尔与美国合作，拨款研发炭疽孢子炸弹，但并未投入实战。

美国在第二次世界大战刚刚开始时，便着手研制细菌武器。随着后来文件的解密，人们才意识到，尽管美国人十分清楚日本人对中国人进行了可怕的活体实验，但还是选择向相关日本战犯提供庇护，以换取对方提供的研究成果。1947 年，美国人开始与石井四郎及其同伙进行谈判。与此同时，他们明白如果这一消息泄露出去，将给美国带来极坏的影响，因此谈判是绝密的。在后来可以查阅的解密文件中，找不到对人体实验持道德保留态度的只言片语。此类决定显然必须得到最高层，甚至可能是哈里·杜鲁门总统本人的亲笔批准。[6]

美国人在其生物战项目总部，马里兰州德特里克堡以及遥远的沙漠地区和太平洋的木筏上进行了使用各种微生物（包括细菌和病毒）的动物实验。此外，美军还对军人和平民志愿者进行了实验，为了研究空气中微生物传播的条件，还在包括旧金山在内的美国城市释放了被认为无害的细菌云。1976 年，当这一点公之于众时，引起公众的强烈批评，部分原因是与这些气载细菌实验同时，旧金山发生了几起感染美军曾使用的黏质沙雷氏菌的病例，这种细菌会导致免疫系统减弱的人严重感染。美国后来还在纽约地铁用其他细菌进行了类似的实验。

位于中国东北的“731部队”是日本生物武器研发的中心。该中心有三千名研究人员和自己的实验室、火葬场和机场。在这里，日军对战俘和平民囚犯进行了大规模人体实验。

二十世纪四十年代，石井四郎领导了生物战计划。研究人员正对一名儿童进行细菌学实验。

1950 年至 1953 年的朝鲜战争，促使美国加强了生物武器研发工作。朝鲜和中国指责美国使用了细菌武器，但相关指控并未被美方记录在案。即便如此，起码在二十世纪六十年代末，美国仍拥有大量用于军事用途的微生物武器库。

二十世纪七十年代，人们对利用微生物进行生物战的兴趣减弱。1969 年，理查德 · 尼克松（Richard Nixon）总统颁布法令，禁止开发和使用微生物武器。1972 年，《生物武器公约》禁止发展和使用所有生物武器，并下令销毁所有储存的此类武器。这一举动背后不仅仅是道德考虑。军界和政界的看法是，生物武器有太多缺点，不能被视为具有军事用途。人们认为这些影响是不可预测的，杀敌一千，自损八百。这一担心，得到了曾大规模使用生物武器的日本经验的支持。[7]

现在我们知道，1972 年签署《生物武器公约》的几个国家仍在继续开发生物武器。例如苏联，该国早在二十世纪三十年代就开始积极开发此类武器。1972 年后，苏联仍秘密地在一些研究和生产机构继续生物武器的研究工作。冷战期间，这些机构涉及近五万五千名研究人员和技术人员。1979 年，在距离斯维尔德洛夫斯克，即现在的叶卡捷琳堡一个研究实验室四公里远的地方，人群中暴发了炭疽疫情，这项工作涉及的风险变得显而易见。至少有七十七人被感染，其中六十六人死亡。距离疫源地大约五十公里的地方，也有动物死于炭疽病。西方人认为这一疫情是由研究实验室的炭疽孢子随风传播造成的。多年来苏联一直矢口否认，直到 1992 年鲍里斯 · 叶利钦才承认。[8]

恐怖主义与微生物

直到二十世纪末，人们关注的焦点主要是在战争中使用微生物作为武器。这一点在这一领域达成的国际协议——从 1925 年的《日内瓦议定书》到1972年的《生物武器公约》——体现得也很明显。然而在过去几十年中，很明显，除发动战争的国家外，其他国家也对此类武器感兴趣。生物恐怖主义已成为日益严重的威胁。犯罪分子和各种规模的恐怖组织都有能力使用生物武器。顾名思义，恐怖分子的目的之一就是制造恐惧，而致命的微生物就是方式之一。生物恐怖主义是一个可怕的现实：在二十世纪，总计发生了一百八十五起记录在案的相关案例。

1984年，宗教组织“拉杰尼希”的成员在俄勒冈州的一些沙拉吧中用鼠伤寒沙门氏菌向食物投毒。这种细菌会导致严重的急性肠道感染：最终共有七百五十一人被感染，四十五人住院，万幸的是，没有人死亡。[9]这个教派是由印度哲学者巴格万·什里·拉杰尼什（Bhagwan Shree Rajneesh）创立的，他像神一样受到崇拜，过着相当奢侈的生活，据称拥有九十三辆劳斯莱斯豪华轿车。该教派首先是在印度，后来在西方国家获得了相当多的信众，教义则融合了印度教、佛教、西方哲学和心理学，并将性行为培养为精神控制的手段。

二十世纪八十年代，拉杰尼希教派搬到了美国，希望在俄勒冈小城安蒂洛普附近建立自己的社区。教徒与当地民众发生冲突，于是试图通过纵火和暗杀当地官员等犯罪手段占领该镇。发动细菌恐怖袭击则是为了影响选举。该教派的两名成员被判入狱，而作为领袖的拉杰尼什则被驱逐出境。

1995年，另一个邪教组织“奥姆真理教”在东京发动袭击，用沙林毒气袭击地铁系统，总共造成十二人死亡，一千多人需要治疗。奥姆真理教起源于日本，但信众遍布许多国家。奥姆真理教的教义，是对藏传佛教、瑜伽、诺查丹玛斯预言和印度教的奇怪融合，包括对印度教毁灭之神湿婆的崇拜。教主声称审判日即将到来，届时教派成员将生存下来，并发现一个新世界。恐怖袭击的目的是促成这一审判日的到来。

除了一系列毒气袭击外，据说该教派还一直在研究细菌武器，包括炭疽菌和肉毒杆菌毒素，并试图通过无人机散播——这当然没有效果。据称，他们还计划尝试利用埃博拉病毒达到恐怖目的。一些成员被判死刑，其中七人，包括该教派创始人麻原彰晃在 2018 年被处决。

在 2001 年 9 月 11 日世贸中心遭受恐怖袭击大约一个月后，七八封含有炭疽孢子的信件被寄往各大报纸和广播电台，以及两名民主党参议员处：二十二人感染了炭疽，五人死亡。事实证明，信件中的炭疽孢子指向的来源是美军在德特里克堡的研究实验室。因此，一些研究人员受到怀疑，但没有找到任何证据。然而，重大压力导致德特里克堡的一名研究人员自杀。恐怖袭击的幕后黑手一直没有找到。[11]

上述例子说明，即使是有限的恐怖袭击，也会对民众造成死亡、健康损害和由此产生的巨大恐惧感等后果。投毒案造成的经济损失至少为三亿美元，主要用于对所有可能受影响的建筑物进行消毒。二三十名联邦探员在这起案件中工作了七年。此外，美国当局还向德特里克堡的一名最初嫌疑人支付了数百万美元的赔偿金。

今天，生物恐怖主义是一个真正的威胁。稍后我们将更仔细地研究这个问题。

第九章

人类大反击

从细菌到人类，所有生物都受到微生物传染病的威胁。这就是我们在最简单的生物体中也能找到抵御传染方法的原因。随着动物向着更高阶进化，其免疫系统也变得越来越复杂，这是数百万年来通过进化选择机制，以及在微生物世界的持续威胁下不断完善的结果。

预防传染的行为

面对传染，免疫反应通常非常有效，能够抑制入侵的微生物，但这是有代价的。免疫反应需要耗费相当多的能量，而这些能量本可用于其他重要的身体功能，同时免疫反应通常会引发诸如高温、感觉不适和疲劳等症状，这些症状可能会使人虚弱。毫不奇怪，动物行为模式已经进化到个体主动避免接触致病微生物，因为这明显有利于物种的生存。可以从动物界中找到很多这种进化机制的案例。[1]

秀丽隐杆线虫在生物学研究中应用颇广。这种小虫只有三百零二个神经细胞，却能够发现并躲避周围的致病细菌。现在已经发现，某些种类的龙虾可以自觉躲避已被病毒感染的其他龙虾个体。对青蛙的研究表明，蝌蚪看似傻乎乎地游来游去，实际上会避开其他有真菌感染的同类。[2]

在昆虫那里，我们发现了类似防止传染的行为。蜜蜂会将生病或死亡的个体从蜂箱中清走，在蜂箱外排泄，甚至会生成一种抗菌肽。鸟类和哺乳动物也注意保持巢穴没有粪便,许多哺乳动物有自己的“厕所”。羊不会在留有排泄物的地方吃草，而驯鹿迁徙的部分原因是希望避开排泄物较多的牧区。所有这些行为模式的发展，可能是因为避免含有致病微生物的粪便很重要。在严格的进化选择过程中，那些缺乏此类行为控制基因的个体最终被淘汰出局，而具有较强的传染预防行为的个体会繁殖并将其基因传递下去。

这些由基因控制的行为模式可以预防传染，并通过进化成为免疫防御系统发展的重要补充，被称为“行为免疫系统”。[3]有充分的迹象表明，人类也遗传了类似的基因。这并不奇怪，在人类历史上出现过很多这样的事例。

作为防御机制的厌恶与反感

通过细菌学革命，人类对微生物的致病机理有所认识，这仅仅过去了一百三十多年。即便如此，在几乎所有人类早期文明的发展历史中，都可以发现有助于避免传染的特殊行为规则和行为模式。这种模式基于长期经验，但显然也有部分遗传背景。这些反应模式可能代表了在许多低等动物中的相同机制：进化培养了预防传染的行为模式。

晚近的研究表明，与厌恶和反感有关的心理机制在我们与微生物威胁的关系中发挥着重要作用。[4]在某些地区，这种情绪往往与真正的传染风险有关。例如，人类粪便中含有大量可能致病的微生物，足以让人产生强烈的厌恶，不愿意与之接触。同样的情况也适用于其他人类体液、腐烂的食物以及可能作为微生物携带者的大鼠、小鼠和各种昆虫等。嗅觉和味觉参与了这种厌恶的机制，但感官印象也参与其中，比如看到病人时的厌恶感，人们经常试图避而远之，或与其保持距离。对不属于自己“部族”的陌生人的厌恶也可能是一种古老的预防传染机制，因为陌生人可能是新的传染病携带者，而自己的群族对此没有任何免疫力。

许多应对潜在传染威胁的方法记载于例如印度和中东地区的宗教典籍中。撰写于公元前200年前后的吠陀指定的《摩奴法典》告诉人们，要避免“身体杂质”，包括粪、尿、精液、血和鼻涕。在《圣经·旧约》和《古兰经》中，都能找到不洁和罪恶之间的联系，以及对净化的呼吁。[5]

古往今来，认为疾病可以通过感染传播的观点与关于瘴气重要性的“官方”医学教导并行不悖。这两种观点完美契合古代基于厌恶和反感以及避免疾病的愿望对疾病的反应模式。毕竟，瘴气理论尤其基于污垢、废物和腐烂恶臭物质的重要性，这些物质令人厌恶并引起反感。十九世纪在欧洲城市取得胜利的卫生运动，可能不仅受到当时根深蒂固的瘴气理论启发，也受到基于厌恶和反感的古老反应启发。印度河流域和罗马文明高度发达的污水和废物处理系统，自然不是因为当时人们对微生物和传染病有任何了解而建造的，也可能是出于古代对粪便、污垢和腐烂废物的厌恶。

然而，文化和宗教会影响自然和遗传的反应模式。这很可能就是数百年来中世纪僧侣和隐士视身体上的污垢为神圣标志的原因。拜占庭式的“禁绝洗涤”（alousia）概念，即未洗的状态，被某些神学者视为对虚荣和世俗的拒绝，在道德上值得赞扬。不过，类似的态度在伊斯兰教中并不存在。

如今，每个小学生都听说过细菌和病毒，大多数人可能会认为，我们对污垢、粪便、老鼠等的厌恶是基于对微生物的理性恐惧。最有可能的真相是，我们仍然受到古老反应方式的影响，这些方式在整个人类历史中都被证明是有用的。

立法与微生物

从《旧约》和《新约》中可以清楚地看到，在《圣经》时代，任何患有麻风病的人都被排斥在社会之外，必须与世隔绝，自生自灭，从此这种做法成为惯例。直到十四世纪中叶黑死病发生后，政府当局才开始着手防治除麻风病以外的流行病。鼠疫的肆虐最初导致了我们现在所知的检疫制度的建立。

检疫条例旨在防止鼠疫通过抵达港口的船只进入该国，这意味着所有来自被认为是鼠疫流行地区的船只必须在港口停泊四十天之后，乘客、船员和货物才能上岸。在十五世纪期间，地中海地区的大多数基督教港口开始采取检疫制度。这并不奇怪，因为正是这些港口与鼠疫多发的国家存在直接的贸易往来。[6]

各个港口相互竞争，以提供最佳的检疫制度。一些城镇为被隔离的人建造了专门的“检疫所”（lazaretto）——这一词语在某些语言中仍被用作医院的名称。检疫的实施因城镇而异，法规也没有标准化。检疫会给贸易带来障碍，可能会造成相当大的商业损失，实力强大的贸易公司和个人也会插手，试图影响当局的检疫措施。一旦某个城市或地区被宣布为疫区，通常会对当地的经济产生重大的负面影响。还存在一些例子表明，为了损害竞争对手，一些贸易据点甚至会恶意散布虚假的瘟疫谣言。

渐渐地，有关当局针对其他流行病，特别是霍乱和黄热病，也开始采取检疫措施。在国家内部，一旦发生疫情，港口之外也会采取隔离检疫。如果被视为疫源地，整个城镇都可能被隔离。

对疑似携带鼠疫的个人或群体也采取了各种形式的隔离措施。疑似感染者经常被强行安置在特殊的隔离设施当中，而其中提供的护理质量差异很大。尤其是穷人，一旦被隔离，其财产在某些情况下都可能会被烧毁。

隔离有助于抗击流行病吗？回答这个问题其实并不容易，毕竟最终的影响取决于相关流行病的传染方式。通过蚊子、跳蚤和老鼠传播的传染病不一定受到隔离措施的影响。此外，防疫效果将取决于措施实施的一致性。哈布斯堡帝国在与瘟疫持续肆虐至现代的奥斯曼帝国边境采取的严格隔离措施，就很可能发挥了作用。从十八世纪初到十九世纪末，哈布斯堡君主在绵延一千六百公里的边界上搭建瞭望塔，派驻士兵，以维持针对奥斯曼帝国的警戒线。士兵们接到命令，向所有不遵守四十八天隔离规定的旅客开枪。可能传播鼠疫的羊毛制品与一些地位低下的人一起被锁在仓库里。如果这些充当“小白鼠”的人感染了病毒，就会被无情射杀，相关财物付之一炬。可能正是拜这种严格的检疫政策所赐，1716年后哈布斯堡帝国才没有发生鼠疫，而在奥斯曼边境一侧时常暴发疫情。

然而无论在港口还是在陆地上，严重阻碍贸易活动的检疫措施越来越不受欢迎，尤其是在十九世纪。越来越多的人开始怀疑隔离是否有效。就这个问题举行了许多国际会议，一些国家取消了隔离措施，而另一些国家则将之保留了相当一段时间。在十九世纪，大多数西方国家在防疫领域引入新的立法，一般来说，检疫措施在其中发挥的作用比以前小得多。一个现代国家仍需在必要的情况下实施针对疫情的限制性措施，这些措施也可能会限制其公民的生命和活动，但对人权和个人利益的关注，使得现代防疫措施的侧重与以往截然不同。

疫苗接种：向前迈出的一大步

在人类对抗微生物的斗争中，没有哪项措施像疫苗接种那样有效。系统性接种疫苗意味着，今天我们已经能够控制一些以前人们无奈地认为命运不济导致重症甚至死亡的疾病。

我们现在也基本搞清楚了疫苗接种的基本原理。用合适的微生物疫苗刺激免疫系统，从而增强人体免疫系统抵抗同一微生物感染的能力，避免其复发。这是由于免疫系统的记忆能力。一旦细胞对抗原（特殊的外来分子）发生反应，这种记忆就会储存在特殊的记忆细胞中，如果后来接触到相同的抗原，就会产生相当强的免疫反应。

直到一百多年前，人类才弄明白疫苗的作用机制。但另一方面，最早的疫苗接种形式在这之前就已开始了。疫苗接种的历史很长，既丰富多彩又引人入胜，个中人物更是性格显明。

天花、社交名媛和挤奶女工

最早使用疫苗预防技术的传染病是天花，这种恶疾在旧世界文明中肆虐，反复流行，夺走了数百万人的生命。然而早在西方刚刚进入基督教时代的当口，中国人就已经普遍采用疫苗接种形式，他们的做法是将天花患者皮疹产生的粉状痂以各种方式塞入接种者的鼻子。这通常会导致轻度感染，让被接种者对天花产生免疫力。[8] 目前尚不清楚这种早期的疫苗接种形式背后的原因，但显然几乎不可能是科学实验的结果。第一次尝试背后是关于传染性质的神奇概念，还是基于天花幸存者在后期没有传染力的经验？不管怎样，这种疫苗接种形式逐渐从中国向西传播。现在可以明确的一点是，十六世纪印度最高种姓婆罗门使用了这种技术。然后，天花接种技术传播到波斯和土耳其。作为塞鼻术的替代，后期人们开始将天花患者水泡中的体液揉入接种者皮肤上的微小划痕中。

欧洲疫苗接种的历史始于土耳其。这个经常被高度简化的故事主角是聪明而坚定的玛丽 · 沃特利 · 蒙塔古（Mary Wortley Montagu）夫人，她嫁给了英国驻土耳其大使，住在君士坦丁堡。蒙塔古夫人面容姣好，善于交际，比其他人对天花更感兴趣。她在婚前曾感染天花，虽然侥幸得活，但被夺走了睫毛，面部也留下了疤痕。就在一年多前，蒙塔古夫人的弟弟死于天花。她发现在土耳其，儿童接种天花疫苗的情况极为普遍。当地人将天花患者的皮肤划伤并取下接种物，被接种者可以自此免受感染。[9]

1717 年，蒙塔古夫人在给好友莎拉 · 奇兹韦尔（Sarah Chiswell）的信中描述了自己在君士坦丁堡的经历——几年后，莎拉 · 奇兹韦尔死于天花。蒙塔古夫人在信中表示，希望将这项技术引入英国，但她担心医生会横加阻挠，毕竟这个职业群体当时依靠需要长期接受治疗的天花而收益不菲。她趁反对疫苗接种的丈夫外出旅行之际，要求大使馆医生给自己五岁的儿子接种天花。

返回伦敦后，蒙塔古夫人于 1721 年开英国之先河，为年幼的女儿接种了疫苗，并邀请许多人观看接种结果，其中就包括当年帮她治疗天花的英王御医汉斯·斯隆（Hans Sloane）爵士。王室对此很感兴趣，尤其是蒙塔古夫人的朋友卡罗琳公主——她嫁给了威尔士亲王，即后来的乔治二世。卡罗琳的一个女儿差点因为天花而丧命，她现在迫切希望能够为另外两个女儿接种疫苗。为此，卡罗琳获得了国王的许可，但为了安全起见，先在新门监狱关押的六名死囚身上进行了试验，并承诺如果他们幸存下来将获得自由。这项由多达二十五位著名医生监督的实验取得了成功。囚犯得到释放，后来证明他们对天花有免疫力。孤儿院的儿童也成功接种了疫苗，之后两位公主接种了疫苗。

在上述故事中，蒙塔古夫人被描绘成女主人公，英国以及后来其他国家引进的新方法都要归功于这位传奇名媛。但上述说法可能有些夸张。现在有充分的理由相信，汉斯·斯隆爵士在引入疫苗接种方面发挥了更重要的作用，但其光芒被这位有魄力的女士不合理地掩盖了。本书作者之所以敢如此放言，是因为这一观点实际上是由女性历史学家吉纳维芙·米勒（Genevieve Miller）提出的。[10] 所谓蒙塔古夫人最先向英国传递了土耳其疫苗接种方法的消息，似乎也不够准确。十八世纪初，曾经到访君士坦丁堡的欧洲医生早就知道存在这种方法。早在 1713 年，英国科学院，即皇家学会就获知了这一消息，而皇家学会的时任主席正是汉斯爵士。欧洲大陆其他国家的医生也有所了解。1709 年波尔塔瓦战役失利后，瑞典国王卡尔十二世在土耳其流亡多年，豪掷一百杜卡特金币购买土耳其疫苗接种方法的“秘方”。[11] 然而在返回瑞典后，他没有因此而有所作为。可悲的是，卡尔十二世在挪威弗雷德里克斯滕要塞被困时战死，接替他担任瑞典国王的妹妹乌尔丽卡·埃莉诺拉 1741 年死于天花。

十八世纪，这种早期的疫苗接种形式使用程度参差不齐。即使在英国，其受欢迎程度也是变化不定。这有几个原因。很长一段时间以来，人们对使用这一措施防治天花持某种怀疑态度。部分是因为这种简陋的天花疫苗接种可能导致少数人（约百分之一至百分之二）感染严重的天花并死亡，尽管未接种疫苗的人中有更大比例死于自然感染。另一个事实是，在一段时间内，那些接种过疫苗的人可能会传播天花病毒，并导致小规模的疫情，因此通常会将他们隔离几个星期。人们还基于宗教信仰表达了反对意见，尤其是在严格意义上属于加尔文宗的苏格兰。许多人认为接种疫苗是对上帝远见缺乏信任的表现。[12]

欧洲大陆的态度也各不相同。[13] 在法国，疫苗接种花了一段时间才流行起来，尽管十八世纪二十年代，当时颇具影响力的伏尔泰在英国逗留期间就对天花接种并不陌生，他对此非常积极，并强烈建议同胞“这样才能保持自己的生命和美丽”。此后，反疫苗的态度在十八

玛丽·沃特利·蒙塔古夫人。戈弗雷·内勒爵士绘于 1715—1720 年。

世纪五十年代有所缓和。当奥尔良公爵让他的两个女儿接种疫苗时，时尚之都巴黎欢欣鼓舞，一种新型的"接种帽"问世了，长长的丝带上有斑点，意在代表天花疹。然后热情一度消退，直到 1774 年路易十五因天花而惨死。同年，新国王路易十六接种疫苗后没有出现任何问题，他的妻子玛丽·安托瓦内特的发型师设计了一种新的大胆发型："接种烫"。天花疫苗也传到了斯堪的纳维亚半岛，在那里，瑞典王储、后来的国王古斯塔夫三世也接种了疫苗。

在美国，天花疫苗的发展与欧洲相比，很有特立独行之感。在这块新大陆发挥关键作用的人物，是颇具影响力和争议的清教徒牧师科顿·马瑟（Cotton Mather）。他最出名的举动，可能是支持马萨诸塞州臭名昭著的“塞勒姆女巫审判”，该审判中有二百人被指控，其中二十人被处决。然而，科顿·马瑟对科学也非常感兴趣。1706 年，他从他的黑奴奥涅西姆斯那里听说了天花疫苗接种。长期以来，疫苗接种在非洲很普遍，可能是由阿拉伯奴隶贩子引入的，出于经济原因，他们希望保护仍在穿越非洲的无数奴隶商队免受天花侵袭。科顿·马瑟后来阅读了提交给英国皇家学会关于天花疫苗接种的报告，并成为 1721 年在波士顿开始接种试验的热心倡导者，同年蒙塔古夫人让女儿在伦敦接种疫苗。但疫苗接种在美国的普及极不均衡，这在十八世纪七十年代的独立战争中被证明是不幸的渊薮。英国士兵要么接种了疫苗，要么在儿童时期患过天花，而美国人没有得到任何免疫的保护。天花暴发给美国军队带来了极为严重的问题，使乔治·华盛顿在 1777 年命令美军全部接种疫苗。[14]

整个十八世纪，天花肆虐于欧洲和北美。尽管如此，人们通常认为天花疫苗接种对公共卫生有积极影响，特别是在大规模系统接种疫苗的地方，推动了十八世纪后半叶的人口增长。

然而，这种所谓的接种使用的疫苗相当原始，只是利用了常见的天花病毒，具有相当的风险。在十八世纪末，英国医生爱德华·詹纳（Edward Jenner）的一项轰动性发现带来了现代疫苗接种的突破。詹纳和新天花疫苗的故事众所周知，但传统的说法也被简化，包裹着神话色彩。这一划时代的发现导致两百年后天花病毒被根除，其背后究竟隐藏着什么秘密？

在绝大多数版本的故事中，挤奶女工都扮演着重要的角色。据说，詹纳在英格兰农村获得了一种普遍的看法，即挤奶女工在挤奶时经常罹患牛痘，但这种感染相当无害。据说挤奶女工从不会感染天花，因此皮肤很美。在某些版本的故事中，詹纳在十八世纪六十年代与一位年轻的挤奶女工调情时发现了这一点。目前尚无法确定詹纳在多大程度上对挤奶女工情有独钟，但无论如何，这些女性在疫苗接种史上只起到了很小的作用。最近的研究表明，詹纳很早就听说，以前感染过牛痘的人不能以“传统”方式接种疫苗，因为疫苗无法产生必要的皮肤反应。他对这个想法产生了兴趣，但在学医过程中好几年都没有进展。他在伦敦的一位老师是苏格兰外科医生约翰·亨特（John Hunter），其座右铭是：“不要思考！赶紧实验！”詹纳可能牢牢记下了这一点。[15]

获得执业资格后，詹纳在家乡格洛斯特郡开业，同时培养了他对自然科学的浓厚兴趣。除此之外，他还研究了杜鹃，并首次描述了杜鹃雏鸟把寄主鸟的蛋推出巢外的恶劣习性。凭借相关文章，詹纳跻身著名的皇家学会。然而这段时间里，他一直在思考牛痘可能具有保护人类免受天花侵袭的能力。他听从了以前老师的建议，开始进行实验。

首先，詹纳试图用传统办法给几名患有牛痘的人接种天花疫苗，借此确认天花病毒不会“附着”，无法产生必要的皮肤反应。1796年，他从一个名叫莎拉·内尔姆斯的挤奶女工手上的牛痘疮中取出少量液体，划入一个名叫詹姆斯·菲普斯的八岁男孩的手臂。六周后，当他将一名天花患者的少量脓液揉进男孩的手臂时，完全没有起反应。也就是说，这个男孩现在得到了对天花病毒的免疫保护。[16]

詹纳向英国皇家学会提交了一份报告，但他们拒绝发表，并警告称，如果他坚持认为牛痘可以使人免受天花的侵害，可能会赔上他作为科学研究者的声誉。尽管如此，詹纳仍然进行了更多的实验，验证了最初的结果，并于1798年私下发表了他的发现。他确信他的新疫苗应该取代旧疫苗——世界上大部分地区都同意他的观点。他的方法很快传播开来，先是在英国，然后传播到其他国家。牛痘接种比旧方法更安全，也更便宜，很快便取代了传统方法。使用新方法的接种者不会像使用人痘接种那样，出现天花感染或有传染他人的风险。[17]

爱德华·詹纳举世闻名，荣誉等身，欧洲王室对其奉若上宾，各国都使用他的方法普及天花疫苗接种。俄罗斯皇太后送给他一枚钻石戒指，并下令将俄罗斯接种牛痘疫苗的第一人——来自儿童之家的儿童——命名为“瓦奇诺夫”（Vaccinov）。拿破仑立即意识到这一突破的潜力，命令法国军队和平民接种疫苗。詹纳就释放一些英国战俘一事与他交涉后，他立即表示同意：“啊，詹纳，你说什么都可以！”[18]

并不是每个人都对爱德华·詹纳和他的发现抱有如此积极的态度。他也成了众矢之的。例如，有许多人声称（在某些情况下是相当合理的），他们早在詹纳之前已经用牛痘接种过疫苗。其中最为言之有据的，是英国农民本杰明·杰斯蒂的故事。早在1774年，他就给妻子和两个孩子接种了牛痘疫苗，以便在天花流行期间保护他们，因为他听说过挤奶女工很少感染天花的故事。他因为被邻居嘲笑，便没有再进一步。三十年后，这位农夫确实获得了一些认可。在他去世后，遗孀在亡夫位于多塞特郡沃思马特拉弗斯的墓碑上刻下了他生前所做的努力。

詹纳开发的天花疫苗也出于其他原因受到攻击。英国牧师、社会科学家托马斯·罗伯特·马尔萨斯（Thomas Robert Malthus）认为，天花疫情是大自然遏制人口增长的一种方式。除此之外，还存在基于宗教立场的反对意见，部分原因是疫苗干扰了上帝对人类的计划，部分原因是《圣经》中关于“血液污秽”的禁令。那些从昂贵而复杂的传统疫苗接种形式（包括观察隔离和特殊饮食）中获利丰厚的从业者也对牛痘接种大肆贬斥。令人有些惊讶的是，杰出的科学者和进化论思想家阿尔弗雷德·拉塞尔·华莱士（Alfred Russel Wallace）居然也是詹纳疫苗的强烈反对者。[19]

詹纳和牛痘的故事有一个略显奇特的尾声。新的分子生物学实验引发了詹纳疫苗到底是什么的怀疑。他用来接种的疫苗是牛痘病毒

1796年5月14日，八岁的詹姆斯·菲普斯成为第一个接种爱德华·詹纳新疫苗的人。欧内斯特·博德绘于1912年。

吗？整个十九世纪使用的牛痘病毒与今天的牛痘病毒不同，但与引起马痘的病毒关系更为密切。要么詹纳使用的原始牛痘病毒已经灭绝，要么病毒在两个世纪里改变了其特征。也许詹纳最初的疫苗是马痘病毒。然而不管起源如何，这种疫苗促成了天花在世界上被根除。[20]

詹纳疫苗中的病毒被命名为“牛痘病毒”（Vaccinia virus），用来指代其最初来自奶牛（拉丁语为vacca）。“疫苗接种”（vaccination）一词与此同源，该命名由希望以这种方式向詹纳致敬的巴斯德所提出。因此更准确地说，不应该像本书为简单起见所做的那样，将从中国引进的传统接种方法称为“种痘”，而应该称其为天花病毒接种。

大多数西方国家很快引入了詹纳的牛痘疫苗，而且常常强制接种。十九世纪下半叶，这些地区的天花发病率逐渐下降。由于疫苗接种覆盖率参差不齐，重大疫情仍不时暴发。1870年至1871年的普法战争期间，接种天花疫苗的价值显而易见。八十万德国军队几乎全部接种了天花疫苗，最终只有五百五十九名士兵死于天花。在号称百万雄师的法国军队中，超过二万三千人死于天花，几乎相当于德国士兵的战死总数。此次战争之后，天花病毒在很多国家的平民中迅速传播。

第二次世界大战结束时，天花几乎从西方国家消失了。然而该病毒继续在发展中国家传播，仍对那些实际上已在本国境内根除天花的国家构成威胁。因此 1967 年，世卫组织发起了一场大规模的抗击天花运动，包括监测天花情况、隔离病例和推广系统的天花疫苗接种。1979 年，世卫组织宣称天花已经根除。詹纳终于获得了最终的胜利。

狂犬病和炭疽：巴斯德再战成名

路易 · 巴斯德初战告捷，成功证明了细菌在发酵过程和蚕病中的重要性之后，他对细菌引发包括人类在内的高等动物疾病愈发感兴趣。他开始研究与普通霍乱无关，但被称为鸡霍乱的疾病。这种病由多杀巴斯德菌引起，可在家禽中引起高死亡率的疫情。巴斯德顺利检测到了细菌，随后进行了实验，以研究鸡的感染过程。他发现一些鸡在急性感染中存活下来，并成为这种细菌的健康携带者。巴斯德无法理解为什么这些鸡活下来了，而其他鸡却没有。是那些幸存下来的鸡体内细菌发生了变化，还是动物本身发生了变化？[21]

然后，偶然发生了一件事，为现代疫苗医学奠定了基础。1879 年夏天，巴斯德暂时放下手边的实验去休假。带有鸡霍乱弧菌的试管被闲置了几个星期。当他回国后恢复实验时，这些细菌仍然活着，但注射入鸡体内后无法引发任何疾病。更有意味的是，当巴斯德给那些已经注射原有细菌的鸡注射新鲜细菌时，几乎毫无效果，而给刚买来的鸡注射相同的细菌则会一如既往导致致命的感染。

巴斯德意识到，这种现象极为类似詹纳接种牛痘病毒的做法。他推断，由于试管中有空气，尤其是氧气，导致原有鸡霍乱弧菌毒性变弱，相对无害。这些弱化的细菌在鸡体内产生了抵抗新鲜细菌感染的能力。巴斯德第一次检测到我们现在所说的免疫记忆，这是所有疫苗接种的基础。巴斯德还意识到，有可能证明这一现象也适用于其他传染病。为了纪念詹纳，他决定称这种做法为“疫苗接种”。

巴斯德致力于研发疫苗的下一种传染病是炭疽，其致病原理与鸡霍乱类似。[22] 正是通过对炭疽的划时代研究，巴斯德的伟大对手罗伯特·科赫开始了他的辉煌事业，证明炭疽肯定是由炭疽菌引起的。一些人仍然对此表示怀疑，但巴斯德已经进行了一系列新的实验，明确证实了科赫的发现。

巴斯德设想了研发炭疽疫苗的可能性，炭疽在牛、绵羊和山羊中的高致死率给农业带来了严重的经济损失。受到鸡霍乱研究的启发，巴斯德开始在实验室里通过一系列不同的操作来弱化炭疽菌毒性，并在各种动物身上进行实验。而他再一次证明了自己研制的疫苗具有保护作用。

医生和兽医对巴斯德使用炭疽疫苗的成效都相当怀疑。反对者向他提出挑战，要求他必须充分证明炭疽疫苗的效果。最终，1881 年，在巴黎南部的普伊勒堡举行了一场引人注目、铭刻于史的活动。巴斯德和他的助手间隔十天给二十只绵羊接种两剂疫苗。两周后，这些动物被进一步注射通常是致死剂量的炭疽菌。两天后，由多名外国记者组成的观众得以确认，所有接种了疫苗的绵羊都是健康的，而同样注射了炭疽菌的二十四只未接种疫苗的绵羊中有二十一只已死亡。另外两只未接种疫苗的羊在观察期间死亡，最后一只羊在第二天死亡。在场观众向巴斯德报以热烈的掌声。

后来的事实显示，巴斯德凭借其一贯的公关天赋，在一定程度上“篡改”了在普伊勒堡戏剧性展示中使用的疫苗。[23] 所用的疫苗不是巴斯德自己研制的，而是他的一名助手研制的一种变种。尽管如此，炭疽疫苗已经成为事实，并很快普及开来。这种疫苗为法国带来了巨大的经济收益，确保在其经历普法战争的惨败后，还有能力向德国支付折合五十亿金法郎的战争赔款。

狂犬病在西方世界如今已不再是一个问题，但在十九世纪八十年代，狂犬病在法国和欧洲其他国家都仍然是令人担忧的威胁。巴斯德确信，这种病通常是被感染的狗咬伤的结果，一定是由某种微生物引起的。[24] 当时尚无病毒概念，巴斯德无法检测出导致狂犬病的微生物。但他通过将受感染狗的唾液直接注射到其他狗的大脑中，成功地培养了这种微生物。他从受感染的死狗体内取出脊椎组织时，可以将其注射到新的动物身上传播该病。然后巴斯德又有了一个绝妙的主意。就像他成功地治疗霍乱和炭疽一样，也许有可能削弱脑组织中未知的微生物，以同样的方式研制出狂犬病疫苗。经过艰苦的工作，他成功了，并且证明疫苗可以保护狗免受狂犬病的侵袭。现在最大的挑战是，验证疫苗是否对人类也有效。

巴斯德本身不是一名医生，他和他的医学助理对在人类身上试验疫苗都持非常谨慎的态度。但突然有一天，巴斯德突然发现自己面对着巨大的挑战。九岁男孩约瑟夫 · 迈斯特（Joseph Meister）几天前被患狂犬病的狗严重咬伤，随后被带来求助。巴斯德犹豫后决定给孩子接种疫苗，而他最亲密的合作者埃米尔 · 鲁医生对此强烈反对，愤而与巴斯德分道扬镳了一段时间。

1885 年 7 月 7 日，巴斯德开始为约瑟夫 · 迈斯特连续接种疫苗。这名年轻患者没有感染狂犬病，也没有出现疫苗并发症。在接下来的几个月里，数千人接种了疫苗，但医学界的大部分人对巴斯德不负责任地开展人体实验感到愤怒。报纸与医学期刊上连篇累牍的批判对患病多年的巴斯德造成了沉重打击。

然而，巴斯德开发的疫苗逐渐被认为是应对狂犬病这种致命传染恶疾的真正进步。部分原因是约瑟夫 · 迈斯特成年后成为巴黎巴斯德研究所的保管员。1940 年，当德国占领军的一名军官命令他打开位

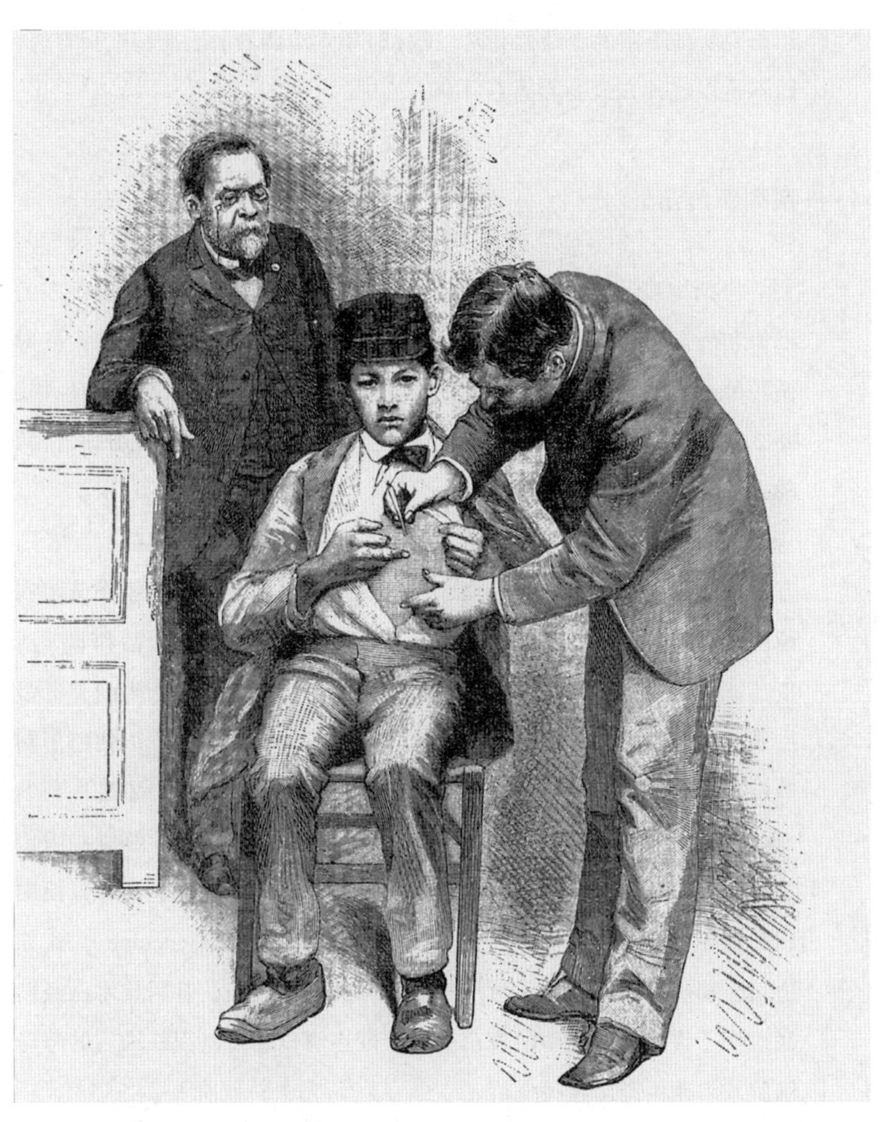

1885 年 7 月，巴斯德的一名助手给九岁的约瑟夫 · 迈斯特接种狂犬病疫苗。刊于 1885 年 11 月 7 日的法国报纸《画报》。此前，这种疫苗仅仅给狗接种过。

于研究所地下室的巴斯德墓时，据称时年六十四岁的迈斯特选择自杀，而不是以这种方式亵渎他心目中的英雄。[25]

系列新疫苗

巴斯德疫苗的成功引发了新疫苗的不断涌现。今天，针对很多由细菌和病毒引起的传染病，都已经开发出相关疫苗。疫苗研究人员遵循两种途径之一：要么像巴斯德那样使用活的但减弱（减毒）的微生物，要么使用全部被杀死（灭活）的微生物作为疫苗的主要成分。这两种方法一直沿用至今。[26]

前者有抗结核（卡介苗）、麻疹、腮腺炎和风疹的疫苗；后者则有鼠疫、霍乱、伤寒、斑疹伤寒、黄热病、甲型肝炎和脑膜炎球菌疫苗。针对某些传染病，如流感和脊髓灰质炎，分别存在灭活和非灭活疫苗。对于某些传染病，如破伤风和白喉，毒素（细菌产生的有毒蛋白质）是病情发展时的主要问题。这些毒素可以被削弱，以便用于制造疫苗。这是我们多年来一直使用的破伤风和白喉疫苗的基础。

疫苗科学在很大程度上得益于二十世纪下半叶分子生物学和遗传学的重大进展。除了上述经典类型的疫苗外，我们现在还拥有只使用相关微生物重要部分的所谓“亚单位疫苗”（subunit vaccine）。比如适用于肺炎球菌的疫苗，可用来防治肺炎和脑膜炎。基因技术已经彻底改变了许多上述类型的疫苗生产，现在可以通过基因修饰后的酵母细胞或细菌生产出相关疫苗。

未来的重要步伐是开发一组全新的疫苗：基因疫苗或核酸疫苗。[27]其背后的原理是，疫苗不是由全部或部分微生物组成，而是包含脱氧核糖核酸或核糖核酸形式的遗传信息，通过编码微生物抗原，希望由此实现免疫保护。接种疫苗后，这种遗传物质将被人体细胞吸收，并指导它们产生这种抗原。

13e ANNÉE. — N° 612. PARIS ET DÉPARTEMENTS 15 CENTIMES 13 MARS 1886

BORDEAUX
Bureaux : RUE CABIROL, 7
ABONNEMENTS
UN AN....... 10 fr.
SIX MOIS..... 5 »
ÉTRANGER LE PORT EN SUS
PARIS
DÉPOT GÉNÉRAL ET VENTE
17, Rue Saint-Mar
Distribution dans les kiosques
Chez les libraires et les marchands de journaux.

LE
DON QUICHOTTE
Rédacteur en Chef : Ch. GILBERT-MARTIN

ANNONCES
LES ANNONCES SONT REÇUES
A L'AGENCE HAVAS
POUR LA PUBLICITÉ DE BORDEAUX
Péristyle du Grand-Théâtre
côté sud.
La ligne
Annonces sur 6 colonnes 25 c.
Réclames sur 5 colonnes 40 c.

L'ANGE DE L'INOCULATION (M. PASTEUR), par GILBERT-MARTIN.

1886年3月13日，巴斯德以疫苗为武器对抗狂犬病的漫画。刊于1886年3月13日法国《堂吉诃德画报》。

基因疫苗主要有三种类型：基于病毒载体的疫苗、脱氧核糖核酸疫苗和核糖核酸疫苗。基于病毒载体的疫苗，遗传物质被装载进无害的病毒；在另外两种情况下，脱氧核糖核酸或核糖核酸则更为直接地注入人体。截至2020年底，基因疫苗中只有一种针对埃博拉病毒的病毒载体疫苗被批准用于人类，但一些针对新冠病毒的信使核糖核酸（mRNA）疫苗已经研发出来，现正推向临床使用。在未来，这种疫苗可能也会用于对付其他一些致病微生物。

近几十年来，新疫苗的开发也比旧的生产方式更加合理。我们对免疫防御系统细节知识的爆炸性增长意味着，在开发新疫苗时，可以精确地针对复杂免疫反应的各个部分——在感染时加强这些免疫反应尤为重要。传统疫苗非常擅于触发B细胞产生抗体，这对防御许多急性感染很重要。但刺激T细胞系统来抗感染一向很难。在应对导致疟疾、艾滋病和结核病等慢性感染的微生物时，这一点非常重要，而开发这些疾病的疫苗领域仍然面临很大的挑战。

自巴斯德时代以来，疫苗研究已经相当深入，在预防疾病和死亡方面也取得了巨大的成就。在很大程度上，这些成就源自持续努力、耐心的艰苦工作和反复试验，这在研发新疫苗的斗争中带来了戏剧性的，有时甚至是奇异的事件。其中一个例子值得关注，即“二战”期间东欧的斑疹伤寒疫苗研究。

伤寒疫苗接种和破坏

1941年，当德国在巴巴罗萨行动中袭击苏联时，德国人担心的不仅仅是红军。第一次世界大战期间及以后，斑疹伤寒在东欧肆虐，军民皆受其害。而此时，斑疹伤寒在战区和犹太人聚居区再次暴发。因此德国方面的当务之急便是生产有效的疫苗，以有效保护己方军事人员。

两次世界大战期间，全球领先的伤寒研究中心位于波兰的利沃夫，即现在乌克兰的利维夫。实验室由波兰生物学者鲁道夫·魏格尔（Rudolf Weigl）领导，他已经研制出一种相当有效的伤寒疫苗。德国军队控制了该实验室，以确保其能够在鲁道夫·魏格尔的领导下继续生产疫苗。[28]

生产伤寒疫苗并不容易。其中一个主要原因是细菌普氏立克次体无法在实验室培养。魏格尔的疫苗生产方法非常耗时，而且也不简单。病原体通过虱子传播，魏格尔在虱子中培养细菌，通过虱子的消化道实现感染。被感染的虱子必须被投喂一种特殊的食物：人类血液。魏格尔的实验室招募了大量活人作为“虱子喂食者”。人的腿上固定了装有感染伤寒病菌的虱子的小笼子，这样一来，虱子就可以透过一种特制的滤网来吸血。被充分育肥后的虱子会被捕杀，然后将其含有大量细菌的消化道用于研制疫苗。

培养过程并非不会给虱子喂食者带来风险。这些人事先接种了疫苗，皮肤必须健康，并被严格要求不能有体表外伤，以免细菌穿透皮肤。尽管如此，其中一些人最终还是感染了斑疹伤寒。即便如此，提供血液饲养虱子的职位还是很受欢迎，因为魏格尔招募来的尽是该市的知识精英、抵抗运动成员和犹太人，而这些人因参与实验获得了保护。这些组织受到占领国清算的威胁，但德国当局很少干预被视为对战争重要的活动。当虱子吸吮自己的血液时，虱子喂食者可以继续进行思想碰撞，正如和平时期在城市许多咖啡馆中的交流一样。在两次世界大战期间，这座城市享有“迷你维也纳”的声誉。

作为研究伤寒的专家，魏格尔自然对生产有效的疫苗颇感兴趣。但伤寒疫苗对于德国敌人的战争极有助益，显然无法得到虱子喂食者的支持。凡此种种，导致为德国国防军提供的一些疫苗被有意劣化。然而，如果要避免被发现，这种故意破坏又不能太过，以免引发停产甚至更严重的后果。魏格尔还为利沃夫和华沙的犹太人聚居区提供了大量有效疫苗，毫无疑问挽救了许多人的生命。[29]

战后，魏格尔一度被质疑为纳粹的同情者。直到 2003 年，也就是他去世近五十年后，他的反纳粹活动开始获得认可。以色列的亚德瓦希姆大屠杀纪念馆的附属研究机构随后宣布，魏格尔是从大屠杀中拯救犹太人的“国际义人”（the Righteous among the Nations）之一。

然而，魏格尔的实验室并不是唯一一个在德国占领控制下的波兰伤寒疫苗的生产机构。[30] 魏格尔的助手之一，才华横溢的年轻犹太医生路德维希 · 弗莱克（Ludwig Fleck），后来被纳粹安置在利沃夫的犹太人聚居区。在那里，他继续研究伤寒疫苗。纳粹随后将他转移到布痕瓦尔德集中营，和一群没有疫苗知识的囚犯关押在一起，包括一名面包师、一名高中教师和一名政治家，这群拼凑起来的“乌合之众”被命令在一名德国纳粹医生的领导下研制伤寒疫苗，而后者显然志大才疏。纳粹医生的目的是从感染伤寒杆菌的兔子的肺组织中制取疫苗。

唯一拥有专业知识的弗莱克很快意识到，迄今为止生产的疫苗完全无法使用，而他非常清楚导致疫苗无效的关键原因。犹太人团队决定对此保持沉默，继续闷头生产这种无效疫苗，将其大量配发给德国士兵。在弗莱克的领导下，他们还秘密研制出了一种有效的疫苗，专门供给集中营中迫切需要疫苗的囚犯使用。

弗莱克和他的助手们在长达十八个月的时间里持续进行大胆破坏，一直坚持到 1945 年集中营被盟军解放。直到 1947 年“纽伦堡审判”对臭名昭著的纳粹医生起诉审判时，被告中的党卫军医生才得知布痕瓦尔德集中营伤寒疫苗的真相。其中一人发言时，对弗莱克团队彻底违反医学道德的行为表示愤慨，观众席上爆发出哄笑声。毕竟，这位纳粹医生负责向毒气室输送致命的齐克隆 B 毒气，还对囚犯进行了大量可怕的医学实验。故事的另外一面还在于美国参战之前，便向盟军方面提供了其于 1940 年成功开发的伤寒疫苗。[31] 美国疫苗在伤寒肆虐、军民深受其害的北非战场发挥了重要作用。

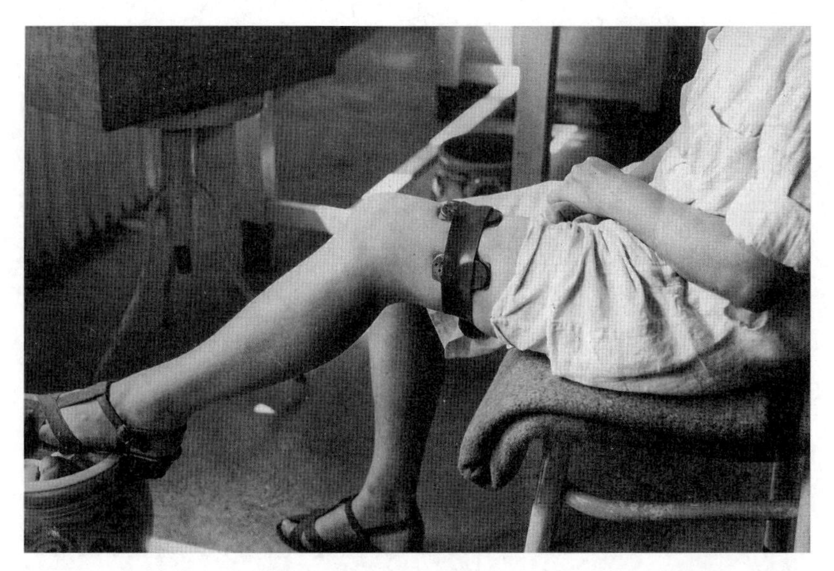

人类“虱子喂食者”，附在皮肤上的小盒子里面装了四百至八百只携带斑疹伤寒病菌的虱子，而它们通过皮肤一侧的网壁吸入人体血液。几天后，便可以采集虱子，制成斑疹伤寒疫苗。

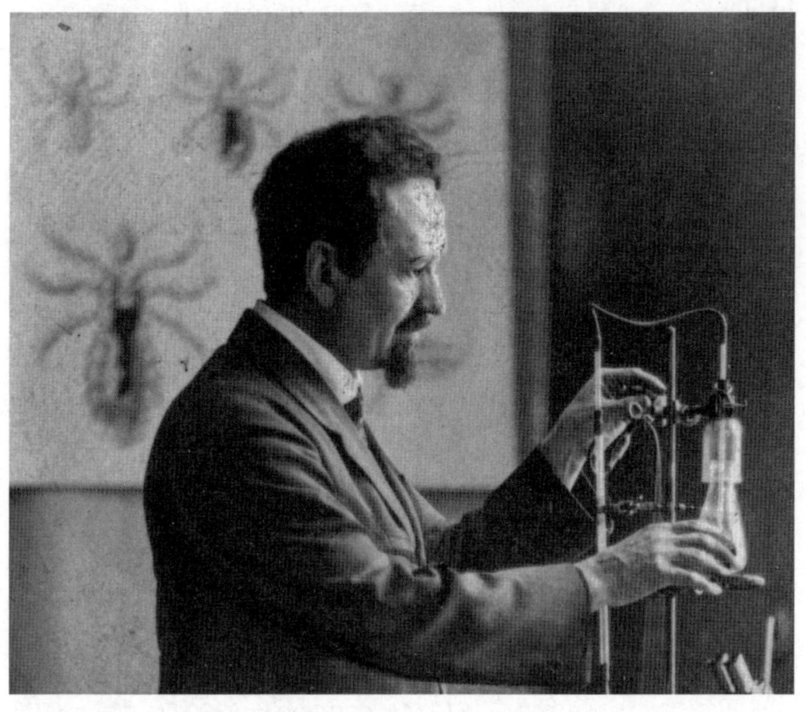

第二次世界大战期间，波兰生物学者鲁道夫·魏格尔在位于利沃夫市的实验室里，把许多知识分子、犹太人和抵抗战士当作“虱子喂食者”来生产斑疹伤寒疫苗，从而使其免遭德国人的毒手。

带刺玫瑰：疫苗的副作用

毫无疑问，多年来借助疫苗的医学实践挽救了无数生命，新疫苗很可能会在预防传染病方面取得进一步进展。即便如此，我们也必须永远记住，没有任何疫苗是绝对没有副作用的。然而，如果正确遵守使用指南，普通疫苗引发严重副作用的情况的确极为罕见。

人在接种疫苗后，注射部位会出现轻微的炎症反应，并可能在最初二十四小时内体温升高，这种情况并不罕见。极少数情况下，被接种者可能会对疫苗中的某些物质发生严重过敏反应，导致呼吸困难和血压下降。

西方国家通过广泛接种疫苗，实际上已经根除了许多急性传染病，例如曾经极常见的儿童传染病麻疹。自相矛盾的是，疫苗接种取得的成功，导致许多人现在更关注可能的副作用，而非最初旨在解决的传染病。大量人群仍在接种疫苗也意味着，社会上的其他疾病偶尔——在大多数情况下是不公正地——被视为接种的副作用。其中例子是，一些人顽固地断言，针对麻疹、腮腺炎和风疹的“麻腮风三联疫苗”会导致自闭症。这一点早就被彻底证伪了。

如果新疫苗未经足够长时间的测试，在非常罕见的情况下，会出现意想不到的副作用。其中一个事例便是，在接种了一种为抗击2009年猪流感而开发的专用疫苗后，青少年群体当中罕见病“发作性睡病”的发生率略有增加。[32]

一般而言，但凡正确使用，疫苗接种并发严重副作用的情况极其罕见。避免出现严重副作用的一项重要措施是，不得向免疫系统严重衰弱的个人接种未灭活疫苗，即包含的致病微生物具有活性，但毒性已经得到削弱（减毒）的疫苗。在这种情况下，即使是毒力甚弱的微生物也可能导致严重感染。而同样的疫苗不会在免疫系统正常的人身上引起疾病。[33]在接种含有未灭活但减毒的微生物的抗结核的卡介苗和天花疫苗时，就报告了出现罕见的严重后遗症的病例。另一例证是在使用脊髓灰质炎活疫苗的国家出现的极少数严重不良反应，即麻痹型脊髓灰质炎——在这种情况下，减毒脊髓灰质炎病毒在接种者体内自发地变化，变得更加危险。[34]

疫苗医学面临的重要新挑战

人类在疫苗研发方面取得了重大技术进步，也日益了解免疫系统对感染如何反应，无疑将在未来几年催生新的疫苗类型。[35] 许多现有疫苗可能会被更好的品种所取代。此外，还需要针对全新登场的致病微生物开发新疫苗。一旦出现新一轮全球大流行，除采取其他措施外，尽快开发有效的疫苗无疑至关重要。虽然长久以来，疫苗的开发往往耗时耗力，但日新月异的科学技术将在很大程度上提升疫苗的开发速度。[36]

现如今，疫苗开发领域面临的最大挑战与一些众所周知的重要传染病有关，我们要么还没有开发出有效的疫苗，要么开发出的疫苗效果不佳。[37]

在发展中国家，疟疾每年仍夺走四十多万人的生命，死者大部分是儿童。有效的疟疾疫苗对于抗击这种传染病非常重要。尽管多年来一直致力于此，我们仍然没有找到有效的疫苗。原因在于，与早就有了有效的疫苗防治的普通细菌和病毒感染相比，对疟原虫感染的防御要复杂得多。

如前所述，疟原虫的生命周期相当复杂，以非常不同的形式出现在蚊子和人类身上，一些在细胞内，另一些在细胞外。在其不同的生命形式周期，存在数百种不同的抗原，我们不知道应该针对哪种抗原开发疫苗。这也是因为我们对免疫系统的哪些部分对抵御疟原虫至关重要了解不足。有效的疫苗可能需要加强对疟原虫多种生命形式的免疫反应。除此之外，因抗原的不同，疟疾呈现的主要形式也有所差异，这也进一步导致疫苗的开发复杂化。

在迄今为止评估过的疟疾候选疫苗中，环子孢子蛋白—乙肝病毒表面抗原疫苗（RTS,S vaccine）尽管只能提供约百分之四十的初始保护力，仍然被证明最有希望。2019 年春，该疫苗在三个非洲国家开始测试，旨在为数十万儿童接种疫苗。

在疫苗接种领域，人类免疫缺陷病毒（或通常所说的艾滋病病毒）和疟原虫一样令人生畏。有理由相信，如果没有疫苗作为其他措施的补充，我们很难控制仍在一些发展中国家肆虐的艾滋病病毒流行。[38]

二十世纪八十年代中期，人们开始尝试开发抗艾滋病疫苗。虽然艾滋病病毒的结构远比疟原虫简单，抗原也少得多，但事实证明，开发艾滋病疫苗面临的问题与疟疾一样严峻，尽管二者的方式完全不同。

多年来，世界各地对各种艾滋病疫苗进行了一系列广泛的试验。这些花费甚巨的尝试与探索尚未取得成功。人们相信，终有一日能开发出抵抗这种病毒传染的疫苗，而人们的期待就像忽高忽低的过山车一样，时而信心满满，时而绝望灰心。

迟迟无法成功的原因有很多。首先，我们不确定免疫系统的哪些部分在抗击艾滋病病毒方面最为关键。此外，免疫系统通常无法消除该病毒的感染，然后会演变成慢性病。特别重要的问题是，这种病毒攻击免疫系统的核心，即协调免疫反应的 CD_4^+T 淋巴细胞。另一个问题是，这种病毒存在如此众多的变种，以至于一种疫苗很难保护患者免受所有变种的感染。

目前尚不确定是否能开发出有效的艾滋病疫苗。新的尝试，包括利用迄今为止获得的经验教训的开发仍在继续。尽管如此，很有可能出现一种疫苗，本用来对付其他传染病不如别的测试良好的疫苗那么有效，却最终成为预防艾滋病病毒大流行的补充措施。

结核病同样亟待高效疫苗加以解决。[39]对于很多年龄足够大，记得自己在十四岁左右接种了卡介苗的人来说，这可能是一件颇为惊异之事。大约一百年前，卡介苗（BCG）由阿尔伯特·卡尔梅特（Albert Calmette）和卡米尔·介朗（Camille Guérin）开发，并以他们的姓氏首字母命名（Bacille Calmette Guérin）。两人的灵感来自巴斯德发现的弱化疫苗，而其制造的疫苗是一种导致牛结核病的弱化细菌，即牛结核杆菌。1921年，卡介苗第一次被成功用于人类，然后迅速在欧洲和其他大陆投入使用。多年来，卡介苗一直是世界上使用最多的疫苗。

然而，对卡介苗结果的综合研究得出了截然不同的结论。人们一致认为，这种疫苗可以保护儿童免受最严重和威胁生命的结核病侵害。但它对全世界范围内成年人结核病的预防效果差异很大。在世界上受艾滋病大流行影响最严重的地区，结核病也很普遍，卡介苗作为一种未灭活疫苗，会给免疫系统虚弱的患者，包括艾滋病病毒感染者造成严重并发症。

在当今的疫苗研究中，人们一致认为，开发一种新的、更有效的结核病疫苗已成为当务之急。人们可以改进卡介苗，也可以利用现代原理生产一种全新的疫苗。可不管怎样，有着百年历史的卡介苗都需要相当长的时间才能找到合适的继任者。

多年来，世界一直等待着甲型流感病毒的新一轮大流行，而其将不可避免地成为现实。在研究人员利用目前的原理成功制造出针对这种病毒的疫苗之前，全球大流行不可避免。因此普遍认为，需要一种更有效的流感疫苗，即所谓的通用疫苗，对大多数类型的甲型流感病毒具有更广泛的免疫力。这种疫苗将从根本上预防新的大流行和季节性流感。[40]

面对新冠疫情严重的全球威胁，一些疫苗生产商和研究机构加紧研制针对该病毒的疫苗。据世界卫生组织统计，截至2020年8月28日，共有一百七十三种注册疫苗。其中，三十一种已经处于临床试验阶段。其中一些已经完成了所谓的第三阶段测试，其中包括对数千人的有效性和安全性的广泛研究。截至 2021 年，欧盟批准使用的四种疫苗中，两种是核糖核酸疫苗，另两种是基于病毒载体的疫苗。

毫无疑问，其他一些疫苗生产商将在不久的将来进行临床试验，分别代表了疫苗开发的所有不同路径。[41] 其中一些疫苗，特别是中国和俄罗斯生产的疫苗,已在许多国家投入临床。很有可能出现的局面是，各种疫苗在抗击大流行方面具有不同的特点和作用，并将相互补充。

疫苗开发的速度惊人。事实证明，在几个月的时间里开发出明显有效的疫苗自有其原因。疫苗生产商、政府和学术机构以及大量经济体之间已经形成了有效的联盟。此外,疫苗的实际测试效率也大大提高。与传统疫苗相比，核糖核酸疫苗的一个优点是研发速度要快得多。[42]

虽然疫苗的推出节奏各不相同,但在许多国家都速度惊人。因此，我们有理由保持乐观。非常清楚的是，首批新冠疫苗可以预防重症恶化，可能在很大程度上也可以预防感染。即便如此，需要保持清醒。关于新冠疫苗，仍有许多问题没有答案。[43] 保护作用会持续多久？是否有必要经常重新接种疫苗？有可能产生有效的群体免疫吗？疫苗对相关风险群体的效果是否与对其他人群的效果一样？例如众所周知，疫苗接种在免疫力低下的老年人身上作用有限。也正是这些群体在新疫苗测试阶段往往得不到像样的代表。另一个问题是 2021 年出现的新冠病毒突变带来的挑战。如果目前的疫苗不能完全有效对抗突变，可能需要每隔一段时间对其进行调整。由于掌握了新的疫苗技术，似乎可以很快完成。尽管已经在数千人身上进行了测试，没有任何严重的副作用，但在使用新疫苗时，永远无法完全排除可能会出现的相关副作用。这可能会导致部分人口拒绝接种疫苗。目前投入临床的基于病毒载体的疫苗，已经报告出现了严重但罕见的副作用。

一个重要问题是在可预见的未来，疫苗生产能力有限。我们呼吁根据相对风险及其对社会的重要性，在各个国家的不同群体中仔细规划疫苗接种的优先顺序。确保疫苗在全球的公平分配也是当务之急。[44]

尽管有效的新冠疫苗将减轻这种病毒对社会造成的压力，但要取得全面效果尚待时日。

疫苗研究的继子：被忽视的热带传染病

当然，在防治疟疾、艾滋病和结核病等全球流行病疫苗取得的进展，也将惠及贫穷的发展中国家。即便如此，过去一百年来疫苗研究的巨大进步首先造福于西方国家，这些国家由于系统地实施了疫苗接种计划，一些曾经造成巨大破坏的传染病现在已经被根除。为了使发展中国家能够从有效疫苗中获得同样的好处，仍需要进行大量耗费资源的工作。

发展中国家还面临着热带传染病等其他一些特殊挑战，在很大程度上，在开发药物和疫苗时，热带传染病被人为忽视了。[45] 热带传染病大多是慢性的，可导致重症甚至死亡。相关案例包括许多肠道蠕虫感染，尤其是各种形式的血吸虫病，有两亿多患者散布在各大洲。针对这种疾病的有效疫苗显然非常重要。[46] 其他例子包括各种原生动物传染病，包括拉丁美洲的美洲锥虫病。这些被忽视的传染病会造成相当负面的医疗、社会和经济后果。

这些传染病之所以成为疫苗医学冷落的“继子”，有几个原因。其中较为重要的便是它们的机制极其复杂，我们对微生物与免疫反应之间的相互作用知之甚少。进一步研究和开发疫苗需要大量资源。由于这些传染病主要被视为世界较贫穷地区的问题，也意味着基于纯粹客观的经济考虑，大型制药公司几乎不愿意投身于该领域的研发。因此，在被忽视的热带传染病疫苗开发领域内的重要挑战之一，便是为进一步基础研究和疫苗开发所需的大规模投入争取到必要的资源。这些投入将对较贫穷国家做出非常重要的贡献。

“血可是一种十分稀有的液体”：血清疗法的时代

可以说，罗伯特·科赫与路易·巴斯德率先完成的开创性发现，引发了细菌学革命，之后相继出现一系列关于致病菌的新报告。即便如此，这些划时代的发现并没有对传染病治疗产生任何直接影响。毫无疑问，科赫因为错误地将结核菌素作为结核病的治疗手段而步入歧途，相较而言，巴斯德则更成功地投身疫苗领域，专注于预防传染病。十九世纪末，已知只有一种药物对传染病有疗效：治疗疟疾的奎宁。

机缘巧合，有人偶然发现了第一种有效治疗其他严重传染病的灵丹妙药。[47] 聚集在柏林的罗伯特·科赫周围有众多年轻、才华横溢、雄心勃勃的研究人员，有一位是研究豚鼠白喉的德国人埃米尔·贝林（Emil Behring）。当时，白喉是一种极其常见的儿童传染病，死亡率很高。仅在 1892 年，就有五万名德国儿童感染了白喉，其中一半死亡。

几年前，科赫团队的另外两名研究人员弗里德里希·洛夫勒和埃德温·克雷布斯发现了白喉的细菌病因——“白喉杆菌”。[48] 这种细菌会导致被感染者喉咙发炎，呼吸道黏膜上形成灰白色的一层，最终完全阻塞气管并窒息。然而，白喉最常见的死因是心脏和神经系统的急性损伤，这可能导致心力衰竭和呼吸肌瘫痪。目前尚不清楚这些“远程”后果是如何发生的，因为白喉杆菌只在气管中发现。巴斯德团队的另外两名研究人员埃米尔·鲁克斯和亚历山大·耶尔森给出了解释。他们发现，喉膜中的白喉细菌分泌出一种非常强大的毒素进入血液，对心脏和神经系统造成威胁生命的损害。[49]

实验中，贝林给豚鼠注射了白喉细菌，然后试图用三氯化碘作为杀毒剂治疗感染。结果证明此举完全不成功。大多数豚鼠都死于非命，一些死于白喉，另一些死于毒性极强的治疗。然而，也有一些豚鼠幸存了下来，尽管状况欠佳。贝林随后向这些豚鼠注射正常致死剂量的白喉毒素，令人惊讶的事情发生了，豚鼠安然无恙。然后，他进行了一项关键的实验，并最终实现了白喉感染的第一次有效治疗。他从这些动物身上提取血清，即血液中的无细胞液体，并将其注射到健康的豚鼠体内，同时给这些豚鼠注射一剂通常会致命的白喉毒素。这些豚鼠也存活了下来。因此，贝林能够得出结论，从白喉中幸存下来并获得免疫的动物在血液中获得了一种中和白喉毒素的物质。他称这种物质为“抗毒素”（antitoxin）。[50]

在贝林研究白喉的同时，日本研究人员北里柴三郎正在科赫的实验室研究威胁生命的破伤风感染。他检测到了致病菌——破伤风梭菌，并证明这种细菌也分泌了一种强大的毒素，与白喉细菌一样，它可以在幸免于难的动物体内产生保护性抗毒素。

贝林意识到抗毒素昭示的治疗潜力。但直到他与细菌学革命的另一位先驱保罗·埃利希合作，白喉的血清治疗才成为现实。埃利希当时也在科赫的实验室工作，他通过细致的尝试将抗毒素的剂量标准化，从而使抗毒素在人体的可靠使用成为可能。贝林和埃利希随后开始向牛和马注射白喉毒素，大规模生产含有抗毒素的牛和马血清。

十九世纪九十年代初，德国柏林的儿童医院病房首次使用白喉抗毒素血清，结果令人信服。贝林在国际上享有盛名，并被命名为“儿童救世主”。1901 年，他与北里柴三郎一起因发现血清疗法而获得了首次颁发的诺贝尔医学奖。在获奖感言中，贝林引用了歌德名作《浮士德》中梅菲斯特（Mephisto）的名言：“血可是一种十分稀有的液体。”同年，他被威廉二世皇帝晋升为普鲁士贵族，有权在名字前加上代表爵位的头衔。

然而，贝林不是圣人。他在利用自己的发现来赚钱方面极有天赋，

被注射了相关致病微生物，例如白喉或破伤风毒素的马匹，一度成为治疗传染病的血清的主要来源。

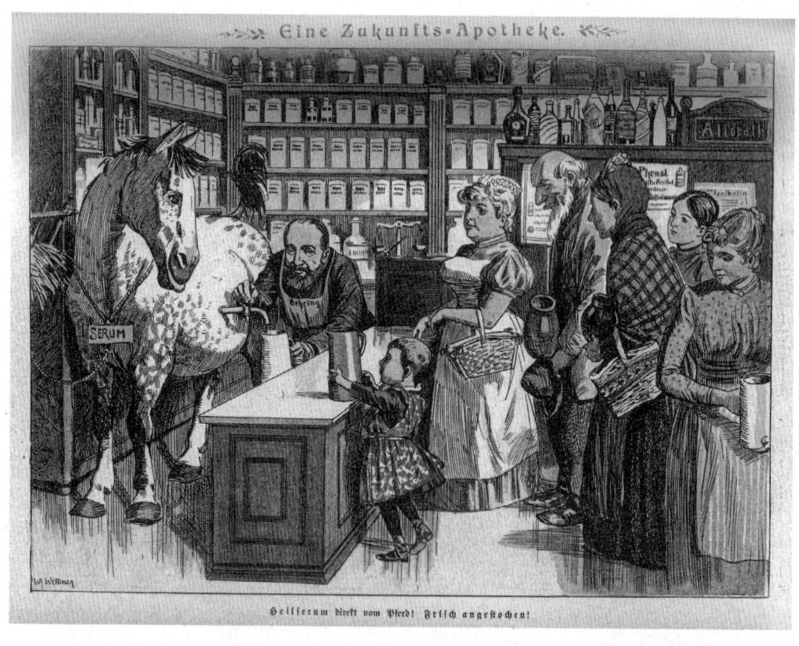

一家德国报纸上的漫画家在埃米尔·贝林开发血清疗法后，对未来治疗传染病的设想：血清可以从药剂师那里提取，贝林自己直接从马身上提取救命药。

这在某种程度上让人想起了当今日益增长的研究成果商业化趋势，包括为获得专利而进行的你争我夺。贝林大大矮化了埃利希在血清治疗方面的宝贵贡献，在合作带来的经济收益分配方面，也行强取之能事。[51]

白喉的血清疗法传到了所有西方国家，这一突破导致了一系列类似的治疗方法被开发出来，用于治疗其他重要的细菌感染。破伤风、肺炎球菌引起的肺炎和常见的细菌性脑膜炎的治疗取得了良好效果。尽管结果差异很大，官方统计数据也不完全可靠，但毫无疑问，这些常见传染病的死亡率已大大降低。[52]

然而，血清疗法也有其缺点。由于抗血清来自人类以外的动物，尤其是马，可能引发严重的过敏反应。这种副作用可能是急性的，甚至危及生命，也可能表现为所谓的血清病——出现于接种几天后，表现为高烧、四肢疼痛，通常还有肾炎。血清治疗也很复杂，而且相当昂贵。在进行治疗之前，需要进行非常精确的细菌诊断。不过随着经验的逐渐积累，治疗变得越来越安全。

血清疗法被普遍使用了几十年，直到 1940 年才被磺胺类药物取代，一段时间后又被青霉素和其他抗生素取代。这种治疗方式现在基本上已经为人们所遗忘，然而在近半个世纪的漫长岁月中，它一直是严重细菌感染的唯一有效治疗方法。歌德的话确实有其道理。

疟疾对抗梅毒：亡命之疾需要以毒攻毒

本书声称血清治疗是二十世纪前几十年细菌感染的唯一有效治疗方法，不过作者不得不承认，这样说忽略了现代传染病学中一段有趣的插曲：用疟疾对抗梅毒。

梅毒晚期的一种令人担忧的并发症是全身麻痹，这是该病最后阶段神经系统最严重的并发症。在二十世纪上半叶，精神病院中有百分之十至百分之四十五的患者被诊断出患全身麻痹，通常会在五年内死亡。奥地利精神科医生尤利乌斯·瓦格纳·贾雷格（Julius Wagner-Jauregg）发现，这种疾病的患者发烧后，通常会因为某种原因而康复。实验室还检测到梅毒病菌（梅毒螺旋体）会在相当于人类高烧的温度下死亡。瓦格纳·贾雷格因此进行了一系列实验，给全身麻痹的患者注射疟原虫。在第一次实验中，他观察到超过三分之一的患者病情明显好转。[53] 这种治疗方法引起了相当大的轰动，得到普遍采用，在两次世界大战期间成为治疗梅毒患者全身麻痹的标准方法。而被拿来做治疗之用的，是相对而言最温和的间日疟原虫。

在其他国家获得的经验证实了瓦格纳·贾雷格的发现。近三分之一的患者病情明显好转，其他患者至少有所改善。然而由于会引发疟疾，这种治疗确实带来了一定程度的死亡率，尽管通常使用奎宁很容易控制感染。无论如何，疟疾治疗被认为是治疗全身麻痹的一大进步，瓦格纳·贾雷格于 1927 年获得诺贝尔医学奖。而他研发的疟疾治疗法，一直延续至青霉素问世。

我们仍然不知道疟疾治疗是如何起作用的。发烧并不会直接破坏梅毒病菌，但患者体温升高很可能导致免疫系统被激活，从而对抗梅毒病菌。在后来的几年里，人们还尝试了各种形式的发热治疗，以对抗艾滋病病毒和螺旋体细菌感染，遗憾的是并没有产生任何令人信服的结果。

尽管用疟疾治疗梅毒现在只是历史上的一件奇事，但它增加了人们对疟疾感染的认识，因为有可能精确地跟踪感染后疾病的发展。

保罗·埃利希和“洒尔佛散”：终成正果

1876 年，罗伯特·科赫首次在布雷斯劳大学，即现在波兰的弗罗茨瓦夫大学展示了自己的炭疽研究结果。在此期间，有人将一位名叫保罗·埃利希的学生引荐给这位学界泰斗。[54] 年轻的埃利希对组织切片染色的新方法非常感兴趣，但未能给老师留下深刻印象。科赫讲座的主持人后来轻蔑地形容埃利希为“那是小埃利希，他很擅长染色，但逢考必挂”。结果，这个大家口中的“小埃利希”被证明是细菌学革命最杰出的先驱之一，在传染病学和免疫学领域都有重大发现，此外，他还在其他医学领域做出了重要贡献。在我看来，他和巴斯德、科赫一样具有人格魅力，甚至可能有过之而无不及。

对埃利希“擅长染色”的评价，无疑一语中的。在检查细胞和组织时，他对染色方法的着迷无疑对其几项医学大发现发挥了重要作用。[55] 当时，德国工业在国际上非常突出的一个领域正是新染料的研发，特别是作为煤焦油生产副产品出现的苯胺染料。这些染料不仅用于纺织工业，还用于医学的细胞和组织染色，自从开始研究以来，埃利希一直对之非常感兴趣。他研发的染色方法能够检测到所谓的肥大细胞，而这正是过敏反应的关键细胞。后来通过不断实验，他成功地检测出几种重要类型的白细胞，从而为奠定研究血液病病因的血液学的基础做出了贡献。

然而，埃利希想知道为什么不同的细胞具有不同的染色特性，对这个问题进行了更深入的探索。一种可能的解释是，单个细胞类型具有特殊的表面化学结构（受体或受体分子）能够与某一染料发生特异性反应，适合染色。他将这一想法用到他与贝林进行的抗毒素和毒素实验中。埃利希疑惑，白喉毒素是否像染料一样，能与某种特殊的细胞产物发生反应，所产生的反应物——他称之为抗体——数量多到进入了血液。通过这一点，埃利希为免疫学中的抗体概念奠定了基础，抗体对单一抗原的反应非常特异唯一。

埃利希对血清疗法贡献良多。但即便是认为血清疗法可行的埃利希，也很快意识到这种治疗方法存在颇大局限。埃利希认识到，血清疗法必须在感染过程中早期介入，才能充分发挥作用，并且也仅限于治疗某些传染病。

埃利希的梦想是获得可用于治疗传染病的化学物质，即其所谓的“化学治疗”。[56] 他再一次运用了特定细胞和组织染色的理论。也许可以找到一种化学物质，能与细菌上的某些分子发生特异性反应，从而破坏它们，同时又不与体内的其他细胞发生反应。埃利希希望研制出他所说的“魔弹”，正如在神话故事中的那样，这种子弹的准确度永远不会降低。在很长一段时间里，埃利希在这一领域只有单枪匹马，因为医学界的大多数人都热衷基于自身防御机制的血清疗法。人们不急于考虑在治疗传染病时引入外来化学物质用于人体内部。然而稍后不久，埃利希就在他在法兰克福领导的两个不同的研究实验室，获得了实现化疗梦想的大把机会。

毫无疑问，埃利希是今天人们所说的工作狂。他几乎抽不出时间吃饭，但非常喜欢雪茄。他会付给手摇弦琴乐手丰厚报酬，让他们每周在实验室外演奏流行音乐，声称只有这样才能让自己进入最佳的工作状态。[57]

他通过研究染料是否对感染锥虫——导致人类罹患昏睡病的原生动物——的小鼠有任何影响，开始了化疗研究。他在小鼠身上发现了一些物质，对老鼠的相关感染有一定效用，但对人类无效。后来，他听说英国研究人员发现砷化合物阿托西耳（氨基苯胂酸钠）对治疗锥虫病有效。事实证明，这种物质毒性太大，不能用于人类，甚至可能导致失明。不过，埃利希和手下的学者们开始生产一系列的衍生化学品，并在感染锥虫的动物身上进行了彻底测试。经过大量的试错，他们终于找到了一种颇有希望的物质。然后他们暂时停下了脚步。[58]

1908 年，埃利希一度因诺贝尔奖而心有旁骛，他与巴斯德团队的俄罗斯研究人员伊利亚 · 梅奇尼科夫（Ilya Mechnikov）分享了诺贝尔奖。梅奇尼科夫对巨噬细胞及其在感染反应中的作用极感兴趣。埃利希则因其关于抗体的免疫学理论而获奖，但这实际上只引起了一小部分专家的兴趣。使他蜚声国际的发现还要等到获奖几年之后。

埃利希并没有放弃自己对“魔弹”的追求，而他现在将所有注意力都集中于梅毒。梅毒病菌于 1905 年被发现。埃利希等人——尽管是错误地——认为，梅毒病菌与锥虫有关，而锥虫正是他研究非常透彻的一个领域。他想搞清楚一件事，与锥虫病有关的砷化合物是否对梅毒有影响。一位年轻的日本研究员，秦佐八郎刚刚从日本来到埃利希身边工作。秦佐八郎通过让梅毒细菌感染兔子而成功地建立了梅毒模型。埃利希让秦佐八郎将他们用来研究锥虫感染的所有砷化合物进行逐一测试。这是一项艰巨的任务，因为每一种物质都必须经过一系列实验的测试。但耐心终于得到了回报。标号为第 606 号的化合物对兔子体内的梅毒产生了令人信服的效果。埃利希终于找到了他的灵丹妙药。这种物质被命名为“砷凡纳明”，或称“洒尔佛散”，后由霍伊斯特制药公司负责投产。[59]

起初，埃利希慷慨地向世界各地的临床部门分发自己推出的洒尔佛散。而这种新药的积极效果很快得到证实。对于早期梅毒，洒尔佛散明显有效，但即使对于中晚期梅毒，也可以看到一定的效用。1910 年，埃利希和他的几位合作者在德国的一次医学大会上首次发表了这项研究结果。他的发现被世界媒体广泛报道，可谓一夜成名。

尽管绝大多数人对梅毒首次出现有效的治疗手段充满热情，但也出现了一些负面反响。梅毒当时流传甚广，在若干国家，感染者占比高达百分之十。洒尔佛散存在严重的副作用，但其中许多属于药物使用不当所致。埃利希和同事们继续进行实验，并于 1912 年得出了一种经过一定程度改良的药品，被称为“新洒尔佛散”。这也成为接下来四十多年间治疗梅毒的标准药物。

某些反对者批评，埃利希的发现将导致社会道德崩溃，因为梅毒

保罗·埃利希和他年轻的日本同事秦佐八郎。在埃利希的领导下，秦佐八郎完成了一项艰巨的任务，检查埃利希及其同事准备的一系列砷化合物对实验动物所患梅毒的影响。这项工作产生了第一种真正有效的梅毒治疗药物——洒尔佛散。

不再是一种健康威胁。还有人指责埃利希依靠出售洒尔佛散牟取暴利。这些指控令埃利希感到不安，当时的他不仅大量吸食雪茄，还承受着巨大压力来组织洒尔佛散治疗实验。[60]

法兰克福市以保罗 · 埃利希的名字命名了他实验室外的街道，以此向他致敬。然而，1933 年纳粹掌权后，这条街被重新命名，埃利希的所有作品都被烧毁——因为他是犹太人。

保罗 · 埃利希在传染病学史上占有重要地位。他不仅发现了第一种治疗人类细菌性疾病的有效药物，而且对洒尔佛散的研究也为现代药物测试奠定了基础，对药物的效果、安全性和副作用进行了逐步细致的研究。埃利希对成功研究条件的深刻洞察总结为他所谓的“四 G 原则”，指代以字母 G 开头的四个德语单词：耐心（Geduld）、金钱（Geld）、熟练（Geschick）和运气（Glück）。埃利希皆而有之。

埃利希的遗产：磺胺类药物

在二十世纪头几十年，细菌感染仍然夺走了许多人的生命。例如，链球菌和肺炎球菌导致的常见感染仍然有很高的致死率。尽管砷凡纳明等药物在梅毒治疗方面取得了成功，但相信可以用化学手段治疗其他细菌感染的医学界人士并不多。血清疗法主导了人们的想法，但如前所述，这种方法有其局限性。

不过，仍有一些人记得埃利希关于“魔弹”的想法，以及使用染料治疗传染病的可能性。也许毫不奇怪，这些想法已经在一家专门生产染料的化工公司“拜耳”扎根。这家公司的研究者们遵循埃利希的指导方针，对化学性质得到改变的新物质进行系统、耐心的测试，成功地找到了一种有效的抗锥虫药物，以及一种治疗疟疾的全新药物。但这种方法对细菌感染也有效吗？而这正是已经加入拜耳公司研究团队的传染病学者，年轻医生格哈德·多马克（Gerhard Domagk）的梦想。[61]

格哈德·多马克首先想找到一种抗链球菌的药物。他选择用老鼠做实验。他与一些技术熟练的化学工作者一起研发了一系列染料，系统测试了每种物质对小鼠链球菌感染的影响。这是一项艰巨的任务，前后总共测试了三百多种化学物质。一切努力付诸东流后，多马克的一些同事对此项目失去了信心。功夫不负有心人，1932 年，多马克终于取得了成功，发现一种可以治愈小鼠链球菌感染的物质。这是一种红色染料，成分为偶氮磺胺，被命名为“百浪多息”。

1933 年初，这种新的“灵丹妙药”首次被用于多马克实验室附近一家医院的一名感染链球菌的患者。患者是一名十八岁女孩，她因严重的链球菌感染和喉咙脓肿接受治疗。感染逐渐扩散，危及生命。由于该患者即将不治，医生同意死马当活马医，使用百浪多息进行治疗，结果四周后，患者痊愈出院。在接下来的几年里，越来越多的患者接受了百浪多息治疗，都取得了类似的积极结果。首批患者中包括多马克自己六岁的女儿，感染链球菌且病情危重的希尔德加德。她也康复了。

直到 1935 年，多马克才发表了研发成功这一夺人眼球的新闻。许多人想知道他为什么等了这么长时间，一些人怀疑这与拜耳公司的商业利益和专利权有关。最有可能的是，延误与多马克及其同事令人钦佩的周密和谨慎有关。在戏剧性的结果公布后，百浪多息在世界范围内大获欢迎，新疗法激发了极大的热情。富兰克林·罗斯福总统的儿子感染咽喉链球菌后被治愈，这一事实无疑加强了公众的关注度。磺胺类药物可能也对世界事件产生了重大影响，因为温斯顿·丘吉尔在 1943 年 12 月视察北非部队后感染肺炎，但在磺胺类药物的帮助下痊愈。[62]

1939 年，格哈德·多马克被授予诺贝尔医学奖。盖世太保随即登门，强迫他写一封信，拒绝领奖。这是因为阿道夫·希特勒认为，诺贝尔奖评选委员会将1935年的诺贝尔和平奖授予记者卡尔·冯·奥西茨基是对他和德国的侮辱，遂禁止所有德国公民接受这一奖项。与此同时，奥西茨基因为揭露德国重整军备计划而被捕，辗转于数间集中营。1947年，多马克最终获得了诺贝尔奖奖章和证书，尽管没有获颁相应的奖金。这个奖是当之无愧的。多马克发现百浪多息标志着传染病治疗新时代的开始。这是第一次有一种有效的治疗方法，可用于治疗一些以前常常致命的细菌感染。

从一开始，人们就很清楚百浪多息只对人类和动物体内的细菌有效，而对试管中的细菌无效。巴黎的巴斯德研究所的研究人员发现了对这一现象的解释，即百浪多息分子必须在体内分裂，从而释放出活性的一半（磺胺），才开始起作用。磺胺很快被引入到传染病治疗中，实际上与百浪多息一样有效。这种物质也可以以合理的成本生产，并成为逐步引入的一系列磺胺类药物的基石。[63]

磺胺类药物用于治疗传染病标志着医学史上的一个里程碑。在青霉素问世之前的十年时间里，这种抗生素大大降低了传染病，包括肺炎球菌引起的肺炎和常见的链球菌传染，如儿童发热、猩红热、丹毒和伤口感染在内的致死率。磺胺类药物尤其对产褥期发烧的效用惊人，以至于一些人将这一成果与泽梅尔魏斯发现产褥热相提并论。

现在许多人已经忘记了磺胺时代，可能是因为这些药物的风头随着二十世纪四十年代初青霉素的引入而被掩盖，这多少有些不公平。然而必须承认，磺胺类药物有某些缺陷，其中一些可能很严重，例如剧烈的皮肤反应和肾脏损伤。除此之外，磺胺类药物并非对所有类型的细菌有效，也容易产生耐药性，不过在这方面，磺胺类药物实际上与后来出现的大多数其他抗菌药物（包括青霉素）并无区别。

青霉素的发现：神话与事实

德国拜耳实验室的格哈德·多马克和他的同事们并不是唯一梦想找到灵丹妙药之人。在伦敦圣玛丽医院工作的一位苏格兰细菌学者亦然，个中原因与第一次世界大战期间，他在法国前线附近的一家野战医院治疗的严重战争创伤有关。此人正是亚历山大·弗莱明（Alexander Fleming），一个注定将在医学史上永垂不朽的名字。[64]

1921 年，当亚历山大·弗莱明在鼻腔分泌物中发现了一种对某些细菌具有毁灭性影响的物质，他相信自己很可能已经接近了目标。他称这种物质为“溶菌酶”，在接下来的几年里，他还在其他体液中发现了这种物质。然而，溶菌酶对致病菌不是很有效，弗莱明意识到这种物质并非自己梦寐以求的答案。[65]

实验室不整洁的意外之喜

1928 年，弗莱明发现了具有历史意义的现象。像许多重大医学突破那样，此次发现也笼罩在神话之中。想必医学生都听过这样一个传说，弗莱明在 7 月底休假一个月，在桌上留下了一些撒有常见葡萄球菌的培养皿。必须承认，弗莱明的实验台通常很不整洁。回来工作时，正要扔掉培养皿的弗莱明，突然发现其中一个培养皿有点奇怪。“真有趣。”他对助手说，而后者永远不会忘记这个瞬间。[66]

弗莱明发现，那个培养皿里出现许多葡萄球菌菌落，但除此之外，里面还有一个巨大的灰色霉菌菌落。有意思的是，霉菌周围没有葡萄球菌生长。对此的合理解释是，某种物质从霉菌菌落中分泌出来，阻止了细菌的生长。培养皿中的霉菌可能是随着空气飘来的真菌孢子，来自楼下另外一间实验室，一位细菌学者正在那里研究真菌。

我们能够找到好多根据，质疑上面提到的这个故事的准确性。

1944 年首次付印、写于 1928 年的弗莱明笔记没有提供任何有价值的信息。弗莱明的第一反应可能认为，这是著名的溶菌酶作用的又一新例，也就是说，他一开始并不了解自己面对的是一种全新的现象。尽管如此，他继续培养霉菌，发现其分泌出一种与溶菌酶完全不同的物质，这种物质能杀死让溶菌酶束手无策的病原菌。他以该霉菌的名称"青霉菌"来将这种杀菌物质命名为"青霉素"。

弗莱明在小鼠和兔子身上的实验证明，青霉素几乎没有毒性。然而不知为何，他没有进行动物实验来研究青霉素对葡萄球菌等感染的影响，尽管这样的实验显然是可行的。他没有设法提纯这种物质，只是心不在焉地试图从专业化学家那里得到帮助。过了一段时间，他显然对青霉素失去了兴趣，转而开始研究磺胺类药物。

直到十二年后，医学意义上的青霉素治疗才真正开始投入研发。拖延的一个重要原因可能是弗莱明本人。[67] 他缺乏以令人信服的方式"推销"自己发现的能力。1929 年，弗莱明在伦敦召开的一次科学会议上介绍自己的发现，但他的报告方式近乎催眠，显得三心二意，很容易给听众留下一种连报告人自己都不相信自己在说什么的印象。演讲结束后，全场鸦雀无声，没有任何人提问题或给出反馈。顺便说一句，在学生眼中，弗莱明不过是一个无能、口齿不清的老师。1929 年，他在重要的医学杂志《柳叶刀》上发表了一篇关于发现青霉素的文章，但文章本身缺乏启发性，多年来没有引起任何兴趣。然而今天，它被认为是医学史上最重要的医学文献之一。

有没有可能是弗莱明对青霉素的潜力缺乏坚定的信念？他后来暗示自己当时无法获得周围人的支持。这个解释并不可信。更有可能的是，弗莱明专制的上司，人称"近乎正确"（Sir Almost Right）或"总犯错先生"（Sir Always Wrong）的阿尔姆罗斯 · 赖特爵士（Almroth Wright），倾向于相信疫苗在传染病学中的潜力，但即便如此，他还是给了弗莱明相当多的支持。

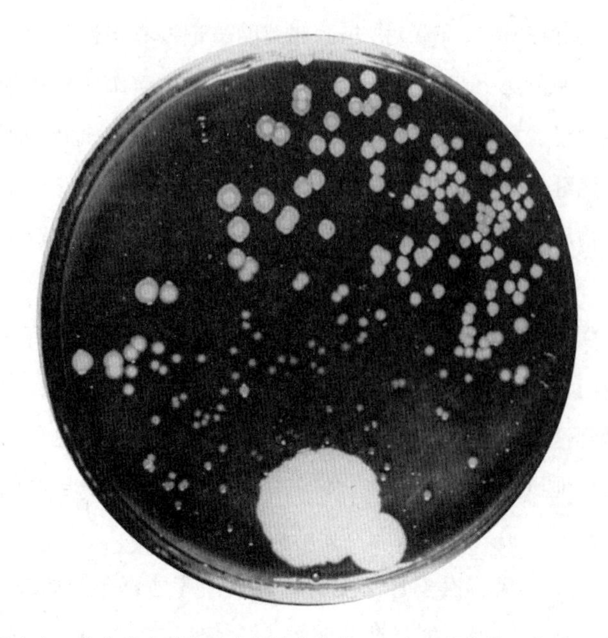

亚历山大·弗莱明发现青霉素的原始培养皿。在整个培养皿中可以看到金黄色葡萄球菌形成的小菌落，但在底部的大单菌落青霉菌周围的区域中，完全看不到任何葡萄球菌的痕迹。弗莱明由此推断，该霉菌必然分泌了一种杀菌物质。而这是青霉素。

从遗忘中提取出来的青霉素

如果不是澳大利亚精力充沛的药理学者霍华德·弗洛里（Howard Florey）从弗莱明的手上接过接力棒，青霉素的故事本会就此结束。[68] 弗洛里是牛津大学的病理学教授，他在牛津大学成立了一个小组，研究由其他微生物产生的杀菌物质。他的团队中还包括来自德国的犹太难民，才华横溢但脾气暴躁的生物化学家恩斯特·钱恩（Ernst Chain）和细菌学者诺曼·希特利（Norman Heatley）。

霍华德·弗洛里偶然翻阅到弗莱明关于溶菌酶的论述，该小组便从研究这种物质开始。在 1938 年，恩斯特·钱恩发现了弗莱明无人问津的那篇关于青霉素的文章。大约在 1939 年，这个研究团队开始抓紧开展相关研究。这样做完全出自科学和理论研究方面的兴趣。在后来一句著名的评论中，弗洛里坦率地说："人们有时认为我和其他人研究青霉素，是因为我们对人类的苦难感兴趣。我认为我们从未想过人类正受苦受难这件事。"

该研究小组获得了曾被弗莱明用来制取青霉素的青霉菌。然而，要从青霉菌中生产出足够多的青霉素来进行有意义的实验则极其困难，这直接延宕了他们的工作进程。

1939 年 5 月 25 日周六，弗洛里和他的同事进行了一次历史性的实验。他们用链球菌感染了八只小鼠，给其中四只注射了青霉素。周日早上，所有未经治疗的小鼠都死于非命，但那些注射了青霉素的小鼠健康状况良好。就连一向克制自己情绪的弗洛里也显得十分激动。这些发现得到了进一步实验的证实，他们旋即在 1940 年发表研究结果，但没有引起任何轰动。第二次世界大战如火如荼，此时的英国正担心德国即将入侵。为了安全起见，弗洛里、钱恩及两名助手在夹克衬里上涂抹了宝贵的霉菌孢子，在他们不得不逃离这个国家时携带出境。[69] 必须不惜一切代价保存珍贵的霉菌！

1941 年 2 月，他们第一次给病人注射了青霉素。患者是牛津的一名警察，名叫阿尔伯特 · 亚历山大，他后来死于葡萄球菌感染。用药二十四小时后，这位患者的病情迅速改善，经过总共四天的青霉素注射后，病情显著向好。然而十天后，病人的病情逐渐恶化；不幸的是，此时已经没有更多的青霉素可用，亚历山大不治身亡。在接下来的几周里，该小组成功地生产出足够的青霉素，治疗了几名患者，并取得良好的效果。同年，他们再次发表论文，但反响平平。[70]

弗洛里坚信青霉素的治疗潜力，但他意识到有必要找到大幅提高产量的方法。闪电战期间的伦敦很难做到这一点，因此他和希特利前往美国寻求帮助。他们与伊利诺伊州皮奥里亚的研究人员合作，在市场上腐烂的甜瓜上发现了另一种霉菌变种，能够产出比弗莱明实验更多的青霉素。弗洛里在美国政府和一些大型制药公司之间建立了合作关系，并在一年时间里设法克服了生产问题。返回英国后的弗洛里，最初无法获得美国生产的青霉素。因此，他的团队不得不继续自行生产，以便在患者身上做进一步的实验。由于青霉素经患者尿液排泄之后没有变化，因此有必要再次从尿液中提取这种珍贵的物质：弗洛里的妻子埃塞尔也是一名医生，她也参与了从患者尿液中循环提取青霉素的工作。1943 年，弗洛里和他的同事宣布，使用青霉素治疗的一百七十名患者均取得了很好的疗效。[71]

早在 1942 年，媒体就掌握了有关这种神奇新药的信息，并以头条标题加以报道。记者们强调了弗莱明和圣玛丽医院的努力，但很少提到弗洛里和牛津的研究小组。这样做的一个重要原因可能是弗莱明欢迎记者，但弗洛里则对媒体持保留态度，没有接受采访，也禁止同事这样做。这很可能标志着所谓“弗莱明神话”的开始。在青霉素的故事中，亚历山大 · 弗莱明就像希腊神话中从天堂盗火给人类的普罗米修斯一样，是将自己的发现贡献给人类的关键人物。弗莱明很快成了国际名人，这个身份非常适合他。他曾三次受到教皇的接见，还成为美国印第安部落基奥瓦（Kiowa）的荣誉酋长。月球上甚至有一个以他的名字命名的陨石坑。[72]

在公众认知中，霍华德 · 弗洛里从未获得过与媒体宠儿弗莱明一样的社会地位。他和同事们对片面强调弗莱明的贡献感到沮丧，但他从未公开表达过这一点。但在科学界，人们意识到弗洛里和他的同事对青霉素治疗的发展做出了宝贵的贡献。

弗洛里和钱恩之间的合作无疾而终。重要原因之一便是，钱恩想申请青霉素生产的专利，而弗洛里认为这样做是错误的，因为在他看来，他们的发现属于全人类。本书作者认为弗洛里的立场值得称赞，这与当今诸多研究人员的态度形成了鲜明对比，后者主要是出于商业

1945 年因发现青霉素而获得诺贝尔奖的三位学者。弗莱明（左）获得一半奖金，弗洛里（中）和钱恩（右）分享另一半奖金。

原因削尖了脑袋申请专利。专利制度有时会阻碍自由研究，最糟糕的情况下甚至会减缓医学进步。

1945 年，弗莱明、弗洛里和钱恩因发现青霉素而同获诺贝尔医学奖。弗莱明获得了一半的奖金，弗洛里和钱恩分享了另一半。也曾深入参与研究的诺曼 · 希特利没有获奖。弗莱明和弗洛里在 1944 年被授予爵位。1955 年弗莱明去世时，与英国历史上许多其他杰出人物一起被安葬在伦敦圣保罗大教堂的地下室。弗洛里于 1968 年去世，生前荣誉等身，1965 年获颁终身爵位。他的肖像后来出现在五十澳元的钞票上。

1943 年，盟军开始使用青霉素，实践证明，这种抗生素在治疗伤口感染和性传播疾病，特别是淋病方面极有价值。有些人希望优先将其用于战场伤者而非那些患性传播疾病的士兵。此事甚至被提交给了最高决策者丘吉尔，丘吉尔做出了所罗门式的决定，即在使用青霉素时只应优先军事考量。实际上，这意味着大多数军队中的淋病患者都得到了治疗，康复后的士兵们可以迅速返回前线。毫无疑问，青霉素赋予了盟军压倒德国军队的健康优势。

《第三人》和青霉素

战争期间，青霉素最初主要用于军事人员，直到 1944 年才逐渐为平民所用。在盟军占领、青霉素被限制使用的德国和奥地利等国家，青霉素成了人们梦寐以求的短缺品。从军队医院偷来的青霉素在黑市上高价而沽。为了增加利润，有犯罪分子还将青霉素与糖和其他物质混合，出售这种伪劣青霉素。而这构成了卡罗尔 · 里德导演的经典电影《第三人》的故事基础，格雷厄姆 · 格林根据自己的中篇小说创作了该剧本。[73] 故事发生在战后迷雾重重的维也纳，奥逊 · 威尔斯（Orson Welles）饰演的无良黑市恶棍哈里 · 莱姆（Harry Lime）将稀释加料的青霉素卖给一家儿童医院，给患脑膜炎的儿童带来了可怕的后果，其中一些儿童死亡，还有一些儿童在脑部严重受损的情况下勉强存活。格林的中篇小说基于真实事件：柏林一个犯罪团伙的成员因此类罪行被判刑。[74]

遍布维也纳的美国中央情报局特工用青霉素，向患有性病但无法获得青霉素的苏联士兵换取军事机密。

在“二战”后的一段时间，人们对这种划时代的新药无比推崇。许多人认为这种神药可以治愈大多数疾病，不仅仅是细菌感染。更有甚者，因为当时不需要处方就可以开具青霉素，一度出现了这种抗生素的普遍滥用。

奥逊·威尔斯在1949年上映的英国电影《第三人》中扮演无良罪犯哈里·莱姆。

击败“白死病”

青霉素虽然可以有效杀灭许多细菌，但对结核病基本无效，这一点很快显而易见。结核病仍然是一种普遍存在的传染病，死亡率很高。使用磺胺类药物的大量实验给治疗这种传染病带来了一定程度的希望，但最终被证明也对结核病无效。

1939 年，在纽约举行的一次会议上，并没有将自己的早期发现完全抛在脑后的亚历山大 · 弗莱明，遇到了乌克兰裔美国微生物学者塞尔曼 · 瓦克斯曼（Selman Waksman），后者多年来对土壤中的微生物开展了持续研究。[75] 弗莱明告诉他，自己从霉菌中发现了青霉素，瓦克斯曼对此非常感兴趣。同年，瓦克斯曼手下的研究员，法国学者勒内 · 迪博（René Dubos）在土壤样本中发现了一种杀菌物质，即短杆菌素，但由于有毒，不适合在人体内使用。瓦克斯曼回到实验室，开始在土壤样本中寻找其他杀菌物质。事实上，正是瓦克斯曼为微生物产生的抗菌物质引入了“抗生素”（antibiotics）一词。

瓦克斯曼实验室在抗生素领域实现了一项重大突破，发现了第一种有效的抗结核药物——链霉素。这个故事中的一个关键人物是阿尔贝特 · 沙茨（Albert Schatz），他是瓦克斯曼手下一名极有天赋的二十三岁学生。在刚开始撰写博士论文仅仅几个月后，沙茨便通过深入而富有创造性的研究，在 1943 年发现了一种被命名为链霉素的物质，之所以如此命名，是因为这种物质是由土壤细菌灰链霉菌产生的。这种物质对许多细菌都有效，但沙茨特别感兴趣的是它对结核杆菌有没有显著效果。[76]

瓦克斯曼和沙茨开始与两名结核病研究人员威廉 · 费尔德曼和霍顿 · 科温 · 辛肖合作，他们在豚鼠身上进行了链霉素试验，取得了惊人的成功。同年，也就是 1944 年，第一批结核病患者接受了链霉素治疗，其疗效毫无疑问。治疗结核病的方法终于找到了。[77]

大约在链霉素被发现的同时，哥德堡的丹麦裔瑞典医生约恩·莱曼(Jørgen Lehmann)证明,化学结构简单的药物对氨基水杨酸(PAS)对豚鼠和人类的结核病也有显著疗效。令人印象深刻的是，莱曼是通过纯粹的理论和逻辑论证得出这个结果的，之前没有任何实验。

即便如此，很快有证据表明，仅使用这两种药物中的一种进行治疗（必须服用数月），往往会在结核病细菌产生耐药性后的一段时间内失去效果。然而，如果将链霉素和 PAS 联合使用则不会如此。威廉 · 费尔德曼是最早从这种联合疗法中获益的人之一，他在用患结核病的豚鼠做实验时感染了危及生命的结核病。

1952 年，塞尔曼 · 瓦克斯曼因发现链霉素而获得诺贝尔医学奖。他是唯一的获奖者，尽管大多数人，甚至包括瓦克斯曼本人都认为莱曼也应该获奖。有人声称，莱曼之所以被忽略，是因为诺贝尔奖评选委员会的一名成员强烈抵制，据称其动机是竞争和嫉妒。这种情绪在研究界并不罕见。对于沙茨来说，他对自己没有分享诺贝尔奖感到极度痛苦。他甚至给瑞典国王写了一封信。沙茨的说法得到了一些研究人员的支持。但其他人认为，瓦克斯曼作为该研究团队的负责人是诺贝尔奖合理的候选人。[78]

接下来的几年里，研究者又发现了几种的抗结核新药，以特殊的联合疗法用于临床。但这些都不足以结束与结核病的斗争。这种已经蹂躏人类数千年的传染病最近呈上升趋势，特别是因为结核病细菌对常用药物产生了耐药性。[79] 艾滋病大流行导致世界范围内结核病病例显著增加。多年来，结核病研究的优先级一度较低，但现在相关的研究，特别是在开发新药方面的努力渐趋活跃。[80]

塞尔曼·瓦克斯曼和他二十三岁的学生阿尔贝特·沙茨发现了链霉素。链霉素是第一种真正有效的抗结核药物。瓦克斯曼因此获得了 1952 年诺贝尔奖。

抗生素的黄金时代

青霉素凭借相较于磺胺类药物的明显优势，彻底改变了一系列细菌感染的治疗方案。青霉素的副作用要少得多，而且总体而言，即使过敏也很少危及生命。磺胺类药物在多次注射后将会使致病微生物产生耐药性，变得不那么有效。

青霉素是瓦克斯曼命名的抗生素的典型代表，由细菌和霉菌等微生物产生。微生物制造抗生素的能力已经发展了数百万年，是微生物与其他微生物竞争生存的武器。抗生素只是微生物通过进化提高适应能力的众多例子之一。在过去七十五年间，人类在对抗病原微生物的斗争中充分利用了这一点。

将青霉素引入传染病学在全球范围内引发了一场浪潮，人们开始搜寻除弗莱明著名的青霉菌以外的微生物产生的新型杀菌剂。和瓦克斯曼一样，有些人认为土壤中的许多微生物可能是新型抗生素的重要来源。1943 年发现的另外一种重要抗生素链霉素激发了人们对新型抗生素的深入探寻——主要是利用土壤样本。研究人员探索了每一种可能的方法：例如，礼来制药公司恳请散居世界各地的基督教传教士从异国他乡发回土壤样本。[81]

这次搜索使人们找到了大量抗生素。在二十世纪五十年代和六十年代，许多全新的抗生素被发现。其中一些在化学上与青霉素有关，如头孢菌素；而另一些，如氯霉素和四环素则完全不同。在某种程度上，这些新物质表现出的特性使它们区别于青霉素，对不同的细菌有影响，并有其他副作用。[82]

制药业不仅对自然产生的抗生素感兴趣，他们还通过化学方法逐渐开发出新的变体，从而使药物具有有用的新特性。例如，青霉素就成了一系列其他青霉素变种的“前身”。人们逐渐研发出新的、完全合成的杀菌剂，例如有价值的喹诺酮类药物。

“抗生素”一词最初用于微生物产生的物质，现在则用来涵盖所有抗菌剂，尽管并不精确。

这一发展逐渐导致大量杀菌剂的积累，为各种各样的感染提供了可能的治疗方法。这几十年来，人类似乎在与细菌的决斗中占据了上风，部分原因是他们秘密窃取了敌人自己的武器。然而毫不意外的是，微生物作为强大的对手，已经对越来越多灭杀微生物的药物产生耐药性，而获得全新抗生素的渠道已经枯竭。永无休止的决斗仍在激烈进行。

病毒感染的治疗

早在十九世纪末，人们就意识到病毒的存在，这些微生物比细菌小得多，可能会致病。但直到二十世纪三十年代左右，放大倍数远远高于普通显微镜的电子显微镜才被直接用于研究病毒。关于病毒的构成和“生活方式”的认知逐渐增加。人类得知病毒只能在活细胞内生存，并且它们与宿主细胞的代谢密切相关，从而对找到药物来对抗病毒产生了一定程度的悲观情绪。能找到既能抑制或破坏病毒颗粒又不损伤宿主细胞的药物吗？这种悲观心态，加上细菌学革命发生五十年后病毒检测才成为可能的事实，解释了为什么直到磺胺类药物和青霉素问世几十年后，我们才获得有效的抗病毒感染药物。

直到二十世纪六十年代，第一种用于治疗病毒感染的内服药物阿糖腺苷才问世。[83] 这种药物必须在医院注射，用于对抗与疱疹病毒有关的严重感染，尤其是脑炎。阿昔洛韦是一种非常有效的药物，用于治疗轻度和严重的疱疹感染以及可引起带状疱疹的水痘病。阿昔洛韦于二十世纪八十年代初问世，目前仍在使用。[84]

在阿昔洛韦问世几年后，更昔洛韦出现了。作为一种衍生进化版的药物，它对巨细胞病毒感染尤其有效。这种病毒会导致免疫系统减弱的患者，如艾滋病患者或接受器官移植的患者严重感染。我们现在还有其他抗巨细胞病毒的药物。阿昔洛韦和更昔洛韦在移植医学中都极其重要，它们也被用于预防巨细胞病毒感染。

人类免疫缺陷病毒治疗的革命

艾滋病是人类免疫缺陷病毒最严重的感染形式，1981 年年中被“发现”，而该病毒直到 1983 年至 1984 年才被检测到。在接下来的几年里，有关 HIV 的研究取得了惊人的成果，人们绘制了该病毒的特性谱系，并找出它如何攻击人类免疫系统，尤其是控制免疫反应重要部分的关键的 CD_4^+T 细胞。HIV 盔甲上的一些弱点被发现，可能成为药物治疗的攻击靶点。尽管如此，许多年过去后，才有了有效治疗 HIV 感染的方法。在这些艰难的岁月里，人们所能做的就是尝试治疗，以抑制 HIV 感染者免疫系统变弱引发的许多危及生命的并发症。这能一定程度上延长生命，但在绝大多数情况下，这种感染被证明是致命的。

1996 年，HIV 感染治疗出现了一场可以称为革命的发展。[85] 这便是联合疗法（鸡尾酒疗法）的引入，使用了新的药物——蛋白酶抑制剂——以及传统的核苷类似物。再加上测量血液中病毒数的新方法，这些都被证明具有显著的效果。HIV 是导致患者免疫系统被破坏的最重要原因，而通过这种治疗可以阻止病毒传播。经过治疗，虚弱的免疫系统在很大程度上恢复了。从那时起，目前已经开发出三十多种新药，它们更有效，副作用更少，能以不同的方式攻击病毒。当一个人结合使用具有不同攻击点的药物时，效果会增强。同时，病毒虽形成耐药性突变体，从而导致对药物的耐药性，但在鸡尾酒疗法下最终妨害治疗的可能性会小得多。如前所述，这一原理也被用于结核病的治疗。

1996 年治疗取得突破性进展后，西方国家所有可得到治疗的艾滋病感染者死亡率都大幅下降。如今，艾滋病患者如果接受正确的治疗，便可拥有良好的生活质量，预期寿命几乎正常。现代艾滋病治疗还有一个重要的好处：得到良好治疗的艾滋病患者在性方面实际上不再具有传染性。

在世界较贫穷地区，特别是在非洲，艾滋病仍然是一个巨大的问题。尽管情况已逐渐改善，但仍有许多患者无法获得治疗方面的进展。对于富裕国家来说，这是一个不断的挑战。

尽管治疗方面的进步令人印象深刻，但令人惊讶和悲伤的是，一些人，包括一些有科学背景的人，仍然否认艾滋病是由 HIV 引起的。

尽管他们的观点被证明是错误的，但还是成功地说服了一些患者拒绝使用现代药物，不可避免地导致了免疫系统的致命崩溃。

这种否认导致的最大悲剧，发生在塔博·姆贝基（Thabo Mbeki）总统治下的南非。[86] 1999 年，当他接替纳尔逊·曼德拉担任总统时，南非将近百分之二十的人口感染了 HIV，三十万人已经死于艾滋病。截至 2008 年，在姆贝基执政期间，另有二百七十万人死亡。其中相当一部分死亡的责任在于姆贝基及其政治同僚。出于未知的原因，姆贝基选择加入艾滋病否认主义，拒绝让国人接受现代艾滋病药物治疗。哈佛大学的研究人员计算出，如果这位总统不是站在否认者的行列中，就可以避免三十三万多例 HIV 感染者死亡和三万五千例母婴传染。

尽管目前对 HIV 感染的疗法非常有效，但并不能从患者身上根除这种病毒。因此，治疗必须是终身的：如果患者停止服用抗艾滋病毒药物，病毒就会再次繁殖，病情将复发，导致免疫系统衰竭。因此，研究人员口中的“圣杯”便是找到一种治疗方法，彻底根除患者体内的病毒，然后患者就能停止用药。这是一个巨大的科学挑战。并非所有的研究人员都认为这是可能的。[87]

抗击肝炎病毒：第二次治疗革命

某些全球性传染病非常明显，会带来相当严重的疾病后果，例如疟疾和艾滋病。而在病毒引起的肝炎引发严重问题之前，攻击肝脏的病毒通常会在数年内并无明显症状。最重要的两种病毒是乙型肝炎病毒和丙型肝炎病毒，这两种病毒都是严重的全球挑战。2015 年，超过二亿五千万人感染乙型肝炎，导致九十万人死亡。有七千万人感染丙型肝炎，四十万人死亡。死亡原因是肝硬化导致肝衰竭和肝癌。

多年来，我们只有一种治疗丙型肝炎的方法，即抗病毒药物利巴韦林和干扰素（一种可以注射的细胞因子）的组合。但这种治疗通常效果有限，并非对病毒的所有变种都起作用，并可能产生严重的副作用。近年来，我们已经获得了用于对抗丙肝病毒的新药，与前一种治疗方法相比，效果更好，副作用更少。[88] 今天，丙型肝炎是唯一可以治愈的慢性病毒感染，病毒可以从患者体内完全根除。原则上，现在应该有可能从西方国家根除丙型肝炎病毒，因为西方优渥的经济条件使得采用这些极其昂贵的药物成为可能。[89] 在世界上较贫穷的地区，大多数人都不太可能获得这种治疗。

就乙肝而言，我们现在也有了更多的药物，但它们的效果往往不如治疗丙型肝炎那么显著。[90]

来自病毒的进一步挑战

尽管人类在治疗一些主要病毒感染方面取得了令人满意的突破，但仍然有一系列病毒，要么没有治疗方法，要么只有疗效相当一般的药物。后者就包括流感病毒。我们使用的神经氨酸酶抑制剂效果有限，必须在患者发病后四十八小时内服药。最近，在某些国家推出了两种全新的抗流感药物，作用方式与神经氨酸酶抑制剂不同，但可能并不完全优于现有药物。[91] 每年都有一些患者死于流感，特别是高危人群，如慢性心肺疾病患者和老年患者，这些患者最需要更有效的新药物。流感疫苗仍然是我们对抗这种疾病最重要的武器。

我们还需要治疗脊髓灰质炎、黄热病和狂犬病等众所周知的病毒性疾病的药物，以及感冒病毒引起的极为常见但不太严重的传染病的药物。同样，我们完全缺乏针对新发传染病的抗病毒药物，包括大多数形式的出血热、寨卡病毒感染，以及各种冠状病毒感染。最近，两种新的抗埃博拉病毒的药物——所谓的单克隆抗体 *——已经问世，

* 仅由一种类型的免疫细胞制造的抗体。

并在刚果的疫情中使用。

2020 年初暴发新冠全球大流行，随着死亡人数的不断增加，研发对抗这种冠状病毒的药物得到了各国的高度重视。这引发了一场名副其实的医学实验热潮，大大小小的研究超过两千项，可谓“研究乱局”。[92] 最初的尝试是重新试验用于其他病毒感染的传统药物。[93] 这些研究大多质量堪忧，只有极少数为我们提供了有价值的新信息。抗新冠病毒的药物分为两大类：直接攻击冠状病毒的药物和防止由感染引起的免疫反应和炎症的药物。

属于前一类抗病毒药物的是羟氯喹和瑞德西韦，这两种药物一直是人们关注的焦点。羟氯喹是一种疟疾药物，也用于风湿性疾病。早期的一项非对照研究声称，这种药物对严重新冠病毒感染具有明显的效果，进行多次试验后，许多人开始主动服用羟氯喹来预防新冠病毒感染。对照试验现已表明，该药物对新冠感染基本无效，世卫组织不推荐使用。[94]

瑞德西韦是一种针对埃博拉病毒开发的药物，但在治疗埃博拉病毒感染并没有取得很大成功。人们希望这种药物能有效地对抗冠状病毒。世卫组织支持的一项大型试验发现，该药物对新冠重症感染者的死亡率没有任何影响，尽管之前的一项试验发现，治疗在一定程度上缩短了病程。[96] 这种药物也可能有严重的副作用，因此它显然不是，至少单独使用时不是新冠治疗的解决方案。

人们对使用冠状病毒的抗体也有相当大的兴趣，无论是来自患者的血浆，还是实验室合成的单克隆抗体。在严重病毒感染的治疗方面，我们仍然面临着相当大的挑战，这导致了经典血清疗法的基本原理的复兴，这种疗法在二十世纪上半叶非常流行。医学技术的重大进步意味着，现在可以“定制”针对特定微生物（包括病毒在内）的单克隆抗体。许多人认为，这种抗体可以在治疗和预防尚无药物可用的病毒感染方面发挥重要作用。[97]

唐纳德·特朗普担任美国总统期间曾感染新冠病毒，除瑞德西韦外，还接受了此类治疗，使用单克隆抗体对抗新冠病毒的某些有希望的结果也得到了宣传。目前，血清治疗的结果尚不确定。[98]

至于后者，即治疗有害免疫反应和炎症的抗病毒药物，迄今为止只有一项突破。对于非常严重的新冠病毒感染，使用皮质类固醇药物地塞米松治疗可降低死亡率，目前已成为标准药物。[99]一些针对细胞因子的药物也在进行试验，这些细胞因子由免疫系统大量产生，被认为会导致炎症。目前尚未取得突破。[100]

正如我们在许多其他病毒感染中看到的那样，研制真正有效的抗新冠病毒药物可能漫长而艰难。然而，分子生物学和免疫学的重大进展为我们在未来几年开发新药物提供了乐观的理由。

最大的挑战：治疗危及生命的真菌感染

在过去几十年新出现的传染病中，有一些极其严重的真菌感染，病原体主要是酵母真菌念珠菌和曲霉菌，但也有其他类型的真菌。在移植医学和癌症治疗取得重大突破后，这些真菌感染在西方国家已然成为严重的挑战。对于免疫系统严重削弱的患者来说，这些真菌会导致危及生命的感染，其诊断和治疗都存在难度，因此极其危险。由于越来越多的人正在接受会削弱免疫系统的药物治疗，这一风险群体正在增加。

在世界较贫穷地区，接受现代癌症治疗的病人也在增加，随之而来的真菌感染对资源极其有限的卫生服务构成负担。此外，某些严重的真菌感染也构成了热带地区的日常传染负荷。严重真菌感染日益增多的历史背景，解释了为什么在杀菌剂问世几十年后，这一领域才推出了有效的药物。

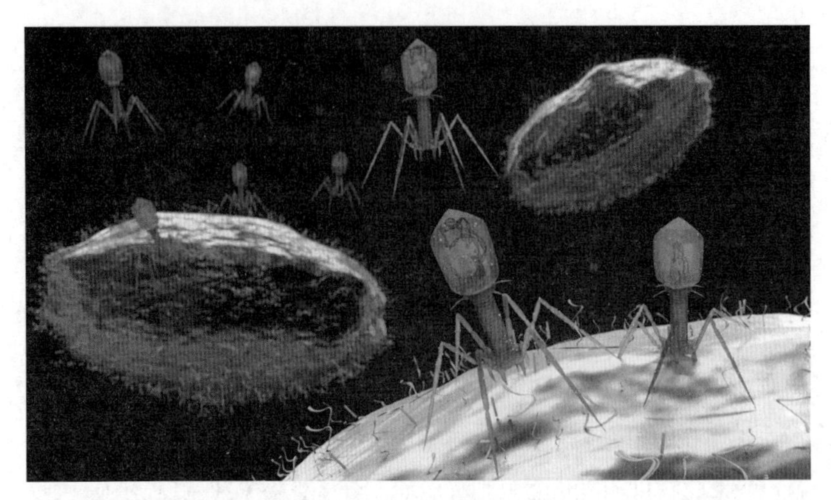

细菌细胞表面的噬菌体。噬菌体是感染细菌的病毒，可能用于治疗细菌感染。与其他病毒一样，它们首先附着在细菌细胞的特殊分子上，然后再将遗传物质注入其中。这可能导致细菌死亡。

二十世纪五十年代末，第一种有效治疗严重真菌感染的药物问世。这种名为两性霉素乙的药物，最初是作为一种细菌的产物被发现的。这种药物必须注射，并会导致许多副作用，包括严重的肾损伤。由于这个原因，治疗常常失败。然而，两性霉素乙价格低廉，因此仍在欠发达国家临床使用。在西方国家，这种药物的改进版副作用较少，但成本要高得多。尽管如此，两性霉素乙并没有解决当今医学中真菌感染的主要问题。[101]

真菌感染治疗的下一个重要阶段出现在二十世纪九十年代，即所谓的“唑类抗真菌药物”中的新药问世。二十一世纪出现了改进型。近年来，一个完全不同的种类——棘白菌素的首批药物也开始投入临床。

与几十年前相比，现如今，有许多有效的抗真菌感染的药物可供使用。[102]尽管如此，真菌感染是传染病学中最大的问题之一，病死率很高。其中一个重要原因是，这些感染主要集中于免疫系统减弱的患者，因此只能在有限程度上帮助对抗感染。此外，真菌感染的症状往往具有误导性，我们的诊断方法还有很多需要改进之处。这意味着，在诊断和治疗开始时，感染往往已经非常深入。需要更好的诊断和更有效的新药。目前人们正在研究刺激患者免疫系统的方法，希望将改善抗真菌药物的效果。

贫穷的诅咒：被无视的热带病

在发展中国家，传染病是疾病和死亡的一个重要原因，被称为“三大主要传染病”的疟疾、结核病和艾滋病将这些国家打击得不成样子。近年来，这些疾病也受到了极大关注。但影响贫穷国家人口的许多其他传染病得到的关注要少得多，药物开发也很少。这些疾病被称为“被忽视的热带病”（NTD）。[103]

被忽视的热带病与贫困和特殊的生态条件有关，其中许多是慢性病，通过延缓儿童的身体和智力发育以及降低成年人的工作能力，加剧了贫困。对于相关致病微生物，要么缺乏有效的治疗药物，要么现有的药物几乎没有效果或存在严重的副作用，或者对贫穷国家来说过于昂贵。[104]

这些传染病被忽视的原因自然很多。无论如何，到目前为止很少有人进行研究，因为先进的研究机构设立在得这些病的患者不居住的西方国家。各大制药公司以其冷酷无情的商业道德，不会将热带传染病列为优先事项，因为开发治疗热带传染病的药物几乎没有利润。西方的援助也在很大程度上集中在这些国家的其他重要需求上。

由于被忽视的热带病极大地加剧了持久的贫困和社会问题，因此需要加以重视并给与必要的资源倾斜。实现这一目标的最大障碍是较贫穷国家的经济疲软，在没有外部援助的情况下无法有效地解决传染病问题。正如我们在疫苗接种援助和防治艾滋病行动中看到的那样，西方国家可能必须通过政府和私人参与者之间的合作来解决融资问题。[105]

第十章

新挑战与补牢之策

人类历史中充满对传染病的描述，而传染病流行有时可以达到瘟疫规模。传染病引发的灾难绝不仅仅发生于遥远的过去。过去百余年间来，我们目睹了一些传染病，其中一些引发了深远的后果。进入二十一世纪，就出现了好几种新的疫情：非典、猪流感和寨卡病毒，以及 2020 年暴发的新冠大流行。

导致最近大流行的微生物，是当今时代出现许多全新微生物威胁的例证，而这些迹象，是本书作者称之为人类传染病史上第五次转型的标志性特征。这一最新时期的典型特征是,作为“人类世”的一部分，由人类引起的生态变化越来越多，使得以前未知的微生物很容易入侵人体并引起感染。这背后的基本机制很可能会导致微生物世界出现新的威胁，并引发新的大流行。

充满热情的科学乐观主义者，可能会对新的全球大流行和地方疫情的可能性及其威胁嗤之以鼻。我们在医学和分子生物学方面取得了惊人的进步，这是否意味着我们掌握了更好对抗新微生物的工具？我们不是很快就能通过开发新疫苗和有效药物来解决问题吗？尽管取得了相关科学进步，但在许多方面，当下的我们相较于前几代人，反而更容易受到大规模疫情或重大传染病流行的影响。

我们不仅为全新的致病微生物的到来制造越来越多的人为条件，现代交通工具和旅行手段也使微生物能以完全不同于从前的方式传播。

我们必须认识到，新的传染病流行肯定会发生。最大的问题是什么时候会发生，哪些微生物会参与其中。如果要有效地抗击新的疫情，最好是防止它们发生，上述问题的答案显然至关重要。

不幸的是，还没有专家成功地预测了任何已经发生的大流行或地方疫情。在这方面，尽管近年来为开发可靠的预警方法开展了大量工作，但前途漫漫，仍有很长的路要走。[1]

当谈到哪些微生物可能是未来大流行的原因，以及这种大流行可能从哪里开始时，无疑可以从以前的大流行中吸取教训。近年来几乎所有大流行的传染病都属于人畜共患病，也就是说，致病微生物往往最初来自动物。此外，全球范围内，某些地域已经开始暴发疫情，那里的条件非常有利于动物微生物与人类接触，并可能引发时疫。这些热点地区通常生活着各种各样的野生动物和微生物，特别是病毒。而那里的自然和气候往往发生了相当大的变化。大多数热点地区位于热带。[2]

我们应该重点关注哪些病毒呢？毕竟，地球上生活着大约五千种哺乳动物以及一万种鸟类，每个物种携带不同病毒。试图确定新的大流行最可能的病毒肇因，似乎毫无希望可言。然而，的确有一种病毒十分显眼，那就是至少在过去半个世纪定期引发疫情的甲型流感病毒。[3]

关于流感病毒，至今仍有很多未解之谜，专家们在诸多领域也持不同意见。然而，几乎所有人都同意，在某个时刻，我们将迎来一场新的甲型流感大流行——疫情可能随时到来，疫源可能来自野生或驯养的禽鸟，也可能来自饲养的家猪。在鸟类身上发现的多种流感病毒中，哪一种会导致下一次大流行只能靠猜测。但毫无疑问，这种病毒必然能传染人类并引发疾病，同时也能有效实现人际传播。

过去若干年，人们特别担心 H5N1 型，最近又开始担心 H7N9 型禽流感病毒。[4] 在极少数情况下，这些病毒也会导致人类生病，病死率很高，但起码到目前为止还没有那么容易传播。令人担忧的是，病毒会因突变一下子获得人际有效传染的能力。目前尚不确定这是否会发生。也许会出现完全不同的流感病毒。流感病毒，给我们带来了许多秘密和惊吓。

还有哪些病毒是新的传染病大流行的潜在原因？人们自然会担心近年来出现的某些已知病毒，尽管这些病毒并没有引发大流行，但也造成了相当大的问题。

非典病毒，现在被称为严重急性呼吸综合征冠状病毒 1 型，出现于 2003 年，表明了由于现代交通手段的进步，特别是全球空中运输的便捷，病毒传播和引发疫情的速度是何等之快。在经历最初的进退失据后，世卫组织开始整合信息，提供旅行建议，实施常规的防传染措施，包括持续隔离疑似非典患者，确保疫情得到了控制。非典病毒尚未根除，可能会再次卷土重来。如果疫情的最初应对出现问题，很可能会导致大流行。

埃博拉病毒也是一个备受关注的话题。2018 年，刚果再次暴发了这种出血热。疫情很难平息，一直持续到不久前。原因主要在于当地出现的一系列问题。政治动荡和军事冲突给抗击疫情设置了巨大障碍。此外，人们对政府当局和援助组织缺乏信任。医疗中心经常遭到武装袭击，援助人员中有一些人不治身亡。考虑到埃博拉病毒的传染方式，应该通过相当基本的应对措施来避免大流行，但相关病毒可能会通过突变增强传染力。

被一些人视为潜在威胁的尼帕病毒，不太可能造成重大疫情。至于中东呼吸综合征冠状病毒，未来的发展趋势并不确定。这种冠状病毒不仅存在于阿拉伯半岛的骆驼种群中，还存在于“非洲之角”各国。如果疫情在非洲暴发，就很难遏止。如果突变后的病毒更容易在人际传播，就不能排除大流行的可能性。

然而事实上，可能催生新一轮大流行的是在哺乳动物和鸟类中发现的数千种病毒中的某种全新病毒。尤其是占所有哺乳动物物种五分之一的蝙蝠，携带大量病毒。[5]其中一些，如亨德拉病毒和尼帕病毒已经造成了疫情。蝙蝠携带的全新病毒也可能成为大流行的成因。这适用于埃博拉病毒的变种，以及除非典和“中东呼吸综合征冠状病毒”以外的许多冠状病毒。最近，新冠病毒，即严重急性呼吸综合征冠状病毒2型引发的全球疫情，也让我们意识到了来自冠状病毒大家族的威胁，但这很可能不是最后一次。

大流行的可能场景，特别聚焦于微生物，尤其是通过飞沫或空气传染传播的病毒。[6]致病微生物在现代大城市的潜在传播威力令人不寒而栗，只需要想想街道和大型住宅区以及多种公共交通工具上的人群密集程度，一切就会不言自明。

人们对性接触传染微生物引发的潜在大规模疫情的重视程度要低得多。如果考虑到几十年前的情况，并回顾艾滋病如何有效地传播，这种轻视态度令人惊讶。爆炸性的传播并不是因为艾滋病病毒特别具有传染力，而是因为世界各地大部分公众的性行为给病毒传播提供了有利条件。如果一种新的致命微生物以这种方式再次发动袭击，艾滋病大流行的昔日情景恐怕会重现。与艾滋病大流行的头几年相比，人类的性行为没有朝向清心寡欲的清教徒方向发展。相反，性传播疾病的疫源现在可能会有更好的传播机会，特别是由于艾滋病治疗的进步，许多高危人群现在认为完全没有必要使用安全套，导致此类群体中性传播疾病迅速增加。艾滋病大流行表明，即使有可能感染致命的微生物，让一个人改变自身的性行为方式仍是多么困难。

现今全球大流行的后果

历史教训告诉我们，全球大流行往往会造成巨大的社会危害。[7] 我们必须面对这样一个事实，即在当今世界，疫情也可能产生可怕的，不仅是医学上而且是政治、经济和社会上的后果。人们越来越意识到，全球大流行和大规模的地方疫情会在世界和国家层面上威胁社会的安全。[8]

大流行的医疗后果会由于微生物的毒力而有所不同。1918—1919 年的流感大流行和 1996 年之前的艾滋病大流行期间，死亡率很高，据估计有多达一千万人丧生。2009 年的猪流感大流行——就死亡率而言，猪流感大流行被认为是相对温和的，在全球范围内也导致了六百万人死亡。另一方面，寨卡大流行的死亡率要低得多，在 2016 年只造成了二十人死亡，但也引发了其他医疗问题。如果遇到一种高致病的新型病毒，我们很可能在大流行的第一阶段拿不出任何有效的药物和疫苗，将被迫采取传统的传染预防措施，如单独收治患者、实施隔离和旅行限制，以应对危机。非典疫情向我们表明，如果大力实施，这些措施是有效的。在目前的新冠疫情期间，类似的宝贵经验再次经受住了检验。

即使在最富裕的国家，致病微生物造成的大规模疫情也将给卫生服务带来沉重负担。大流行的受害者将对医院的收治能力，无论是普通病床还是高度专业化的重症监护病房的病床数量，提出巨大的要求。最严重的患者最终都会在重症监护病房走向生命的终结。相当一部分卫生人员将参与大流行患者的治疗。在大流行期间，发达国家对其他重病患者的护理可能受到影响。卫生服务不发达的发展中国家不可避免地会格外脆弱。2014—2015 年西非的埃博拉疫情，便清楚地反映了这一点。当时约有一万两千名埃博拉患者死亡，另有大约同等数量的其他疾病患者死于疫情导致的医疗资源匮乏。

目前，世界范围内只有少数国家才能生产重要医疗设备和包括多种抗生素在内的特效药物。大流行引发的严重后果之一便是，如果某个重要的生产国因大流行而陷入瘫痪，或者国际贸易受到影响，那么世界其他地区的重要医疗设备或药物将变得稀缺。

从早先的全球大流行或地方疫情中总结出的经验表明，在这种情况下，很容易出现政治和社会动荡。[9] 在那些缺乏社会安定、民众对政府失却信任的国家，疫情尤其称得上是一种威胁。对于这样的社会而言，一旦受到疫情打击，潜伏的矛盾可能会爆发，并导致国内陷入混乱状态。最近遭遇埃博拉疫情的刚果情况就是这样，而那里的政治和军事动荡又干扰了防疫措施的开展。[10] 即使在西方社会，疫情失控的极端后果也会导致社会动荡，让民众对政客和政府缺乏信任。此次新冠大流行期间，已经出现了好几个这样的例子。

由于大流行造成的重大经济后果，内乱也可能加剧。在国内和国际层面，贸易和工业将比以前更易受到不可避免的后果以及当今世界可能导致的防疫措施的影响。在暴发传染病的情况下所采取的防疫措施，一部分可能是合理的，但很多措施完全由恐惧所引发。恐慌心态，属于大流行期间的重要推手之一。与受灾特别严重国家的国际贸易活动将大幅下降。疫情可能导致重大经济损失的典型事例，如 2003 年的非典疫情，尽管很快便得到了遏制，但仍给世界造成了三百到五百亿美元的损失。[11]

在个别受灾严重的国家，工业可能会陷入瘫痪，2014—2015 年埃博拉疫情期间，几内亚、塞拉利昂和利比里亚就是最好的例证。在这些国家，由于担心传染和卫生当局实施的旅行限制，劳动力大量短缺，重创了这些国家的采矿业和农业。在疫情特别严重的地区，外国投资将大幅下降——艾滋病大流行的头几年，几个非洲国家就面临这种困境。旅游业在很大程度上是许多国家经济的基石，对疫情极为敏感。

总而言之，未来必将暴发的大流行导致的经济后果肯定会极其严重。对其可能后果的计算得出了相当可怕的数字。美国的一个委员会估计，未来暴发的传染病疫情造成的平均损失将达到每年六百亿美元，这还没有考虑到必须预期的相当大的死亡率所造成的经济后果。[12]另一个专家组考虑到了这一死亡率，并得出由于未来的地方流行和全球大流行，每年的支出为四千九百亿美元。

本书作者提到的上述因素，可以解释为什么国际安全专家极度担心未来暴发传染病疫情。其中一位国际安全专家——美国人安德鲁·普赖斯·史密斯，曾于2009年写过一本书《传染与混乱》(*Contagion and Chaos*)，书中引用了早期和近代历史的例子，声称大流行和大规模传染病会对人类社会的安全与稳定构成严重威胁。[13]

国际合作在抗击传染病中发挥的作用

疫情的严重后果意味着，国际社会必须制定有效的计划，与即将到来的传染病大流行作斗争，最好是寻求积极的预防之道。许多必要的措施代价不菲，但忽视此类规划的成本则将更为高昂，甚至可能会威胁数百万人的生命。[14]

到十九世纪时，在应对霍乱、黄热病和鼠疫等流行病方面，国际合作就已显得尤为必要。从十九世纪中期起，举办了许多国际会议来规划这类工作。最终达成一项国际协议，即《国际卫生条例》(IHR)，目前已有一百九十六个国家签署。商定的议题之一是，成员国如何在即将发生疫情时尽快提供医疗服务，以便及时采取必要的措施。此外，成员国应立即向世卫组织发出疫情预警。一旦疫情暴发，世卫组织将尽快就适当措施提供必要的建议，并领导和协调国际合作以抗击疫情。[15]

因此，组织抗击疫情的国际措施是一个金字塔结构，各个国家处于基部，世卫组织处于顶部。显然，这在很大程度上取决于各国的努力及其卫生服务的质量和资源。所有国家都必须准备好对付疫情的应急计划。然而，这里有相当多的不足之处需要改进。一旦疫情暴发，制定计划势必为时已晚。

如前所述，未来大流行的可能原因之一便是流感病毒。世卫组织为此建立了一个由各国疾控中心和特殊实验室组成的架构良好的全球网络，不断监测世界流感形势，以及令人担忧的禽流感病毒。[16]

但在流感病毒以外的致病微生物方面，国际合作组织得不太好。过去二十年来大流行和大规模地方流行的经验表明，全世界对大流行的准备工作存在相当大的不足。这不仅是因为许多国家缺乏卫生服务方面的资源和知识。世卫组织也因缺乏领导力而受到批评，例如2014—2015年西非埃博拉疫情期间，许多人认为世卫组织动作迟缓。此外，世卫组织的资源也很有限。[17]

这些都导致近年来涌现出一系列新的国际组织，其目的是改善世界各地的大流行准备工作。相关措施通常基于政府、大学、制药公司和援助组织之间的合作。

这些组织的重要目标之一是加强在地方一级，特别是在被视为热点区域的地方，尽早发现大流行威胁的可能性。相关工作包括培训人员，提高世界各地实验室的标准，以便在微生物的新威胁出现时通过更可靠的诊断加以探知。

为大流行做好准备的一个巨大挑战是，我们不知道下次作祟的是哪种致病微生物。为了从一开始就阻止一场大流行，仅仅发现正在发生的事情是不够的：重要的是尽快确定即将引起大流行的微生物，并确定其传播途径。罪魁祸首是已知的微生物还是完全未知的新生物？为了能够回答这个关键问题，必须依靠最先进的现代分子生物学方法。[18] 在这方面，已经取得了很大进展。[19] 1981年首次出现的艾滋病，人们用了两年时间探明病因是人类免疫缺陷病毒，而在2013年，检测中东呼吸综合征冠状病毒只花了两周时间，到2020年，确定新型冠状病毒结构的时间更短。我们能够利用这些进展的一个重要先决条件是，这些方法在全球范围内，特别在总是暴发新疫情的贫困国家热点地区，可以被投入使用。

如果大流行开始时出现的是一种全新的微生物，很可能是一种病毒，那么尽快研制疫苗至关重要。根据经验，我们知道这往往需要一定的时间。如果疫情暴发，是否能以某种方式缩短时间？以下是一些经启动的提议。

“流行病防范创新联盟”（CEPI）成立于2017年。这个国际组织希望在未来几年可能暴发的包括尼帕病毒、拉沙病毒、非典病毒和中东呼吸综合征病毒的大流行发生之前开发出相关疫苗。[20]针对这些病毒开发疫苗无疑是有用的，但这些是新的大流行最可能的潜在原因吗？并非每个人都会达成一致。

批评人士称，疫苗研究必须寻求新疫苗开发的某些基本原则，以便当出现全新的致病微生物时，加速疫苗的生产效率。[21]“防疫创新联盟”看起来现在已经在这些原则的基础上开展研究。

当然，抗击大流行的理想方法是在大流行暴发之前，即使是在地方疫情暴发之前就发现可能的原因。因此，某些分子生物学的狂热者希望在疫情暴发后（如今天的情况），除对患者进行调查之外再迈出一步。他们认为，现代分子生物学可以用来绘制动物宿主中所有具有威胁性的病毒的图谱，这将涉及对可能从动物传播到人类的数万种病毒的研究。[22]然而，其他人则认为这种想法近乎天方夜谭，并认为应当更加有效地运用抗击疫情的有限资源，同时主张增加相关预算拨款。[23]

不幸的是，防治疫情的措施不仅在医疗领域遇到障碍。许多例子表明，如果防疫措施在社会面受阻的紧急情况下，需要采取断然措施。恐惧、错觉、对当局缺乏信任往往是受阻原因。早期的大流行提供了很多例子。至于晚近事例，可以参照2014—2015年西非的埃博拉大流行和刚果最近的疫情。[24]对抗疫情的重要措施之一，便是当局提供全面和公开的信息，这不仅是为了防止恐惧和阴谋论，而且是为了让人们了解预防病毒感染的正确行为。

急性大流行的情况特殊，通常需要采取非常措施，否则就只能坐以待毙。非常规措施可能包括各种强制措施，如强制隔离潜在感染的患者、隔离检疫和旅行限制。[25]所有国家都应该制定关于传染病的法规，并确保相关措施能够尊重并保障人权。至关重要的是，要向民众充分解释这些措施，不要以超过形势所需的胁迫为特征。这里重要的自然是评估相关微生物威胁的严重性。这种微生物有多危险？传染以何种方式发生，发生的概率有多大？在最近几年的大流行期间，我们看到了一些疫情被夸大的强制措施的例子，更多是因为恐惧和恐慌，而不是因为对实际传染情况的真实了解。[26]

尤其具挑战性的是，要制定足够有效的措施，在不对社会造成太大负面影响的情况下抗击疫情。这一责任最终落在政治人物身上，他们的措施必须以流行病专家的建议为基础。在采取了广泛的措施来应对新冠大流行的各国，事实已证明问题重重。

“堕落”的抗生素天堂：耐药性的发展

如前所述，青霉素的发现，以及随后链霉素的发现开启了细菌感染治疗的黄金时代，这一时期持续数十年。对神奇新药的痴迷与热衷，导致医生、政客和普通民众对微生物世界的威胁不屑一顾，认为致病细菌的威胁不再迫在眉睫。相较而言，其他医疗需求被认为更重要，因此需要得到更优先的考虑。回顾过去，我们可以看到这种态度相当幼稚。人类和微生物之间的决斗进行了数万年，微生物已经证明自己是旗鼓相当的对手，具有适应新环境的惊人能力。愚蠢的人类难道不能预见细菌会对他们手中的新武器——抗生素以牙还牙吗？

缓慢的海啸

在希腊神话中，特洛伊国王普里阿摩斯（Priam）的女儿卡珊德拉（Cassandra）被阿波罗诅咒，虽然有能力正确预测未来，但不会被人相信。从某种意义上说，青霉素的发现者亚历山大·弗莱明的角色与此类似。第一次发现青霉素时，他可能没有正确预测青霉素的未来，但 1945 年在斯德哥尔摩发表的诺贝尔奖获奖感言中，弗莱明作出了一些预言性的论述。他甚至在早期就预见到，如果药物使用不当，细菌会对青霉素产生耐药性。很少有人留意弗莱明的警告。四十年来，用于治疗梅毒的砷凡纳明不是没有让致病菌产生任何耐药性吗？奇怪的是，人们忽视了一个事实，即到二十世纪三十年代末，一些细菌已经对磺胺类药物产生了耐药性。

渐渐地，许多细菌对青霉素和最近推出的强效抗生素产生了耐药性。但人们依旧对此置若罔闻。因为在这个抗生素的黄金时代，新的抗生素不断被开发出来。对于大型制药公司而言，新型抗生素的开发占据高度的优先地位，这些公司高度重视新抗菌药物的研发，这提供了可观的收入潜力。

然而，新型抗生素往往刚开始临床使用，耐药细菌就会应运而生。[27] 例如，新型青霉素甲氧西林问世后，对正常青霉素耐药的黄色葡萄球菌有效，然而，仅用了两年时间，就出现了耐药葡萄球菌。

到了二十世纪末，许多细菌已经对至少一种甚至好几种抗生素产生了耐药性。这也适用于对医院里的重病患者而言通常性命攸关的细菌，即所谓的“革兰氏阴性肠道细菌”感染。目前，抑制这些细菌的有效药物相对较少。近年来，一些细菌对人类储备的抗生素产生了抗药性。这些多重耐药细菌通常被称为“超级细菌”，在世界各地的出现概率差异很大，但在许多地方，情况开始变得不稳定。这意味着偶尔有必要开始使用以前被认为是有毒的抗生素，如黏菌素。现在有报道称，有细菌甚至对这种抗生素也产生了耐药性。而在某些情况下，黏菌素可能是治疗某些严重感染的最后手段。

可怕的耐药性为现代传染病学带来了严重问题，其背后的原因是什么？原因在于抗生素使用后，细菌的遗传特性发生了越来越大的变化。在很多地方，广泛使用抗生素带来的压力意味着耐药细菌携带的基因编码对一种、几种甚至所有可获得的抗生素产生了耐药性。

耐药基因来自哪里？细菌的繁殖率比人类高得多。一株金黄色葡萄球菌能在不到十二小时内分裂十次，产生一百万个后代。每个分裂都有可能发生突变。在抗生素的影响下，对这种药物产生耐药性的突变将给细菌带来生存优势。在某些情况下，这是耐药性发展的基础，但这通常是例外而不是常态。[28]

在大多数情况下，耐药基因不是最近才产生的，而是自古以来就存在于微生物世界中。[29]在阿拉斯加的永久冻土中，就发现了具有耐药基因的细菌，这些细菌比青霉素开始使用的时间早了三万多年。在与世界其他地方隔绝了四百万年的地下洞穴系统中，也有类似的发现。二十世纪六十年代，在卡拉哈里沙漠布须曼人的粪便中检测到了耐药基因，他们从未接触过外界，更不用说抗生素了。在其他孤立群体和从未接触过抗生素的野生动物身上也有类似的发现。[30]

我们知道，抗生素是由自然界中一系列微生物产生的，可能是为了对抗其他微生物的武器。因此可以很自然地认为，对来自其他微生物的抗生素产生耐药性的基因也是微生物世界防御系统的一部分。然而，抗生素和耐药基因也有可能在微生物中具有完全不同的功能，对此我们至今仍一无所知。一种理论是，它们是同一物种的细菌细胞个体之间的信号系统的一部分。[31]

基因是如何对抗生素产生耐药性的？人们在其中发现了某种普遍的有效机制。一种极为常见的情况便是，耐药细菌会产生一种酶，分解相关的抗生素物质，使之失活。例如，对青霉素和所有青霉素相关抗生素的耐药性就是这样产生的。还有的耐药基因确保抗生素不会穿透细菌，或被细菌主动“抛出”细胞。另外的耐药基因导致抗生素攻击的细菌分子发生变化。在此方面，大自然与细菌的创造力显然具有压倒性的优势。[32]

二十世纪五十年代末，日本研究人员做出了一项令人震惊的发现。他们发现耐药基因可以从一种细菌转移到另一种细菌。结果表明，这些耐药基因位于质粒上，质粒是许多细菌携带的脱氧核糖核酸小环，以作为一条染色体外“额外供应”的基因。质粒一定程度上过着自己的生活，可以从一种细菌游荡到另一种细菌，从而为下一种细菌带来新的基因信息。质粒也可以携带耐药基因。这是极为常见的现象，其后果却非常不幸，即耐药基因可以从一种细菌迅速传播到另一种细菌。人体和动物肠道内的菌群差异极大，因此肠道内是交换耐药质粒的理想条件。

令人沮丧的是，目前面临的抗生素普遍耐药性的原因是人类自身的行为。正如《创世记》所说：人类吃了智慧树的果实，导致了堕落。我们对抗生素神奇效果的认识也导致了对这些物质的滥用，并走向了传染病学的“堕落”。[33]

最初，青霉素和其他抗生素被视为可以治疗许多不同疾病的神奇药物。这导致了滥用及其他不当使用。其中一个原因是，许多大型抗生素生产商出于商业考虑，在没有官方监管机制的情况下，直接不计后果地将其产品“强推”到许多国家的民众身上。渐渐地，当局开始接手控制权，因此抗生素需要医生的处方，但这种要求仍然未能在所有地方执行。在许多地方，无需处方就可以购买抗生素。在医疗服务中，无论是医院内还是医院外，抗生素的使用量都明显过度。例如，抗生素被错误地用于由病毒引起的普通咽喉和肺部感染，其实对这些感染来说，抗生素没有任何效果。在很大程度上，即便使用窄谱抗生素就可以解决感染问题，医院仍滥用对许多不同的细菌都有效的广谱抗生素。此举增加了细菌产生耐药性的风险。多年来，出于医疗目的过度使用抗生素的现象仍在继续，这在很大程度上加剧了人类面临的抗生素耐药性问题。

然而，人类因为将抗生素大量用于非医疗目的，以不同的方式促进了抗生素耐药性的发展。在过去的几十年里，大量抗生素被用于农业和畜牧业。许多人可能会感到惊讶的是，这些领域使用的抗生素比治疗人类感染的抗生素还要多。这种趋势早在二十世纪五十年代就已开始。很明显，在农场动物饲料中加入低剂量抗生素会加快牲畜的生长速度，增加体重。这一现象首先在美国被偶然发现，在一家生产新型抗生素的制药厂下游，垂钓者发现那里的鳟鱼变得越来越大。今天，许多国家在畜牧业中使用抗生素，而抗生素的适用范围不仅仅包括陆地上的牲畜，还包括养殖场里的鱼类和贝类。抗生素还被用于治疗和预防农业中的植物传染病。[34]

毫不奇怪，非医用抗生素在动物界中造成了相当大的耐药性问题，并将其传递给人类。畜牧业中使用的许多抗生素与人类使用的抗生素相同。在动物体内产生的耐药性细菌将能够通过与这些动物的接触和农业食品传递给人类。

然而，人类和环境之间耐药细菌的交换是双向的。人类在粪便中排出耐药细菌，然后污染水源，耐药基因随后传播给环境中的细菌。最近发现，由于人类和动物的排泄，世界多条河流中也能检测到大量抗生素。这也将有助于解释自然界细菌的耐药性问题。[35] 最近有研究表明，生活在人类附近的野生鸟类，尤其是海鸥和乌鸦，可能携带多种耐药细菌，可以远距离传播。[36]

理论上，只要不断开发新的抗生素，令人担忧的耐药性问题产生的后果就并不明显，基本上只会困扰少数专家。但新型抗生素的大量供应已成昨日传说。近年来，我们发现具有原始作用机制的全新抗生素数量越来越少。一般来说，现在看到的所谓“仿制药”只是旧有药物的变体，不能解决抗生素耐药性问题。[37]

为什么新型抗生素的供应出现枯竭？存在如下几个原因。当下，制药公司研发新型抗生素所面临的要求很高。将抗生素投入临床的过程可能需要很多年，许多最初有希望的药物也因为没有疗效或副作用太严重而半途而废。据估计，在开始调查的五千到一万种药物中，只有五种最终会在人体测试——而这五种药物中只有一种最终会得到临床批准。研发过程成本高昂。因此，工业界冷静但现实的商业分析得出结论，开发新型抗生素不再像抗生素的黄金时代那样有利可图。与其他药物相比，抗生素相当便宜。此外，这种药物通常只在短时间内使用，而慢性病药物的使用时间更长，因此对生产商来说更加有利可图。[38]

如今，全世界范围内，抗生素耐药性的后果都很严重。耐药基因不仅会通过质粒有效地从一种细菌传播到另一种细菌，而且当今大规模旅行范围意味着，耐药细菌不断从地球的一个角落传播到另一个角落。正如一位美国传染病专家所说，我们实际上正处于耐药性发展的“缓慢的海啸”之中。

结果是，当面临严重的、可能危及生命的感染时，通常没有多少抗生素可供选择，即使在世界上的富裕地区也是如此。在许多较贫穷的国家，获得储备药物的机会常常差得多，细菌耐药性往往会进一步加剧。在这些国家，由于卫生条件差、人口密度高以及商店中抗生素可敞开购买，耐药细菌的传播将特别迅速。据估计，每年有七十万人因抗生素耐药性而死于感染。如果这一趋势继续下去，而我们无法扭转局面，世界卫生组织的悲观预测是，到 2050 年，全球每年将有不少于一千万人死于耐药细菌。如果我们不能控制耐药性的发展，仅在富裕的西方国家，预计到了 2050 年也将有大约二百四十万人因此丧命。[39]

耐药性增加还将对现代医学的许多关键领域，如移植和高级外科手术产生严重后果，在这些领域，抗生素治疗对于预防和应对感染至关重要。医疗服务的成本正在增加，部分原因是耐药细菌感染导致住院时间延长，需要更专业、更昂贵的治疗。耐药性导致的疾病和死亡降低了社会生产力。尽管仅为粗略估算，但人们计算了未来几年在耐药性增加情况下的经济损失，所涉金额颇为高昂。一份报告的结论是，到 2050 年，因耐药性导致的全球经济损失将达一千亿美元。[40] 贫穷国家面临最严重的冲击，并将进一步加剧贫困问题。

毫无疑问，抗生素耐药性是国际社会面临的一场真正危机，最近在一些国家政府的支持下，世卫组织指出了这一点。这种情况与备受讨论的气候危机有几个相似之处。面临这两种危机，如果不采取对策，负面影响将加剧，会带来极其严重的后果。这与新地质时期人类世的特征非常吻合。人类在这个时期给我们的这个星球留下了独特的印记。

对于耐药性人类必须有所动作：何去何从？

如果不采取强有力的应对措施来应对耐药性问题，在几年的时间里，我们有可能在感染治疗方面倒退近百年，回到磺胺类药物被发现之前的悲惨状态。一旦如此，细菌感染的小问题可能会带来致命的后果。但是，正如人类在过去成功地抵御了许多来自大自然的威胁一样，我们也一直希望能够有效地反击这些微生物。实际上有很多可能的措施，其中一些是非常具体和成熟的，而另一些则处于起步阶段。

首先，国际社会必须努力纠正导致耐药性问题的抗生素使用中的所有人为错误。在感染治疗方面，必须在更大程度上避免针对非细菌引起的疾病的抗生素滥用。例如，许多由病毒引起的呼吸道传染病患者，其医生经常受到患者和亲属的压力，过于频繁地开抗生素处方。在需要使用抗生素治疗的情况下，也不应使用太长时间。[41] 此外，应采取更多措施防止院内和院外感染，以避免耐药细菌的传播。

增加疫苗接种可能非常有用。[42] 接种普通细菌疫苗将降低对抗生素的需求，从而减少耐药性的产生。这一点已在针对肺炎球菌和流感嗜血杆菌等可导致严重感染的细菌的疫苗中得到证明。如今，人们正在研发新疫苗，以对抗其他几种可能产生耐药性的细菌，如金黄色葡萄球菌。高度耐药结核杆菌在全球某些地区的传播是一个大问题，因此新型有效的结核疫苗是个值得努力的目标。

在农业、畜牧业和鱼类养殖业等非医学领域，大幅减少使用抗生素也至关重要。各国和国际措施都试图做到这一点，迄今为止取得了不同程度的成功。

即便如此，我们也必须面对这样一个事实，即这些措施在富裕的西方国家要比在世界上更贫穷的地区容易实现得多，因为那些地区卫生服务欠发达、无法获得医疗帮助，以及对抗生素的销售和使用缺乏控制。

尽管在过去几十年中，获得新型抗生素的机会逐渐减少，但如果采取正确的措施，扭转这一趋势并非不可能。在这一领域开展基础研究至关重要，可惜近年来这一领域的重要性有所降低。利用现代先进的分子生物学方法，在自然界中找到新型抗生素的可能性仍然很大。研究揭示细菌的耐药机制越多，人们在实验室构建新型抗生素模型的可能性就越大。[43]

许多人还提出了一些措施，如增加获利空间等方式，试图鼓励制药行业恢复对抗生素的兴趣。例如，可以简化新药的测试程序。也有人提出了政府当局、工业界和大学研究院之间的合作项目，或许应该像第二次世界大战期间开发青霉素一样，不同制药公司之间可以开展合作项目。应对抗生素危机需要采取非常措施。[44]

噬菌体：敌人的敌人是朋友

地球上所有的生物都可能被病毒感染。这也适用于细菌。[45]专门针对细菌的病毒被称为“噬菌体”。这实际上是地球上最常见的生物，随处可见:陆地上、水中、空气中，甚至一直到平流层。1989年，挪威研究人员发现，每毫升海水中约有二亿五千万个噬菌体。[46]

由于噬菌体攻击细菌，我们可以设想人类在与细菌的决斗中，与这些特殊病毒结成联盟。这听起来可能有点像科幻小说，但实际上是现实。

早在二十世纪一〇年代末，自学成才，供职于巴黎巴斯德研究所的法裔加拿大微生物学者费利克斯·德埃雷勒（Félix d’ Herelle）就发现了噬菌体。[47]某些噬菌体，即所谓的裂解噬菌体，会杀死被其侵入的细菌细胞。德埃雷勒等人因此证明，在治疗中使用噬菌体可以对严重的细菌性肠道感染，如痢疾和霍乱产生明确的效果。这种疗法在二十世纪二十年代和三十年代一度得到广泛使用。噬菌体被广泛用于治疗感染，但许多投入临床的药品质量疗效不太可靠。[48]

当磺胺类药物和后来的青霉素被发现时，研究人员对噬菌体治疗失去了兴趣，这种治疗在西方国家已被遗忘。然而，在苏联和波兰等国，人们一直对此感兴趣。[49]这些领域的许多出版物显示，用噬菌体治疗严重感染时有令人信服的疗效。在1939—1940年苏联和芬兰之间的冬季战争期间，数千名俄罗斯士兵接受了噬菌体治疗，可能避免了截肢，并将坏疽死亡人数减少了三分之二。“二战”期间，埃尔温·隆美尔领导的德国军队在北非接受了类似的治疗，以对抗痢疾等细菌性肠道感染。

冷战期间，“铁幕”背后的研究环境与西方科学隔绝。苏联解体后，某些西方研究人员开始对噬菌体治疗的经验感兴趣，这种治疗仍在积极实践，尤其是在格鲁吉亚和波兰。近年来，由于世界各地对抗生素的耐药性不断增加，这种兴趣进一步提升。许多人现在认为，噬菌体治疗方法对于高度耐药细菌的感染是值得的，因为我们现在几乎没有什么可以用来对抗它们。然而普遍认为，尽管东欧各国关于噬菌体有着悠久的研究传统，发表了许多研究，但这种有意义的治疗方式并没有在符合西方要求的严格控制下进行测试。[50]

在过去几年中，西欧和美国对噬菌体进行了几项对照实验，在某些情况下取得了有希望的结果。更多的实验正在进行中。此外，在其他形式的治疗无济于事时，一些经噬菌体治疗的个案，经过彻底研究，似乎已被证明能够取得成功。

许多研究人员现在对噬菌体的治疗潜力充满热情。这种治疗方式就像抗生素一样，没有任何已知的副作用。噬菌体是超级特异化的，只攻击一种细菌。因此，使用噬菌体的注射治疗必须针对特定细菌量身定制。这种治疗不会像抗生素那样影响患者体内的其他"有用"细菌。噬菌体能以不同的方式施用，不会发生严重的过敏反应。也可以用各种不同的噬菌体配制"鸡尾酒"疗法，以提高治疗效果。

即便如此，在引入噬菌体治疗之前，仍然需要进行大量的研究工作。这将不可避免地需要至少几年时间。是否存在尚未发现的副作用？患者的免疫系统是否会对噬菌体产生反应并使其失去活性？比许多抗生素分子大得多的噬菌体能否穿透可能存在细菌感染的身体所有部位？[51]

当然，在选择治疗所需的噬菌体之前，必须进行快速、高度精确的细菌诊断，这也是一大挑战。因此，这种量身定制的治疗需要一个配备大量噬菌体的"银行"，以应对各种细菌。然而，大自然本身能够孕育特别丰富的变种。现代分子生物学也可以用来改变自然界中存在的噬菌体，从而使治疗更有效。这已经在一个成功的治疗案例中得到了证明。[52]无论从哪个角度看，噬菌体治疗法都未来可期。

回到未来：细菌免疫疗法

二十世纪头几十年是血清疗法的黄金时代。随着抗生素时代的到来，血清疗法时代宣告终结。正如我们所看到的那样，贝林、北里柴三郎和埃利希的伟大发现一点也不过时。今天的我们终于弄清楚一件事，这种疗法所仰仗的血清抗体是一种大蛋白分子，即免疫球蛋白。

在这一领域已经取得了巨大进展。利用现代技术可以生产定制的免疫球蛋白药物（所谓的单克隆抗体），具有针对任何所需细菌抗原的抗体效果。人们不再需要像血清疗法的古早时代那样，利用马或其他动物制造抗体。由此，也可以避免早期血清治疗的严重副作用，即“血清病”，一种免疫系统对来自非人类的蛋白质的排斥反应。

对于高度耐药的细菌感染，抗生素治疗已经走入穷途末路，人们自然会尝试恢复抗体治疗方式。目前相关研究工作正在进行中，以开发针对常见细菌的治疗方法。与传统的血清治疗一样，有必要对患者体内的细菌进行高度精确和快速的诊断，以便提供量身定制的治疗，但现代诊断方法远比贝林和埃利希时代的诊断方法先进，而且快速诊断肯定会在未来几年得到显著改善。

如今我们对免疫系统在应对感染中的作用有了全面了解，通过刺激或加强体内重要的抗菌防御机制，许多其他新形式免疫治疗有望实现。实验室正在大力进行这一方面的实验，但仍不确定是否能成功用于人类。如果这种办法成为可能，将与抗生素结合使用。[53]

亚历山大·弗莱明在圣玛丽医院的顶头上司阿尔姆罗斯·赖特爵士近乎狂热地认为，未来的传染病治疗将出现刺激患者免疫系统的方法。他可能更相信这种方法，而不是青霉素等抗菌药物。阿尔姆罗斯·赖特的理论受到了嘲笑，但也许他的一个绰号“近乎正确先生”比人们想象得更贴切。刺激免疫系统的治疗实际上是一个很有前途的领域。

不仅是细菌耐药性

不仅只有细菌有能力适应不断变化的外部环境，并对药物产生耐药性。微生物世界的其他种类，真菌、病毒和原生动物也存在同样的情况。只是细菌耐药性的问题掩盖了这些微生物当中日益常见的耐药性问题。

导致致命疾病的真菌，尤其是酵母真菌念珠菌和曲霉菌的耐药性增加，是一个令人严重关切的问题。这些真菌威胁生命的感染主要见于免疫系统减弱的患者。在西方国家，尤其是因为移植医学和癌症治疗的进步，这一群体的数量正在增加。最常见的真菌感染的病死率仍然很高，使用近年来开发的抗真菌药物进行治疗后也是如此。更令人担忧的是，真菌对这些药物的耐药性不断增加，而我们仍然只有少数药物可供选择。

这在一定程度上是因为人们越来越多地使用抗真菌药物，而这会导致耐药性突变，以及从一开始就对所用药物产生耐药性的真菌种类的增加。2009 年在日本发现的一种特殊酵母真菌——耳念珠菌，对多种常见杀菌剂具有耐药性，在世界各地造成了严重的感染问题。[54]

曲霉菌产生的问题更大。[55] 感染这种真菌，是免疫系统减弱患者面临的最大威胁之一，例如脑部感染者的死亡率几乎为百分之百。近年来，人们发现其对常见的抗曲霉菌药物三唑类药物的耐药性不断增加。在大多数人看来，造成这种情况的一个重要原因是，与抗菌剂一样，抗真菌药物也有大量的非医疗用途。与用于人类的药物密切相关的药物被广泛用于农业，以对抗植物中的真菌感染。由于曲霉菌可见于包括在土壤中的任何地方，因此这种真菌能够产生耐药性。具有耐药性的曲霉菌的孢子可以随风传播，被暴露在空气中的患者吸入。抗真菌药物也用于其他非医疗目的，如保护木材。就像细菌感染一样，正是人类活动导致了真菌感染的耐药性问题。

目前，我们没有专门针对真菌感染的疫苗。由于它们的高致死率和耐药性有可能不断增加，真菌疫苗的开发工作正在进行中，尽管尚不确定这是否会成功。

对于有疗效药物相对较少但后果又十分严重的病毒感染而言，耐药性增加可能导致治疗失效，也是一个相当大的问题。例如，对于感染艾滋病病毒的患者来说，必须定期服药并接受健康服务机构的检查。因此，不太可能出现耐药性。在艾滋病大流行的早期，耐药性曾是一个特别严重的问题，当时几乎没有可用的药物，副作用也很常见。但现在如果患者不小心服药，这仍然是一个威胁。[56] 在非洲撒哈拉以南地区，耐药性问题则相当严重。

现在已经发现，病毒对彻底改变丙型肝炎治疗方法的新药，以及现有的少数几种流感药物，都存在耐药性。

原生动物感染范围颇广，其中大多数出现在热带或亚热带地区，即较贫穷的地区。在这些地方，微生物对现有药物产生耐药性的威胁相当大，而在这里使用的药物通常较为陈旧，不是特别有效。

在原生动物方面，最大的问题之一可能是对疟疾药物的耐药性，在最危险的恶性疟原虫中已经能观察到这种耐药性。[57] 多年来，这种严重疟疾的治疗一直基于一种含有最新抗疟药物青蒿素的组合。在东南亚的几个国家，包括柬埔寨、泰国、越南和缅甸，现已检测到对青蒿素的耐药性。如果这种情况蔓延到非洲，情况将变得非常严重。

反对接种疫苗：巨大挑战

关于人类与微生物的这场决斗，一个反复出现的主题是人类的行为经常给微生物带来新机会，而后者很快就抓住了这些机会。反对疫苗就是一个显著的例子，这一现象历久弥新。

疫苗接种，作为一大医学进步，在很大程度上降低了许多传染病及其并发症的发生率。古往今来多次大流行的元凶之一——天花病毒，已通过接种疫苗的方式被彻底根除。爱德华·詹纳的天花疫苗开创了现代传染病学，并在十九世纪迅速普及。虽然许多人欢迎疫苗这项重大进展，但也有人抵制，并造成了一些问题。1871年，英国成立了一个由疫苗反对者组成的独立组织——反疫苗联盟，随后许多类似的组织纷纷出现。

自十九世纪末以来，人们开始大量接种其他疫苗，而这种预防手段占据了现代流行病学的中心地位。但在大多数国家，对疫苗接种仍存在一定的抵触情绪，有时还相当顽固。近年来，我们看到了许多抵触态度所导致后果的实例。一个备受关注的问题，便是世界上某些地区麻疹疫情的暴发，这可以归因于社会特定群体疫苗接种率不足。

在西方国家，过去几十年的疫苗接种几乎根除了麻疹。因此当世卫组织报告说，近年来欧洲麻疹病例数稳步增加，2018年报告八万九千例，七十四例死亡，2019年上半年报告了九万例，算是相当大的倒退。在美国东部各州，也很难阻止麻疹的大规模暴发。由于存在抵制疫苗接种的力量，疫苗覆盖率不足成为麻疹暴发的导火索。

反对接种疫苗的群体鱼龙混杂，动机往往截然不同。从早期对疫苗的反对意见中可见一斑。例如，各种宗教派别中的宗教争论。例如在美国，天主教徒认定风疹疫苗是用流产胎儿的组织制造的，因此对其加以抵制。尽管教皇允许使用这种疫苗，仍然未能缓解上述担心。其他宗教信仰则基于身体，尤其血液是神圣的，会被疫苗“污染”这一理念。还有一些人认为，接种疫苗代表着对上帝治愈疾病的能力缺乏信心。[58]

关于身体和灵魂的特殊哲学概念，也可以构成反对疫苗的基础。例如，开创所谓“人智学”（Anthroposophy）的鲁道夫·斯坦纳（Rudolf Steiner）对疫苗深表怀疑，他认为疫苗可能会干扰人类的智力发育。

根据这一观点，对人类心灵而言，最好是经受自然感染，而非通过接种疫苗进行人工保护。如今，反对疫苗在人智学语境中并不少见：欧洲各地麻疹的暴发，与一些斯泰纳学派人士缺乏疫苗接种有关。

近年来，关于疫苗接种负面影响的人智学观点，被所谓的卫生假说赋予了新的“包装”，而该卫生假说一直是相关争论，包括在科学语境中相关争论的焦点。[59] 简而言之，它认为个人在“太干净”而没有被感染的环境中成长是有害的。根据这一假设，这会导致过敏和自身免疫性疾病的增加。据称，这就是为什么在现代西方环境中，虽然非常强调清洁，传染病反而越来越多。这一理论符合某些观察结果，但绝非完全适用——卫生假说目前存在争议。很难用它来证明反对接种疫苗的正当性。

近年来反对疫苗接种的一个重要原因是基于伪科学概念。英国医生安德鲁·韦克菲尔德（Andrew Wakefield）声称，针对麻疹、腮腺炎和风疹的儿童麻腮风三联疫苗可导致儿童自闭症，从而造成严重的发育障碍，包括影响人际接触和社会互动的能力。基于对十二名患者的研究，韦克菲尔德于 1998 年在著名的医学杂志《柳叶刀》上发表了自己的研究结论，但后来被撤回。[60] 因为科研不端行为，他失去了在英国行医的资格。然而，他的错误主张导致三联疫苗的接种量急剧下降，毫无疑问也导致了麻疹暴发和患者死亡。尽管如此，韦克菲尔德仍然有许多支持者，他们认为他是另外一个泽梅尔魏斯，一个寻求真理的异端人士，受到反动和威权主义医学界的迫害。

反疫苗接种的其他一些无稽之谈也在流传。例如，在缺乏任何证据的情况下，有人声称麻疹疫苗接种会导致癌症和心脏病。

反对疫苗的一个常见论点是，疫苗中含有害添加剂。其中一种物质——硫柳汞，一直是人们争论的话题。尽管硫柳汞的有害影响从未有过记录，但这种物质在几年前已从儿童疫苗中去除。目前的疫苗中没有其他添加剂被指控会造成有害影响。[61]

吊诡的是，正是疫苗医学的胜利导致了对疫苗的耐药性。在西方国家，人们不再记得曾与传染病有关的一系列问题，转而低估其严重性。例如，麻疹已被认为是一种完全无害的传染病，尽管随之而来的并发症多种多样，但无可否认，它们通常不会危及生命。然而最近的研究表明，麻疹病毒在自然感染的情况下会对免疫系统产生深远的阻碍作用，在两三年的时间里，会使患者更容易得其他传染病。[62] 这是因为病毒会破坏免疫系统的记忆细胞。[63] 与未感染过麻疹的儿童相比，感染过麻疹的儿童在这一时期的死亡率明显增加。因此，麻疹不能像疫苗反对者经常断言的那样，是一种无害传染病而不必理会。

由此可见，反对疫苗接种存在许多不同的原因。在误解和阴谋论盛行的社交媒体和互联网上，疫苗接种否认者在大量网站上找到了支持论据。[64] 许多观点与当今社会的其他非理性现象，例如替代医学和占星术信仰的抬头有关。这种想法往往与反科学态度和对专家的不信任相结合。对科学发现的后现代怀疑论很可能促成了这些思维方式，受过良好教育的人也经常深陷其中。

无论反对疫苗的原因是什么，其后果都是极其不幸的。如果任由这些态度持续并蔓延开来，必将导致现代疫苗接种医学的大部分成果付之东流。人类将经历新的大流行，如现今在世界各地暴发的麻疹，死亡人数也将不断增加。急性传染病暴发的经济代价可能相当之大。例如在美国，最近估计每新发一例麻疹，相关治疗的费用可能就高达十四万二千美元。[65]

如何面对反疫苗接种的情况？这场辩论在许多国家相当激烈。许多人认为应该立法强制接种疫苗。一些出现麻疹疫情的国家，如意大利，已经采取了这一措施。美国的某些州也采取了类似的措施。其他一些州认为应该可以采取各种措施，例如拒绝未接种疫苗的儿童进入托儿所和学校。[66]

这样的讨论，让我们回到现代社会的一个根本问题：如何平衡个人权利和社会利益。这个问题对于抗击疫情和反对疫苗接种的辩论至关重要。在本书作者看来，胁迫和限制措施应始终被视为最后手段，只有当相关传染病真正威胁到社会利益时才可祭出此撒手锏。例如为了预防麻疹疫情，估计百分之九十三至百分之九十五的人需要接种疫苗才能达到群体免疫。不幸的是，包括法国、英国、意大利和希腊在内的大多数欧洲国家并未达标。

在医疗状况没有明确表明其必要性的情况下强制接种疫苗，可能会产生不幸的后果，包括加强人们对疫苗的拒绝态度，例如当局与疫苗制造商串通，未能披露疫苗的严重副作用。

应当在一开始就与拒绝接种疫苗人士对话，提供有助于说服他们改变观点的信息。如前所述，拒绝者的动机可能存在很大差异。本书所说的伪科学争论，可能比反对疫苗的宗教观念更容易受到影响。[67]

即便如此，公然散布谎言和误解的反疫苗活动人士也应该面对强有力的反驳。在某些情况下，其本质仍然出于追求商业利益。到目前为止，医学界在疫苗辩论中可能过于沉默。[68]

生物恐怖主义：潜在威胁

恐怖分子可能会将微生物和微生物产品用作武器，这是一个几乎所有人都不乐见，但必须为之做好准备的社会现实。如前所述，有很多这样的恐怖袭击是由单个恐怖分子或恐怖组织实施的。诚然，以前主要是各个国家，比如“二战”之前和期间的日本把致病微生物作为武器，并在某些情况下大规模使用。此种原因在于，只有国家拥有发展此类武器的必要资源。

情况早已今非昔比。如今，与国家无涉的恐怖分子轻而易举就可以入手致病微生物。许多可能致命的微生物可以在互联网上从全世界的商业实验室买到，不需要那么多专业的能力就可以用于恐怖主义目的。此外，专业微生物实验室中心怀不满的员工可能会受到诱惑，将特定微生物卖给有恐怖意图的个人或组织。正如诺贝尔奖得主乔舒亚·莱德伯格（Joshua Lederberg）所说："今天，一个人就可以发动战争。一个幸运的生物战小丑可以杀死四十万人。"当然，针对某国的生物恐怖活动背后也有可能是其他国家。[69]

恐怖分子对许多可能致命的微生物，包括细菌和病毒极感兴趣，尤其是导致高病死率和易于传播的致病微生物。当然，如果这种微生物很容易在人际传染，对恐怖分子而言也是一种优势，但这并不是绝对必要的。炭疽尽管不会造成人际传染，但一直在潜在的生物武器清单上居高不下。[70]

在可被用于恐怖袭击的大量细菌和病毒中，近年来的重点一直是某些特别热门的细菌和病毒，从恐怖分子的角度来看，这些细菌和病毒具有符合其预期的特征。事实上，许多常见的微生物可以在实验室中利用现代分子生物学方法轻易地进行改造，从而提高其毒力和传染性。[71] 现代医学技术也使实验室制造新的致病微生物成为可能。

恐怖袭击中使用的微生物可以通过多种方式传播，但将微生物用作气溶胶的空气传染能够将影响最大化。例如，炭疽菌的孢子就很适合大面积传播。这种致病微生物很顽强，能应对寒冷和炎热，并能在空气中长距离传播。此外，只需要少量的专业知识，就可以在简单的实验室条件下大量生产炭疽菌。2001 年，华盛顿特区发生的袭击事件表明，即使是相对温和的炭疽袭击也能产生重大后果（见本书第八章）。这一事件中，炭疽孢子被邮寄给受害人。

天花病毒被认为是潜在的恐怖武器。无可否认，天花在 1978 年从地球上被根除，但该病毒仍存在于世卫组织批准的两个实验室：一个在俄罗斯新西伯利亚，一个在美国亚特兰大。不能排除该病毒在其他地方也存在的可能性。天花病毒也可以通过空气极为有效地传播，在人际具有高度传染性。因此，使用这种病毒的生物恐怖活动可能会带来一场灾难，与以前的天花大流行不相上下。现在很少有人受天花疫苗的保护——该疫苗接种停止于 1980 年，我们也没有对抗天花病毒的药物。世界上天花疫苗的储备量也很小，在大规模地方流行或全球大流行的情况下远远不敷使用。

出血热病毒（比如埃博拉病毒和马尔堡病毒）也高居可能的恐怖武器清单之上。这两种致病微生物在直接接触时具有传染性，致死率很高。除了新近开发的两种抗埃博拉感染的药物外，没有特效药物。不过最近倒是开发出了一种相当有效的埃博拉疫苗。

鼠疫杆菌在世界某些地区仍然会引起自然传染，并且也是恐怖分子特别关注的武器之一。当这种细菌以气溶胶的形式在空气中传播时，会导致肺鼠疫，该病发展迅速，通常是致命的，并且具有高度传染性。今天，人类尚无有效的疫苗来预防肺鼠疫。

剧毒的致病微生物肉毒杆菌可能会在恐怖分子手中造成重大问题。这种细菌很容易生产，是我们知道的毒性最大的细菌之一。因为它可透过细菌过滤器，恐怖分子可以利用它攻击城市的饮用水系统。

到目前为止，许多人都寄希望于某些微生物（如天花病毒和埃博拉病毒）对恐怖分子本身来说太过危险，因此不太可能拿来使用。但这不一定是自杀式恐怖分子的障碍。一种有可能出现的传播疾病的新方式是通过自我感染的“肉弹”——与自杀式炸弹袭击者相似——在大量人群中或作为飞机乘客散播高度传染性的微生物。天花样病毒在这些情况下是非常有效的。

过去二十年中，特别是在 2001 年炭疽恐怖袭击后的美国，许多资源被指定用于预防生物恐怖活动。相关努力面面俱到，导致有人尖锐地批评称，过分关注恐怖主义已经耗尽了卫生服务资源。[72] 虽然各有苦衷，但在这个动荡的世界中，生物恐怖活动实属一种险恶的威胁，而恐怖袭击的确经常发生。因此，每个国家都有义务保护其居民免受这种威胁。此外，针对生物恐怖活动的相关研究和各种防御措施，也可以对传染病学的其他领域产生积极影响。打击生物恐怖活动的挑战与新发传染病有关——这种传染病定期出现，有时发展为严重的流行病。[73]

我们必须面对这样一个事实，即在一个极易受此类威胁的开放的现代社会中，尤其是在经常出现大规模人群聚集的城市环境里，生物恐怖主义很难完全预防。例如，恐怖袭击可以袭击地下火车站、大型体育赛事和其他有很多人在场的场所。在这种情况下，不需要太多想象力就能设想出可怕的情景。现在市面上可以买到的遥控无人机很可能被用来释放含有微生物的气溶胶。令人感到惊讶的是，居然还没有人尝试这样做。

可能被用于恐怖袭击的微生物不一定是医生容易识别的常见致病微生物。这里面临的挑战与新的微生物疫情暴发时面临的挑战完全相同。如果发生“自然”传染和生物恐怖活动，需要尽早发现威胁，以便采取必要的应对措施。早期预警将取决于卫生人员是否保持警惕并迅速发出警报。生物恐怖活动的危机计划应该存在，而且在很大程度上，这些计划应该纳入现有的传染病大流行预防计划。[74]

微生物与“常规”慢性病

到了二十世纪中叶，绝大多数被认为是传染病的微生物病原体已经被确定，而且在许多情况下可以被治疗。除了传染病，人类还受到许多慢性疾病的困扰：心血管疾病、癌症、风湿病和攻击神经系统的疾病，包括各种痴呆症。这些慢性疾病，其中一些被称为“生活方式疾病”，在现代社会中的地位愈发凸现。部分原因是这些疾病多见于老年人，而人们的预期寿命近年来稳步增长。

“常见”慢性病的病因复杂，基因与环境因素相互作用。与这些疾病不同的是，许多传染病都有一个明显的、急性的开始，但其中一些可以转变为慢性病，通常是终身疾病。这方面的例子包括结核病、乙型肝炎和丙型肝炎，这两种肝炎病毒都可能导致慢性病。因此，有理由怀疑一些传统上与传染无关的慢性病是否由微生物引起或触发的。[75] 在过去的几十年里，已经证明一些慢性病的确由致病微生物引发。

也许最令人惊讶的发现是，造成胃或十二指肠溃疡的是由以前未知的幽门螺杆菌感染。[76] 1982 年，澳大利亚医生罗宾 · 沃伦（Robin Warren）和巴里 · 马歇尔（Barry Marshall）证明了这一点。大多数人对他们的研究结果表示怀疑，但也有部分人对此嗤之以鼻，因为人们认为胃溃疡主要是由压力和生活方式造成的。此外，由于胃里的强酸性，几乎没有细菌能存活，这是一个无可争议的事实。但马歇尔证明，一个相当短暂的疗程的抗生素，加上抑酸药物，可以使胃和十二指肠的伤口愈合，而以前人们不得不求助于无休止的、没有刺激性的饮食疗法和抑酸药物。他喝下了一大杯含有幽门螺杆菌的培养液，然后证明由此产生的溃疡用抗生素得到了治愈。马歇尔和沃伦因这一发现于 2005 年获得诺贝尔奖。多亏了这两位剑走偏锋的研究人员，无数胃溃疡患者的生活质量得到了改善。

心肌梗死（心脏病发作）是一种常见病，其原因是冠状动脉阻塞。导致动脉阻塞的原因则是动脉壁的炎症和脂肪沉积过程，即动脉粥样硬化。在这方面，生活方式、遗传因素和平日压力也起着重要作用。近年来，动脉壁的炎症也被认为是造成动脉粥样硬化的一个重要原因，并已经得到医学证明。[77] 究竟是什么引发了这种炎症？许多研究人员认为，证据表明感染可能在这个过程中发挥了重要作用。包括肺炎衣原体在内的可引起急性呼吸道感染的各种微生物受到关注。那么，这种细菌可能成为心脏病的诱因吗？

一些研究人员在动脉粥样硬化患者中发现了衣原体感染的迹象。[78]在某些情况下，患者的动脉壁中也检测到细菌。这当然不是因果关系的证据，因为细菌可能是偶然存在的。抗生素对抗这种细菌的试验有时会产生积极的效果，而在有时则没有任何效果。因此，这些发现很难解释。尽管有许多间接因素表明衣原体在动脉粥样硬化中起作用，但不能认为这一点已被证实。许多其他微生物与心肌梗死有关，包括幽门螺杆菌和巨细胞病毒，这也会给免疫系统虚弱的患者带来问题。[79]

由于动脉壁的炎症对动脉粥样硬化影响很大，任何增加体内炎症水平的物质都可能在血液中产生细胞因子和其他物质发挥作用，从而引起心脏的炎症。因此，远离心脏的某处感染可能对心脏产生长期影响，而微生物本身并不会侵袭动脉壁。这可能就是为什么某些研究人员关注牙龈炎症（牙周炎），许多自然产生的口腔细菌会引发强烈的炎症反应，从而增加动脉粥样硬化和心肌梗死的风险。[80]

中风通常是脑动脉壁动脉粥样硬化和血栓阻塞动脉的结果。芬兰研究人员最近在中风患者的血液凝块中发现了口腔细菌的脱氧核糖核酸。[81]这可能表明这些细菌导致了中风，但这也可能是一个没有意义的偶然发现。不管怎样，这些发现以及口腔细菌对心脏病的可能重要性意味着牙周炎应该积极治疗。

癌症是导致疾病甚至死亡的一个重要且不断增加的原因。尽管经过多年的深入研究，绝大多数癌症的病因仍不清楚。早在 1911 年，美国医生佩顿 · 劳斯（Peyton Rous）就证明鸡身上的一种特殊癌症是由病毒引起的。这一发现最初也遭到了嘲笑和怀疑。劳斯的发现标志着癌症研究的突破，并于 1966 年获得诺贝尔医学奖。[82]

引起常见的“接吻病”，即传染性单核细胞增多症的 EB 病毒也能引起特殊形式的淋巴瘤和鼻咽癌。这是第一个与人类癌症有关的病毒。人类免疫缺陷病毒的变种（HTLV1）则可能导致白血病。

宫颈癌是女性中相当常见的一种癌症。德国癌症研究人员哈拉尔德·祖尔·豪森（Harald zur Hausen）在文章中指出，通过性传播的某些类型的人乳头瘤病毒会导致这种癌症。祖尔·豪森因此于2008年获得诺贝尔奖，这一发现也促成一项非常重要的癌症预防措施，即为年轻女性接种相关病毒疫苗逐渐落实。因该病毒与直肠癌有关，年轻男性的疫苗接种也可能成为预防直肠癌的关键。[83] 人们现在知道，幽门螺杆菌会导致胃溃疡和慢性胃炎，最终会导致癌症。

乙型和丙型肝炎病毒感染可导致肝癌。在此前相当罕见，作为艾滋病重要并发症的卡波西肉瘤型癌症中，已检测到一种病毒，被称为第八型疱疹病毒，它与引起冻疮和水痘的常见疱疹病毒有亲缘关系。血吸虫在世界上分布极其广泛，而其可导致膀胱癌。

绝大多数癌症还没有发现微生物病因，但大多数情况下，是还没有真正积极探寻。我们不能忽视这样一种可能性，即未来几年中先进的分子生物学方法将揭示更多癌症传染的原因。也许这将带来新的预防措施，就像宫颈癌一样。我们也不能忽视致癌微生物的发现可能会对治疗产生影响的可能性。

大多数神经系统疾病和精神疾病的病因尚未被发现。这一点也适用于阿尔茨海默病，在西方国家，阿尔茨海默病似乎有增长的趋势。近年来的调查特别关注通常会导致唇疱疹的第一型疱疹病毒。[84] 在其中一些研究中，已经发现疱疹传染与后来的痴呆之间存在某种联系。与病毒结合的特殊基因也可能发挥作用。目前还不可能对阿尔茨海默病的感染做出任何最终结论，但与可能的微生物相关的进一步研究十分重要。耐人寻味的是，与其他人相比，阿尔茨海默病患者的配偶患此病的可能性要高出百分之六十。而职业就是与脑组织接触的神经外科医生，他们的感染风险高出二点五倍。[86] 也许在未来的某个阶段，通过接种疫苗或抗微生物药物来预防这种疾病将成为可能，甚至可能通过这种方式来治疗全面性痴呆。

研究精神疾病（如精神分裂症和双相情感障碍）的感染病因也有进展，但相关文献十分薄弱。然而我们应该记得，在发现朊病毒之前，克雅氏病和库鲁病等脑部疾病的病因也完全未知。

在西方社会，存在一个相当大的健康问题，那就是“肌痛性脑脊髓炎”（ME），也称为“慢性疲劳综合征”（CFS）。研究者对这种情况的病因进行了激烈的辩论，目前还完全不清楚致病机理。然而毫无疑问，一些急性传染病似乎以我们无法解释的方式触发肌痛性脑脊髓炎。EB 病毒引起的传染性单核细胞增多症是引发这种感染的众多例子之一。不久前，一些研究人员认为他们在肌痛性脑脊髓炎患者中检测到了与人类免疫缺陷病毒相关的逆转录病毒，但结果证明这是一条死胡同。到目前为止，还没有证据表明肌痛性脑脊髓炎是由于任何持续感染所致。[87]

即使对这一理论最有热情的微生物学者和传染专家，也不会声称绝大多数疾病是由感染引起的。然而有理由相信，仍有许多原因不明的慢性病，未来的研究将证明微生物在其中起着重要作用。这些令人惊讶的发现可能会产生相当大的实际影响，正如胃溃疡的治疗那样。

以微生物为主角的《弗兰肯斯坦》情景

1818 年，玛丽·雪莱（Mary Shelley）出版了小说《弗兰肯斯坦》，激发了后世诸多版本的电影改编，而其内容与原作有很大差异。原著兼具科幻小说和恐怖小说的特点。雪莱讲述了科学爱好者者维克多·弗兰肯斯坦的故事。弗兰肯斯坦在自己的实验室里试图改良人类，创造出了一种邪恶但聪明的怪物。雪莱没有描述弗兰肯斯坦如何创造怪物的细节，但很可能使用了动物的部分组织。实验产生了可怕的后果。怪物变成了杀人机器，它在弗兰肯斯坦的新婚之夜，对包括新娘在内的人类痛下杀手。弗兰肯斯坦想尽办法追杀这个被自己带到这个世界上的邪恶生物，一路追到了北极，但没有成功。怪物爬上浮冰漂走了。

玛丽·雪莱的小说经常被解读为对人类试图破坏自然的警告。这是一种反对现代自然科学和医学改变自然以利于人类的观点。然而，人类干预自然界的界限应该在哪里，显然是极难确定的。近年来，医学中的类似议题一直成为争论的焦点。例如，试图通过修改基因来增加微生物致病能力）的研究，即所谓的“功能增益实验”（gain of function experiments）。

当然，对危险微生物进行实验室研究，尤其是以开发疫苗、药物和新的诊断测试为目的，是绝对必要的。从事危险微生物工作的实验室必须遵守安全规定，并根据微生物的危险程度调整规定的严格程度。尽管如此，仍然不得不承认，出于人为或技术原因，安全预防措施有时会出现纰漏。这可能会导致危险的微生物感染实验室人员，或从实验室流出并感染当地人，或在最坏的情况下，引发流行病的广泛传播。

实验室风险的悲惨事例之一，便是1978年在伯明翰发生的世界上最后一个天花病例。[88]一名在医学院影像科工作的妇女感染了天花病毒，一个月后死亡。在同一栋楼里的一个实验室正在进行天花病毒研究。人们认为病毒一定来自这个实验室，但无法确定传染是如何发生的。病毒实验室负责人是一位国际公认的天花病毒专家，在受到死者所在工会煽动的政治迫害后，不堪忍受巨大压力而自杀。卫生服务部门紧锣密鼓采取措施，通过接种疫苗和隔离传染者，避免了天花病毒的进一步传播。但这一切完全可能以截然不同的方式结束，那就是天花大流行。

仅在美国，根据公开报道，就曾经发生过一系列处理特别危险的微生物时出现的实验室事故。例如2014年，曾有八十多名实验室工作人员接触到炭疽菌，幸运的是没有造成任何死亡。[89]

几年来，人们一直担心会出现H5N1禽流感病毒大流行。几年前，

玛丽·雪莱《弗兰肯斯坦》中的主人公维克多·弗兰肯斯坦创造的智能怪物。鲍里斯·卡洛夫在 1931 年改编的电影中扮演怪物一角，影片由詹姆斯 · 惠尔执导。

这种病毒的实验引发了一场关于研究这种危险微生物时应允许限度的重大辩论。人类感染这种禽流感病毒时病死率为百分之六十，但这种病毒在人类之间几乎没有传染性。然而，人们仍担心通过自发突变，病毒将获得通过空气传染的能力，从而导致可怕的大流行。

荷兰和美国的两个实验室在 2012 年公开表示，成功对 H5N1 病毒进行了基因改造，H5N1 病毒在对雪貂的实验中可以通过空气有效传播。围绕这一研究的激烈辩论导致美国对此类实验的公共资助中断了几年；同样的措施也应用于如非典病毒和中东呼吸综合征冠状病毒等。[90] 如果这种基因改造后的禽流感病毒从实验室泄漏出去，可能会导致一场大流行，造成数百万人感染和死亡。在实施了更严格的安全预防措施后，美国政府最近决定恢复对此类实验的资助。[91]

并非所有人都同意恢复这些实验。无论采取什么样的安全预防措施，这类实验总是有一定的风险。在与微生物的决斗中，它们可能会增加我们的知识，但这种可能性必须与风险一起权衡。彻底的伦理研究评估至关重要。一些研究人员呼吁制定一套国际法规。然而，如今资助这项研究的机构具有决定性的影响。正如我们看到的，功能增益实验以及实验室微生物泄漏等问题已经成为新冠大流行溯源讨论的核心。

弗兰肯斯坦式主题还出现在另一个研究领域：异种移植（xeno-transplantation）。该术语用于描述将其他动物的器官或细胞移植给人类。多年来，这一直是一个活跃的研究领域，因为人体器官的缺乏是现代移植医学中的一个严重问题，而需求却在不断增加。[92]

将动物器官移植到人体中的尝试始于二十世纪初，但由于许多原因都没有成功，主要与物种的根本差异有关，这意味着移植的器官不被人体接受。在过去的几十年里，大多数实验都集中在猪身上，将其作为猿类器官的供体，以便最终为以后在人类身上使用猪器官铺平道路。许多问题已经逐渐得到解决，特别是现代分子生物学使改变猪的基因成为现实，从而有助于移植到猿类身上，并最终有望移植给人类。

异种移植仍有一个值得关注的问题，那就是在移植猪器官时，微生物可能会从猪转移到人。[93]患者将特别容易感染，因为与普通移植一样，他们必须接受免疫抑制药物治疗。猪身上出现的许多病毒也会导致人类患病。在以猪为器官供体时，也许可以通过采取各种措施来避免病毒感染。即便如此，这种担忧与猪脱氧核糖核酸中的特殊逆转录病毒有关。在移植猪器官后，这种病毒可能会给人类带来问题。一个研究小组最近公开表示，他们已经成功地使用基因编辑方法，从猪细胞中去除了这种逆转录病毒。这使得在细胞中“编辑”脱氧核糖核酸成为可能，并为分子生物学的革命做出了巨大贡献。

尽管如此，可能在不久的将来，就会出现将猪器官异种移植到人类身上的尝试，对此，需要全面监控微生物转移的风险。具有威胁性的新型致病微生物，是否会出现在弗兰肯斯坦式怪物这一角色中？

最后，回到玛丽·雪莱这本书的副标题“现代普罗米修斯的故事”。在希腊神话中，巨人普罗米修斯用黏土造人，并从奥林匹斯山上偷来了火种，从而激起了天神宙斯的愤怒。在赫西俄德讲述的故事中，宙斯决定惩罚普罗米修斯，让美丽的潘多拉送给他一件礼物，一个装满各种疾病和瘟疫的魔盒。

普罗米修斯明智地拒绝了礼物，但好奇的潘多拉打开了魔盒。然后，所有的瘟疫都飞向人间，降临到人类身上。而这正是普罗米修斯善意帮助人类的后果。这个神话中是否隐藏着对现代科学的警告？

全球变暖：上天赠予微生物的大礼？

当前的核心社会议题之一，正是地球平均温度的逐渐升高，以及这将对人类和所有其他生物产生的后果。如果我们不能阻止这一进展，将会发生什么，其中不乏悲观的预测。在关于全球变暖的论辩中，健康问题引起了高度关注，人们普遍认为，除其他后果外，气候变化将影响许多传染病的发生和频率。[94]

在人类历史的早期，人们无疑已经意识到气候与某些疾病之间存在联系。希波克拉底在代表作《论风、水和地方中写了很多与此相关的内容，千百年来，很多医生提出了类似的概念。但是很自然，他们并不知道为什么会有这样的联系。今天，我们已经弄明白了许多对人与微生物相互作用非常重要的生态条件。

如前所述，气候和传染病之间的联系极其复杂。我们必须考虑到不同的气候因素，如温度、降水、湿度和风力条件，以及这些不同的因素如何影响微生物、携带传染源的昆虫和作为微生物宿主（尤其是人类）的动物，当气候变化时，这些动物往往会改变自己的行为。实际上，很难预测全球变暖对许多传染病的影响。因此，大多数专业的气候研究人员对提出有关未来传染病学的重大主张持谨慎态度。生态和环境因素时时刻刻处于变化中，尝试去除生态和环境因素，去分析气候变化的意义，这是高度复杂的挑战。[95]

即便如此，我们也可以设法找出在全球变暖的形势下，某些传染病，尤其是由昆虫传播的传染病，以及某些水传播的传染病，将发生何种模式的变迁。

由按蚊传播的疟疾就是一个可能的例子。蚊子和疟原虫都在高温下比较活跃。东非较冷的高地地区到目前为止一直没有疟疾，但近年来出现了越来越多的病例，至少部分原因可能是这些地区的气温升高。因此，非洲平均气温的持续升高可能会导致疟疾更大规模的传播。另一方面，蚊子和疟疾类疟原虫的适宜温度都不会超过 32℃。因此，一些现在遭受疟疾蹂躏的地区可能会成为无疟疾地区，因为未来几年这些地区的最高气温可能会升高。疟疾在北半球几乎不会成为问题——气温下降并不是疟疾从北欧消失的原因。

近年来，以蚊子为中介的某些病毒的传播范围有所扩大，包括最近在南欧站稳脚跟的西尼罗病毒。平均温度升高可能是原因之一。还有部分原因可能是蚊子数量增加、蚊子活跃季延长，以及蚊虫的叮咬活动水平。这种病毒会不可避免地在欧洲一路向北吗？这很难说，当我们将最重要的因素归咎于气候变化时，千万要谨慎行事。[96]

同样的道理也适用于由蜱传播的另一种病毒，它可以引起脑炎。各种调查表明，传播这种病毒的蜱虫种类近年来进一步向北移动，甚至在斯堪的纳维亚半岛该病毒的感染病例也有所增加。这可能是由于温度升高，扩大了蜱的活动范围，延长了蜱活跃的时长，但其他因素也可能是原因之一。[97]

由于全球变暖，水传播的微生物可能会扩展其活动范围，例如生活在水中的霍乱弧菌。如果全世界的海洋温度升高，可能会引发致病性霍乱弧菌的传播增加，并可能导致疫情。如今，霍乱弧菌并非仅在其疫源地孟加拉国，在世界许多地方的河口和微咸水中也相当普遍，不过那里的通常情况是水温往往较低，不适合复杂的生态过程，不会导致病原菌大量增加。正如我们看到的，海洋中特殊类型浮游生物的增长是这种情境的一个重要组成部分，海洋温度的进一步升高将使这种情况更有可能发生。

霍乱弧菌的近亲也能产生其他致病性病理特征，也能在相对温暖的水域中茁壮成长，并能在漫长的温暖期影响北纬度地区。这方面的例子是创伤弧菌感染，它可能会导致游泳者罹患严重的传染病。在未来几年中，这种感染可能会变得更加普遍。[98]

最近，威胁生命的真菌感染与全球变暖有关。[99]到目前为止，真菌感染已经影响到免疫系统虚弱的患者。然而，自然界中存在着大量——可能有几百万种——真菌，它们到目前为止还没有对人类构成威胁，主要是因为它们只在远低于体温三十七摄氏度的温度下生长。因此，我们的体温一直是抵御此类真菌的重要法宝。如果这些物种通过突变适应更高的温度，它们便可能会在人类中引起严重感染。

一个可能的例子是耳念珠菌，近年来它在三大洲同时出现，成为严重的传染威胁。研究人员发现的证据表明，这种真菌正是比其近亲适应了更高的温度，因此能够引起通常难以治疗的感染。也许这是在全球变暖期间新出现传染病的多种真菌中的第一种。

正如我们所看到的，耐药性细菌的发展是一个日益严重的问题。研究人员最近表明，全球变暖导致了这一现象：随着环境温度的升高，细菌繁殖速度更快，导致更频繁的突变，包括那些也会增加耐药性的突变。[100]

历史为我们提供了无数极端、剧烈气候事件的例子，例如热带风暴和飓风导致疫情暴发。许多气候研究人员认为，全球变暖将导致此类天气灾害的频率和范围不断增加。在这种情况下，它还将加剧世界上的传染病问题。

总而言之，全球变暖将毫无疑问影响我们与微生物世界的关系，以及未来将遇到的传染病模式。然而情况非常复杂，现在得出任何明确结论还为时过早。到目前为止，还没有必要作出厄运预言或发布耸人听闻的头条新闻，尽管在全球变暖期间，当谈到传染病学的未来时，某些观察可能会诱使人们沉迷其中。典型事例，如北半球永久冻土融化的可能后果。

永久冻土和僵尸微生物

“永久冻土”一词用于描述一年中地球上从未解冻的地区。北半球百分之二十以上的陆地就是这种情况。土壤最上层可能在夏季融化，但下层永久冻结。在这些冻土层中，也有丰富的微生物（细菌、病毒和真菌），但处于非活动、休眠状态。[101]

现在，全球变暖过程也影响着永久冻土地带。逐渐解冻的情况正在发生，而且愈演愈烈，进而导致许多问题。如果多年冻土层中的大量微生物在解冻后苏醒，这些土壤中的丰富植物残骸可能会大量释放二氧化碳和甲烷等气体。当然，这些气体的释放将加剧气候问题和全球变暖。永久冻土中的微生物，在土壤解冻后从睡眠中醒来时，会对人类构成威胁吗？近年来，人们就这个前景进行了大量讨论，不能简单地将其排除在外，因为永久冻土层也可能含有致病微生物。从远古时代起，可能患有传染病的动物和人类的遗骸都被留在了冻土层中。这也适用于早期的人类物种，如尼安德特人和丹尼索瓦人，他们生活在西伯利亚，那里有大片的永久冻土。

来自永久冻土的潜在微生物威胁可能来自已知的致病细菌和病毒，或者来自现已灭绝的古老微生物，而这些微生物可能在某些时候导致致命的疫情。今天的人类对这些微生物没有任何免疫力，所以，这会引起疫情吗?

2016年，西伯利亚一名十二岁男孩和两千多头驯鹿死于炭疽，由此可见问题变得非常严重。相关游牧部落的七十多人住院治疗，其中至少七人被证实感染了炭疽。该瘟疫可能的原因是西伯利亚的一场强热浪，融化了若干厚度的永久冻土，里面含有1941年死于炭疽病的驯鹿尸体。[102]

这件事自然引起了相当大的兴趣。根据海地的巫毒传统，信众相信僵尸（即“活死人”）在巫师的召唤下，会以某种怪物的身份复活。考虑到永久冻土可能存在的微生物威胁，媒体随后推出了“僵尸微生物”的可怕概念，认为这可能会导致“僵尸末日”。[103]

除了2016年的炭疽事件外，是否真的有证据表明从永久冻土中解冻的微生物是一个真正的威胁？炭疽菌的特殊之处在于它的孢子非常健壮，但其他细菌能在永久冻土中长期存活吗？2005年，美国国家航空航天局（NASA）的研究人员声称，他们从阿拉斯加的永久冻土中复活了一种三万两千年前的细菌。一些研究人员诚然有所怀疑，但不管如何这种细菌对人类没有致病性。

说到病毒，事实上有一些来自永久冻土的病毒正在复活，并且仍然能够传染。然而到目前为止，这只被证明适用于某些极为特殊的病毒，它们只能感染单细胞生物阿米巴，而不能感染人类。[104]这些病毒已在西伯利亚永久冻土中冻结了三万年。其他在解冻后仍有活跃能力的病毒尚未被检测到，不过在永久冻土中发现了天花病毒和1918年流感病毒变种的脱氧核糖核酸。

因此从广义上讲，没有理由担心一些记者所说的“僵尸末日”，但也不能排除永久冻土持续解冻，除了带来其他问题，还将带来微生物世界的威胁。

永久冻土——地球上一年中从未完全解冻的区域。北半球超过五分之一的地区是永久冻土。现在有迹象表明，这些地区正在加速解冻，这将产生包括传染病在内的各种后果。

天空微生物：全新威胁？

1969年，美国作家迈克尔·克莱顿凭借科幻惊悚小说《人间大浩劫》获得巨大成功，该片后来被拍成电影。在该书中，地球人受到了一种来自外层空间的可怕微生物引起的大流行的冲击。后来的惊悚小说也开始关注这个主题。

即使是非常严肃的研究人员，也对外层空间可能存在的微生物非常感兴趣。其中最著名的是英国天文学者弗雷德·霍伊尔（Fred Hoyle），他与同事钱德拉·威克拉马辛哈（Chandra Wickramasinghe）进一步发展了“胚种论”（panspermia）的古老理论，该理论认为宇宙中充满了生命——以微观形式通过星系和太阳系之间的宇宙尘埃和彗星传播。根据霍伊尔和威克拉马辛哈的说法，地球上的生命并非像人们通常认为的那样，来自“原始汤”中的有机分子，而是来自定居地球上的活的地外生物。从那时起，地球定期收到来自外部的生命的新贡献，这些贡献影响了生命形式的进一步发展，并定期“补充”新的遗传物质。这两位天文学者还认为，来自外部空间的一些生命形式偶尔会在地球上引起疫情，包括流感大流行。[105]

泛胚种理论遇到了相当多的怀疑，有时甚至遭嘲笑，被认为绝对不符合当今科学的主流观点。尽管如此，2001 年去世的霍伊尔还是在 2009 年获得了某种迟到的认可，当时在最高的平流层中发现了一种细菌，后以他的名字命名为“霍伊尔菌”。同样有意思的是，来自正规大学和机构的三十三名研究人员 2018 年在刊物《生物物理学和分子生物学进展》（*Progress in Biophysics and Molecular Biology*）上发表了一篇极具争议的文章，文中列出了支持泛胚种理论的论点。[106] 也许迈克尔 · 克莱顿关于仙女座微生物的描写，与其说是小说，不如说是“科学”。

然而本书作者认为，要否定占优势的关于地球上生命的科学观点，尤其是微生物起源的观点，还需要大量证据。一些研究人员承认，已经在坠落地球的陨石上发现了微生物的化石印记。陨石来自我们银河系其他部分，包括火星。美国国家航空航天局的一个研究小组认为，他们在 1996 年发现了这种迹象，而匈牙利研究人员最近报告了类似的发现。然而，被认为来自外部空间的一百零七种微生物从未得到毫无疑问的确证。作为目前正在进行的火星考察的一部分，当火星土壤样本被带回地球时，它们甚至会像埃博拉病毒一样受到同样的谨慎对待。不能完全排除外星微生物的概念。

即使我们所生活的这个星球之外可能不存在微生物，微生物在太空中的重要性也是不言而喻的。几十年来，随着太空探索的增加，人类经常越过地球边界。自 2000 年以来，绕地球轨道的国际空间站一直在载人运行。无论人类移动到哪里，微生物都伴随着他们。因此毫不奇怪，新的调查显示宇航员在国际空间站并不完全是孤独的。最近在那里也发现了大量的细菌和某些种类的真菌。[108]其中一些细菌对某些抗生素具有耐药性，而一些细菌与导致人类传染的细菌密切相关，尤其是那些虚弱的免疫系统中常见的细菌。[109]为什么这些微生物伴随着宇航员进入太空会引起这样的担忧？原因大致如下。

首先，不确定来自地球的微生物在完全不同的太空条件下会如何表现，在太空中，微生物不再受重力影响，并暴露在宇宙辐射下，这可能会导致更多的突变。这些微生物会变得更危险——更具毒性吗？也有理由认为，它们在太空中对抗生素的反应可能与地球上有所不同。

还有一个问题是，宇航员本身是否会改变特征，在太空中更容易受到微生物的攻击。这些宇航员最初身体健康，训练有素，根据医学和其他标准精心挑选。但我们知道，人体在太空条件下会发生医学变化，出现骨质疏松症和进行性肌萎缩的迹象。非常有意思的是，就传染病而言，太空旅行者的免疫系统也会发生明显变化。宇航员的免疫系统的某些功能变差，某些功能高于正常水平，免疫系统各部分之间的相互作用减弱。[110]

耐人寻味的是，研究显示宇航员体内特殊型淋巴细胞——NK 细胞的功能降低。这种细胞在抵抗病毒传染和对抗体内癌细胞方面都很重要。一旦人体感染疱疹病毒，病毒就会以非活动、潜伏的状态留在体内。之后，它会从休眠状态中恢复，重新激活并引发新的疾病。NK 细胞在预防这方面上起着重要作用。在太空旅行者身上，我们经常看到疱疹病毒重新激活的迹象，而 NK 细胞的功能却降低了。与此同时，研究表明宇航员体内 NK 细胞杀死癌细胞的能力降低了百分之五十。[111]

在国际空间站驻留的六个月期间，宇航员免疫系统受到的影响持续增加。[112]现在，人类正在计划对月球和火星进行漫长的太空探索。

自 2000 年以来，环绕地球运行的国际空间站一直有六名宇航员进行为期六个月的驻守。在空间站已经检测到相当数量的微生物，包括对于抗生素产生耐药性的细菌。

火星探险队大约需要航行三年时间。在进行如此漫长的探险之前，澄清宇航员免疫紊乱的重要性至关重要。罹患传染问题会增加吗，也许会有更多的有毒微生物伴随他们一起旅行？这些干扰会增加患癌症的风险吗？由于宇航员在太空中所暴露的辐射量大大增加，罹患癌症的风险是否已经引起了人们的关注？

目前，正在计划采取一系列措施来抵消对宇航员免疫系统的有害影响，例如特殊药物、选定的疫苗和被认为是“免疫友好”的饮食。[113]

另一个目前为止只是理论上的担忧在于，人类探索太空的未来风险将导致外星行星受到地球微生物的污染，这些微生物也会进行太空旅行。一些细菌确实非常强壮，能够在火星等外星行星上生存，并可能以不可预测的方式进一步发展。举世闻名的科幻作家之一阿瑟 · 克拉克（Arthur C. Clarke）在一篇发人深省的短篇小说《伊甸园之前》描述了宇航员从地球带来的细菌如何不仅在火星上生存，而且永久掐灭了火星早期生命的开始。[114]

综上所述，很明显人类对太空的探索涉及许多挑战，除了人们以前关注的纯技术挑战之外。人类和微生物之间的决斗也将继续在太空中进行。

尾声

斗无止境

从作为人类物种的智人首次出现在地球上那一刻开始，我们就与微生物世界保持着极其密切的联系。同样，每个人自从离开几乎没有任何微生物的母体子宫时起，都会与各种微生物不期而遇。人与微生物之间的相互作用，无论是消极的还是积极的，都异常复杂，而关于微生物对人类发展和健康的重要性，我们的理解也仅仅处于初级阶段。

在细菌学革命后的很长一段时间里，随着微生物是重要致病原因的发现，支配人们思想的首先是微生物带来的威胁。直到最近，与人类和微生物关系的描述，一直以军事术语为特征：与利用一切机会攻击我们、造成疾病和死亡的对手的攻防。当然，这是我们与微生物关系的一个重要方面。早期的人类历史伴随着无数的疫情，很好地说明了微生物这个敌人如何冷酷无情。在很大程度上，我们仍然必须保护自己免受微生物的威胁。

直到过去几十年，人类与微生物世界的关系中某些极其重要的方面，还是一团迷雾。在现存的大量微生物中，实际上只有极少数能导致人类疾病。

这时，出现了一种观点，彻底改变了我们对人类与微生物世界关系的理解，那就是“人类微生物组”。这一概念反映了这样一个事实，即许多微生物已经与我们每个人密切共存。自我们出生，它们立即定居在我们的皮肤和黏膜中，在那里它们结合形成人体的微生物群。微生物群的组成取决于各种条件，包括我们的基因、饮食和其他外部因素，如抗生素。我们可以看到不同文化和不同生活方式之间微生物组的明显差异。

在过去十年中，人类微生物组领域的一个重要原因是，许多研究结果表明，肠道微生物组的变化与各种疾病有关。[1] 对人类的实验，不太容易确定这些变化是否构成因果关系。许多研究表明，即使如此，微生物组成分的变化也在疾病的发展中起了作用，其中包括肠道炎症疾病、自身免疫性疾病、严重肥胖、糖尿病、哮喘甚至精神异常。

最近的研究结果还表明，肠道微生物群在疫苗的有效性中发挥作用。抗生素对微生物群的影响实际上会削弱接种疫苗时所需的免疫反应。[2]

当今关于影响疾病发展的微生物组变化的理论，即所谓的生态失调的理论，在某种程度上可以被视为古代医学的回声，以及希波克拉底和盖伦关于体液平衡对健康重要性的现代版本。人们已经进行了改变微生物组的实验，作为疾病治疗的一种尝试。也许这些治疗形式中最激烈的是所谓的“粪菌移植”，通过移入健康人的粪便来改变患者的微生物组。[3] 为治疗目的改变微生物组的一种新的、有希望的方法是使用针对微生物或微生物–宿主相互作用的小分子药物。[4]

微生物研究不仅仅带来了抗生素的发现，也为疾病治疗提供了新灵感。如今先进的分子生物学方法使通过基因操纵产生“智能”细菌成为可能，以便将其用于医疗。例如，细菌被移植入肠道后，可以产生有用的药物效果。现在针对糖尿病、癌症和传染病等疾病，正在测试许多这样的智能细菌。[5] 向癌性肿瘤中注射特殊病毒可导致癌细胞死亡，因此也可以利用病毒治疗癌症。

微生物仍有许多秘密亟待揭示。我们从细菌中获得的重要知识之一，便是彻底改变了分子生物学的“基因剪刀”（CRISPR）方法。该技术可以切除细胞和细菌中的脱氧核糖核酸分子片段，从而“编辑”基因并改变细胞特征。在自然界中，这种现象实际上是细菌自身免疫系统的一种表现，用于抵御病毒。“基因剪刀”在现代医学包括治疗和诊断在内的潜在用途有很多。2020 年诺贝尔化学奖授予艾曼纽尔 · 查彭蒂尔（Emmanuelle Charpentier）和詹妮弗 · 杜德纳（Jennifer Doudna），以表彰他们对“基因剪刀”的研究，并不意外。

总而言之，传统观念认为微生物是我们的敌人，不是别的，而这仅仅是微生物世界与人类关系的一个面向。某些微生物在合适的条件下，确实会致病。未来也是如此。和从前一样，人类将继续受到传染病，有时甚至是地方疫情或全球大流行的打击。

带有致命微生物的严重疫情威胁着人类的灭绝，是电影和书籍中最受欢迎的主题。然而在现实中，本书作者认为，这种认为微生物将会引发“诸神的黄昏”的极度悲观情绪缺乏根据。早期的大流行当然曾给当时的社会带来了巨大的问题。尽管当今世界在很多方面更容易受到大范围疫情的影响，但我们仍然有能力应对来自微生物世界的威胁。自十九世纪末的细菌学革命以来，我们对微生物的认识大大增加，这导致了医学技术惊人发展，为传染病诊断、治疗和预防的重大进展奠定了基础。这在应对非典、埃博拉、中东呼吸综合征和新冠疫情时得到了证明。非典和中东呼吸综合征病毒出现后，人类只花了很短的时间就确定了元凶，在创纪录的时间内——几周——报告了这两种冠状病毒的完整结构，并开发了该病毒的诊断测试。几个月后，便研制出了有效的疫苗。

我们今天对生态和环境因素的了解，比科赫和巴斯德及其直接继任者多得多，而这些因素在人与微生物的决斗中非常重要。巴斯德承认，“微生物无足挂齿，生长环境才是王道”。但他可能只考虑个别患者的情况。从二十世纪下半叶出现的许多新发传染病中获得经验后，我们才对环境和生态对人类传染病的重要性有了更深入的了解。其中的重点是，人们不那么愉快但深刻地认识到，尤其在人类世时代，人类行为及其对自然的影响，往往起着决定性的作用。如果一个人想要了解，尤其预防新的地方疫情和全球大流行，这种认知显然至关重要。

希望从我们生活的星球上根除某些致病微生物当属现实主义的想法。经过大量的努力，天花病毒就被彻底消灭。根除脊髓灰质炎和麻疹病毒也不是痴人说梦。但是，就威胁我们的绝大多数微生物而言，根除不是一种选择，首先也是最重要的原因在于，这些传染病都是人畜共患病，总是存在一个动物疫源地，认为可以将其根除是不现实的。

本书作者认为，在一定程度上，能否对于未来传染病持乐观态度，需要取决于特定的前提条件。如果我们的社会缺乏合理的组织，那么再深入的认知，再先进的医疗技术，都将无力对抗微生物的威胁。有许多例子表明，持续的社会和政治动荡会导致社会功能失调，严重损害医疗服务的质量。而这可能会对这些国家的传染病防治造成严重后果，类似的情况，也可能发生在以前组织良好，医疗保健起先处于较高水平的社会中。

贫穷国家的卫生服务质量没有达到西方国家的水平。这不仅会给当地人口带来永久性的、相当大的传染量，而且会对全球造成威胁，因为大多数新的传染和地方疫情预计将从这些地区发起。而这就是热点之所在，可能是新疫情的中心。人类共同的全球防疫策略的重要组成部分之一，便是提高穷国的卫生服务质量，而这无疑任重而道远。

另一个重要的先决条件是在传染病领域进行组织良好的国际合作。在当今全球化的世界，即所谓“地球村”，各国必须在抗击地方疫情和全球大流行方面密切合作。最近的疫情经验表明，在此方面仍然有待进步。无论如何看待其他领域的全球化，抗击传染病必须作为一项全球责任。微生物本身在数千年前就开始了全球化的进程。

在与人类永无休止的决斗中，微生物无疑是危险的对手。直到最近，我们才真正开始转守为攻。这主要是因为人类拥有确保物种生存的关键优势，即智慧。这就是为什么本书作者认为人类永远不会在决斗中屈服，决斗肯定会继续下去。即便如此，我们也必须面对这样一个事实：在未来还将面临严重的传染问题，甚至重大疫情，而这对即便准备充分的社会都会带来巨大压力。新冠大流行不会是最后一次。在发生这种危机时，我们仍然必须做出如下预料：会出现严重的医疗后果，造成相当大的病情和死亡率，以及巨大的物质成本。但是如果不防患于未然，提前布局攻防之策，灾难的后果将更加严重，代价将更为高昂。如果做不到上述措施，可怕的全球大流行毁灭人类的末日预言可能会被证明是正确的。

总有一天，人类会从地球上消失。我们这个物种，可能像历史上的其他物种一样，终将灰飞烟灭，或者是我们自己导致地球不再适合人类生存，迫使后代移民外星。然而有一件事千真万确。当最后一个人从这个星球上消失时，微生物仍将存在。对于它们来说，与地球上人类的决斗固然已经持续了几十万年，然而，在数十亿年计的微生物史上，这也只是惊鸿一瞥般的短暂瞬间。

注 释

引言　无形之敌

1　C. Renfrew, *Prehistory: The Making of the Human Mind* (London, 2007).

2　C. J. Bae, K. Douka and M. D. Petraglia, 'On the Origin of Modern Humans: Asian Perspectives', *Science*, 358 (8 December 2017).

3　M. N. Cohen and G. Crane-Kramer, 'The State and Future of Paleoepidemiology', in *Emerging Pathogens: Archaeology, Ecology and Evolution of Infectious Disease*, ed. C. Greenblatt and M. Spigelman (Oxford, 2003), pp. 79–81.

第一章　致命对手

1　R. Porter, *The Greatest Benefit to Mankind: A Medical History of Humanity from Antiquity to the Present* (London, 1999); C.-E. A. Winslow, *The Conquest of Epidemic Disease: A Chapter in the History of Ideas* (Madison, WI, 1980).

2　M. Karamanou et al., 'From Miasmas to Germs: A Historical Approach to Theories of Infectious Disease Transmission', *Infezioni in Medicina*, 20 (2012), pp. 58–62; J. Botero, *Mesopotamia: Writing, Reasoning and the Gods* (Chicago, IL, 1992).

3　W. H. McNeill, *Plagues and Peoples* (New York, 1976).

4 Karamanou et al., 'From Miasmas to Germs' .

5 V. Nutton, *Ancient Medicine* (London, 2004).

6 Homer, *The Iliad*, trans. Robert Fagles (London, 1996).

7 J. Jouanna, *Hippocrates* (Baltimore, MD, 1999).

8 I. Reichborn-Kjennerud, 'Vår eldste medisin til middelalderens slutt' , in *Medisinens historie i Norge*, ed. I. Reichborn-Kjennerud, F. Grøn and I. Kobro (Oslo, 1936), pp. 1–97.

9 Porter, *The Greatest Benefit to Mankind*; Nutton, *Ancient Medicine*.

10 G.E.R. Lloyd, ed., 'Medicine' , in *Hippocratic Writings*, trans. J. Chadwick and W. N. Mann, rev. edn (Harmondsworth, 1983).

11 Jouanna, *Hippocrates*.

12 S. P. Mattern, *The Prince of Medicine: Galen in the Roman Empire* (Oxford, 2013).

13 Thucydides, *The Peloponnesian War*, trans. Martin Hammond (Oxford, 2009).

14 Porter, *The Greatest Benefit to Mankind*. M. M. Hudson and R. S. Morton, 'Fracastoro and Syphilis: 500 Years On' , *The Lancet*, 348 (30 November 1996), pp. 1495–6.

15 V. Nutton, 'The Seeds of Disease: An Explanation of Contagion and Infection from the Greeks to the Renaissance' , *Medical History*, 27 (1983), pp. 1–34.

16 V. Nutton, 'The Reception of Fracastoro' s Theory of Contagion: The Seed that Fell among Thorns?' , *Osiris*, 2nd ser., 6 (1990), pp. 196–234.

17 Porter, *The Greatest Benefit to Mankind*; R. P. Gaynes, *Germ Theory: Medical Pioneers in Infectious Diseases* (Washington, DC, 2011).

18 E. H. Ackerknecht, 'Anticontagionism between 1821 and 1867' , *International Journal of Epidemiology*, 38 (February 2009), pp. 7–21.

19 Porter, *The Greatest Benefit to Mankind*; Karamanou et al., 'From Miasmas to Germs' .

20 Gaynes, *Germ Theory*.

21 Ackerknecht, 'Anticontagionism between 1821 and 1867' .

22 Porter, *The Greatest Benefit to Mankind*; Winslow, *The Conquest of Epidemic Disease*.

23 Gaynes, *Germ Theory*; Porter, *The Greatest Benefit to Mankind*.

24 J. Waller, *The Discovery of the Germ: Twenty Years that Transformed the Way We Think about Disease* (New York, 2002).

25 L. M. Irgens, 'Oppdagelsen av leprabasillen', *Tidsskriftet den Norske Legeforening*, 122 (2002), pp. 708–9.

26 B. Godøy, *Ti tusen skygger: en historie om Norge og de spedalske* (Oslo, 2014).

27 G. L. Geison, *The Private Science of Louis Pasteur* (Princeton, NJ, 1995); Gaynes, *Germ Theory*.

28 Ibid. 30 Ibid.

31 S. M. Blevins and M. S. Bronze, 'Robert Koch and the "Golden Age" of Bacteriology', *International Journal of Infectious Diseases*, 14 (September 2010), e744–51; Gaynes, *Germ Theory*.

32 C. Gradmann, *Laboratory Disease* (Baltimore, MD, 2009).

33 Waller, *The Discovery of the Germ*; Gradmann, *Laboratory Disease*.

34 Gaynes, *Germ Theory*; Waller, *The Discovery of the Germ*.

35 A. Morabia, 'Epidemiologic Interactions, Complexity, and the Lonesome Death of Max von Pettenkofer', *American Journal of Epidemiology*, 166 (2007), pp. 1233–8; Winslow, *The Conquest of Epidemic Disease*.

36 Gaynes, *Germ Theory*; Gradmann, *Laboratory Disease*.

37 Blevins and Bronze, 'Robert Koch and the "Golden Age" of Bacteriology'.

38 Waller, *The Discovery of the Germ*; Gaynes, *Germ Theory*.

39 B. Latour, *The Pasteurization of France* (Cambridge, MA, 1988).

40 N. P. Money, *Microbiology: A Very Short Introduction* (Oxford, 2014).

41 A. H. Knoll and M. A. Nowak, 'The Timetable of Evolution', *Science Advances*, 3 (2017), e1603076.

42 Money, *Microbiology: A Very Short Introduction*.

43 Ibid.

44 C. Zimmer, *A Planet of Viruses* (Chicago, IL, and London, 2011); Money, *Microbiology: A Very Short Introduction*.

45 J. Playfair and G. Bancroft, *Infection and Immunity*, 2nd edn (Oxford, 2004).

46 Ibid.

47 D. M. Dixon et al., 'Fungal Infections: A Growing Threat', *Public Health Reports*, 111 (1996), pp. 226–35.

48 Playfair and Bancroft, *Infection and Immunity*.

49 K. S. Maclea, 'What Makes A Prion: Infectious Proteins from Animals to Yeast', *International Review of Cell and Molecular Biology*, 329 (2016), pp.

227–76.

50 Money, *Microbiology: A Very Short Introduction*.

51 J. A. Gilbert et al., 'Current Understanding of the Human Microbiome', *Nature Medicine*, 24 (2018), pp. 392–400; V. B. Young, 'The Role of the Microbiome in Human Health and Disease: An Introduction for Clinicians', *British Medical Journal*, 356 (2017), J831.

52 R. L. Brown and T. B. Clarke, 'The Regulation of Host Defences by the Microbiota', *Immunology*, 150 (2016), pp. 1–6.

53 B. O. Schroeder and F. Bäckhed, 'Signals from the Gut Microbiota to Distant Organs in Physiology and Disease', *Nature Medicine*, 22 (2016), pp. 1079–89.

54 M. L. Wayne and B. M. Bolker, *Infectious Disease: A Very Short Introduction* (Oxford, 2015).

55 N. D. Wolfe et al., 'Origins of Major Human Infectious Diseases', *Nature*, 447 (2007), pp. 279–83.

56 Wayne and Bolker, *Infectious Disease: A Very Short Introduction*.

57 A. M. Silverstein, *A History of Immunology*, 2nd edn (London, 2009).

58 Playfair and Bancroft, *Infection and Immunity*.

59 S. S. Frøland and J. B. Natvig, 'Identification of Three Different Human Lymphocyte Populations by Surface Markers', *Immunological Reviews*, 16 (1973), pp. 3–217.

60 Playfair and Bancroft, *Infection and Immunity*.

61 A. Casadevall and L.-A. Pirofski, 'Benefits and Costs of Animal Virulence for Microbes', *mBio* (2019), e00863–19.

62 Wayne and Bolker, *Infectious Disease: A Very Short Introduction*.

63 Playfair and Bancroft, *Infection and Immunity*.

64 D. D. Richman, ed., *Human Immunodeficiency Virus* (London, 2003).

65 Playfair and Bancroft, *Infection and Immunity*.

66 Ibid.

67 Ibid.

68 P. W. Ewald, *Evolution of Infectious Disease* (Oxford, 1994); Wayne and Bolker, *Infectious Disease: A Very Short Introduction*.

69 Jouanna, *Hippocrates*; Nutton, 'The Seeds of Disease'.

70 Gradmann, *Laboratory Disease*.

71 J.-L. Casanova, 'Human Genetic Basis of Interindividual Variability in the

Course of Infection' , *Proceedings of the National Academy of Sciences*, 112 (2014), e7118–e71; E. K. Karlsson et al., 'Natural Selection and Infectious Disease in Human Populations' , *Nature Reviews Genetics*, 15 (2014), pp. 379–93.

72 S. J. Chapman and A.V.S. Hill, 'Human Genetic Susceptibility to Infectious Disease' , *Nature Reviews Genetics*, 13 (2012), pp. 175–88; Karlsson et al., 'Natural Selection and Infectious Disease in Human Populations' .

73 I. C. Withrock et al., 'Genetic Disease Conferring Resistance to Infectious Diseases' , *Genes and Diseases*, 2 (2015), pp. 247–54.

74 Ibid.

75 Karlsson et al., 'Natural Selection and Infectious Disease in Human Populations' .

第二章　第三要素：生态与环境

1 W. H. McNeill, *Plagues and Peoples* (New York, 1976).

2 Y. Hui-Yuan et al., 'Early Evidence for Travel with Infectious Diseases along the Silk Road: Intestinal Parasites from 2000-year-old Personal Hygiene Sticks in a Latrine at Xuanquanzhi Relay Station in China' , *Journal of Archaeological Science: Reports*, 9 (2016), pp. 758–64;

P. Frankopan, *The Silk Roads: A New History of the World* (London, 2015).

3 S. W. Lacey, 'Cholera: Calamitous Past, Ominous Future' , *Clinical Infectious Diseases*, 20 (1995), pp. 1409–19.

4 M. E. Wilson, 'Ecological Disturbances and Emerging Infections: Travel, Dams, Shipment of Goods, and Vectors' , in *Emerging Neurological Infections*, ed. C. Power and R. T. Johnson (Boca Raton, FL, 2005), pp. 35–57.

5 Ibid.

6 D. Otranto et al., 'Zoonotic Parasites of Sheltered and Stray Dogs in the Era of the Global Economic and Political Crisis' , *Trends in Parasitology*, 33 (2017), pp. 813–25.

7 D. Steverding, 'The Spreading of Parasites by Human Migratory Activities' , *Virulence*, 11 (2020), pp. 1177–91.

8 C. S. Bryan et al., 'Yellow Fever in the Americas' , *Infectious Disease Clinics of North America*, 18 (2004), pp. 275–92.

9 A. Cliff and P. Haggett, 'Time, Travel and Infection' , *British Medical Bulletin*, 69 (2004), pp. 87–99; A. J. Tatem, D. J. Rogers and S. I. Hay, 'Global Transport Networks and Infectious Disease Spread' , *Advances in Parasitology*, 62 (2006), pp. 293–343.

10 A. Salmon-Rousseau et al., 'Hajj-associated Infections' , *Médecine et Maladies Infectieuses*, 46 (2016), pp. 346–54.

11 M. S. Khan et al., 'Pathogens, Prejudice, and Politics: The Role of the Global Health Community in the European Refugee Crisis' , *Lancet Infectious Diseases*, 16 (2016), e173–7.

12 Wilson, 'Ecological Disturbances and Emerging Infections' .13 Ibid.

14 K. E. Jones et al., 'Global Trends in Emerging Infectious Diseases' , *Nature*, 451 (2008), pp. 990–93.

15 H. Kruse, A.-M. Kirkemo and K. Handeland, 'Wildlife as Source of Zoonotic Infections' , *Emerging Infectious Diseases*, 10 (2004), pp. 2067–72.

16 N. D. Wolfe, C. P. Dunavan and J. Diamond, 'Origins of Major Human Infectious Diseases' , *Nature*, 447 (2007), pp. 279–83. 17 Ibid.

18 E. Dunay et al., 'Pathogen Transmission from Humans to Great Apes Is a Growing Threat to Primate Conservation' , *Ecohealth*, 15 (2018), pp. 148–62.

19 A. J. McMichael, 'Environmental and Social Influences on Emerging Infectious Diseases: Past, Present and Future' , *Philosophical Transactions of the Royal Society of London: Biological Sciences*, 359 (2004), pp. 1049–58. 20 K. M. Johnson, 'Emerging Viruses in Context: An Overview of Viral Hemorrhagic Fevers' , in *Emerging Viruses*, ed. S. S. Morse (Oxford, 1993), pp. 46–7.

21 Wilson, 'Ecological Disturbances and Emerging Infections' .

22 Jones et al., 'Global Trends in Emerging Infectious Diseases' .

23 B. Roizman, ed., *Infectious Diseases in an Age of Change* (Washington, DC, 1995).

24 R. Porter, *The Greatest Benefit to Mankind: A Medical History of Humanity from Antiquity to the Present* (London, 1999); M. N. Cohen, *Health and the Rise of Civilization* (New Haven, CT, 1989).

25 P. W. Ewald, *Evolution of Infectious Disease* (Oxford, 1994).

26 S. P. Mattern, *The Prince of Medicine: Galen in the Roman Empire* (Oxford, 2013); M. Beard, SPQR*: A History of Ancient Rome* (London, 2015).

27 Roizman, ed., *Infectious Diseases in an Age of Change*.

28 McNeill, *Plagues and Peoples*.

29 D. L. Church, ‘Major Factors Affecting the Emergence and Re-emergence of Infectious Diseases’, *Clinics in Laboratory Medicine*, 24 (2004), pp. 559–86.

30 M. R. Smallman-Raynor and A. D. Cliff, ‘Impact of Infectious Diseases on War’, *Infectious Disease Clinics of North America*, 18 (2004), pp. 341–68.

31 A. Roberts, *Napoleon the Great* (London, 2015).

32 Smallman-Raynor and Cliff, ‘Impact of Infectious Diseases on War’.

33 J. S. Sartin, ‘Infectious Diseases during the Civil War: The Triumph of the “Third Army”’, *Clinical Infectious Diseases*, 16 (1993), pp. 580–84.

34 Smallman-Raynor and Cliff, ‘Impact of Infectious Diseases on War’.35 Ibid.

36 Ibid.

37 A. T. Price-Smith, *Contagion and Chaos* (Cambridge, MA, 2009).

38 C. P. Dodge, ‘Health Implications of War in Uganda and Sudan’, *Social Science and Medicine*, 31 (1990), pp. 691–8.

39 S. L. Sharara and S. S. Kanj, ‘War and Infectious Diseases: Challenges of the Syrian War, *PLoS Pathogens*, 10 (2014), e1004438.

40 McMichael, ‘Environmental and Social Influences’; Church, ‘Major Factors Affecting the Emergence and Re-emergence’.

41 Wilson, ‘Ecological Disturbances and Emerging Infections’.

42 R. Rubin, ‘Why Are Legionnaires Disease Diagnoses Becoming More Common in the United States?’, *Journal of the American Medical Association*, 319 (2018), pp. 1753–4; B. A. Cunha et al., ‘Legionnaires’ Disease’, *The Lancet*, 387 (2016), pp. 376–85.

43 S. S. Morse, ‘Factors in the Emergence of Infectious Diseases’, *Emerging Infectious Diseases*, 1 (1995), pp. 7–15.

44 Xiaoxu Wu et al., ‘Impact of Climate Change on Human Infectious Diseases: Empirical Evidence and Human Adaptation’, *Environment International*, 86 (2016), pp. 14–23; P. R. Epstein, ‘Climate and Emerging Infectious Diseases’, *Microbes and Infection*, 3 (2001), pp. 747–54.

45 Wu et al., ‘Impact of Climate Change on Human Infectious Diseases’.

46 K. L. Gage et al., ‘Climate and Vectorborne Diseases’, *American Journal of Preventive Medicine*, 35 (2008), pp. 436–50.

47 A. J. McMichael, ‘Insights from Past Millennia into Climatic Impacts on Human Health and Survival’, *Proceedings of the National Academy of*

Sciences, 109 (2012), pp. 4730–37.

48 Wu et al., 'Impact of Climate Change on Human Infectious Diseases'; A. J. McMichael, 'Extreme Weather Events and Infectious Disease Outbreaks', *Virulence*, 6 (2015), pp. 543–7.

49 Epstein, 'Climate and Emerging Infectious Diseases'; Wu et al., 'Impact of Climate Change on Human Infectious Diseases'.

50 A. Cheepsattayakorn and R. Cheepsattayakorn, 'Climate Changes and Human Infectious Diseases', EC *Microbiology*, XIV/6 (2018), pp. 299–311.

51 R. Monastersky, 'The Human Age', *Nature*, 519 (2015), pp. 144–7.

52 M. Subramanian, 'Anthopocene Now: Influential Panel Votes to Recognize Earth's New Epoch', *Nature*, 21 May 2019, www.nature.com.

第三章 鸟瞰今昔：传染的始末

1 R. Barrett and G. J. Armelagos, *An Unnatural History of Emerging Infections* (Oxford, 2013); M. N. Cohen, *Health and the Rise of Civilization* (New Haven, CT, 1989).

2 Barrett and Armelagos, *An Unnatural History of Emerging Infections*; Cohen, *Health and the Rise of Civilization*.

3 T. A. Cockburn, 'Infectious Disease in Ancient Populations', *Current Anthropology*, 12 (1971), pp. 45–62.

4 Barrett and Armelagos, *An Unnatural History of Emerging Infections*; Cohen, *Health and the Rise of Civilization*.

5 J. Diamond, *Guns, Germs, and Steel: The Fates of Human Societies* (New York, 1999); Barrett and Armelagos, *An Unnatural History of Emerging Infections*.

6 Cohen, *Health and the Rise of Civilization*; Barrett and Armelagos, *An Unnatural History of Emerging Infections*.

7 Cohen, *Health and the Rise of Civilization*.

8 Barrett and Armelagos, *An Unnatural History of Emerging Infections*; Cohen, *Health and the Rise of Civilization*.

9 N. D. Wolfe, C. P. Dunavan and J. Diamond, 'Origins of Major Human Infectious Diseases', *Nature*, 447 (2007), pp. 279–83.

10 R. J. Kim-Farley, 'Measles', in *The Cambridge Historical Dictionary of Disease*, ed. K. F. Kiple (Cambridge, 2003), pp. 211–14.

11 I. Glynn and J. Glynn, *The Life and Death of Smallpox* (London, 2004).

12 Diamond, *Guns, Germs, and Steel.*

13 W. H. McNeill, *Plagues and Peoples* (New York, 1976).

14 R. S. Bray, *Armies of Pestilence: The Impact of Disease on History* (Cambridge, 1996); McNeill, *Plagues and Peoples.*

15 Cockburn, 'Infectious Disease in Ancient Populations' .

16 R. Acuna-Soto, 'Megadrought and Megadeath in 16th Century Mexico' , *Emerging Infectious Diseases*, 8 (2002), pp. 360–62.

17 Å. J. Vågene et al., '*Salmonella Enterica* Genomes from Victims of a Major Sixteenth-century Epidemic in Mexico' , *Nature Ecology and Evolution*, 2 (2018), pp. 520–28.

18 Barrett and Armelagos, *An Unnatural History of Emerging Infections*; Cohen, *Health and the Rise of Civilization.*

19 T. McKeown, *The Role of Medicine: Dream, Mirage or Nemesis?* (Oxford, 1979).

20 F. M. Snowden, 'Emerging and Reemerging Diseases: A Historical Perspective' , *Immunological Reviews*, 225 (2008), pp. 9–26.

21 R. Monastersky, 'The Human Age' , *Nature*, 519 (2015), pp. 144–7; M. Subramanian, 'Anthopocene Now: Influential Panel Votes to Recognize Earth' s New Epoch' , *Nature*, 21 May 2019, www.nature.com.

22 A. Cliff and P. Haggett, 'Time, Travel and Infection' , *British Medical Bulletin*, 69 (2004), pp. 87–99.

23 L. Budd, M. Bell and T. Brown, 'Of Plagues, Planes and Politics: Controlling the Global Spread of Infectious Diseases by Air' , *Political Geography*, 28 (2009), pp. 426–35.

24 S. S. Morse, 'Factors in the Emergence of Infectious Diseases' , *Emerging Infectious Diseases*, 1 (1995), pp. 7–15.

第四章　瘟疫流行：悲剧的轮回

1 Thucydides, *The Peloponnesian War*, trans. Martin Hammond (Oxford, 2009).

2 O. Dutour, 'Archaeology of Human Pathogens: Palaeopathological Appraisal of Palaeoepidemiology', in *Palaeomicrobiology: Past Human Infections*, ed. D. Raoult and M. Drancourt (Berlin and Heidelberg, 2008), pp. 125–44.

3 M. N. Cohen, *Health and the Rise of Civilization* (New Haven, CT, 1989); Dutour, ‘Archaeology of Human Pathogens’ .

4 M. Drancourt and D. Raoult, ‘Molecular Detection of Past Infections’ , in*Palaeomicrobiology: Past Human Infections*, ed. Raoult and Drancourt, pp. 55–68.

5 P. Ziegler, *The Black Death* (London, 1997).

6 P. Slack, *Plague: A Very Short Introduction* (Oxford, 2012).

7 B. P. Zietz and H. Dunkelberg, ‘The History of the Plague and the Research on the Causative Agent *Yersinia pestis*’ , *International Journal of Environmental Health*, 207 (2004), pp. 165–78.

8 Slack, *Plague: A Very Short Introduction.*

9 W. Rosen, *Justinian's Flea: Plague, Empire and the Birth of Europe* (London, 2008).

10 Procopius, *The Secret History*, trans. G. A. Williamson (London, 1990).

11 Rosen, *Justinian's Flea*; L. K. Little, ed., *Plague and the End of Antiquity: The Pandemic of 541–750* (Cambridge, 2007).

12 Procopius, *The Secret History*; Little, ed., *Plague and the End of Antiquity*. 13 Ibid.

14 Zietz and Dunkelberg, ‘The History of the Plague’ .

15 Little, ed., *Plague and the End of Antiquity.*

16 Procopius, *The Secret History.*

17 Rosen, *Justinian's Flea*; Little, ed., *Plague and the End of Antiquity.*

18 L. Mordechai et al., ‘The Justinianic Plague: An Inconsequential Pandemic?’ , *Proceedings of the National Academy of Sciences*, 2 December 2019, DOI:10.1073/Pnas.190.

19 M. Meier, ‘The “Justinian Plague” : The Economic Consequences of the Pandemic in the Eastern Roman Empire and its Cultural and Religious Effects’ , *Early Medieval Europe*, 24 (2016), pp. 267–92; Little, ed., *Plague and the End of Antiquity.*

20 Ibid.

21 O. J. Benedictow, *The Black Death, 1346–1353: The Complete History* (Woodbridge, 2004); Ziegler, *The Black Death.*

22 Slack, *Plague: A Very Short Introduction.* 23 Benedictow, *The Black Death, 1346–1353.* 24 Ziegler, *The Black Death.*

25 Benedictow, *The Black Death, 1346–1353*.

26 G. Boccaccio, *The Decameron*, vol. I, trans. Richard Aldington (London, 1972).

27 Ziegler, *The Black Death*.

28 Ibid.

29 Boccaccio, *The Decameron*, vol. I.

30 F. F. Cartwright, *Disease and History* (New York, 1972); Ziegler, *The Black Death*.

31 Ibid. 32 Ibid.

33 Slack, *Plague: A Very Short Introduction*; Cartwright, *Disease and History*; Ziegler, *The Black Death*.

34 Ziegler, *The Black Death*; Cartwright, *Disease and History*. 35 Ziegler, *The Black Death*; Cartwright, *Disease and History*.

36 D. Defoe, *A Journal of the Plague Year* (London, 2003).

37 Slack, *Plague: A Very Short Introduction*.

38 J. N. Hays, *Epidemics and Pandemics: Their Impacts on Human History* (Santa Barbara, CA, 2005); Zietz and Dunkelberg, 'The History of the Plague' .

39 L. Walløe, 'Medieval and Modern Bubonic Plague: Some Clinical Continuities' , *Medical History Supplement*, 27 (2008), pp. 59–73.

40 I. W. Sherman, *The Power of Plagues* (Washington, DC, 2006).

41 Zietz and Dunkelberg, 'The History of the Plague' .42 Hays, *Epidemics and Pandemics*.

43 Zietz and Dunkelberg, 'The History of the Plague' .

44 A. W. Bacot and C. J. Martin, 'Observations on the Mechanism of the Transmission of Plague by Fleas' , *Journal of Hygiene*, XIII (Plague Suppl. III) (1914), pp. 423–39.

45 Hays, *Epidemics and Pandemics*; Zietz and Dunkelberg, 'The History of the Plague' .

46 B. Bramanti et al., 'Plague: A Disease Which Changed the Path of Human Civilization' , in *Yersinia pestis: Retrospective and Perspective*, ed. R Yang and A. Anisimov (Dordrecht, 2016), pp. 1–26.

47 S. Ayyadurai et al., 'Long-term Persistence of Virulent *Yersinia pestis* in Soil' , *Microbiology*. 154 (2008), pp. 2865–71.

48 Bramanti et al., 'Plague: A Disease Which Changed the Path of Human Civilization' .

49 R. E. Lerner, 'Fleas: Some Scratchy Issues Concerning the Black Death', *Journal of the Historical Society*, 8 (2008), pp. 205–28; Walløe, 'Medieval and Modern Bubonic Plague'.

50 M. Drancourt and D. Raoult, 'Molecular History of Plague', *Clinical Microbiology and Infection*, 22 (2016), pp. 911–15; M. Harbeck et al., '*Yersinia pestis* DNA from Skeletal Remains from the 6th Century AD Reveals Insights into Justinianic Plague', *PLoS Pathogens*, 9 (2013), e1003349; D. M. Wagner et al., '*Yersinia pestis* and the Plague of Justinian 541–543 AD: A Genomic Analysis', *Lancet Infectious Diseases*, 14 (2014), pp. 319–25.

51 Walløe, 'Medieval and Modern Bubonic Plague'; Bramanti et al., 'Plague: A Disease Which Changed the Path of Human Civilization'.

52 K. R. Dean et al., 'Human Ectoparasites and the Spread of Plague in Europe during the Second Pandemic', *Proceedings of the National Academy of Sciences*, 115 (2018), pp. 1304–9.

53 A. K. Hufthammer and L. Walløe, 'Rats Cannot Have Been Intermediate Hosts for *Yersinia pestis* during the Medieval Plague Epidemics in Northern Europe', *Journal of Archaeological Science*, 40 (2013), pp. 1752–9.

54 O. J. Benedictow, *What Disease Was Plague? On the Controversy over the Microbiological Identity of Plague Epidemics of the Past* (Leiden and Boston, MA, 2010).

55 N. C. Stenseth et al., 'Plague Dynamics Are Driven by Climate Variation', 203 (2011), pp. 13110–15.

56 B. V. Schmid et al., 'Climate-driven Introduction of the Black Death and Successive Plague Reintroductions into Europe', *Proceedings of the National Academy of Sciences*, 112 (2015), pp. 3020–25.

57 M. A. Spyrou et al., 'Analysis of 3800-year-old *Yersinia pestis* Genomes Suggests Bronze Age Origin for Bubonic Plague', *Nature Communications*, 9 (2018); S. Rasmussen et al., 'Early Divergent Strains of *Yersinia pestis* in Eurasia 5000 Years Ago', *Cell*, 163 (2015), pp. 571–82.

58 C. E. Demeure et al., '*Yersinia pestis* and Plague: An Updated Version on Evolution, Virulence Determinants, Immune Subversion, Vaccination, and Diagnostics', *Genes and Immunity*, 20 (2019), pp. 357–70.

59 Spyrou et al., 'Analysis of 3800-year-old *Yersinia pestis* Genomes'.

60 Rasmussen et al., 'Early Divergent Strains of *Yersinia pestis*'.

61 N. Barquet and P. Domingo, 'Smallpox: The Triumph over the Most Terrible of the Ministers of Death', *Annals of Internal Medicine*, 127 (1997), pp. 635–42.

62 D. R. Hopkins, *Princes and Peasants: Smallpox in History* (Chicago, IL, 1983).

63 Z. S. Moore et al., 'Smallpox', *The Lancet*, 367 (2006), pp. 425–35; A. M. Geddes, 'The History of Smallpox', *Clinics in Dermatology*, 24 (2006), pp. 152–7.

64 Moore et al., 'Smallpox'.

65 Hopkins, *Princes and Peasants*.

66 Geddes, 'The History of Smallpox'.

67 Moore et al., 'Smallpox'.

68 I. Glynn and J. Glynn, *The Life and Death of Smallpox* (London, 2004).

69 Hopkins, *Princes and Peasants*.

70 Geddes, 'The History of Smallpox'.

71 I. V. Babkin and I. N. Babkina, 'The Origin of the Variola Virus', *Viruses*, 7 (2015), pp. 1100–112.

72 W. H. McNeill, *Plagues and Peoples* (New York, 1976).

73 Hopkins, *Princes and Peasants*.

74 Ibid.

75 I. Reichborn-Kjennerud, 'Vår eldste medisin til middelalderens slutt', in *Medisinens historie i Norge*, ed. I. Reichborn-Kjennerud, F. Grøn and I. Kobro (Oslo, 1936), pp. 1–97.

76 McNeill, *Plagues and Peoples*; P. D. Curtin, 'Disease Exchange across the Tropical Atlantic', *History and Philosophy of the Life Sciences*, 15 (1993), pp. 329–56.

77 McNeill, *Plagues and Peoples*; R. S. Bray, *Armies of Pestilence: The Impact of Disease on History* (Cambridge, 1996); Hopkins, *Princes and Peasants*. 78 McNeill, *Plagues and Peoples*.

79 Bray, *Armies of Pestilence*; Hopkins, *Princes and Peasants*.

80 Ibid.

81 81 Ibid.

82 Bray, *Armies of Pestilence*; Hopkins, *Princes and Peasants*. 83 Ibid.

84 Hays, *Epidemics and Pandemics*; Bray, *Armies of Pestilence*.

85 J. O. Wertheim, 'Viral Evolution: Mummy Virus Challenges Presumed History

of Smallpox', *Current Biology*, 27 (2017), pp. R103–R122.

86 A. M. Behbehani, 'The Smallpox Story: Life and Death of an Old Disease', *Microbiology Reviews*, 4 (1983), pp. 455–509.

87 Hopkins, *Princes and Peasants*.

88 Reichborn-Kjennerud, 'Vår eldste medisin til middelalderens slutt'.89 Hopkins, *Princes and Peasants*.

90 B. A. Cunha, 'Smallpox and Measles: Historical Aspects and Clinical Differentiation', *Infectious Disease Clinics of North America*, 18 (2004), pp. 79–100.

91 Hopkins, *Princes and Peasants*.

92 Ibid.

93 Behbehani, 'The Smallpox Story'.

94 D. Raoult, T. Woodward and S. Dumler, 'The History of Epidemic Typhus', *Infectious Disease Clinics of North America*, 18 (2004), pp. 127–40.

95 Sherman, *The Power of Plagues*.

96 H. Zinsser, *Rats, Lice and History* (Boston, MA, 1934); Raoult, Woodward and Dumler, 'The History of Epidemic Typhus'.

97 Zinsser, *Rats, Lice and History*.

98 Raoult, Woodward and Dumler, 'The History of Epidemic Typhus'.

99 A. Zamoyski, *1812: Napoleon's Fatal March on Moscow* (London, 2004).

100 Bray, *Armies of Pestilence*; Sherman, *The Power of Plagues*.

101 Zamoyski, *1812: Napoleon's Fatal March on Moscow*.

102 D. Raoult et al., 'Evidence for Louse-transmitted Diseases in Soldiers of Napoleon's Grand Army in Vilnius', *Journal of Infectious Diseases*, 193 (2006), pp. 112–20.

103 Bray, *Armies of Pestilence*.

104 Sherman, *The Power of Plagues*.

105 Zinsser, *Rats, Lice and History*.

106 Bray, *Armies of Pestilence*; Hays, *Epidemics and Pandemics*.

107 Ibid.

108 Zinsser, *Rats, Lice and History*; Bray, *Armies of Pestilence*.

109 Raoult, Woodward and Dumler, 'The History of Epidemic Typhus'.

110 R. J. Lifton, *The Nazi Doctors: Medical Killing and the Psychology of Genocide* (New York, 1986).

111 Sherman, *The Power of Plagues*.

112 Ibid.

113 Raoult, Woodward and Dumler, 'The History of Epidemic Typhus'.

114 Zinsser, *Rats, Lice and History*; Raoult, Woodward and Dumler, 'The History of Epidemic Typhus'.

115 Sherman, *The Power of Plagues*; Zinsser, *Rats, Lice and History*.

116 Sherman, *The Power of Plagues*.

117 Y. Bechah et al., 'Epidemic Typhus, *Lancet Infectious Diseases*, 8 (2008), pp. 417–26; Raoult, Woodward and Dumler, 'The History of Epidemic Typhus'.

118 C. Somboonwit et al., 'Current Views and Challenges on Clinical Cholera', *Bioinformation*, 13 (2017), pp. 405–9.

119 D. A. Sack et al., 'Cholera', *The Lancet*, 363 (2004), pp. 223–33.

120 R. R. Colwell, 'Global Climate and Infectious Disease: The Cholera Paradigm', *Science*, 274 (1996), pp. 2025–31. 121 Ibid.

122 R. S. Speck, 'Cholera', in *The Cambridge Historical Dictionary of Disease*, ed. K. F. Kiple (Cambridge, 2003), pp. 74–9; Colwell, 'Global Climate and Infectious Disease'.

123 Sherman, *The Power of Plagues*.

124 A. Munthe, *The Story of San Michele* (London, 2004).

125 Hays, *Epidemics and Pandemics*; Sherman, *The Power of Plagues*.

126 Sack et al., 'Cholera'.

127 Somboonwit et al., 'Current Views and Challenges on Clinical Cholera'.

128 R. Porter, *The Greatest Benefit to Mankind: A Medical History of Humanity from Antiquity to the Present* (London, 1999).

129 E. H. Ackerknecht, 'Anticontagionism between 1821 and 1867', *International Journal of Epidemiology*, 38 (February 2009), pp. 7–21.

130 Ibid.

131 Porter, *The Greatest Benefit to Mankind*; Sherman, *The Power of Plagues*.

132 Hays, *Epidemics and Pandemics*.

133 R. J. Evans, 'Epidemics and Revolutions: Cholera in Nineteenth-century Europe', in *Epidemics and Ideas: Essays on the Historical Perception of Pestilence*, ed. T. Ranger and P. Slack (Cambridge, 1992), pp. 149–73.

134 Ibid.135 Ibid.

136 Sack et al., 'Cholera'.

137 J. Reidl and K. E. Klose, '*Vibrio cholerae* and Cholera: Out of the Water and into the Host', FEMS *Microbiology Reviews*, 26 (2002), pp. 125–39; Colwell, 'Global Climate and Infectious Disease'.

138 J. G. Morris Jr, 'Cholera: Modern Pandemic Disease of Ancient Lineage', *Emerging Infectious Diseases*, 17 (2011), pp. 2099–104; Reidl and Klose, '*Vibrio cholerae* and Cholera'.

139 Colwell, 'Global Climate and Infectious Disease'.

140 Ibid.

141 Morris, 'Cholera: Modern Pandemic Disease of Ancient Lineage'.

142 Colwell, 'Global Climate and Infectious Disease'.

143 D. H. Crawford, *Deadly Companions: How Microbes Shaped Our History* (Oxford, 2007); M.B.A. Oldstone, *Viruses, Plagues and History* (Oxford, 1998).

144 J. Diamond, *Guns, Germs, and Steel: The Fates of Human Societies* (New York, 1999).

145 Crawford, *Deadly Companions*; Diamond, *Guns, Germs, and Steel.*

146 J. E. Drutz, 'Measles: Its History and Its Eventual Eradication', *Seminars in Pediatric Infectious Diseases*, 12 (2001), pp. 315–22; Oldstone, *Viruses, Plagues and History.*

147 Drutz, 'Measles: Its History and Its Eventual Eradication'.

148 Oldstone, *Viruses, Plagues and History.*

149 Ibid.

150 R. J. Kim-Farley, 'Measles', in *The Cambridge Historical Dictionary of Disease*, ed. Kiple, pp. 211–14; Oldstone, *Viruses, Plagues and History.* 151 Kim-Farley, 'Measles'.

152 Drutz, 'Measles: Its History and Its Eventual Eradication'.

153 McNeill, *Plagues and Peoples.*

154 Drutz, 'Measles: Its History and Its Eventual Eradication'; Kim-Farley, 'Measles'.

155 McNeill, *Plagues and Peoples*; Drutz, 'Measles: Its History and Its Eventual Eradication'.

156 Ibid.

157 Cunha, 'Smallpox and Measles'; Oldstone, *Viruses, Plagues and History.*

158 Cunha, 'Smallpox and Measles'.

159 Kim-Farley, 'Measles'.

160 Drutz, 'Measles: Its History and Its Eventual Eradication'.

161 Oldstone, *Viruses, Plagues and History.*

162 T. P. Monath and P.F.C. Vasconcelos, 'Yellow Fever', *Journal of Clinical Virology*, 64 (2015), pp. 160–73.

163 A.D.T. Barrett and S. Higgs, 'Yellow Fever: A Disease that Has Yet to Be Conquered', *Annual Review of Entomology*, 52 (2007), pp. 209–29.

164 D. B. Cooper and K. F. Kiple, 'Yellow Fever', in *The Cambridge Historical Dictionary of Disease*, ed. Kiple, pp. 365–70.

165 Barrett and Higgs, 'Yellow Fever: A Disease that Has Yet to Be Conquered'.

166 Ibid.

167 Cooper and Kiple, 'Yellow Fever'.

168 Barrett and Higgs, 'Yellow Fever: A Disease that Has Yet to Be Conquered'.

169 D. J. Gubler, 'The Changing Epidemiology of Yellow Fever and Dengue, 1900 to 2003: Full Circle?', *Comparative Immunology, Microbiology and Infectious Diseases*, 27 (2004), pp. 319–30.

170 J. E. Bryant, E. C. Holmes and A.D.T. Barrett, 'Out of Africa: A Molecular Perspective on the Introduction of Yellow Fever Virus into the Americas', *PLoS Pathogens*, 3 (2007), e75.

171 Crawford, *Deadly Companions*.

172 Barrett and Higgs, 'Yellow Fever: A Disease that Has Yet to Be Conquered'.

173 Cooper and Kiple, 'Yellow Fever'; Barrett and Higgs, 'Yellow Fever: A Disease that Has Yet to Be Conquered'.

174 Oldstone, *Viruses, Plagues and History*; Cooper and Kiple, 'Yellow Fever'.

175 Hays, *Epidemics and Pandemics.*

176 Oldstone, *Viruses, Plagues and History.*

177 Hays, *Epidemics and Pandemics.*

178 Ackerknecht, 'Anticontagionism between 1821 and 1867'.

179 Oldstone, *Viruses, Plagues and History.*

180 Ibid.

181 Ibid.

182 Ibid.

183 Porter, *The Greatest Benefit to Mankind*; Oldstone, *Viruses, Plagues and History.*

184 Cooper and Kiple, 'Yellow Fever' ; Oldstone, *Viruses, Plagues and History.*

185 M. Espinosa, 'The Question of Racial Immunity to Yellow Fever in History and Historiography' , *Social Science History*, 38 (2015), pp. 437–53.

186 Porter, *The Greatest Benefit to Mankind.*

187 Barrett and Higgs, 'Yellow Fever: A Disease that Has Yet to Be Conquered' .

188 Monath and Vasconcelos, 'Yellow Fever' .

189 C. Quétel, *History of Syphilis* (Oxford, 1990).

190 E. C. Tramont, 'The Impact of Syphilis on Humankind' , *Infectious Disease Clinics of North America*, 18 (2004), pp. 101–10; E. W. Hook III, 'Syphilis' , *The Lancet*, 389 (2017), pp. 1550–57.

191 E. G. Clark and N. Danbolt, 'The Oslo Study of the Natural History of Untreated Syphilis: An Epidemiologic Investigation Based on a Restudy of the Boeck-Bruusgaard Material: A Review and Appraisal' , *Journal of Chronic Diseases*, 2 (1955), pp. 311–44.

192 Quétel, *History of Syphilis.*

193 Ibid.

194 R. J. Knell, 'Syphilis in Renaissance Europe: Rapid Evolution of an Introduced Sexually Transmitted Disease?' , *Proceedings of the Royal Society of London: Biological Sciences*, 271, suppl. 4 (2004), pp. S174–6: E. Tognotti, 'The Rise and Fall of Syphilis in Renaissance Europe' , *Journal of Medical Humanities*, 30 (2009), pp. 99–113.

195 L.A.P. Ferreira et al., 'Girolamo Fracastoro and the Origin of the Etymology of Syphilis' , *Advances in Historical Studies*, 6 (2017), pp. 104–12.

196 Quétel, *History of Syphilis.*

197 Ibid.

198 Ibid.

199 M. Karamanou et al., 'Hallmarks in History of Syphilis Therapeutics' , *Infezioni in Medicina*, 21 (2013), pp. 317–19; C. T. Ambrose, 'Pre-antibiotic Therapy of Syphilis', *Journal of Infectious Diseases and Immunology*, 1 (2016), pp. 1–20.

200 Quétel, *History of Syphilis.*

201 S. Bradford, *Cesare Borgia: His Life and Times* (London, 1976).

202 J. J. Norwich, *The Popes: A History* (London, 2012).

203 Quétel, *History of Syphilis.*

204 Ibid.

205 Ibid.

206 'Carl Wilhelm Boeck, 1808–1875' , *International Journal of Leprosy*, XLI/2 (1973), p. 154.

207 Quétel, *History of Syphilis*.

208 R. E. Evans, 'Syphilis – The Great Scourge' , 21 May 2013, *Microbiology Society*, https://microbiologysociety.org.

209 Ibid.

210 Ibid.

211 Quétel, *History of Syphilis*.

212 Ibid.

213 Norwich, *The Popes: A History*.

214 A. D. Wright, 'Venereal Disease and the Great' , *British Journal of Venereal Diseases*, 47 (1971), pp. 295–306.

215 Cartwright, *Disease and History*; Tramont, 'The Impact of Syphilis on Humankind' .

216 F. Hackett, *Francis the First* (London, 1934).

217 Cartwright, *Disease and History*; Tramont, 'The Impact of Syphilis on Humankind' .

218 F. Hackett, *Henry the Eighth* (London, 1929).

219 Cartwright, *Disease and History*.

220 Ibid.

221 P. Stride and K. Lopes Floro, 'Henry VIII, McLeod Syndrome and Jacquetta' s Curse' , *Journal of the Royal College of Physicians of Edinburgh*, XLIII/4 (2013), pp. 353–60.

222 R. S. Morton, 'Did Catherine the Great of Russia Have Syphilis?' , *Genitourinary Medicine*, 67 (1991), pp. 498–502.

223 Wright, 'Venereal Disease and the Great' .

224 V. Lerner, Y. Finkelstein and E. Witztum, 'The Enigma of Lenin' s (1870–1924) Malady' , *European Journal of Neurology*, 11 (2004), pp. 371–6.

225 R. M. Kaplan, 'Syphilis, Sex and Psychiatry, 1789–1925: Part 1' , *Australasian Psychiatry*, 18 (2010), pp. 17–21; Quétel, *History of Syphilis*.

226 M. Worton, 'Of *Sapho* and Syphilis. Alphonse Daudet on and in Illness' , *L'Esprit Créateur*, 37 (Fall 1997), pp. 38–49.

227 N. B. Nordlander, 'Heinrich Heine, plågad poet: "Ingen av mina läkare vet vad jag lider av"' , *Läkartidningen*, CI/35 (2004), p. 2663.

228 Quétel, *History of Syphilis*.

229 Ibid.

230 M. Orth and M. R. Trimble, 'Friedrich Nietzsche' s Mental Illness: General Paralysis of the Insane vs. Frontotemporal Dementia' , *Acta Psychiatrica Scandinavica*, 114 (2006), pp. 439–45.

231 D. Hemelsoet, K. Hemelsoet and D. Devreese, 'The Neurological Illness of Friedrich Nietzsche' , *Acta Neurologica Belgica*, 108 (2008), pp. 9–16; R. P. Henriques, 'Turin' s Breakdown: Nietzsche' s Pathographies and Medical Rationalities' , *Ciência e Saúde Coletiva*, 23 (2018), pp. 3421–31.

232 Quétel, *History of Syphilis*.

233 H. Jedidi et al., 'Une petite histoire de la syphilis: La maladie à travers l' art et l' artiste' , *Revue Médicale de Liège*, 73 (2018), pp. 363–9; C. Franzen, 'Syphilis in Composers and Musicians: Mozart, Beethoven, Paganini, Schubert, Schumann, Smetana' , *European Journal of Clinical Microbiology and Infectious Diseases*, 27 (2008), pp. 1151–7; E. T. Rietschel, M. Rietschel and B. Beutler, 'How the Mighty Have Fallen: Fatal Infectious Diseases of Divine Composers' , *Infectious Disease Clinics of North America*, 18 (2004), pp. 311–39.

234 Quétel, *History of Syphilis*.

235 K. N. Harper et al., 'The Origin and Antiquity of Syphilis Revisited: An Appraisal of Old World Pre - Columbian Evidence for Treponemal Infection' , *Yearbook of Physical Anthropology*, 54 (2011), pp. 99–133.

236 D. Smajs, S. J. Norris and G. M. Weinstock, 'Genetic Diversity in *Treponema pallidum:* Implications for Pathogenesis, Evolution and Molecular Diagnostics of Syphilis and Yaws' , *Infection, Genetics and Evolution*, 12 (2012), pp. 191–202.

237 B. M. Rothschild, 'History of Syphilis' , *Clinical Infectious Diseases*, 40 (2005), pp. 1454–63.

238 V. J. Scheunemann et al., 'Historic *Treponema pallidum* Genomes from Colonial Mexico Retrieved from Archaeological Remains' , *PLoS Neglected Tropical Diseases*, 21 June 2018, https://journals.plos.org.

239 W. G. Willeford and L. H. Bachmann, 'Syphilis Ascendant: A Brief History

and Modern Trends' , *Tropical Diseases, Travel Medicine and Vaccines*, 2 (2016).

240 A. Zumla et al., 'Tuberculosis', *New England Journal of Medicine*, 368 (2013), pp. 745–55.

241 P. L. Lin and J. L. Flynn, 'The End of the Binary Era: Revisiting the Spectrum of Tuberculosis' , *Journal of Immunology*, 201 (2018), pp. 2541–8.

242 Zumla et al., 'Tuberculosis' .

243 S. Gagneux, 'Host-pathogen Coevolution in Human Tuberculosis' , *Philosophical Transactions of the Royal Society of London: Biological Sciences*, 367 (2012), pp. 850–59.

244 F. Ayvazian, 'History of Tuberculosis, in *Tuberculosis: A Comprehensive International Approach*, ed. L. B. Reichman and E. S. Hershfield (New York, 1993), pp. 1–21.

245 J. Frith, 'History of Tuberculosis, Part 1: Phtisis, Consumption and the White Plague' , *Journal of Military and Veterans' Health*, 22 (2014), pp. 29–35.

246 T. M. Daniel, *Captain of Death: The Story of Tuberculosis* (Rochester, NY, 1997).

247 Ibid.

248 Ayvazian, 'History of Tuberculosis' .

249 A. Sokal and J. Bricmont, *Intellectual Impostures: Postmodern Philosophers' Abuse of Science* (London, 1998).

250 I. Hershkovitz et al., 'Tuberculosis Origin: The Neolithic Scenario' , *Tuberculosis*, 95, suppl. 1 (2015), pp. S122–6.

251 I. Comas et al., 'Out-of-Africa Migration and Neolithic Coexpansion of *Mycobacterium tuberculosis* with Modern Humans' , *Nature Genetics*, 45 (2013), pp. 1176–82.

252 H. D. Donahue, 'Insights Gained from Ancient Biomolecules into Past and Present Tuberculosis: A Personal Perspective' , *International Journal of Infectious Diseases*, 56 (2017), pp. 176–80. 253 Ibid.

254 J. J. Eddy, 'The Ancient City of Rome, Its Empire, and the Spread of Tuberculosis in Europe' , *Tuberculosis*, 95 (2015), pp. 523–8; K. Harper, *The Fate of Rome* (Princeton, NJ, 2017).

255 Comas, 'Out-of-Africa Migration and Neolithic Coexpansion' .

256 K. I. Bos, K. M. Harkins and J. Krause, 'Pre-Columbian Mycobacterial

Genomes Reveal Seals as a Source of New World Human Tuberculosis', *Nature*, 514 (2014), pp. 494–7.

257 Daniel, *Captain of Death*.

258 Ibid.

259 W. Shakespeare, *Macbeth*, IV.iii.168–78.

260 Daniel, *Captain of Death*.

261 Porter, *The Greatest Benefit to Mankind*.

262 Ibid.

263 Ayvazian, 'History of Tuberculosis'.

264 Porter, *The Greatest Benefit to Mankind*; Ayvazian, 'History of Tuberculosis'.

265 Porter, *The Greatest Benefit to Mankind*.

266 Daniel, *Captain of Death*.

267 B. Tallerud, *Skräckens Tid: Farsoternas kulturhistoria* (Stockholm, 1999); Daniel, *Captain of Death*.

268 Ibid.

269 Ibid.

270 Ibid.

271 Tallerud, *Skräckens Tid: Farsoternas kulturhistoria*.

272 Daniel, *Captain of Death*.

273 Ibid.

274 A. Stubhaug, *Et foranskutt lyn: Niels Henrik Abel og hans tid* (Oslo, 1996).

275 Daniel, *Captain of Death*.

276 Tallerud, *Skräckens Tid: Farsoternas kulturhistoria*.

277 D. Rayfield, *Anton Chekhov: A Life* (London, 1998).

278 Daniel, *Captain of Death*.

279 Tallerud, *Skräckens Tid: Farsoternas kulturhistoria*.

280 H. D. Chalke, 'The Impact of Tuberculosis on History, Literature and Art', *Medical History*, 6 (1962), pp. 301–18.

281 Ibid.

282 E. Bendiner, 'Baron von Pirquet: The Aristocrat Who Discovered and Defined Allergy', *Hospital Practice*, 16 (1981), pp. 137–41.

283 Porter, *The Greatest Benefit to Mankind*.

284 Daniel, *Captain of Death*.

285 T. Mann, *The Magic Mountain* (London, 1996).

286 A. E. Ellis. *The Rack* (Richmond, VA, 2014).

287 Daniel, *Captain of Death*.

288 Porter, *The Greatest Benefit to Mankind*.

289 F. Ryan, *The Forgotten Plague: How the Battle against Tuberculosis Was Won – and Lost* (Boston, MA, 1992).

290 Zumla et al., 'Tuberculosis'.

291 M. Pareek et al., 'Evaluation of Immigrant Tuberculosis Screening in Industrialized Countries', *Emerging Infectious Diseases*, 18 (2012), pp. 1422–9.

292 A. Zumla et al., 'Reflections on the White Plague', *Lancet Infectious Diseases*, 9 (2009), pp. 197–202; Daniel, *Captain of Death*.

293 T. M. Daniel, 'The Impact of Tuberculosis on Civilization', *Infectious Disease Clinics of North America*, 18 (2004), pp. 157–65.

294 A. S. Fauci, 'Addressing the Tuberculosis Epidemic: 21st Century Research for an Ancient Disease', *Journal of the American Medical Association*, 320 (2018), pp. 1315–16.

295 B. Godøy, *Ti tusen skygger: en historie om Norge og de spedalske* (Oslo, 2014).

296 R. R. Jacobson and J. L. Krahenbuhl, 'Leprosy', *The Lancet*, 353 (1999), pp. 655–60; F. Reibel, E. Cambau and A. Aubry, 'Update on the Epidemiology, Diagnosis, and Treatment of Leprosy', *Médecine et Maladies Infectieuses*, 45 (2015), pp. 383–93.

297 X. Y. Han et al., 'A New *Mycobacterium* Species Causing Diffuse Lepromatous', *American Journal of Clinical Pathology*, 130 (2008), pp. 856–64.

298 Jacobson and Krahenbuhl, 'Leprosy'; Reibel, Cambau and Aubry, 'Update on the Epidemiology, Diagnosis, and Treatment of Leprosy'.

299 A. G. Carmichael, 'Leprosy (Hansen's Disease)', in *The Cambridge Historical Dictionary of Disease*, ed. Kiple, pp. 192–4; A. G. Nerlich and A. R. Zink, 'Past Leprae', in *Palaeomicrobiology: Past Human Infections*, ed. D. Raoult and M. Drancourt (Berlin, 2008), pp. 99–123.

300 Jacobson and Krahenbuhl, 'Leprosy'.

301 Nerlich and Zink, 'Past Leprae'.

302 Ibid.

303 A. C. Stone et al., 'Tuberculosis and Leprosy in Perspective' , *Yearbook of Physical Anthropology*, 52 (2009), pp. 66–94.

304 Reibel, Cambau and Aubry, 'Update on the Epidemiology, Diagnosis, and Treatment of Leprosy' .

305 X. Y. Han and F. J. Silva, 'On the Age of Leprosy' , *PLoS Neglected Tropical Diseases*, 8 (2014), e2544.

306 Reibel, Cambau and Aubry, 'Update on the Epidemiology, Diagnosis, and Treatment of Leprosy' .

307 W. L. Washburn, 'Leprosy among Scandinavian Settlers in the Upper Mississippi Valley, 1864–1932', *Bulletin of the History of Medicine*, 24 (1950), pp. 123–48.

308 D. M. Scollard et al., 'The Continuing Challenges of Leprosy' , *Clinical Microbiology Reviews*, 19 (2006), pp. 338–81.

309 A.-K. Schilling et al., 'British Red Squirrels Remain the Only Wild Rodent Host for Leprosy Bacilli' , *Frontiers for Veterinary Science*, DOI: 10.3389/Fvets.2019.00008.

310 Nerlich and Zink, 'Past Leprae' .

311 B. Hamilton, *The Leper King and His Heirs: Baldwin* IV *and the Crusader Kingdom of Jerusalem* (Cambridge, 2000).

312 Nerlich and Zink, 'Past Leprae' .

313 Carmichael, 'Leprosy (Hansen' s Disease)' .314 Nerlich and Zink, 'Past Leprae' .

315 Carmichael, 'Leprosy (Hansen' s Disease)' .

316 Ibid.

317 Nerlich and Zink, 'Past Leprae' .

318 Godøy, *Ti tusen skygger: en historie om Norge og de spedalske.*

319 Ibid.

320 O. Kazeem and T. Adegun, 'Leprosy Stigma: Ironing Out the Creases' , *Leprosy Review*, 82 (2011), pp. 103–8.

321 A. J. Norheim and T. K. Norheim, 'Leprakolonien på Spinalonga' , *Tidsskriftet den Norske Legeforening*, 132 (2012), p. 2646.

322 J. Pawlikowski et al., 'Damien de Veuster (1840–1889): A Life Devoted to Lepers' , *Clinics in Dermatology*, 36 (2018), pp. 680–85.

323 A. F. Cowman et al., 'Malaria: Biology and Disease' , *Cell*, 167 (2016), pp.

610–24; F. L. Dunn, 'Malaria', in *The Cambridge Historical Dictionary of Disease*, ed. Kiple, pp. 203–6.

324 R. Carter and K. N. Mendis, 'Evolutionary and Historical Aspects of the Burden of Malaria', *Clinical Microbiology Reviews*, 15 (2002), pp. 564–94.

325 Ibid.

326 Dunn, 'Malaria'; Carter and Mendis, 'Evolutionary and Historical Aspects of the Burden of Malaria'.

327 A. G. Nerlich, '*Plasmodium falciparum* in Ancient Egypt', *Emerging Infectious Diseases*, 14 (2008), pp. 1317–19.

328 Carter and Mendis, 'Evolutionary and Historical Aspects of the Burden of Malaria'.

329 Bray, *Armies of Pestilence*; McNeill, *Plagues and Peoples*.

330 S. P. Mattern, *The Prince of Medicine: Galen in the Roman Empire* (Oxford, 2013).

331 Hays, *Epidemics and Pandemics*.

332 L. J. Bruce-Chwatt and J. Zulueta, *The Rise and Fall of Malaria in Europe* (Oxford, 1980).

333 Bradford, *Cesare Borgia: His Life and Times*.

334 Bruce-Chwatt and Zulueta, *The Rise and Fall of Malaria in Europe*.

335 B. A. Cunha, 'The Death of Alexander the Great: Malaria or Typhoid Fever?', *Infectious Disease Clinics of North America*, 18 (2004), pp. 53–63.

336 Bruce-Chwatt and Zulueta, *The Rise and Fall of Malaria in Europe*.

337 M. R. Smallman-Raynor and A. D. Cliff, 'Impact of Infectious Diseases on War', *Infectious Disease Clinics of North America*, 18 (2004), pp. 341–68.

338 P. Schlagenhauf, 'Malaria: From Prehistory to Present', *Infectious Disease Clinics of North America*, 18 (2004), pp. 189–205.

339 Cohen, *Health and the Rise of Civilization*.

340 W. Liu et al., 'Origin of the Human Malaria Parasite *Plasmodium falciparum* in Gorillas', *Nature*, 467 (2010), pp. 420–25; D. E. Loy et al., 'Out of Africa: Origins and Evolution of the Human Malaria Parasites *Plasmodium falciparum* and *Plasmodium vivax*', *International Journal for Parasitology*, 47 (2017), pp. 87–97.

341 Carter and Mendis, 'Evolutionary and Historical Aspects of the Burden of Malaria'.

342 Ibid.

343 Ibid.

344 Dunn, ‘Malaria’ ; Schlagenhauf, ‘Malaria: From Prehistory to Present’ .

345 Dunn, ‘Malaria’ .

346 Schlagenhauf, ‘Malaria: From Prehistory to Present’ .

347 Bruce-Chwatt and Zulueta, *The Rise and Fall of Malaria in Europe.*

348 Porter, *The Greatest Benefit to Mankind*; Sherman, *The Power of Plagues.*

349 Porter, *The Greatest Benefit to Mankind*; Sherman, *The Power of Plagues.* 350 Porter, *The Greatest Benefit to Mankind.* 351 Ibid.

352 Bruce-Chwatt and Zulueta, *The Rise and Fall of Malaria in Europe.*

353 McNeill, *Plagues and Peoples.*

354 Porter, *The Greatest Benefit to Mankind*; Carter and Mendis, ‘Evolutionary and Historical Aspects of the Burden of Malaria’ .

355 Bruce-Chwatt and Zulueta, *The Rise and Fall of Malaria in Europe.*

356 C. W. McMillen, *Pandemics: A Very Short Introduction* (Oxford, 2016). 357 A. Maxmen, ‘The Enemy in Waiting’ , *Nature*, 559 (2018), pp. 458–65.

358 J. K. Taubenberger and J. C. Kash, ‘Influenza Virus Evolution, Host Adaptation, and Pandemic Formation’ , *Cell Host and Microbe*, 7 (2010), pp. 440–51.

359 J. C. Kash and J. K. Taubenberger, ‘The Role of Viral, Host, and Secondary Bacterial Factors in Influenza Pathogenesis’ , *American Journal of Pathology*, 185 (2015), pp. 1528–36.

360 Ibid.

361 Ibid.

362 Taubenberger and Kash, ‘Influenza Virus Evolution, Host Adaptation, and Pandemic Formation’ .

363 C. W. Potter, ‘A History of Influenza’ , *Journal of Applied Microbiology*, 91 (2001), pp. 572–9; J. S. Long et al., ‘Host and Viral Determinants of Influenza A Virus Species Specificity’ , *Nature Reviews Microbiology*, 17 (2019), pp. 67–81.

364 M. I. Nelson and M. Worobey, ‘Origins of the 1918 Pandemic: Revisiting the Swine “Mixing Vessel” Hypothesis’ , *American Journal of Epidemiology*, 187 (2018), pp. 2498–502.

365 J. K. Taubenberger and D. M. Morens, ‘Influenza Viruses: Breaking All the

Rules', *mBio*, 16 July 2013, DOI: E00365–13; J. K. Taubenberger and D. M. Morens, 'Pandemic Influenza – Including a Risk Assessment of H5N1', *Revue Scientifique et Technique*, 28 (2009), pp. 187–202.

366 Cohen, *Health and the Rise of Civilization*.

367 Taubenberger and Morens, 'Pandemic Influenza – Including a Risk Assessment of H5N1'.

368 A. W. Crosby, 'Influenza', in *The Cambridge Historical Dictionary of Disease*, ed. Kiple, pp. 178–80.

369 N.P.A.S. Johnson and J. Mueller, 'Updating the Accounts: Global Mortality of the 1918–1920 "Spanish" Influenza Pandemic', *Bulletin of the History of Medicine*, 76 (2002), pp. 105–15.

370 P. Spreeuwenberg, M. Kroneman and J. Paget, 'Reassessing the Global Mortality Burden of the 1918 Influenza Pandemic', *American Journal of Epidemiology*, 187 (2018), pp. 2561–7.

371 J. M. Barry, *The Great Influenza: The Epic Story of the Deadliest Plague in History* (New York, 2004).

372 Taubenberger and Morens, 'Pandemic Influenza – Including a Risk Assessment of H5N1'.

373 Barry, *The Great Influenza*.

374 J. S. Oxford and D. Gill, 'Unanswered Questions about the 1918 Influenza Pandemic: Origin, Pathology, and the Virus Itself', *Lancet Infectious Diseases*, 18 (2018), pp. e348–54.

375 M. E. Nickol and J. Kindrachuk, 'A Year of Terror and a Century of Reflection: Perspectives on the Great Influenza Pandemic of 1918– 1919', BMC *Infectious Diseases*, 6 February 2019, https://bmcinfectdis. biomedcentral.com.

376 J. C. Kash et al., 'Genomic Analysis of Increased Host Immune and Cell Death Responses Induced by 1918 Influenza Virus', *Nature*, 443 (2006), pp. 578–81.

377 Ibid.

378 J. K. Taubenberger and D. M. Morens, '1918 Influenza: The Mother of All Pandemics', *Emerging Infectious Diseases*, 12 (2006), pp. 15–22.

379 Barry, *The Great Influenza*.

380 D. M. Morens and A. S. Fauci, 'The 1918 Influenza Pandemic: Insights for the 21st Century', *Journal of Infectious Diseases*, 195 (2007), pp. 1018–28; Oxford and Gill, 'Unanswered Questions about the 1918 Influenza

Pandemic’ .

381 Taubenberger and Morens, ‘Pandemic Influenza – Including a Risk Assessment of H5N1’ .

382 P. W. Ewald, *Evolution of Infectious Disease* (Oxford, 1994).

383 Morens and Fauci, ‘The 1918 Influenza Pandemic’ .

384 Hays, *Epidemics and Pandemics.*

385 L. Spinney, *Pale Rider: The Spanish Flu of 1918 and How It Changed the World* (New York, 2017); Oxford and Gill, ‘Unanswered Questions about the 1918 Influenza Pandemic’ .

386 Hays, *Epidemics and Pandemics.*

387 A. W. Crosby, *America's Forgotten Pandemic*, 2nd edn (Cambridge, 2003).

388 Hays, *Epidemics and Pandemics.*

389 Ewald, *Evolution of Infectious Disease.*

390 A. T. Price-Smith, *Contagion and Chaos* (Cambridge, MA, 2009).

391 Ibid.

392 Barry, *The Great Influenza.*

393 J. D. Mathews et al., ‘Understanding Influenza Transmission, Immunity and Pandemic Threats’ , *Influenza and Other Respiratory Viruses*, 3 (2009), pp. 143–9.

394 Taubenberger and Kash, ‘Influenza Virus Evolution, Host Adaptation, and Pandemic Formation’ ; Potter, ‘A History of Influenza’ ; Long et al., ‘Host and Viral Determinants of Influenza A Virus Species Specificity’ .

395 Taubenberger and Kash, ‘Influenza Virus Evolution, Host Adaptation, and Pandemic Formation’ .

396 Ibid.

397 Crosby, *America's Forgotten Pandemic.*

398 M. M. Mehndiratta, P. Mehndiratta and R. Pande, ‘Poliomyelitis: Historical Facts, Epidemiology, and Current Challenges in Eradication’ , *The Neurohospitalist*, 4 (2014), pp. 223–9; J. F. Modlin, ‘Poliovirus’ , in *Principles and Practice of Infectious Diseases*, ed. G. L. Mandell, J. E. Bennett and R. Dolin (Philadelphia, PA, 2010), pp. 2345–51.

399 Mehndiratta, Mehndiratta and Pande, ‘Poliomyelitis: Historical Facts’ ; Modlin, ‘Poliovirus’ .

400 N. Nathanson and J. R. Martin, The Epidemiology of Poliomyelitis: Enigmas

Surrounding Its Appearance, Epidemicity, and Disappearance', *American Journal of Epidemiology*, 110 (1979), pp. 672–92; Mehndiratta, Mehndiratta and Pande, 'Poliomyelitis: Historical Facts'.

401 Cohen, *Health and the Rise of Civilization*.

402 Nathanson and Martin, 'The Epidemiology of Poliomyelitis'.

403 J. R. Paul, *A History of Poliomyelitis* (New Haven, CT, 1971).

404 Ibid.

405 H. J. Eggers, 'Milestones in Early Poliomyelitis Research (1840 to 1949)', *Journal of Virology*, 73 (1999), pp. 4533–5; T. Skern, '100 Years Poliovirus: From Discovery to Eradication. A Meeting Report', *Archives of Virology*, 155 (2010), pp. 1371–81.

406 Paul, *A History of Poliomyelitis*.

407 Oldstone, *Viruses, Plagues and History*; Paul, *A History of Poliomyelitis*.

408 Mehndiratta, Mehndiratta and Pande, 'Poliomyelitis: Historical Facts'.

409 Paul, *A History of Poliomyelitis*.

410 Nathanson and Martin, 'The Epidemiology of Poliomyelitis'.

411 N. Rogers, 'Dirt, Flies, and Immigrants: Explaining the Epidemiology of Poliomyelitis, 1900–1916', *Journal of the History of Medicine*, 44 (1989), pp. 486–505; Nathanson and Martin, 'The Epidemiology of Poliomyelitis'.

412 S. Bahl et al., 'Global Polio Eradication – Way Ahead', *Indian Journal of Pediatrics*, 85 (2018), pp. 124–31.

第五章　历史谜团

1 C. B. Cunha and B. A. Cunha, 'Great Plagues of the Past and Remaining Questions', in *Palaeomicrobiology: Past Human Infections*, ed. D. Raoult and M. Drancourt (Berlin, 2008), pp. 1–19.

2 B. A. Cunha, 'The Cause of the Plague of Athens: Plague, Typhoid, Typhus, Smallpox, or Measles', *Infectious Disease Clinics of North America*, 18 (2004), pp. 29–43; M. A. Soupios, 'Impact of the Plague in Ancient Greece', *Infectious Disease Clinics of North America*, 18 (2004), pp. 45–51.

3 F. P. Retief and L. Cilliers, 'The Epidemic of Athens, 430–426 BC', *South African Medical Journal*, 88 (1998), pp. 50–53.

4 Cunha, 'The Cause of the Plague of Athens'; Soupios, 'Impact of the Plague

in Ancient Greece’.

5 R. J. Littman ‘The Plague of Athens: Epidemiology and Paleopathology’, *Mount Sinai Journal of Medicine*, 76 (2009), pp. 456–67.

6 Cunha, ‘The Cause of the Plague of Athens’.

7 Retief and Cilliers, ‘The Epidemic of Athens, 430–426 BC’; Cunha, ‘The Cause of the Plague of Athens’; Littman, ‘The Plague of Athens’.

8 M. J. Papagrigorakis et al., ‘DNA Examination of Ancient Dental Pulp Incriminates Typhoid Fever as a Probable Cause of the Plague of Athens’, *International Journal of Infectious Diseases*, 10 (2006), pp. 206–14.

9 B. Shapiro, A. Rambaut and M.T.P. Gilbert, ‘No Proof that Typhoid Caused the Plague of Athens (a reply to Papagrigorakis et al.)’, *International Journal of Infectious Diseases*, 10 (2006), pp. 334–40.

10 Cunha and Cunha, ‘Great Plagues of the Past and Remaining Questions’.

11 K. Harper, *The Fate of Rome* (Princeton, NJ, 2017).

12 Ibid.

13 13 Ibid.

14 R. J. Littman and M. L. Littman, ‘Galen and the Antonine Plague’, *American Journal of Philology*, 94 (1973), pp. 243–55.

15 Harper, *The Fate of Rome*; Cunha and Cunha, ‘Great Plagues of the Past and Remaining Questions’.

16 J. F. Gilliam, ‘The Plague under Marcus Aurelius’, *American Journal of Philology*, 82 (1961), pp. 225–51; Littman and Littman, ‘Galen and the Antonine Plague’.

17 Harper, *The Fate of Rome*.

18 Ibid.

19 F. McLynn, *Marcus Aurelius: Warrior, Philosopher, Emperor* (London, 2010).

20 J. N. Hays, *Epidemics and Pandemics: Their Impacts on Human History* (Santa Barbara, CA, 2005).

21 Harper, *The Fate of Rome*.

22 J. Horgan, ‘Plague of Cyprian, 250–270 CE’, *World History Encyclopedia*, 13 December 2016, www.ancient.eu.

23 Harper, *The Fate of Rome*.

24 Horgan, ‘Plague of Cyprian, 250–270 CE’.

25 Harper, *The Fate of Rome*.

26 R. Stark, 'Epidemics, Networks, and the Rise of Christianity', *Semeia*, 56 (1992), pp. 159–75.

27 A. L. Rowse, *Bosworth Field and the Wars of the Roses* (London, 1998).

28 E. Bridson, 'The English "Sweate" (*Sudor Anglicus*) and Hantavirus Pulmonary Syndrome', *British Journal of Biomedical Science*, 58 (2001), pp. 1–6; P. Heyman, L. Simons and C. Cochez, 'Were the English Sweating Sickness and the Picardy Sweat Caused by Hantaviruses?', *Viruses*, 6 (2014), pp. 151–71.

29 Bridson, 'The English "Sweate" (*Sudor Anglicus*)'; Heyman, Simons and Cochez, 'Were the English Sweating Sickness and the Picardy Sweat Caused by Hantaviruses?'

30 P. R. Hunter, 'The English Sweating Sickness, with Particular Reference to the 1551 Outbreak in Chester', *Reviews of Infectious Diseases*, 13 (1991), pp. 303–6.

31 Bridson, 'The English "Sweate" (*Sudor Anglicus*)'.

32 J.A.H. Wylie and L. H. Collier, 'The English Sweating Sickness (*Sudor Anglicus*): A Reappraisal', *Journal of the History of Medicine and Allied Sciences*, 36 (1981), pp. 425–45.

33 J. R. Carlson and P. W. Hammond, 'The English Sweating Sickness (1485–*c.* 1551): A New Perspective on Disease Etiology', *Journal of the History of Medicine*, 54 (1999), pp. 23–54.

34 Bridson, 'The English "Sweate" (*Sudor Anglicus*)'; Hunter, 'The English Sweating Sickness'.

35 Bridson, 'The English "Sweate" (*Sudor Anglicus*)'; Heyman, Simons and Cochez, 'Were the English Sweating Sickness and the Picardy Sweat Caused by Hantaviruses?'

36 Bridson, 'The English "Sweate" (*Sudor Anglicus*)'.

37 Wylie and Collier, 'The English Sweating Sickness (*Sudor Anglicus*): A Reappraisal'.

38 Heyman, Simons and Cochez, 'Were the English Sweating Sickness and the Picardy Sweat Caused by Hantaviruses?'

39 Bridson, 'The English "Sweate" (*Sudor Anglicus*)'; Wylie and Collier, 'The English Sweating Sickness (*Sudor Anglicus*): A Reappraisal'.

40 W. Boeck, 'La Radesyge', in C. W. Boeck and D. C. Danielssen, *Samling af*

lakttagelser om hudens sygdomme, vol. II (Christiania, 1860).
41 B. Bjorvatn and A. Danielsen, 'Radesyken: en Norsk Tragedie', *Tidsskrift for den Norske Legeforening*, 123 (2003), pp. 3557–8; F. Grøn, 'Tidsrummet, 1500–1800', in *Medisinens historie i Norge*, ed. I. Reichborn-Kjennerud, F. Grøn and I. Kobro (Oslo, 1936), pp. 101–207.
42 A. K. Lie, 'Tanker om radesyken i Norge: "den hentærer sine Offere langsomt"', *Tidsskrift for den Norske Legeforening*, 123 (2003), pp. 3562–4; Bjorvatn and Danielsen, 'Radesyken: en Norsk Tragedie'.
43 Lie, 'Tanker om radesyken i Norge'.
44 Ibid.
45 Grøn, 'Tidsrummet, 1500–1800'.
46 Bjorvatn and Danielsen, 'Radesyken: en Norsk Tragedie'.
47 Grøn, 'Tidsrummet, 1500–1800'.

第六章　亡国之疫

1 W. H. McNeill, *Plagues and Peoples* (New York, 1976).
2 L. Schofield, *The Mycenaeans* (Los Angeles, CA, 2007).
3 L. Walløe, 'Was the Disruption of the Mycenaean World Caused by Repeated Epidemics of Bubonic Plague?', *Opuscula Atheniensa*, 24 (1999), pp. 121–6.
4 M. A. Spyrou et al., 'Analysis of 3800-year-old *Yersinia pestis* Genomes Suggests Bronze Age Origin for Bubonic Plague', *Nature Communications*, 9 (2018).
5 G. R. Schlug et al., 'Infection, Disease, and Biosocial Processes at the End of the Indus Civilization', *PLoS Neglected Tropical Diseases*, 8 (2013), e84814.
6 M. R. Mughal, 'The Decline of the Indus Civilization and the Late Harappan Period in the Indus Valley', *Lahore Museum Bulletin*, 3 (1990), pp. 1–17; A. Lawler, 'Climate Spurred Later Indus Decline', *Science*, 316 (2007), pp. 978–9.
7 Schlug et al., 'Infection, Disease, and Biosocial Processes at the End of the Indus Civilization'.
8 P. W. Ewald, *Evolution of Infectious Disease* (Oxford, 1994).
9 M. A. Soupios, 'Impact of the Plague in Ancient Greece', *Infectious Disease Clinics of North America*, 18 (2004), pp. 45–51.

10 Ibid.

11 J. N. Hays, *Epidemics and Pandemics: Their Impacts on Human History* (Santa Barbara, CA, 2005).

12 A. Demandt, *Der Fall Roms: Die Auflösung des Römisches Reiches im Urteil der Nachwelt* (Munich, 1984).

13 C. Wald, 'The Secret History of Ancient Toilets' , *Nature*, 533 (2016), pp. 456–8.

14 K. Harper, *The Fate of Rome* (Princeton, NJ, 2017).

15 R. J. Littman and M. L. Littman, 'Galen and the Antonine Plague' , *American Journal of Philology*, 94 (1973), pp. 243–55; J. F. Gilliam, 'The Plague under Marcus Aurelius' , *American Journal of Philology*, 82 (1961), pp. 225–51.

16 Harper, *The Fate of Rome*.

17 Ibid. 18 Ibid.

19 W. Rosen, *Justinian's Flea: Plague, Empire and the Birth of Europe* (London, 2008); L. K. Little, ed., *Plague and the End of Antiquity. The Pandemic of 541–750* (Cambridge, 2007).

20 Ibid.

21 A. W. Crosby, *The Columbian Exchange: Biological and Cultural Consequences of 1492* (Westport, CT, 1972).

22 McNeill, *Plagues and Peoples*.

23 D. R. Hopkins, *Princes and Peasants: Smallpox in History* (Chicago, IL, 1983).

24 McNeill, *Plagues and Peoples*; Crosby, *The Columbian Exchange*.

25 V. W. von Hagen, *The Ancient Sun Kingdoms of the Americas* (St Albans, 1977).

26 Hopkins, *Princes and Peasants*.

第七章　新病大患

1 A. S. Fauci, 'Infectious Diseases: Considerations for the 21st Century' , *Clinical Infectious Diseases*, 32 (2001), pp. 675–85.

2 F. M. Burnet, *Natural History of Infectious Disease*, 4th edn (Cambridge, 1972).

3 K. E. Jones et al., 'Global Trends in Emerging Infectious Diseases' , *Nature*, 451 (2008), pp. 990–93.

4 M. S. Smolinski, M. A. Hamburg and J. Lederberg, *Microbial Threats to Health: Emergence, Detection, and Response* (Washington, DC, 2003).

5 L. Garrett, *The Coming Plague: Newly Emerging Diseases in a World out of Balance* (New York, 1994); R. Preston, *The Hot Zone* (New York, 1995). 6 L. K. Dropulic and H. M. Lederman, 'Overview of Infections in the Immunocompromised Host' , *Microbiology Spectrum*, 4 (2016), pp. 1–43; L. H. Kahn, 'The Growing Number of Immunocompromised' , *Bulletin of the Atomic Scientists*, 6 January 2008, https://thebulletin.org.

7 Dropulic and Lederman, 'Overview of Infections in the Immunocompromised Host' ; Kahn, 'The Growing Number of Immunocompromised' .

8 Dropulic and Lederman, 'Overview of Infections in the Immunocompromised Host' ; Kahn, 'The Growing Number of Immunocompromised' .

9 S. Fox et al., *Infections in the Immune Compromised Host* (Oxford, 2018).

10 F. A. Murphy and C. J. Peters, 'Ebola Virus: Where Does It Come from and Where Is It Going?' , in *Emerging Infections*, ed. R. M. Krause (New York, 1998), pp. 375–410.

11 D. Malvy et al., 'Ebola Virus Disease' , *The Lancet*, 393 (2019), pp. 936–48.

12 Ibid.

13 Murphy and Peters, 'Ebola Virus: Where Does It Come from and Where Is It Going?' ; Malvy al., 'Ebola Virus Disease' .

14 A. Caron et al., 'Ebola Virus Maintenance: If Not (Only) Bats, What Else?' , *Viruses*, 10 (2018), p. 549.

15 J. Olivero et al., 'Recent Loss of Closed Forests Is Associated with Ebola Virus Disease Outbreaks' , *Scientific Reports*, 7 (2017), article 14291.

16 Malvy et al., 'Ebola Virus Disease' .

17 J. D. Quick with B. Fryer, *The End of Epidemics. The Looming Threat to Humanity and How to Stop It* (London, 2018).

18 B. A. Cunha et al., 'Legionnaires' Disease' , *The Lancet*, 387 (2016), pp. 376–85; Garrett, *The Coming Plague*.

19 Cunha et al., 'Legionnaires' Disease' ; Garrett, *The Coming Plague*. 20 Cunha et al., 'Legionnaires' Disease' ; Garrett, *The Coming Plague*.

21 L. A. Herwaldt and A. R. Marra, '*Legionella*: A Reemerging Pathogen' , *Current Opinion in Infectious Diseases*, 31 (2018), pp. 325–33.

22 D. D. Richman, ed., *Human Immunodeficiency Virus* (London, 2003). 23 Ibid.

24 M. Crichton, *The Andromeda Strain* (New York, 1969).

25 Richman, ed., *Human Immunodeficiency Virus*.

26 Ibid.

27 C. Zimmer, *A Planet of Viruses* (Chicago, IL, and London, 2011).

28 J. Pépin, *The Origins of* AIDS (Cambridge, 2011). 29 Richman, ed., *Human Immunodeficiency Virus*.

30 Pépin, *The Origins of* AIDS.

31 S. S. Frøland et al. ‘HIV-1 Infection in Norwegian Family before 1970’, *The Lancet*, 331 (1988), pp. 1344–5.

32 T. Ø. Jonassen et al., ‘Sequence Analysis of HIV-1 Group O from Norwegian Patients Infected in the 1960s’, *Virology*, 231 (1997), pp. 43–7. 33 Pépin, *The Origins of* AIDS.

34 S. S. Frøland et al., ‘Acquired Immunodeficiency Syndrome (AIDS): Clinical, Immunological, Pathological, and Microbiological Studies of the First Case Diagnosed in Norway’, *Scandinavian Journal of Gastroenterology, Supplement*, 107 (1985), pp. 82–93.

35 H.-J. Han et al., ‘Bats as Reservoirs of Severe Emerging Infectious Diseases’, *Virus Research*, 205 (2015), pp. 1–6.

36 R. Shipley et al., ‘Bats and Viruses: Emergence of Novel Lyssaviruses and Association of Bats with Viral Zoonoses in the EU’, *Tropical Medicine and Infectious Disease*, 4 (2019), p. 31.

37 Han et al., ‘Bats as Reservoirs of Severe Emerging Infectious Diseases’.

38 T. Schountz, ‘Immunology of Bats and Their Viruses: Challenges and Opportunities’, *Viruses*, 6 (2014), pp. 4880–901.

39 D. Quammen, *Spillover: Animal Infections and the Next Human Pandemic* (New York, 2012); Han et al., ‘Bats as Reservoirs of Severe Emerging Infectious Diseases’.

40 B.S.P. Ang, T.C.C. Lim and L. Wang, ‘Nipah Virus Infection’, *Journal of Clinical Microbiology*, 56 (2018), e01875–7.

41 E. S. Gurley et al., ‘Convergence of Humans, Bats, Trees, and Culture in Nipah Virus Transmission, Bangladesh’, *Emerging Infectious Diseases*, 23 (2017), pp. 1446–53.

42 Ang, Lim and Wang, ‘Nipah Virus Infection’.

43 Quick with Fryer, *The End of Epidemics*.

44 E. de Wit et al., 'SARS and MERS: Recent Insights into Emerging Coronaviruses' , *Nature Reviews Microbiology*, 14 (2016), pp. 523–34; Quick with Fryer, *The End of Epidemics*. 45 Ibid.

46 L. Hawryluck, S. E. Lapinsky and T. E. Stewart, 'Clinical Review: SARS – Lessons in Disaster Management' , *Critical Care*, 9 (2005), pp. 384–9.

47 Z. Shi and Z. Hu, 'A Review of Studies on Animal Reservoirs of the SARSCorona Virus' , *Virus Research*, 133 (2008), pp. 74–87.

48 De Wit et al., 'SARS and MERS: Recent Insights into Emerging Coronaviruses' .

49 J.-E. Park et al., 'MERS Transmission and Risk Factors: A Systematic Review' , BMC *Public Health*, 18 (2018), p. 574; De Wit et al., 'SARS and MERS: Recent Insights into Emerging Coronaviruses' .

50 C. Poletto et al., 'Risk of MERS Importation and Onward Transmission: A Systematic Review and Analysis of Cases Reported to WHO' , BMC *Infectious Diseases*, 16 (2016), p. 448; Park et al., 'MERS Transmission and Risk Factors' .

51 Poletto et al., 'Risk of MERS Importation and Onward Transmission' .

52 G. Lu et al., 'Bat-to-Human: Spike Features Determining "Host Jump" of Coronaviruses SARS-Cov. MERS-Cov., and Beyond' , *Trends in Microbiology*, 23 (2015), pp. 468–78.

53 Garrett, *The Coming Plague*.

54 W. G. Downs, 'Lassa Fever' , in *The Cambridge Historical Dictionary of Disease*, ed. K. F. Kiple (Cambridge, 2003), pp. 184–5; T. Newman, 'Everything You Need to Know about Lassa Fever' , *Medical News Today*, 28 June 2018, www.medicalnewstoday.com.

55 'Lassa Fever and Global Health Security' , *The Lancet*, 18 (2018), p. 357.

56 Downs, 'Lassa Fever' ; Newman, 'Everything You Need to Know about Lassa Fever' .

57 S. S. Morse, ed., *Emerging Viruses* (Oxford, 2003).

58 V. Saxena, B. G. Bolling and T. Wang, 'West Nile Virus' , *Clinics in Laboratory Medicine*, 37 (2017), pp. 243–52; L. H. Gould and E. Fikrig, 'West Nile Virus: A Growing Concern?' , *Journal of Clinical Investigation*, 113 (2004), pp. 1102–7.

59 Saxena, Bolling and Wang, 'West Nile Virus' .

60 S. Paz and J. C. Semenza, 'Environmental Drivers of West Nile Fever Epidemiology in Europe and Western Asia: A Review', *International Journal of Environmental Research and Public Health*, 10 (2013), pp. 3543–62.

61 Saxena, Bolling and Wang, 'West Nile Virus'; Gould and Fikrig, 'West Nile Virus: A Growing Concern?' 62 Ibid.

63 Paz and Semenza, 'Environmental Drivers of West Nile Fever Epidemiology'.

64 J. Vasudevan et al., 'Zika Virus', *Reviews in Medical Microbiology*, 29 (2018), pp. 43–50.

65 Ibid.

66 J. Cohen, 'Are Wild Monkeys Becoming a Reservoir for Zika Virus in the Americas?', *Science*, 31 October 2018, www.sciencemag.org, accessed 16 March 2021.

67 Vasudevan et al., 'Zika Virus'.

68 Z.-Y. Liu et al., 'The Evolution of Zika Virus from Asia to the Americas', *Nature Reviews Microbiology*, 17 (2019), pp. 131–9.

69 K. S. Maclea, 'What Makes A Prion: Infectious Proteins from Animals to Yeast', *International Review of Cell and Molecular Biology*, 329 (2016), pp. 227–76.

70 M. Howell and P. Ford, *The Ghost Disease and Twelve Other Stories of Detective Work in the Medical Field* (Harmondsworth, 1986); S. Lindenbaum, 'Kuru, Prions, and Human Affairs: Thinking about Epidemics', *Annual Review of Anthropology*, 30 (2001), pp. 363–85.

71 Howell and Ford, *The Ghost Disease.*

72 Lindenbaum, 'Kuru, Prions, and Human Affairs'.

73 S. B. Prusiner, 'Novel Proteinaceous Infectious Particles Cause Scrapie', *Science*, 216 (1982), pp. 136–44.

74 Maclea, 'What Makes A Prion'; Lindenbaum, 'Kuru, Prions, and Human Affairs'.

75 G. Mackenzie and R. Will, 'Creutzfeldt-Jakob Disease: Recent Developments', *F1000research*, 6 (2017), p. 2053.

76 M. T. Osterholm et al., 'Chronic Wasting Disease in Cervids: Implications for Prion Transmission to Humans and Other Animal Species', *mBio*, 10 (2019), e01091–19.

77 Z. Allam, 'The First 50 Days of COVID-19: A Detailed Chronological

Timeline and Extensive Review of Literature Documenting the Pandemic’, *Elsevier Public Health Emergency Collection*, 24 July 2020, DOI: 10.1016/B978–0–12–824313–8.00001–2; E. Garcia de Jesus, ‘Here’s What We Learned in Six Months of COVID-19 – and What We Still Don’t Know’, *Science News*, 30 June 2020, www.sciencenews.org.

78 Visual and Data Journalism Team, ‘COVID-19: The Global Crisis – in Data’, *Financial Times*, 18 October 2020; Visual and Data Journalism Team, ‘COVID-19 Pandemic: Tracking the Global Coronavirus Outbreak’, BBC *News*, 11 December 2020.

79 W. J. Wiersinga et al., ‘Pathophysiology, Transmission, Diagnosis, and Treatment of Coronavirus Disease 2019 (COVID-19)’, *Journal of the American Medical Association*, 324 (2020), pp. 782–93.

80 N. Wilson et al., ‘Airborne Transmission of COVID-19’, *British Medical Journal*, 370 (2020), M3206.

81 Wiersinga et al., ‘Pathophysiology, Transmission, Diagnosis, and Treatment of Coronavirus Disease 2019 (COVID-19)’.

82 W. Ni et al., ‘Role of Angiotensin-converting Enzyme 2 (ACE2) in COVID19’, *Critical Care*, 24 (2020), p. 424; Wiersinga et al., ‘Pathophysiology, Transmission, Diagnosis, and Treatment of Coronavirus Disease 2019 (COVID-19)’. 83 Ibid.

84 C. del Rio, L. F. Collins and P. Malani, ‘Long-term Health Consequences of COVID-19’, *Journal of the American Medical Association*, 324 (2020), pp. 1723–4.

85 Garcia de Jesus, ‘Here’s What We Learned in Six Months of COVID19’; Wiersinga et al., ‘Pathophysiology, Transmission, Diagnosis, and Treatment of Coronavirus Disease 2019 (COVID-19)’.

86 E. J. Williamson et al., ‘Factors Associated with COVID-19-related Death Using OpenSAFELY’, *Nature*, 584 (2020), pp. 430–36.

87 J. E. Weatherhead et al., ‘Inflammatory Syndromes Associated with SARS-CoV-2 Infection: Dysregulation of the Immune Response across the Age Spectrum’, *Journal of Clinical Investigation*, 130 (2020), pp. 6194–7.

88 H. Zeberg and S. Pääbo, ‘The Major Genetic Risk Factor for Severe COVID-19 Is Inherited from Neanderthals’, *Nature*, 587 (2020), pp. 610–12.

89 S. Perlman, ‘COVID-19 Poses a Riddle for the Immune System’, *Nature*, 584

(2020), pp. 345–6.

90 J. S. Faust et al., 'Mortality among Adults Ages 25–44 in the United States during the COVID-19 Pandemic' , *medRxiv*, 25 October 2020, www.medrxiv.org, accessed 16 March 2021.

91 L. Piroth et al., 'Comparison of the Characteristics, Morbidity, and Mortality of COVID-19 and Seasonal Influenza: A Nationwide, Population-based Cohort Study' , *Lancet Respiratory Medicine*, 9 (2021), pp. 251–9; N. F. Brazeau et al., 'Report 34: COVID-19 Infection Fatality Ratio Estimates from Seroprevalence' , MRC *Centre for Global Infectious Disease Analysis*, 29 October 2020, www.imperial.ac.uk.

92 D. A. Relman, 'Opinion: To Stop the Next Pandemic, We Need to Unravel the Origins of COVID-19' , *Proceedings of the National Academy of Sciences*, 117 (2020), pp. 29246–8.

93 Ibid.

94 G. Readfearn, 'How Did Coronavirus Start and Where Did It Come From? Was It Really Wuhan' s Animal Market?' , *The Guardian*, 28 April 2020. 95 Ibid.

96 Visual and Data Journalism Team, 'COVID-19: The Global Crisis – in Data' ; Visual and Data Journalism Team, 'COVID-19 Pandemic' .

97 A. Green, 'Li Wenliang' , *The Lancet*, 395 (2020), p. 682.

98 Visual and Data Journalism Team, 'COVID-19: The Global Crisis – in Data' .99 Ibid.

100 Ibid.; Visual and Data Journalism Team, 'COVID-19 Pandemic: Tracking the Global Coronavirus Outbreak' .

101 C. Aschwanden, 'The False Promise of Herd Immunity' , *Nature*, 587 (2020), pp. 26–8.

102 Visual and Data Journalism Team, 'COVID-19 Pandemic: Tracking the Global Coronavirus Outbreak' .

103 Ibid.

104 Visual and Data Journalism Team, 'COVID-19: The Global Crisis – in Data' .

105 S. Blecker et al., 'Hospitalizations for Chronic Disease and Acute Conditions in the Time of COVID-19' , JAMA *Internal Medicine*, 181 (2020), pp. 269–71.

106 M. Kulldorff et al., 'Great Barrington Declaration' , https://gbdeclaration.org, accessed 16 March 2021.

107 Aschwanden, 'The False Promise of Herd Immunity'.

108 European Centre for Disease Prevention and Control, 'Rapid Risk Assessment: Outbreak of Plague in Madagascar, 2017', 9 October 2017, www.ecdc.europa.eu.

109 D. Lantagne et al., 'The Cholera Outbreak in Haiti: Where and How Did It Begin?', *Current Topics in Microbiology and Immunology*, 379 (2014), pp. 145–64.

110 D. J. Gubler, 'Resurgent Vector-borne Diseases as a Global Health Problem', *Emerging Infectious Diseases*, 4 (1998), pp. 442–50.

第八章　生物武器

1 V. Barras and G. Greub, 'History of Biological Warfare and Bioterrorism', *Clinical Microbiology and Infection*, 20 (2014), pp. 497–502.

2 G. W. Christopher et al., 'Biological Warfare', *Journal of the American Medical Association*, 278 (1997), pp. 412–17.

3 Barras and Greub, 'History of Biological Warfare and Bioterrorism'; Christopher et al., 'Biological Warfare'.

4 W. Barnaby, *The Plague Makers: The Secret World of Biological Warfare* (London, 1997); Barras and Greub, 'History of Biological Warfare and Bioterrorism'.

5 Barnaby, *The Plague Makers*.

6 Christopher et al., 'Biological Warfare'; Barnaby, *The Plague Makers*.

7 Barras and Greub, 'History of Biological Warfare and Bioterrorism'; Christopher et al., 'Biological Warfare'; Barnaby, *The Plague Makers*.

8 Ibid.

9 E. M. Spiers, *A History of Chemical and Biological Weapons* (London, 2010).

10 Ibid.

11 Ibid.

第九章　人类大反击

1 R. J. Stevenson et al., 'Proactive Strategies to Avoid Infectious Disease', *Philosophical Transactions of the Royal Society of London: Biological*

Sciences, 366 (2011), pp. 3361–3.

2 V. A. Curtis, 'Dirt, Disgust and Disease: A Natural History of Hygiene', *Journal of Epidemiology and Community Health*, 61 (2007), pp. 660–64; C. Sarabian et al., 'Evolution of Pathogen and Parasite Avoidance Behaviours', *Philosophical Transactions of the Royal Society of London: Biological Sciences*, 373 (2018), 20170256.

3 M. Schaller, 'The Behavioural Immune System and the Psychology of Human Sociality', *Philosophical Transactions of the Royal Society of London: Biological Sciences*, 366 (2011), pp. 3418–26.

4 Curtis, 'Dirt, Disgust and Disease: A Natural History of Hygiene'.

5 Ibid.

6 E. Tognotti, 'Lessons from the History of Quarantine from Plague to Influenza A', *Emerging Infectious Diseases*, 19 (2013), pp. 254–9; G. F. Gensini et al., 'The Concept of Quarantine in History: From Plague to SARS', *Journal of Infection*, 49 (2004), pp. 257–61.

7 M. Harrison, *Contagion: How Commerce Has Spread Disease* (New Haven, CT, 2012); E. H. Ackerknecht, 'Anticontagionism between 1821 and 1867', *International Journal of Epidemiology*, 38 (February 2009), pp. 7–21.

8 D. R. Hopkins, *Princes and Peasants: Smallpox in History* (Chicago, IL, 1983).

9 A. Allen, *Vaccine: The Controversial Story of Medicine's Greatest Life Saver* (New York, 2007); Hopkins, *Princes and Peasants*.

10 G. Miller, 'Putting Lady Mary in Her Place: A Discussion of Historical Causation', *Bulletin of the History of Medicine*, 55 (1981), pp. 2–16.

11 P. Sköld, *The Two Faces of Smallpox: A Disease and Its Prevention in Eighteenth- and Nineteenth-century Sweden*, Report No. 12 from the Demographic Data Base, Umeå University (Umeå, 1996).

12 Allen, *Vaccine: The Controversial Story of Medicine's Greatest Life Saver*. 13 Hopkins, *Princes and Peasants*.

14 I. Glynn and J. Glynn, *The Life and Death of Smallpox* (London, 2004); Hopkins, *Princes and Peasants*; Allen, *Vaccine: The Controversial Story of Medicine's Greatest Life Saver*.

15 A. Boylston, 'The Origins of Vaccination: Myths and Reality', *Journal of the Royal Society of Medicine*, 106 (2013), pp. 351–4.

16 Hopkins, *Princes and Peasants*.

17 Allen, *Vaccine: The Controversial Story of Medicine's Greatest Life Saver*; Hopkins, *Princes and Peasants*. 18 Hopkins, *Princes and Peasants*.

19 Allen, *Vaccine: The Controversial Story of Medicine's Greatest Life Saver*.

20 C. R. Damaso, 'Revisiting Jenner' s Mysteries: The Role of the Beaugency Lymph in the Evolutionary Path of Ancient Smallpox Vaccines', *Lancet Infectious Diseases*, 18 (2018), pp. e55–63.

21 R. P. Gaynes, *Germ Theory: Medical Pioneers in Infectious Diseases* (Washington, DC, 2011); J. Waller, *The Discovery of the Germ: Twenty Years that Transformed the Way We Think about Disease* (New York, 2002).

22 Gaynes, *Germ Theory*.

23 G. L. Geison, *The Private Science of Louis Pasteur* (Princeton, NJ, 1995).

24 Gaynes, *Germ Theory*.

25 E. Bendiner, 'From Rabies to AIDS: 100 Years at Pasteur', *Hospital Practice*, 22 (1987), pp. 119–24.

26 S. Plotkin, 'History of Vaccination', *Proceedings of the National Academy of Sciences*, 111 (2014), pp. 12283–7.

27 B. S. Graham et al. 'Novel Vaccine Technologies: Essential Components of an Adequate Response to Emerging Viral Diseases', *Journal of the American Medical Association*, 319 (2018), pp. 1431–2; J. Abbasi, 'COVID-19 and MRNA Vaccines: First Large Test for a New Approach', *Journal of the American Medical Association*, 324 (2020), pp. 1125–7.

28 A. Allen, *The Fantastic Laboratory of Dr Weigl: How Two Brave Scientists Battled Typhus and Sabotaged the Nazis* (New York, 2015). 29 Ibid.

30 Plotkin, 'History of Vaccination'.

31 M. Harrison, *Medicine and Victory: British Military Medicine in the Second World War* (Oxford, 2004).

32 L. Trogstad et al., 'Narcolepsy and Hypersomnia in Norwegian Children and Young Adults Following the Influenza A(H1N1) 2009 Pandemic', *Vaccine*, 35 (2017), pp. 1879–85.

33 M. M. Eibl, 'Vaccination in Patients with Primary Immune Deficiency, Secondary Immune Deficiency and Autoimmunity with Immune Regulatory Abnormalities', *Immunotherapy*, 7 (2015), pp. 1273–92.

34 L. R. Platt, 'Vaccine-associated Paralytic Poliomyelitis: A Review of the Epidemiology and Estimation of the Global Burden', *Journal of Infectious*

Diseases, 210 (2014), suppl. 1, pp. S380–89.

35 R. Rappuoli et al., 'Vaccines for the Twenty-first Century Society', *Nature Reviews Immunology*, 11 (2011), pp. 865–72.

36 B. S. Graham et al., 'Novel Vaccine Technologies: Essential Components of an Adequate Response to Emerging Viral Diseases', *Journal of the American Medical Association*, 319 (2018), pp. 1431–2.

37 P. Piot et al., 'Immunization: Vital Progress, Unfinished Agenda', *Nature*, 575 (2019), pp. 119–29.

38 D. R. Burton, 'Advancing an HIV Vaccine: Advancing Vaccinology', *Nature Reviews Immunology*, 19 (2019), pp. 77–8.

39 P. Andersen and T. J. Scriba, 'Moving Tuberculosis Vaccine from Theory to Practice', *Nature Reviews Immunology*, 19 (2019), pp. 550–62.

40 M. Eisenstein, 'Towards a Universal Flu Vaccine', *Nature*, 573 (2019), pp. S50–52.

41 J. S. Tregoning et al., 'Vaccine for COVID-19', *Clinical and Experimental Immunology*, 202 (2020), pp. 162–92.

42 Graham et al., 'Novel Vaccine Technologies: Essential Components'; Abbasi, 'COVID-19 and MRNA Vaccines: First Large Test for a New Approach'.

43 C. Aschwanden, 'The False Promise of Herd Immunity', *Nature*, 587 (2020), pp. 26–8.

44 H. Schmidt, 'COVID-19: How to Prioritize Worse-off Populations in Allocating Safe and Effective Vaccines', *British Medical Journal*, 37 (5 October 2020), M3795.

45 Rappuoli et al., 'Vaccines for the Twenty-first Century Society'.

46 B. M. Tebeje et al., 'Schistosomiasis Vaccines: Where Do We Stand?', *Parasites and Vectors*, 9 (2016), article 528.

47 S.H.E. Kaufmann, 'Remembering Emil von Behring: From Tetanus Treatment to Antibody Cooperation with Phagocytes', *mBio*, 8 (2017), e00117–17.

48 F. Winau and R. Winau, 'Emil von Behring and Serum Therapy', *Microbes and Infection*, 4 (2002), pp. 185–8.

49 Gaynes, *Germ Theory*.

50 Ibid.

51 S.H.E. Kaufmann, 'Emil von Behring: Translational Medicine at the Dawn of Immunology', *Nature Reviews Immunology*, 17 (2017), pp. 341–3; Gaynes,

Germ Theory.

52 A. Casadevall and M. D. Scharff, 'Serum Therapy Revisited: Animal Models of Infection and Development of Passive Antibody Therapy', *Antimicrobial Agents and Chemotherapy*, 38 (1994), pp. 1695–702.

53 C. J. Tsay, 'Julius Wagner-Jauregg and the Legacy of Malarial Therapy for the Treatment of General Paresis of the Insane', *Yale Journal of Biological Medicine*, 86 (2013), pp. 245–54.

54 Gaynes, *Germ Theory.*

55 A. C. Hüntelmann, 'Paul Ehrlich: His Passion for Staining, and his Role for Microbiology', *Reviews in Medical Microbiology*, 28 (2017), pp. 79–87.

56 Gaynes, *Germ Theory.*

57 P. de Kruif, *Microbe Hunters* (New York, 2002).

58 W. Rosen, *Miracle Cure: The Creation of Antibiotics and the Birth of Modern Medicine* (New York, 2018); Gaynes, *Germ Theory.*

59 Rosen, *Miracle Cure*; Gaynes, *Germ Theory.*

60 J. M. Fenster, *Mavericks, Miracles, and Medicine* (New York, 2003).

61 F. Ryan, *The Forgotten Plague: How the Battle against Tuberculosis Was Won – and Lost* (Boston, MA, 1992); Rosen, *Miracle Cure.*

62 Ryan, *The Forgotten Plague*; Rosen, *Miracle Cure.*

63 Ibid.

64 E. Bendiner, 'Alexander Fleming: Player with Microbes', *Hospital Practice*, 24 (1989), pp. 283–316.

65 E. Lax, *The Mould in Dr Florey's Coat: The Remarkable True Story of the Penicillin Miracle* (London and New York, 2004).

66 Gaynes, *Germ Theory.*

67 Bendiner, 'Alexander Fleming: Player with Microbes'; Lax, *The Mould in Dr Florey's Coat.*

68 B. L. Ligon, 'Sir Howard Walter Florey: The Force behind the Development of Penicillin', *Seminars in Pediatric Infectious Diseases*, 15 (2004), pp. 109–14.

69 Lax, *The Mould in Dr Florey's Coat.*

70 Gaynes, *Germ Theory.*

71 Ligon, 'Sir Howard Walter Florey'.

72 Bendiner, 'Alexander Fleming: Player with Microbes'.

73 G. Greene, *The Third Man and Other Stories* (London, 2017).

74 P. N. Newton and B. Timmerman, 'Fake Penicillin, *The Third Man*, and Operation Claptrap', *British Medical Journal*, 355 (2016), i6494. 75 Ryan, *The Forgotten Plague*.

76 Ibid.

77 T. M. Daniel, *Captain of Death: The Story of Tuberculosis* (Rochester, NY, 1997).

78 Ryan, *The Forgotten Plague*; Rosen, *Miracle Cure*.

79 S. Keshavjee and P. E. Farmer, 'Tuberculosis, Drug Resistance, and the History of Modern Medicine', *New England Journal of Medicine*, 367 (2012), pp. 931–6.

80 S. Tibur et al., 'Tuberculosis: Progress and Advances in Development of New Drugs, Treatment Regimens, and Host Directed Therapies', *Lancet Infectious Diseases*, 18 (2018), e183–98.

81 K. Gould, 'Antibiotics: From Prehistory to the Present Day', *Journal of Antimicrobial Chemotherapy*, 71 (2016), pp. 572–5.

82 R. Aminov, 'History of Antimicrobial Drug Discovery: Major Classes and Health Impact', *Biochemical Pharmacology*, 133 (2017), pp. 4–19.

83 E. De Clercq, 'Looking Back in 2009 at the Dawning of Antiviral Therapy Now 50 Years Ago: An Historical Perspective', *Advances in Virus Research*, 73 (2009), pp. 1–53.

84 G. Antonelli and O. Turriziani, 'Antiviral Therapy: Old and Current Issues', *International Journal of Antimicrobial Agents*, 40 (2012), pp. 95–102.

85 E. De Clercq, 'Fifty Years in Search of Selective Antiviral Drugs', *Journal of Medicinal Chemistry*, 62 (2019), pp. 7322–39; D. D. Richman, ed., *Human Immunodeficiency Virus* (London, 2003).

86 P. Chigwedere et al., 'Estimating the Lost Benefits of Antiretroviral Drug Use in South Africa', *Journal of Acquired Immune Deficiency Syndromes*, 49 (2008), pp. 410–15.

87 T. Ndung' u, J. M. McCune and S. G. Deeks, 'Why and Where an HIV Cure Is Needed and How It Might Be Achieved', *Nature*, 576 (2019), pp. 397–405.

88 S. Pol and S. Lagaye, 'The Remarkable History of the Hepatitis C Virus', *Genes and Immunity*, 20 (2019), pp. 436–46.

89 A. Pedrana et al., 'Global Hepatitis C Elimination: An Investment Framework', *Lancet Gastroenterology and Hepatology*, 5 (2020), pp. 927–39.

90 J. Cohen, ‘Forgotten No More’, *Science*, 362 (2018), pp. 984–7.

91 N. Principi et al., ‘Drugs for Influenza Treatment: Is There Significant News?’, *Frontiers in Medicine*, 6 (2019), p. 109.

92 K.A.O. Tikkinen et al., ‘COVID-19 Clinical Trials: Learning from Exceptions in the Research Chaos’, *Nature Medicine*, 26 (2020), pp. 1671–2.

93 M. A. Martinez, ‘Clinical Trials of Repurposed Antivirals for SARS-CoV-2’, *Antimicrobial Agents and Chemotherapy*, 64 (2020), e01101–20.

94 The RECOVERY Collaborative Group, ‘Effect of Hydroxychloroquine in Hospitalized Patients with Covid-19’, *New England Journal of Medicine*, 383 (2020), pp. 2030–40; WHO Solidarity Trial Consortium, ‘Repurposed Antiviral Drugs for Covid-19: Interim WHO Solidarity Trial Results’, *New England Journal of Medicine*, 384 (2021), pp. 497–511. 95 Ibid.

96 J. H. Beigel et al., ‘Remdesivir for the Treatment of Covid-19: Final Report’, *New England Journal of Medicine*, 383 (2020), pp. 1813–26.

97 A. Casadevall et al., ‘Passive Antibody Therapy for Infectious Diseases’, *Nature Reviews Microbiology*, 2 (2004), pp. 695–703.

98 V. A. Simonovich et al., ‘A Randomized Trial of Convalescent Plasma in Covid-19 Severe Pneumonia’, *New England Journal of Medicine*, 384 (2021), pp. 619–29.

99 The RECOVERY Collaborative Group, ‘Dexamethasone in Hospitalized Patients with Covid-19: Preliminary Report’, *New England Journal of Medicine*, 384 (2021), pp. 693–74.

100 J. B. Parr, ‘Time to Reassess Tocilizumab’s Role in COVID-19 Pneumonia’, *Journal of the American Medical Association Internal Medicine*, 181 (2021), pp. 12–15.

101 J. R. Perfect, ‘The Antifungal Pipeline: A Reality Check’, *Nature Reviews Drug Discovery*, 16 (2017), pp. 603–16.

102 Ibid.

103 J. Utzinger et al., ‘Neglected Tropical Diseases: Diagnosis, Clinical Management, Treatment and Control’, *Swiss Medical Weekly*, 142 (2012), w13727.

104 M. De Rycker et al., ‘Challenges and Recent Progress in Drug Discovery for Tropical Diseases’, *Nature*, 559 (2018), pp. 498–506.

105 F. Mueller-Langer, ‘Neglected Infectious Diseases: Are Push and Pull

Incentive Mechanisms Suitable for Promoting Drug Development Research?’, *Health Economics, Policy and Law*, 8 (2013), pp. 185–208.

第十章 新挑战与补牢之策

1 S. S. Morse et al., ‘Prediction and Prevention of the Next Pandemic Zoonosis’, *The Lancet*, 380 (2012), pp. 1956–65.

2 T. Allen et al., ‘Global Hotspots and Correlates of Emerging Zoonotic Diseases’, *Nature Communications*, 8 (2017), article 1124; Morse et al., ‘Prediction and Prevention of the Next Pandemic Zoonosis’.

3 D. M. Morens and J. K. Taubenberger, ‘Pandemic Influenza: Certain Uncertainties’, *Reviews in Medical Virology*, 21 (2011), pp. 262–84.

4 J.S.M. Peiris et al., ‘Interventions to Reduce Zoonotic and Pandemic Risks from Avian Influenza in Asia’, *Lancet Infectious Diseases*, 16 (2016), pp. 252–8.

5 L.-F. Wang and D. E. Anderson, ‘Viruses in Bats and Spillover to Animals and Humans’, *Current Opinion in Virology*, 34 (2019), pp. 79–89.

6 D. S. Hui and M. Peiris, ‘Severe Acute Respiratory Syndrome and Other Emerging Severe Respiratory Viral Infections’, *Respirology*, 24 (2019), pp. 410–12.

7 C. Castillo-Chavez et al., ‘Beyond Ebola: Lessons to Mitigate Future Pandemics’, *Lancet Global Health*, 3 (2015), pp. E354–5.

8 A. T. Price-Smith, *Contagion and Chaos* (Cambridge, MA, 2009).

9 S. K. Cohn, ‘Pandemics: Waves of Disease, Waves of Hate from the Plague of Athens to AIDS’, *Historical Research*, 85 (2012), pp. 535–55; Price-Smith, *Contagion and Chaos*.

10 A. Maxmen, ‘Battling Ebola in a War Zone’, *Nature*, 570 (2019), pp. 426–7.

11 J. D. Quick with B. Fryer, *The End of Epidemics. The Looming Threat to Humanity and How to Stop It* (London, 2018).

12 P. Sands et al., ‘Assessment of Economic Vulnerability to Infectious Disease Crises’, *The Lancet*, 388 (2016), pp. 2443–8.

13 Price-Smith, *Contagion and Chaos*.

14 Quick with Fryer, *The End of Epidemics*.

15 B. Bennett and T. Carney, ‘Planning for Pandemics: Lessons from the Past

Decade’ , *Bioethical Inquiry*, 12 (2015), pp. 418–28.

16 B. Jester et al., ‘Readiness for Responding to a Severe Pandemic 100 Years after 1918’ , *American Journal of Epidemiology*, 187 (2018), pp. 2596–602.

17 T. Pang, ‘Is the Global Health Community Prepared for Future Pandemics? A Need for Solidarity, Resources and Strong Governance’ , EMBO *Molecular Medicine*, 8 (2016), pp. 587–8.

18 J. T. Ladner et al., ‘Precision Epidemiology for Infectious Disease Control’ , *Nature Medicine*, 25 (2019), pp. 206–11.

19 E. C. Holmes, A. Rambaut and K. G. Andersen, ‘Pandemics: Spend on Surveillance, Not Prediction’ , *Nature*, 558 (2018), pp. 180–81.

20 J. A. Røttingen et al., ‘New Vaccines against Epidemic Infectious Diseases’ , *New England Journal of Medicine*, 376 (2017), pp. 610–13.

21 H. D. Marston, C. I. Paules and A. S. Fauci, ‘The Critical Role of Biomedical Research in Pandemic Preparedness’ , *Journal of the American Medical Association*, 318 (2017), pp. 1757–8.

22 D. Carroll et al., ‘The Global Virome Project’ , *Science*, 359 (2018), pp. 872–4.

23 Bennett and Carney, ‘Planning for Pandemics’ .

24 Maxmen, ‘Battling Ebola in a War Zone’ .

25 M. Enserink, ‘Risk of Exposure’ , *Science*, 347 (2015), pp. 498–500.

26 Quick with Fryer, *The End of Epidemics*.

27 H. D. Marston et al., ‘Antimicrobial Resistance’ , *Journal of the American Medical Association*, 316 (2016), pp. 1193–204.

28 Ibid.

29 J. Perry, N. Waglechner and G. Wright, ‘The Prehistory of Antibiotic Resistance’ , *Cold Spring Harbor Perspectives in Medicine*, 6 (2016), a025197.

30 S. B. Levy, *The Antibiotic Paradox: How the Misuse of Antibiotics Destroys their Curative Powers*, 2nd edn (Cambridge, MA, 2002).

31 J. Davies and D. Davies, ‘Origins and Evolution of Antibiotic Resistance’ , *Microbiology and Molecular Biology Reviews*, 74 (2010), pp. 417–33.

32 Marston et al., ‘Antimicrobial Resistance’ ; Levy, *The Antibiotic Paradox*.

33 Ibid.

34 M. T. Osterholm and M. Olshaker, *Deadliest Enemy: Our War against Killer Germs* (New York, 2017); Marston et al., ‘Antimicrobial Resistance’ ; Davies

and Davies, 'Origins and Evolution of Antibiotic Resistance' .

35 J. Wilkinson and A. Boxall, 'The First Global Study of Pharmaceutical Contamination in Riverine Environments' , SETAC Europe 29th Annual Meeting, Helsinki, 28 May 2019; see also C. Wilke, 'Antibiotics Pollute Many of the World's Rivers' , *Science News for Students*, 2 July 2019, www.sciencenewsforstudents.org.

36 M. Dolejska and J. Literak, 'Wildlife Is Overlooked in the Epidemiology of Medically Important Antibiotic-resistant Bacteria' , *Antimicrobial Agents and Chemotherapy*, 63 (2019), 1167–19.

37 U. Theuretzbacher et al., 'Analysis of the Clinical Antibacterial and Antituberculosis Pipeline' , *Lancet Infectious Diseases*, 19 (2019), e40–50.

38 H. Naci, A. W. Carter and E. Mossialos, 'Why the Drug Development Pipeline Is Not Delivering Better Medicines' , *British Medical Journal*, 351 (2015), h5542.

39 Interagency Coordination Group on Antimicrobial Resistance, 'No Time to Wait: Securing the Future from Drug-resistant Infections' , Report to the Secretary-General of the United Nations, April 2019.

40 W. Hall, A. McDonnell and J. O' Neill, *Superbugs: An Arms Race against Bacteria* (Cambridge, MA, 2018).

41 B. Spellberg, 'The New Antibiotic Mantra: "Shorter Is Better"' , *J ournal of the American Medical Association*, 176 (2016), pp. 1254–5.

42 K. U. Jansen et al., 'The Role of Vaccines in Preventing Bacterial Antimicrobial Resistance' , *Nature Medicine*, 24 (2018), pp. 10–19.

43 Marston et al., 'Antimicrobial Resistance' ; Naci, Carter and Mossialos, 'Why the Drug Development Pipeline Is Not Delivering Better Medicines' .

44 D. M. Shlaes and P. A. Bradford, 'Antibiotics – from There to Where?: How the Antibiotic Miracle Is Threatened by Resistance and a Broken Market and What We Can Do About It' , *Pathogens and Immunity*, 13 (2018), pp. 19–43; L.J.V. Piddock, 'The Crisis of No New Antibiotics: What Is the Way Forward?' , *Lancet Infectious Diseases*, 12 (2012), pp. 249–53.

45 K. Moelling, F. Broecker and C. Willy, 'A Wake-up Call: We Need Phage Therapy Now', *Viruses*, 10 (2018), p. 688.

46 O. Bergh et al., 'High Abundance of Viruses Found in Aquatic Environments', *Nature*, 340 (1989), pp. 467–8.

47 Moelling, Broecker and Willy, 'A Wake-up Call: We Need Phage Therapy Now'.

48 D. M. Lin, B. Koskella and H. C. Lin, 'Phage-therapy: An Alternative to Antibiotics in the Age of Multi-drug Resistance', *World Journal of Gastrointestinal Pharmacology and Therapeutics*, 6 (2017), pp. 162–73.

49 Moelling, Broecker and Willy, 'A Wake-up Call: We Need Phage Therapy Now'.

50 F. L. Gordillo Altamirano and J. J. Barr, 'Phage Therapy in the Postantibiotic Era', *Clinical Microbiology Reviews*, 32 (2019), e00066–18.

51 A. Kakasis and G. Panitsa, 'Bacteriophage Therapy as an Alternative Treatment for Human Infections: A Comprehensive Review', *International Journal of Antimicrobial Agents*, 53 (2019), pp. 16–21; K. Abdelkader et al., 'The Preclinical and Clinical Progress of Bacteriophages and their Lytic Enzymes: The Parts Are Easier than the Whole', *Viruses*, 11 (2019), p. 96.

52 R. M. Dedrick et al., 'Engineered Bacteriophages for Treatment of a Patient with a Disseminated Drug-resistant *Mycobacterium Abscessus*', *Nature Medicine*, 25 (2019), pp. 730–33.

53 A. Zumla et al., 'Host-directed Therapies for Infectious Diseases: Current Status, Recent Progress, and Future Prospects', *Lancet Infectious Diseases*, 16 (2016), pp. e47–63.

54 J. Rhodes and M. C. Fisher, 'Global Epidemiology of Emerging *Candida Auris*', *Current Opinion in Microbiology*, 52 (2019), pp. 84–9.

55 J. M. Rybak, J. R. Fortwendel and P. D. Rogers, 'Emerging Threat of Triazole-resistant *Aspergillus Fumigatus*', *Journal of Antimicrobial Chemotherapy*, 74 (2019), pp. 835–42.

56 E. Rodriguez Mega, 'Alarming Surge in Drug-resistant HIV Uncovered', *Nature Briefing*, 30 July 2019.

57 N. Slivinski, 'Are We Headed for a New Era of Malaria Drug Resistance?', *The Scientist*, 20 March 2019.

58 A. Allen, *Vaccine: The Controversial Story of Medicine's Greatest Life Saver* (New York, 2007).

59 J.-F. Bach, 'The Hygiene Hypothesis in Autoimmunity: The Role of Pathogens and Commensals', *Nature Reviews Immunology*, 18 (2018), pp. 105–20.

60 The Editors of *The Lancet*, 'Retraction: Ileal-lymphoid-nodular Hyperplasia,

Non-specific Colitis, and Pervasive Developmental Disorder in Children' , *The Lancet*, 375 (2010), pp. 1302–4.

61 Allen, *Vaccine: The Controversial Story of Medicine's Greatest Life Saver.*

62 M. J. Mina et al., 'Long-term Measles-induced Immunomodulation Increases Overall Childhood Infectious Disease Mortality' , *Science*, 348 (2015), pp. 694–9.

63 M. J. Mina et al., 'Measles Virus Infection Diminishes Preexisting Antibodies that Offer Protection from Other Pathogens' , *Science*, 366 (2019), pp. 599–606.

64 P. Hotez, 'The Physician-scientist: Defending Vaccines and Combating Antiscience' , *Journal of Clinical Investigation*, 129 (2019), pp. 2169–71.

65 M. E. Sundaram, L. B. Guterman and S. B. Omer, 'The True Cost of Measles Outbreaks during the Postelimination Era' , *Journal of the American Medical Association*, 321 (2019), pp. 1155–6.

66 S. B. Omer, C. Betsch and J. Leask, 'Mandate Vaccination with Care' , *Nature*, 571 (2019), pp. 469–72.

67 H. J. Larson, 'The Biggest Pandemic Risk? Viral Misinformation' , *Nature*, 562 (2018), p. 309.

68 Hotez, 'The Physician-scientist: Defending Vaccines and Combating Antiscience' .

69 Quick with Fryer, *The End of Epidemics.*

70 M. S. Green et al., 'Confronting the Threat of Bioterrorism: Realities, Challenges, and Defensive Strategies' , *Lancet Infectious Diseases*, 19 (2019), pp. e2–13.

71 Quick with Fryer, *The End of Epidemics.*

72 H. W. Cohen et al., 'The Pitfalls of Bioterrorism Preparedness: The Anthrax and Smallpox Experience' , *American Journal of Public Health*, 94 (2004), pp. 1667–71.

73 Green et al., 'Confronting the Threat of Bioterrorism' .

74 N. Khardori, 'Bioterrorism and Bioterrorism Preparedness: Historical Perspective and Overview' , *Infectious Disease Clinics of North America*, 20 (2006), pp. 179–211.

75 B. Lorber, 'Are All Diseases Infectious?' , *Annals of Internal Medicine*, 125 (1996), pp. 844–51.

76 P. W. Ewald, *Plague Time. How Stealth Infections Cause Cancers, Heart Disease, and Other Deadly Ailments* (New York, 2000).

77 G. K. Hansson, 'Inflammation, Atherosclerosis, and Coronary Artery Disease' , *New England Journal of Medicine*, 352 (2005), pp. 1685–95. 78 Ewald, *Plague Time*.

79 M. S. Rezaee-Zavareh, M. Tohidi and A. Saburi, 'Infectious and Coronary Artery Disease' , ARYA *Atherosclerosis*, 12 (2016), pp. 41–9.

80 G. Aarabi et al., 'Roles of Oral Infections in the Pathomechanism of Atherosclerosis' , *International Journal of Molecular Sciences*, 19 (2018), p. 1978.

81 O. Patrakka et al., 'Oral Bacterial Signatures in Cerebral Thrombi of Patients with Acute Ischemic Stroke Treated with Thrombectomy' , *Journal of the American Heart Association*, 8 (2019), p. e012330.

82 Ewald, *Plague Time*.

83 P. E. Castle and M. Maza, 'Prophylactic HPV Vaccination: Past, Present, and Future' , *Epidemiology and Infection*, 144 (2016), pp. 449–68; Ewald, *Plague Time*.

84 R. F. Itzhaka, 'Corroboration of a Major Role for Herpes Simplex Virus Type 1 in Alzheimer' s Disease' , *Frontiers in Aging Neuroscience*, 10 (2018), p. 324.

85 M. C. Norton et al., 'Greater Risk of Dementia When Spouse has Dementia? The Cache County Study' , *Journal of the American Geriatrics Society*, 58 (2010), pp. 895–900.

86 S. S. Lollis et al., 'Cause-specific Mortality among Neurosurgeons' , *Journal of Neurosurgery*, 113 (2010), pp. 474–8.

87 G. Morris et al., 'Myalgic Encephalomyelitis and Chronic Fatigue Syndrome: How Could the Illness Develop?' , *Metabolic Brain Disease*, 34 (2019), pp. 385–415.

88 F. Khan and M. Ali, 'The Last Case of Smallpox' , *Lancet Infectious Diseases*, 18 (2018), p. 1318.

89 L. Klotz, 'Human Error in High-biocontainment Labs: A Likely Pandemic Threat' , *Bulletin of Atomic Scientists*, 25 February 2019, www.thebulletin.org.

90 A. Casadevall and M. J. Imperiale, 'Risks and Benefits of Gain-of-function

Experiments with Pathogens of Pandemic Potential, such as Influenza Virus: A Call for a Science-based Discussion', *mBio*, 5 (2014), e01730-14.

91 J. Kaiser, 'Controversial Flu Studies Can Resume, U.S. Panel Says', *Science*, 363 (2019), pp. 676–7.

92 B. Ekser, P. Li and D.K.C. Cooper, 'Xenotransplantation: Past, Present, and Future', *Current Opinion in Organ Transplantation*, 22 (2017), pp. 513–21.

93 J. A. Fishman, 'Infectious Disease Risks in Xenotransplantation', *American Journal of Transplantation*, 18 (2018), pp. 1856–64.

94 X. Wu et al., 'Impact of Climate Change on Human Infectious Diseases: Empirical Evidence and Human Adaptation', *Environment International*, 86 (2016), pp. 14–23; P. R. Epstein, 'Climate and Emerging Infectious Diseases', *Microbes and Infection*, 3 (2001), pp. 747–54.

95 K. D. Lafferty and E. A. Mordecai, 'The Rise and Fall of Infectious Disease in a Warmer World', *F1000research*, 5 (2016).

96 K. L. Gage et al., 'Climate and Vectorborne Diseases', *American Journal of Preventive Medicine*, 35 (2008), pp. 436–50.

97 D. Sumilo et al., 'Climate Change Cannot Explain the Upsurge of Tickborne Encephalitis in the Baltics', *PLoS One*, 2 (2007), e500.

98 C. Baker-Austin and J. D. Oliver, '*Vibrio vulnificus*: New Insights into a Deadly Opportunistic Pathogen', *Environmental Microbiology*, 20 (2018), pp. 423–30.

99 A. Casadevall, D. P. Kontoyiannis and V. Robert, 'On the Emergence of*Candida auris*: Climate Change, Azoles, Swamps, and Birds', *mBio*, 10 (2019), e01397–19.

100 D. R. MacFadden et al., 'Antibiotic Resistance Increases with Local Temperature', *Nature Climate Change*, 8 (2018), pp. 510–14.

101 J. K. Jansson and N. Tas, 'The Microbial Ecology of Permafrost', *Nature Reviews Microbiology*, 12 (2014), pp. 414–25.

102 'What Lies Beneath', *Scientific American*, 315 (2016), pp. 11–12; repr. as 'As Earth Warms, the Diseases that May Lie within Permafrost Become a Bigger Worry', *Scientific American*, 1 November 2016, www.scientificamerican.com.

103 R. Meyer, 'The Zombie Diseases of Climate Change', *The Atlantic*, 16 November 2017.

104 C. Abergel and J.-M. Claverie, '*Pithovirus sibericum*: Réveil d' un virus

géant de plus de 30,000 ans', *Médecine/Sciences*, 30 (2014), pp. 329–31; M. Legendre et al., 'In-depth Study of *Mollivirus sibericum*, a New 30,000-y-old Giant Virus Infecting *Acanthamoeba*', *Proceedings of the National Academy of Sciences*, 112 (2015), pp. e5327–35.

105 C. Wickramasinghe, 'Panspermia According to Hoyle', *Astrophysics and Space Science*, 285 (2003), pp. 535–8.

106 E. J. Steele et al., 'Cause of Cambrian Explosion: Terrestrial or Cosmic?', *Progress in Biophysics and Molecular Biology*, 136 (2018), pp. 3–23.

107 I. Gyollai et al., 'Mineralized Biosignatures in ALH-77005 Shergottite: Clues to Martian Life?', *Open Astronomy*, 28 (2019), pp. 32–9.

108 A. C. Sielaff et al., 'Characterization of the Total and Viable Bacterial and Fungal Communities Associated with the International Space Station Surfaces', *Microbiome*, 7 (2019), article 50.

109 C. Urbaniak et al., 'Detection of Antimicrobial Resistance Genes Associated with the International Space Station Environmental Surfaces', *Scientific Reports*, 8 (2018), p. 814.

110 N. Guéginou et al., 'Could Spaceflight - associated Immune System Weakening Preclude the Expansion of Human Presence Beyond Earth's Orbit?', *Journal of Leukocyte Biology*, 86 (2009), pp. 1027–38.

111 B. V. Rooney et al., 'Herpes Virus Reactivation in Astronauts during Spaceflight and its Application on Earth', *Frontiers in Microbiology*, 7 February 2019, www.frontiersin.org.

112 B. E. Crucian et al., 'Immune System Dysregulation during Spaceflight: Potential Countermeasures for Deep Space Exploration Missions', *Frontiers in Immunology*, 28 June 2018.

113 Ibid.

114 A. C. Clarke, *Tales of Ten Worlds* (New York, 1973).

尾声 斗无止境

1 D. Durack and S. V. Lynch, 'The Gut Microbiome: Relationships with Disease and Opportunities for Therapy', *Journal of Experimental Medicine*, 216 (2018), pp. 20–40.

2 B. Pulendran, 'Immunology Taught by Vaccines', *Science*, 366 (2019), pp.

1074–5.

3 S. Gupta, E. Allen-Vercoe and E. O. Petrof, 'Fecal Microbiota Transplantation: In Perspective', *Therapeutic Advances in Gastroenterology*, 9 (2016), pp. 229–39.

4 M. Cully, 'Microbiome Therapeutics Go Small Molecule', *Nature Reviews Drug Discovery*, 18 (2019), pp. 569–72.

5 M. Jimenez, R. Langer and G. Traverso, 'Microbial Therapeutics: New Opportunities for Drug Delivery', *Journal of Experimental Medicine*, 216 (2019), pp. 1005–9.

参考文献

Allen, A., Vaccine: *The Controversial Story of Medicine's Greatest Life Saver* (New York, 2007)

Barnaby, W., *The Plague Makers: The Secret World of Biological Warfare* (London, 1997)

Barrett, R., and G. J. Armelagos, *An Unnatural History of Emerging Infections* (Oxford, 2013)

Barry, J. M., *The Great Influenza: The Epic Story of the Deadliest Plague in History* (New York, 2004)

Benedictow, O. J., *The Black Death, 1346–1353: The Complete History* (Woodbridge, 2004)

Bray, R. S., *Armies of Pestilence: The Impact of Disease on History* (Cambridge, 1996)

Bruce-Chwatt, L. J., and J. Zulueta, *The Rise and Fall of Malaria in Europe* (Oxford, 1980)

Cartwright, F. F., *Disease and History* (New York, 1972)

Cohen, M. N., *Health and the Rise of Civilization* (New Haven, CT, 1989)

Crosby, A. W., *The Columbian Exchange: Biological and Cultural*

Consequences of 1492 (Westport, CT, 1972)

Daniel, T. M., *Captain of Death: The Story of Tuberculosis* (Rochester, NY, 1997)

De Kruif, P., *Microbe Hunters* [1926] (New York, 2002)

Diamond, J., Guns, *Germs, and Steel: The Fates of Human Societies* (New York, 1999)

Ewald, P. W., *Evolution of Infectious Disease* (Oxford, 1994)

Gaynes, R. P., *Germ Theory: Medical Pioneers in Infectious Diseases*(Washington, DC, 2011)

Geison, G. L., *The Private Science of Louis Pasteur* (Princeton, NJ, 1995)

Gradmann, C., *Laboratory Disease* (Baltimore, MD, 2009)

Harper, K., *The Fate of Rome* (Princeton, NJ, 2017)

Hays, J. N., *Epidemics and Pandemics: Their Impacts on Human History* (Santa Barbara, CA, 2005)

Hopkins, D. R., *Princes and Peasants: Smallpox in History* (Chicago, IL, 1983)

Jouanna, J., *Hippocrates* (Baltimore, MD, 1999)

Kiple, K. F., ed., *The Cambridge World History of Human Disease*(Cambridge, 1994)

Levy, S. B., *The Antibiotic Paradox: How the Misuse of Antibiotics Destroys their Curative Powers*, 2nd edn (Cambridge, MA, 2002)

Little, L. K., ed., *Plague and the End of Antiquity: The Pandemic of 541–750* (Cambridge, 2007)

McNeill, W. H., *Plagues and Peoples* (New York, 1976)

Mattern, S. P., *The Prince of Medicine: Galen in the Roman Empire* (Oxford, 2013)

Morse, S. S., ed., *Emerging Viruses* (Oxford, 2003)

Nutton, V., *Ancient Medicine* (London, 2004)

Oldstone, M.B.A., *Viruses, Plagues and History* (Oxford, 1998)

Osterholm, M. T., and M. Olshaker, *Deadliest Enemy: Our War against Killer Germs* (New York, 2017)

Paul, J. R., *A History of Poliomyelitis* (New Haven, CT, 1971)

Pepin, J., *The Origins of* AIDS (Cambridge, 2011)

Playfair, J., and G. Bancroft, *Infection and Immunity*, 2nd edn (Oxford, 2004)

Porter, R., *The Greatest Benefit to Mankind: A Medical History of Humanity from Antiquity to the Present* (London, 1999)

Price-Smith, A. T., *Contagion and Chaos* (Cambridge, MA, 2009)

Quétel, C., *History of Syphilis* (Cambridge, 1990)

Rosen, W., *Justinian's Flea: Plague, Empire and the Birth of Europe* (London, 2008)

—, *Miracle Cure: The Creation of Antibiotics and the Birth of Modern Medicine* (New York, 2018)

Sherman, I. W., *The Power of Plagues* (Washington, DC, 2006)

Spiers, E. M., *A History of Chemical and Biological Weapons* (London, 2010)

Thucydides, *The Peloponnesian War*, trans. Martin Hammond (Oxford, 2009)

Waller, J., *The Discovery of the Germ: Twenty Years that Transformed the Way We Think about Disease* (New York, 2002)

Winslow, C.-E. A., *The Conquest of Epidemic Disease: A Chapter in the History of Ideas* (Madison, WI, 1980)

Ziegler, P., *The Black Death* (London, 1997)

Zinsser, H., *Rats, Lice and History* (Boston, MA, 1934)

主　　编 | 谭宇墨凡
特约编辑 | 卢安琪　吴　敏

营销总监 | 闵　婕
营销编辑 | 狄洋意　许芸茹

版权联络 | rights@chihpub.com.cn
品牌合作 | minjie@chihpub.com.cn

Room 216, 2nd Floor, Building 1, Yard 31,
Guangqu Road, Chaoyang, Beijing, China